普通高等教育"十二五"规划教材

Visual FoxPro 程序设计教程
（第二版）

主　编　何振林　赵　亮

副主编　孟　丽　肖　丽　胡绿慧　王俊杰　李源彬

中国水利水电出版社
www.waterpub.com.cn

内 容 提 要

本书是一本关于 Visual FoxPro 入门与数据库开发的指导书。书中对集成开发环境的特性，数据库编程知识，具体的数据库管理系统的设计、创建与开发，从知识、方法与技巧，以及操作和实践等方面，都作了较为详细的介绍。

全书共 12 章，着重介绍 Visual FoxPro 数据库程序设计的基础知识和基本方法，同时加强了结构化程序设计的训练，并深入浅出地介绍了面向对象的程序设计方法，各章知识点、重点突出。

本书内容全面，实例丰富，共有实例 256 题，所有实例程序已上机调试通过，特别适合作为高等学校非计算机类各专业 Visual FoxPro 数据库程序设计的参考教材。同时，也可作为业余爱好者和数据库软件开发人员的参考书。

为配合本书的学习和上机操作，作者还编写了《Visual FoxPro 程序设计教程（第二版）习题集与解答》，全书安排有 481 道选择题、368 道填空题、300 道判断题和 116 道上机题。读者可结合所学内容进行有针对性的训练。

本书配有免费电子教案，读者可以从中国水利水电出版社网站以及万水书苑下载，网址为：http://www.waterpub.com.cn/softdown/或 http://www.wsbookshow.com。

图书在版编目（C I P）数据

Visual FoxPro程序设计教程 / 何振林，赵亮主编
. -- 2版. -- 北京：中国水利水电出版社，2015.1
普通高等教育"十二五"规划教材
ISBN 978-7-5170-2720-1

Ⅰ．①V… Ⅱ．①何… ②赵… Ⅲ．①关系数据库系统
—程序设计—高等学校—教材 Ⅳ．①TP311.138

中国版本图书馆CIP数据核字(2014)第286191号

策划编辑：寇文杰　　　责任编辑：李　炎　　　封面设计：李　佳

书　　名	普通高等教育"十二五"规划教材 Visual FoxPro 程序设计教程（第二版）
作　　者	主　编　何振林　赵　亮 副主编　孟　丽　肖　丽　胡绿慧　王俊杰　李源彬
出版发行	中国水利水电出版社 （北京市海淀区玉渊潭南路 1 号 D 座　100038） 网址：www.waterpub.com.cn E-mail：mchannel@263.net（万水） 　　　　　sales@waterpub.com.cn 电话：（010）68367658（发行部）、82562819（万水）
经　　售	北京科水图书销售中心（零售） 电话：（010）88383994、63202643、68545874 全国各地新华书店和相关出版物销售网点
排　　版	北京万水电子信息有限公司
印　　刷	北京蓝空印刷厂
规　　格	184mm×260mm　16 开本　26.25 印张　664 千字
版　　次	2011 年 11 月第 1 版　　2011 年 11 月第 1 次印刷 2015 年 1 月第 2 版　　2015 年 1 月第 1 次印刷
印　　数	0001—3000 册
定　　价	54.00 元

前　　言

Visual FoxPro 是美国 Microsoft（微软）公司推出的适用于微型计算机的关系型数据库管理系统。Visual FoxPro 功能强大、操作方便、使用简单、用户界面良好，它不仅是一个比较完善的数据库管理系统，而且是一种面向对象的可视化程序设计语言。对于学习数据库系统知识和面向对象程序设计方法来说，是一个较好的教学与实验环境。目前，全国很多高校特别是非信息类专业，均在数据库程序设计类课程中讲授 Visual FoxPro 数据库管理系统。

Visual FoxPro（简称 VFP，目前最高版本为 V9.0）是计算机类专业 C/S（客户/服务器）结构重要的前端开发工具之一，也是非计算机类专业计算机等级考试（二级）最为普及的课程之一。

Visual FoxPro 数据库管理系统的主要特点如下：

一、Visual FoxPro 提供了一个集成化的系统开发环境，它不仅支持过程式编程技术，而且在语言方面作了强大的扩充，支持面向对象可视化编程技术，并拥有功能强大的可视化程序设计工具，例如数据库设计器、菜单设计器、应用程序生成器等，可实现应用程序的快速开发。利用可视化的设计工具和向导，用户可以快速创建表单、查询和打印报表。

目前，Visual FoxPro 是用户收集信息、查询数据、创建集成数据库系统、进行实用系统开发较为理想的工具软件。

二、Visual FoxPro 数据库系统操作的交互性。交互性，对于初学者是非常有利的，它既有助于初学者尽快掌握 Visual FoxPro 的有关命令，又可以使初学者享受到马上获得命令执行结果而带来的喜悦。然而，这种逐条命令的交互执行模式，却极大限制了计算机"快"特长的发挥。当学习到一定程度的时候，人们就会开始嫌它"太慢"。因此，迫切希望能像其他高级语言那样通过程序的方式来迅速地完成任务。

三、Visual FoxPro 除交互式操作外，同时也提供了程序操作方式。在程序方式下它不但将计算机"快速、准确、精确、记忆"的特点表现得淋漓尽致，而且还提供了一批仅在程序模式下才有效的命令，从而使 Visual FoxPro 的功能更为强大。同时由于 Visual FoxPro 程序语言是一种非过程语言，因此它的源程序非常简洁、易于阅读和编写，这一点是其他高级语言如 C 语言所无法比拟的。

四、Visual FoxPro 既支持面向过程的结构化程序设计，又支持"Visual（可视化）"的面向对象的事件驱动程序设计。

英文"Visual"的意思是"可视的"。在 Visual FoxPro 中引入了控件的概念后，"可视的"Visual FoxPro 就是一种最直观的编程方法，用户在设计应用程序时，无需编程，就可以完成许多步骤和程序的编写。在 Windows 中，控件的身影无处不在，各种各样的按钮、文本框、命令按钮，都是控件的种类，Visual FoxPro 把这些控件模块化，并且每个控件都有若干属性用来控制控件的外观和工作方法。这样用户就可以像在画板上画画一样，随意点几下鼠标，一个按钮就完成了，这些工作在以前的编程语言下是要经过相当复杂的工作的。

五、学习 Visual FoxPro，可为今后学习大型数据库管理软件（如 SQL Server、Oracle 等）

打下良好的基础。

为了配合教育部计算机基础教学新一轮的"1+X"课程体系改革，编者在结合多年 Visual FoxPro 教学与研发实践的基础上，针对非计算机专业学生初学计算机程序设计的特点，精心设计、组织编写了《Visual FoxPro 程序设计教程（第二版）》这本教材。

全书共由 12 章组成，主要内容有第 1 章"数据库系统基本概论"；第 2 章"数据类型、常量、变量与项目的使用"；第 3 章"数据库与表"；第 4 章"数据表的基本操作"；第 5 章"数据库（表）的使用"；第 6 章"SQL 语言及应用"；第 7 章"Visual FoxPro 程序设计基础"；第 8 章"面向对象程序设计初步"；第 9 章"表单控件、多重表单和表单集"；第 10 章"菜单与工具栏"；第 11 章"报表设计"；第 12 章"应用程序的集成与发布"等。

本书由浅入深、全面而系统地对使用 Visual FoxPro 进行数据库应用程序设计与开发的细节作了透彻的分析，各章知识点、重点突出。

全书共有实例 256 题，这些实例通过循序渐进的详细讲解，让读者能够深入了解本书各章节的全部知识点，掌握 Visual FoxPro 数据库程序设计思想的精髓，学习 Visual FoxPro 程序设计中的各种方法和技巧。其目的，就是让读者动手多做和多看编程实例。

Visual FoxPro 是非常强大和复杂的，实现的功能多种多样，设计的技巧也是不胜枚举，如果只是靠书本来学习 Visual FoxPro，是不可能成为 Visual FoxPro 的编程高手的，必须要多找些资料来学习，特别是看优秀的编程实例。书后，我们给读者列出了二十余种参考书。当然，为了提高自己的能力，读者更方便地是通过互联网来查找这方面的资料。

书中，凡在章节或习题标题上标有"*"者，表示选学或选做内容，或者在学习后续章节后，再回过头来阅读，便于对内容有更好的理解。

为了配合读者学习《Visual FoxPro 程序设计教程（第二版）》，帮助读者全面掌握有关 Visual FoxPro 程序设计的知识以及有效指导读者掌握程序设计的方法和技巧，我们还编写有《Visual FoxPro 程序设计教程（第二版）习题集与解答》，全书安排有 481 道选择题、368 道填空题、300 道判断题和 116 道上机题。读者可结合所学内容进行针对性的训练，对于参加全国二级 Visual FoxPro 程序设计考试的读者来说，也是一本具有实用性、针对性的辅导材料。

本书由何振林、赵亮任主编，孟丽、肖丽、胡绿慧、王俊杰、李源彬任副主编，参加编写的还有张庆荣、罗奕、张勇、杨霖、钱前、何剑蓉、罗维、杜磊、刘平等。

本书在编写过程中，参考了大量的资料，在此对这些资料的作者表示感谢，同时在这里也特别感谢为本书的写作提供帮助的人们。

本书的编写得到了中国水利水电出版社及有关兄弟院校的大力支持，在此一并表示感谢。

由于时间仓促及作者的水平有限，虽经多次教学实践和修改，书中难免存在错误和不妥之处，恳请广大读者批评指正。

编者

2014 年 10 月

目　　录

第 1 章　数据库系统基本概论

本章学习目标

- 学习了解数据库的基本概念。
- 了解和掌握数据库技术的特点、应用和发展趋势。
- 了解数据库系统的组成及数据库的体系结构。
- 理解 DBMS 的工作模式、主要功能和组成。
- 了解什么是概念模型与数据模型。
- 理解和掌握关系代数运算，包括集合运算及选择、投影、连接运算，数据库规范化理论。
- 了解数据库设计方法和步骤：需求分析、概念设计、逻辑设计和物理设计的相关策略。

数据库技术是有关数据管理的最新技术，各行各业大量的重要数据需要经过数据库才能进行有效组织、存储、处理和共享。通过运用数据库，用户可以将各种信息合理归类和整理，并使其转化为有用的数据。本章的目的就是通过学习数据库系统有关的基本知识，为以后的学习和应用数据库打下重要的基础。

1.1　数据和信息

数据处理的基本问题是数据的组织、存储、检索、维护和加工利用，这些正是数据库系统所要解决的问题。

数据是数据库系统研究和处理的对象。在数据库系统中，人们首先遇到的最基本概念是什么是数据？数据从何而来？它和人们常说的信息有何关系？

1.1.1　数据与信息

信息（information）是客观事物在人类头脑中的反映，是对客观事物的某方面特征的描述。信息泛指通过各种方式传播的、可被感受的声音、文字、图像、符号等所表征的某一特定事物的消息、情报或知识。

信息既是客观事物的特征、事物运动变化的反映，又是事物之间相互作用、相互联系的反映。

数据（data）是表达信息的某种符号（比如用数字、文字和图形等），是信息的一种量化表示。数据反映信息，而信息依靠数据来表达。计算机中不仅能存储数据，还能处理和传输数据。因此，必须把信息转换成计算机能接受的数据。

数据在计算机中是广义的，它不仅指通常意义的数值数据，而且包含文字、声音、图形、图像以及其他信息。

1.1.2　数据处理

数据处理（data processing）有时也称为信息处理，其目的是把所获得的资料和有用的数据来作为决策的依据。它是指对原始数据进行收集、整理、存储、分类、排序、加工、统计和传输等一系列活动的总称。

数据处理的一系列过程中，数据的收集、存储、分类、传输等操作为基本操作，这些基本操作环节称为数据管理，而加工、计算、输出等操作是千变万化的，不同业务有不同的处理。数据管理技术是解决上述基本环节的，而其他环节由应用程序来实现。

由此可见，信息和数据的关系是数据是信息的载体，信息是数据处理的结果。数据是重要的，而将数据处理后得到的有用信息则更加珍贵，对信息的筛选可以产生决策，从而为领导者的决策提供重要依据。

1.2　数据库系统基本概念

在数据库中，经常会遇到数据库、数据库管理系统、数据库应用系统、数据库系统等概念。本节将向读者介绍这些概念的定义和联系。

1.2.1　数据库

数据库（Data Base，简称 DB），通俗地说，就是存储数据的"仓库"。准确地说，数据库是以一定的组织方式存储的相互有关的数据集合。数据库中的数据按一定的结构，以文件的形式存放在磁盘上，这种特殊的磁盘文件称之为数据库文件，简称为数据库。数据库具有数据的结构化、独立性、共享性、冗余量小、安全性、完整性和并发控制等基本特点，便于管理和检索、可随时修改扩充和删除数据、修改存储结构。

在数据库系统中，数据库已成为各类管理系统的核心基础，为用户和应用程序提供了共享的资源。

1.2.2　数据库管理系统

数据库管理系统（Data Base Management System，简称 DBMS）是为了方便数据库建立、使用和维护，并进行统一管理、统一控制的数据管理软件，是数据库系统的核心组成部分。数据库管理系统便于维护用户定义和操作数据，并保证数据的安全性、完整性，多用户对数据并发使用及发生故障后的数据库恢复等。

数据库管理系统基本的功能有 5 个：

（1）数据定义语言（Data Definition Language，DDL）及其编译和解释程序：主要用于定义数据库的结构。

（2）数据操纵语言（Data Manipulation Language，DML）或查询语言及其编译或解释程序：提供了对数据库中的数据存取、检索、统计、修改、删除、输入、输出等基本操作。

（3）数据库运行管理和控制例行程序：是数据库管理系统的核心部分，用于数据的安全性控制、完整性控制、并发控制、通信控制、数据存取、数据库转储、数据库初始装入、数据库恢复和数据的内部维护等，上述操作都是在该控制程序的统一管理下进行的。

（4）数据字典（Data Dictionary，DD）：提供了对数据库数据描述的集中管理规则，对数据库的使用和操作可以通过查阅数据字典来进行。

（5）通信功能：数据库管理系统提供了数据库与操作系统之间的联机处理接口，以及与远程作业输入的接口。此外，它也是用户和数据库之间的接口。

同时，DMBS 还要能够提供完整性约束检查（integrity constraint check）等功能。

DBMS 的工作示意图，如图 1-1 所示。

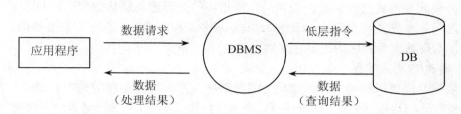

图 1-1　DBMS 的工作示意图

数据库管理系统之所以能完成其管理的主要目标是通过一个所谓的三级结构和两级独立性特点来实现的，详细内容请参见下节。

1.2.3　数据库系统的数据模式

从数据库管理系统的角度看，数据库系统可分为三级模式，从外到内依次为外模式、模式和内模式。内模式即数据的物理存储结构；概念模式即数据的整体逻辑结构，又称为"模式"；外模式即用户数据逻辑结构，被美国国家标准协会（ANSI）下属的标准规划和要求委员会（SPARC）称为 SPARC 分级模型。其中数据的整体逻辑结构涉及到所有用户的数据定义，是全局的数据视图。

1．模式

模式（schema）也称逻辑模式或概念模式，是对数据库中全体数据的逻辑结构和特征的描述，是所有用户的公共数据视图。一个数据库只有一个模式。数据库模式以某一种数据模型为基础。

模式是在数据库模式结构的中间层，既不涉及数据的物理存储细节和硬件环境，也与具体的应用程序、应用开发工具以及高级程序设计语言无关。DBMS 提供模式定义语言 DDL 来描述模式。定义模式时要定义数据的逻辑结构，包括记录由哪些数据项构成，数据项的名字、类型、取值范围，数据之间的联系，与数据有关的安全性、完整性要求等。

2．内模式

内模式（internal schema）又称为存储模式，是对数据库物理结构和存储方式的描述，是数据在数据库内部的表示方式。它规定了数据在存储介质上的物理组织方式、记录寻址技术、物理存储块的大小、溢出处理方法等。一个数据库只有一个内模式。

3．外模式

外模式（external schema）又称子模式或用户模式，是数据库用户和数据库系统的接口，是数据库用户看到的数据视图，是对数据库中局部数据的逻辑结构和特征的描述，是与某一应用有关的数据的逻辑表示。外模式通常是模式的子集。一个数据库可以有多个外模式。同一个外模式可以被某一个用户的多个应用所使用，但一个应用程序只有一个外模式。

4. 两级映像

为了实现三个抽象级别的联系和转换，数据库管理系统在三级结构之间提供了两级映像：外模式/模式映像和模式/内模式映像。映像是一种对应规则，指出映像双方如何进行转换。数据库的三级结构靠映像连接。这样用户在使用时只需关心自己的局部逻辑结构就可以了，而不必关心数据在系统内的表示和存储。

（1）外模式/模式映像

定义外模式与模式之间的对应关系。当数据库的全局逻辑结构改变时，只需要修改外模式与模式之间的对应关系，而不必修改局部逻辑结构，相应的应用程序也不必修改，可保持外模式不变，实现数据和程序的逻辑独立性。

（2）模式/内模式映像

定义数据全局逻辑结构与存储结构之间的对应关系。当数据库的物理存储结构改变时，只需要修改模式与内模式之间的对应关系，即可保持模式不变，实现数据和程序的物理独立性。

三级模式和两级映像的示意图，如图 1-2 所示。

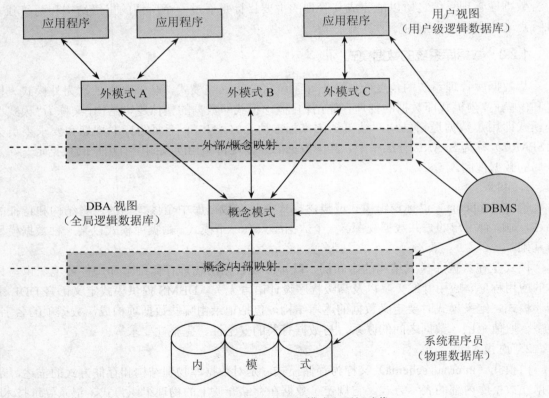

图 1-2　数据库系统的三级模式和两级映像

1.2.4　数据库管理员

由于数据库的共享性，因此对数据库的规划、设计、维护和监视等需要专人管理，称他们为数据库管理员（Data Base Administrator，简称 DBA）。数据库管理员的主要工作如下：

（1）数据库设计（database design）。该工作是进行数据库模式的设计。由于数据库的集成与共享性，因此需要专门人员（即 DBA）对多个应用的数据需求作全面的规划、设计与集成。

（2）数据库维护。DBA 必须对数据库中的数据安全性、完整性、并发控制及系统恢复、数据定期转存等实施控制与维护。

（3）改善系统性能，提高系统效率。DBA 需随时监视数据库的运行状态，不断调整内部结构，使系统保持最佳状态与最高效率。当效率下降时，DBA 需要采取适当的措施，如进行数据库的重组、重构等。

1.2.5　数据库系统

数据库系统（Data Base System，简称 DBS）是一个采用了数据库技术的计算机系统。DBS 不仅仅是一组对数据库进行管理的软件（即 DBMS），也不仅仅是一个数据库（DB），而是一个实际可运行的，按照数据库方法存储、维护和向应用系统提供数据支持的系统，它是存储介质、处理对象和管理系统的集合体，由计算机硬件系统、操作系统、数据库管理系统及其他软件、数据库、数据库管理员、用户和应用程序等六大部分组成。

1.2.6　数据库应用系统

数据库应用系统（Data Base Application System，DBAS）是在 DBMS 支持下根据实际问题开发出来的数据库应用软件。一个 DBAS 通常由数据库和应用程序两部分组成，它们都需要在 DBMS 支持下开发。例如利用 Visual FoxPro 开发的一个"学生学籍管理系统"就是一个数据库应用系统。

1.3　数据库技术的发展历史

数据库技术是于 20 世纪 60 年代发展起来的一门信息管理自动化的新兴学科，随着计算机应用的不断发展，数据库技术也不断地发展。从数据管理的角度看，数据库技术到目前共经历了人工管理阶段、文件系统阶段及数据库系统阶段等三个阶段。

1.3.1　人工管理阶段

人工管理阶段是指计算机诞生的初期（即 20 世纪 50 年代后期之前），这个时期的计算机主要用于科学计算。从硬件看，没有磁盘等直接存取的存储设备；从软件看，没有操作系统和管理数据的软件，数据处理方式是批处理。数据与应用程序之间的关系如图 1-3 所示。

这个时期数据管理的特点是：

1. 数据不保存

这个时期的计算机主要应用于科学计算，一般不需要将数据长期保存，只是在计算某一课题时将数据输入，用完后不保存原始数据，也不保存计算结果。

2. 没有对数据进行管理的软件系统

程序员不仅要规定数据的逻辑结构，而且还要在程序中设计物理结构，包括存储结构、存取方法、输入输出方式等。因此程序中存取数据的子程序随着存储的改变而改变，数据与程序不具有一致性。

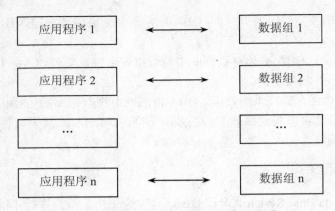

图 1-3　人工管理阶段数据与程序的关系

3．没有文件的概念

数据的组织方式必须由程序员自行设计。

4．一组数据对应于一个程序，数据是面向应用的

即使两个程序用到相同的数据，也必须各自定义、各自组织，数据无法共享、无法相互利用和相互参照，从而导致程序和程序之间有大量重复的数据。

1.3.2　文件系统阶段

文件系统阶段出现于 20 世纪 50 年后期到 60 年代中期。在这一阶段，数据和程序有了一定的独立性，即数据和程序分开存储，有了数据文件的概念，数据可长期保存在存储器中，可对存储在存储器中的数据多次进行处理，如进行查询、修改、插入、删除等。数据的存取以记录为一个基本单位，并出现多种文件的组织形式，如顺序文件、索引文件、随机文件等，称为文件系统。

文件系统阶段管理数据的方式如图 1-4 所示。

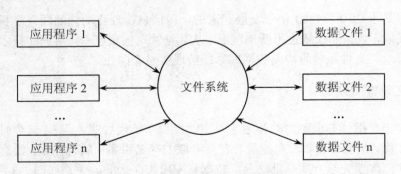

图 1-4　文件系统阶段数据与程序的关系

文件系统阶段的主要特点可概括为如下几点：

1．数据需要长期保存在外存上供反复使用

由于计算机大量用于数据处理，经常对文件进行查询、修改、插入和删除等操作，所以数据需要长期保留，以便于反复操作。

2．程序之间有了一定的独立性

操作系统提供了文件管理功能和访问文件的存取方法，程序和数据之间有了数据存取的接口，程序可以通过文件名和数据打交道，不必再寻找数据的物理存放位置，至此，数据有了物理结构和逻辑结构的区别，但此时程序和数据之间的独立性尚不充分。

3.　文件的形式已经多样化

由于已经有了直接存取的存储设备，文件也就不再局限于顺序文件，还有了索引文件、链表文件等，因而，对文件的访问可以是顺序访问，也可以是直接访问。

4.　数据的存取基本上以记录为单位

文件系统阶段虽然实现了数据的文件级共享，但是依然存在许多缺点，这些缺点主要表现在程序和数据文件相互依存、数据冗余大、数据的不一致性以及不能反映各数据文件间的联系。为了更方便地实现各用户对数据的共享，实现数据和程序的独立性，就进入了数据处理的第三阶段——数据库系统阶段。

1.3.3　数据库系统阶段

数据库系统阶段是从 20 世纪 60 年代后期开始的。在这一阶段中，数据库中的数据不再是面向某个应用或某个程序，而是面向整个企业（组织）或整个应用。针对文件系统阶段存在的缺陷，数据库技术主要解决的问题有三个：一是克服程序和文件的相互依存；二是重在表现数据之间的联系；三是尽量减少数据的冗余，以及实现数据的安全性和完整性。即数据库把一个机构中公共的数据综合在一起，放在一个公用的数据库中，并将各数据按照一定的逻辑结构联系在一起，使数据不仅存在于数据库中，而且还能反映出各类数据之间的复杂关系，如图 1-5 所示。

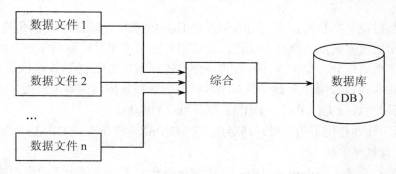

图 1-5　对各应用的数据进行综合形成数据库

应用程序中的用户要访问数据库，可通过某种软件从数据库中提取数据，形成逻辑文件，如图 1-6 所示。用户在处理个人业务时，不是建立文件，而是从事先经过严密设计的数据库中提取所需要的部分作为应用程序使用的数据文件（非独立存在），即数据库的一个子集，该集合是通过提取从数据库中得到的。

与文件系统阶段相比，数据库系统阶段的主要特点是：

1.　采用复杂的结构化的数据模型

数据库系统不仅要描述数据本身，还要描述数据之间的联系。这种联系是通过存取路径来实现的。

2.　较高的数据独立性

数据和程序彼此独立，数据存储结构的变化尽量不影响用户程序的使用。

3.　最低的冗余度

数据库系统中的重复数据被减少到最低程度，这样，在有限的存储空间内可以存放更多的数据并减少存取时间。

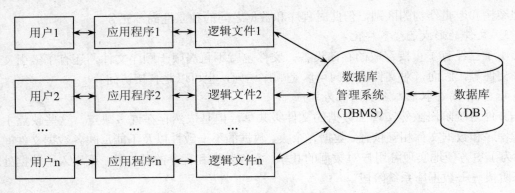

图 1-6　数据库管理系统与程序的关系

4. 数据控制功能

数据库系统具有数据的安全性，以防止数据的丢失和被非法使用；具有数据的完整性，以保护数据的正确、有效和相容；具有数据的并发控制，避免并发程序之间的相互干扰；具有数据的恢复功能，在数据库被破坏或数据不可靠时，系统有能力把数据库恢复到最近某个时刻的正确状态。

1.3.4　数据库系统的结构类型*

本节我们将讨论一些目前正在使用的重要的 DBMS 系统。以 DBMS 的角度看，数据库系统内部的体系结构通常采用三级模式结构，而从用户的角度来看（数据库站点的位置），数据库系统外部的体系结构分为集中式、并行式、分布式和客户机/服务器式四种。

此外，DBMS 可以按照用户数量的多少，以及用途和使用范围等来分类。

（1）根据用户数分类：单用户 DBMS 和多用户 DBMS。

（2）根据用途和使用范围分类：事务或生产 DBMS、决策支持 DBMS 和数据仓库。

1. 集中式数据库系统

集中式数据库系统（centralized DBS），通常是指一台主机带多个用户终端的数据库系统。终端一般只是主机的扩展，它们并不是独立的计算机。终端本身并不能完成任何操作，它们依赖主机完成所有的操作，其工作示意图，如图 1-7 所示。

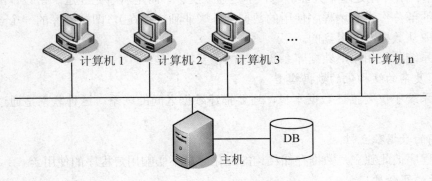

图 1-7　集中式数据库系统结构

在集中式数据库系统结构中，DBMS、DB、应用程序都集中存放在主机上。用户通过终端并发地访问主机上的数据，共享其中的数据，但所有处理数据的工作都由主机完成。用户若在一个终端上提出要求，则由主机根据用户的要求访问数据库，并对数据进行处理，再把结果送回该终端输出。集中式结构的优点是：简单、可靠、安全；缺点是：主机的任务繁重、终端数量有限；当主机计算机或数据库系统不能运行时，在系统恢复之前所有用户都不能使用系统。

2. 并行式数据库系统

并行式数据库系统（parallel DBS）由多个中央处理单元（CPU）和多个并行的数据存储设备组成，因此，提高了处理能力和输入/输出（I/O）速度。并行数据库系统用于必须要对非常大的数据库进行查询的应用或者是每秒钟必须处理大量事务的应用。并行处理时，许多操作可以同时进行，而不是采用分时的方法。并行 DBS 有两个重要的性能指标：

①吞吐量：在给定时间间隔内能完成任务的数目。

②响应时间：完成一个任务所花费的时间。

并行 DBS 的结构有四种，如图 1-8 所示。

- 共享内存型：所有 CPU 共享一个公共的内存。由于系统总线和网络通信的瓶颈影响，目前一个系统的 CPU 数目还不能超过 64 个，如图 1-8（a）所示。
- 共享磁盘型：所有 CPU 共享一组公用的磁盘，如图 1-8（b）所示。
- 非共享型：所有 CPU 既不共享内存也不共享磁盘。系统的每一结点都有一个 CPU、一个内存和若干磁盘。结点之间通过网络连接，如图 1-8（c）所示。
- 层次型：这是一种对上述三种结构的组合。顶层是非共享型，而下层结点是共享内存型或共享磁盘型，如图 1-8（d）所示。

（1）并行数据库系统的优点

并行数据库系统对于必须要查询大型数据库（千兆字节级的数据库，例如，10^{12} 字节）的应用或者是每秒钟必须处理大量事务（每秒处理上千事务）的应用非常有用。

在并行数据库系统里，吞吐量（即在给定的时间间隔里可以完成的任务数量）和响应时间（即单个任务从提交到完成所需要的时间）是非常高的。

（2）并行数据库系统的缺点

在并行数据库系统中，存在与初始化单个进程相关的启动代价，而且启动时间可能掩盖实际的处理时间，反过来又会影响加速。

由于在并行系统中执行的进程经常访问共享资源，因此在新的进程与现有进程竞争共享资源（例如共享数据存储磁盘、系统总线等）时，就会产生干扰，使速度下降。

3. 分布式数据库系统阶段

分布式数据库系统（Distributed Data Base System，简称 DDBS）是数据库技术和计算机网络技术相结合的产物。分布式数据库是一个逻辑上集中、地域上分散的数据集合，是计算机网络环境中各个局部数据库的逻辑集合，实际上数据存储在不同地点的计算机上，同时受分布式数据库管理系统的控制和管理，每个计算机系统都有自己的局部数据库管理系统，具有很高的独立性。即用户可以由分布式数据库管理系统（网络数据库管理系统）通过网络通信相互传输数据，实现数据的共享和数据的存取。分布式数据库系统有刻度透明性，每台计算机上的用户不需要了解他所访问的数据库在什么地方，就像在使用集中数据库一样。

分布式数据库系统如图 1-9 所示。

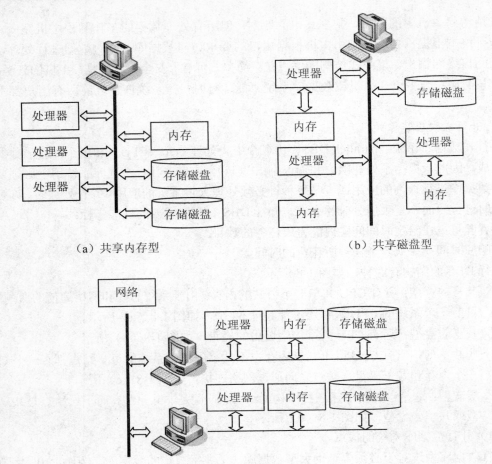

（a）共享内存型   （b）共享磁盘型

（c）非共享型

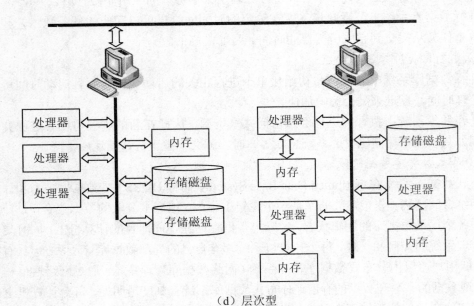

（d）层次型

图 1-8   并行 DBS 结构

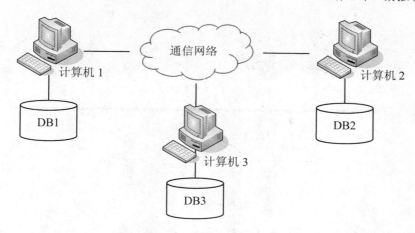

图 1-9 分布式数据库系统

分布式数据库系统是在集中式数据库系统的基础上发展起来的，是计算机技术和网络技术相结合的产物。分布式数据库系统适合于单位分散的部门，允许各个部门将其常用的数据存储在本地，实施就地存放本地使用，从而提高响应速度，降低通信费用。分布式数据库系统与集中式数据库系统相比具有可扩展性，并通过增加适当的数据冗余，提高了系统的可靠性。

分布式数据库系统的优点如下：

● 分布式数据库架构提供更高的效率和更好的性能。

● 响应时间和吞吐量高。

● 服务器（数据库）能够按照客户需求构建（定制）DBMS 功能，这样可以提供更好的 DBMS 性能。

● 客户端（应用数据库）可以是个人工作站，也可以按终端用户的需求进行定制，这样能提供更好的界面、更高的可用性、更快的响应，并且更易于用户使用。

● 几个不同的客户（应用）系统可以共享一个数据库（在服务器上）。

● 与数据量和事务率增加一样，用户也可以增加系统。

● 当增加新的站点时，对正在进行的操作影响很小。

● 分布式数据库系统提供本地自治（local autonomy）。

分布式数据库系统的缺点：在分布式数据库系统中，故障的恢复比集中式系统更复杂。

4．客户/服务器式

在客户/服务器式（Client/Server，简称 C/S）数据库系统结构中，需要一台计算机（服务器）、一台或多台个人计算机（客户机）通过网络连接到服务器，如图 1-10 所示。

C/S 式数据库系统在工作时，由访问服务器的用户提出数据请求，便可以进行检索等操作，然后，向客户机发送查询结果而非整个文件。客户机再根据用户对数据的要求，进行进一步的加工。

客户/服务器式数据库系统的优点有：

● 客户/服务器系统用比较低廉的平台支持以前只能在大且昂贵的小型或大型计算机上运行的应用程序。客户端提供基于图标的菜单驱动的界面，操作更加方便。

● 客户/服务器环境让用户更容易进行产品化工作，并能更好地使用现有的数据。

● 与集中式系统相比，客户/服务器数据库系统更灵活。

● 响应时间和吞吐量高。

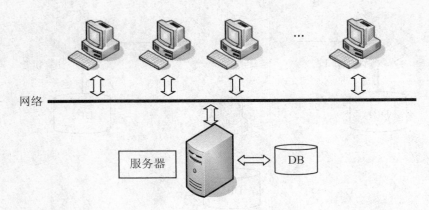

图 1-10 C/S 数据库系统的一般结构

- 服务器（数据库）能够按照客户需求构建（定制）DBMS 功能，这样可以提供更好的 DBMS 性能。
- 客户端（应用数据库）可以是个人工作站，也可以按终端用户的需求进行定制，这样能提供更好的界面、更高的可用性、更快的响应，并且更易于用户使用。
- 几个不同的客户（应用）系统可以共享一个数据库（在服务器上）。

客户/服务器式数据库系统的缺点如下：

- 在客户/服务器环境中，工作量大或者编程代价高，特别是在初始阶段。
- 对 DBMS、客户、操作系统以及网络环境进行诊断、性能监控、跟踪和安全控制的管理工具不健全。

1.4 数据模型

数据模型（data model）是"对不能直接观察的事物进行形象的描述和模拟"，即模型是对客观世界中复杂事物的抽象描述。在用计算机处理现实世界的信息时，必须抽取局部范围的主要特征，模拟和抽象出一个能反映局部世界中实体和实体之间联系的模型，即数据模型。

数据模型是抽象描述现实世界的一种工具和方法，严格地说，数据模型是数据库系统中用于数据及其联系表示和操作的一组概念和定义，是表示实体及实体之间联系的形式。

数据模型通常由数据结构、数据操作和完整性约束（数据的约束条件）三个基本部分组成，称为数据模型的三要素。

数据模型是现实世界的模拟，应满足三个方面的要求：较真实地模拟现实世界，容易理解，容易在计算机上实现。

各种数据库的产品都是基于某种数据模型的。数据模型对于数据库系统很重要，不同的数据模型就是用不同的数据组织形式来表达实体及其联系。

1.4.1 数据模型中的三个世界

1. 现实世界

现实世界（real world）是指客观存在的事物。每个事物都有自己的特性，事物与事物之间也存在着错综复杂的联系。计算机系统是不能直接处理现实世界的，现实世界只有经数字化后，才能由计算机系统来处理这些描述现实世界的数据。

2. 信息世界

信息世界（information world）是现实世界在人脑中的反映。现实世界中的事物和事物特性在信息世界中分别被抽象为实体和实体的属性，而现实世界间的联系则被抽象为联系。这些抽象所产生的模型，称为概念模型（conceptual data model），通常对于概念模型的描述是使用实体-联系图（E-R 图）来实现的。概念模型独立于具体的计算机系统和数据库管理系统。

3. 数据世界

数据世界（data world）是信息世界数据化后的产物，即概念模型的数据化实现。在数据世界中，信息世界的实体被数据化为记录，信息世界的实体属性被数据化为数据项，而实体间的联系反映为记录间的联系。由于数据世界中的数据模型与所选用的计算机系统及数据库管理系统密切相关，因此数据世界也被称为机器世界（或计算机世界）。

数据三个世界之间的关系如图 1-11 所示。从图中可以看出，信息世界的概念模型是不依赖于具体的机器世界的。概念模型是从现实世界到机器世界的中间层次。现实世界只有先抽象为信息世界，才能进一步转化为数据世界。

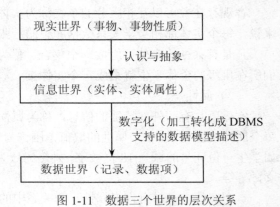

图 1-11 数据三个世界的层次关系

1.4.2 概念模型、逻辑模型和物理模型

不同的数据模型使用的模型化数据和信息的工具不同。根据模型的不同应用，可将模型分为两类，分别属于两个不同的层次。

第一类模型是概念模型，也称为信息模型，介于现实世界与数据世界之间，是一种独立于计算机系统的数据模型，完全不涉及数据在计算机中的表示与存储，只是用于描述某个特定组织所关心的数据结构。概念模型是按用户的观点对数据建模，强调其语义表达能力。概念应该简单、清晰，易于用户理解，它是对现实世界的第一层抽象，是用户和数据库设计人员之间进行交流的工具。这类模型中最常用的是"实体-联系模型"。

第二类模型是数据模型，包括网状模型、层次模型和关系模型等，是以计算机系统的观点对数据建模，是直接面向数据库的逻辑结构，是对现实世界的第二层抽象。这类模型直接与DBMS 有关，称为逻辑数据模型（logical data model），简称逻辑模型，又称结构模型。其具有严格的形式化定义，便于定义和操纵数据，数据库语言包括无二义性的语法和语义。

物理数据模型（physical data model），简称物理模型，是面向计算机物理表示的模型，描述了数据在存储介质上的物理或组织结构，它不但与具体的 DBMS 有关，而且还与操作系统和硬件有关。每一种逻辑数据模型在实现时都有其对应的物理数据模型。DBMS 为了保证其独立性与可移植性，大部分物理数据模型的实现工作由系统自动完成，而设计者只设计索引、聚集等特殊结构。

因此，在描述客观事物的过程中，在不同阶段通常会使用两种模型：第一是概念模型（也称实体-联系模型），第二是数据模型。前者是根据用户的观点进行信息建模，后者是根据计算机系统的特点进行数据建模。

1.4.3 实体-联系（E-R）模型

实体-联系模型（Entity Relationship model，简称 E-R 模型）是由 P.P.Chen（美籍华裔计算机科学家陈品山）于 1976 年首先提出的。该模型直接从现实世界中抽象出实体类型和实体间联系，然后用实体-联系图（E-R 图）表示数据模型，是描述概念世界，建立概念模型的实用建模工具。

1. E-R 模型的基本概念

（1）实体

客观存在并可以互相区分的事物称为实体（Entity），是现实世界中各种事物的抽象。一般来说，每个实体都相当于关系数据库中的一张表。

凡是有共性的实体可组成一个集合，称为实体集（entity set）。如小王、小张是实体，他们所在班级的全体学生就组成一个实体集。

（2）属性

实体所具有的外部特征的信息，称为属性（attribute）。一个实体往往可以有若干个属性。每个属性可以有值，一个属性的取值范围称为该属性的值域（value domain）或值集（value set）。如学生身份证号的域为 18 位数字，姓名的域为长度等于 10 个字符串的集合，性别的域为男或女，等等。

一个实体本身具有许多属性，若关系中的某一属性或属性组的值能唯一地标识一个实体，而其任何真子集都不能标识，则称该属性组为候选码（Candidate Key）。

例如：在"学生"实体中，"学号"是能唯一区分学生实体的，同时又假设"姓名"、"班级"的属性组合足以区分学生实体，那么{学号}和{姓名，班级}都是候选码。

简单的说，候选码就是可以被选为主码的属性或属性组。当一个实体可以由 N 个属性或属性组唯一标识时，说明该关系有 N 个候选码，可以选定其中一个作为主码（Primary Key）。

主属性就是包含在任何候选码中的属性；非主属性就是不包含在任何候选码中的属性

例如，在学生（学号，身份证号，姓名，性别，系列）关系中，显然学号和身份证号都能够唯一标示这个关系，所以都是候选码。学号、身份证号这两个属性就是主属性。如果主码是一个属性组，那么属性组中的属性都是主属性。

若关系中的所有属性组的值能唯一地标识一个实体，则称该属性组为全码（All Key）。

（3）实体型

具有相同属性的实体必然具有共同的特征和性质，用实体名及其属性集合来抽象和描述的同类实体，称为实体型（Entity Type）。

实体型是概念的内涵，而实体值是概念的实例。例如，学生（学号，身份证号，姓名，性别，系别）就是一个实体型，它通过学号、姓名等属性表示学生状况。每个学生的具体情况，则称实体值。可见，实体型表达的是个体的共性，而实体值是个体的具体内容。通常属性是个变量，属性值是该变量的取值。

（4）实体集

同型实体的集合称为实体集（Entity Set），例如，全体学生就是一个实体集。

实体和属性是信息世界的术语，而计算机中有着传统的表达习惯，为避免发生混乱，表1-1 给出了信息世界与数据世界的术语的对应关系。

表 1-1　术语的对应关系

信息世界	数据世界
实体	记录
属性	字段（数据项）
实体集	文件
实体码	记录码

（5）联系

现实世界中事物间的关联称为联系。在概念世界中联系反映了实体集间的一定关系，如工人与设备之间的操作关系、老师与学生之间的教学关系、学生与所学课程的关系。

联系有实体（型）内部的联系和实体（型）之间的联系。实体内部的联系通常是指组成实体的各属性之间的联系；实体之间的联系通常是指不同实体集之间的联系。两个实体集间的联系实际上是实体集间的函数关系，通常简称联系。

两个实体集之间的联系有下面三类：

①一对一的联系

一对一（one to one）的联系，简记为 1:1。如果对于实体集 A 中的每一个实体，实体集 B 中至多有一个（也可能没有）实体与之联系，反之亦然，则称实体集 A 与实体集 B 具有 1:1 联系。如，学校与校长间的联系，一个学校与一个校长间相互一一对应。

②一对多或多对一联系

一对多（one to many）或多对一（many to one）联系，简记为 1:M 或 M:1。如果对于实体集 A 中的每一个实体，实体集 B 中有 M（M≥0）个实体与之联系；反之，对于实体集 B 中的每一个实体，实体集 A 中至多只有一个实体与之联系，则称实体集 A 与实体集 B 有 1:M 联系。

如，学生与其宿舍房间的联系是多对一的联系（反之，则为一对多联系），即多个学生对应一个房间。

③多对多联系

多对多（many to many）联系，简记为 M:N。如果对于实体集 A 中的每一个实体，实体集 B 中有 N（N≥0）个实体与之联系；反之，对于实体集 B 中的每一个实体，实体集 A 中有 M（M≥0）个实体与之联系，则称实体集 A 与实体集 B 有 M:N 联系。

如，教师与学生这两个实体集间的教与学的联系是多对多的，因为一个教师可以教授多个学生，而一个学生又可以受教于多个教师。

又如，一个学生可以选修多门课，一门课可以有多个学生选修。

同一个实体集内的各实体之间也可以存在一对一、一对多、多对多的联系。例如职工实体集内部具有领导与被领导的联系，即某一职工（干部）"领导"若干名职工，而一个职工仅被另外一个职工直接领导，因此这是一对多的联系。

2. E-R 模型的图形表示法

E-R 模型的图形表示法简称 E-R 图，即实体-联系图（Entity Relationship Diagram）。E-R 图提供了表示实体型、属性和联系的方法，用来描述现实世界的概念模型。

在 E-R 图中，分别用下面几种不同的几何图形表示 E-R 模型中的三个概念与两个联接关系。

（1）实体集表示法

在 E-R 图中，用矩形表示实体集，在矩形内写上该实体集的名字。如实体集学生（student）、课程（course）可用图 1-12 表示。

（2）属性表示法

在 E-R 图中，用椭圆形表示属性，在椭圆形内写上该属性的名称。如学生有属性：学号（xh）、姓名（xm）及出生日期（csrq），它们可以用图 1-13 表示。

（3）联系表示法

在 E-R 图中，用菱形表示联系，菱形框内写明联系名，如学生与课程间的联系 SC，用图 1-14 表示。

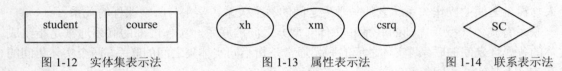

图 1-12　实体集表示法　　　图 1-13　属性表示法　　　图 1-14　联系表示法

（4）实体集（联系）与属性间的联接关系

属性依附于实体集，因此，它们之间有联接关系。在 E-R 图中可用无向线段表示这种关系（一般情况下可用直线连接这两个图形。如实体集 student 有属性 xh（学号）、xm（学生姓名）及 csrq（出生日期）；实体集 course 有属性 kch（课程号）、kcm（课程名）及 yxkch（预修课程号），此时它们之间的联系，如图 1-15 所示。

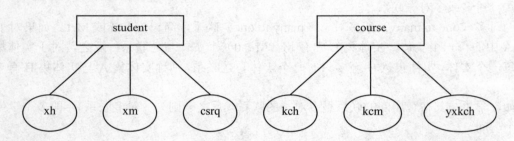

图 1-15　实体集与属性间的联接

属性也依附于联系，它们之间也有联接关系，如联系 SC 可与学生的课程成绩属性 cj 建立联接的无向线段表示，如图 1-16 所示。

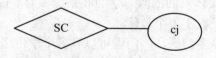

图 1-16　联系与属性间的联接

（5）实体集与联系间的联接关系

在 E-R 图中，实体集与联系间的联接关系，也可用一条无向线段表示。如实体集 student 与联系 SC 间有联接关系，实体集 course 与联系 SC 间也有联接关系，因此它们之间均可用无向线段相连，如图 1-17 所示。

有时为了进一步说明实体集与联系间属于何种联系，还可在线段边上用如 1:1、1:n、n:m

等来注明其对应的联系种类，如 student 与 course 间有多对多联系，此时在图中可以用图 1-18 所示的形式表示。

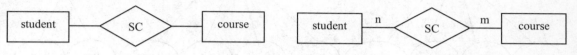

<table>
<tr><td>图 1-17　实体集与联系间的联接关系</td><td>图 1-18　实体集间的联系表示图</td></tr>
</table>

实体集与联系间的联接可以有多种，如果联系是两个实体集间联系，我们称为二元联系。三个以上实体集间联系，则称为多元联系。

一个实体集内部也可以有联系。如某公司职工（employee）间上、下级管理（manage）的联系，此时，其联接关系可用图 1-19（a）表示。

实体集间也可有多种联系。如教师（T）与学生（S）之间可以有教学（E）联系，也可以有管理（M）联系，此种联接关系可用图 1-19（b）表示。

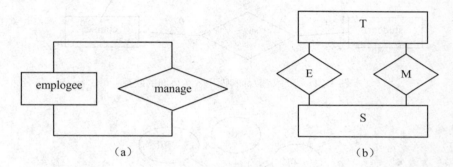

图 1-19　实体集间多种联系

3. 怎样设计 E-R 图

在概念上，E-R 模型中的实体、属性与联系是三个有明显区别的不同概念。但是在分析客观世界的具体事物时，对某个具体数据对象，究竟它是实体，还是属性或联系，则是相对的，所做的分析设计与实际应用的背景以及设计人员的理解有关。

设计 E-R 图的基本步骤如下：

（1）用方框表示出实体。

（2）用椭圆表示各实体的属性。

（3）用菱形表示实体之间的联系。

【例 1-1】在大学课程管理系统中，学生可根据自己的情况选修课程。每名学生可同时选修多门课程，每门课程可由多位教师讲授，每位教师可讲授多门课程。画出其对应的 E-R 图。

分析：在课程管理系统中，共有 3 个实体：student（学生）实体的属性有 sxh（学号）、sxm（姓名）、sxb（性别）和 scsrq（出生日期）；teacher（教师）实体的属性有 gh（教师号）、txm（姓名）、txb（性别）和 tcsrq（出生日期）；course（课程）实体的属性有 kch（课程号）和 kcm（课程名）。学生、教师和课程实体与属性的联系，如图 1-20 所示。

学生实体和课程实体之间有"选修"联系，这是 m:n 联系，教师实体和课程实体之间有"开课"联系，这是 m:n 联系，如图 1-21 所示。

将它们合并到最终的 E-R 图，如图 1-22 所示。

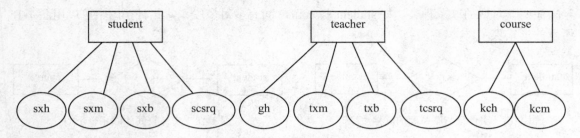

图 1-20　学生、教师和课程各实体与属性间的联系

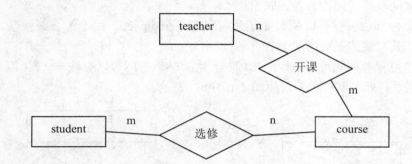

图 1-21　学生、教师和课程各实体间的联系

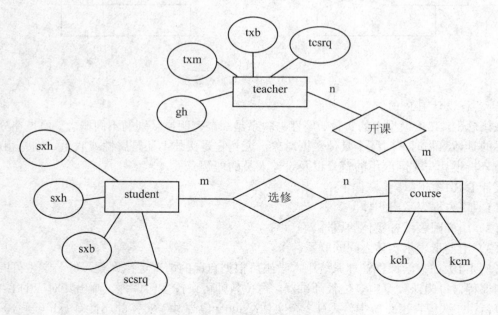

图 1-22　大学课程管理系统 E-R 图

1.4.4　几种常用的数据模型

DBMS 基本都是基于某种逻辑数据模型的，管理的数据库依模型而建立和组织。数据库的逻辑模型又称为数据库的结构数据模型，简称数据模型。

数据模型还必须定义对其中的数据可执行的操作及其操作规则。数据操作描述了系统的动态特性。对数据库的操作主要是数据维护和数据检索两大类，这是任何数据模型都必须规定的操作，包括操作符、含义、规则等。

另外，数据模型还必须提供定义完整性约束的手段，并在操作中自动予以检查。对不符合约束条件的操作，将自动拒绝执行；对符合约束条件的操作，才真正予以执行，从而最大限度地保证数据的正确、相容和有效。

目前成熟应用在数据库系统中的数据模型有：层次模型、网状模型和关系模型三种。20世纪中期又发展了一种对象数据模型，该模型是用面向对象观点来描述实体的逻辑组织、对象间限制和联系等特性。

1. 层次模型

层次模型（Hierarchical model）是 20 世纪 60 年代末期产生的数据库模型。层次模型的基本结构是树形结构，每个结点表示一个记录类型，记录之间通过一条自上而下的有向线段进行联系。层次结构在现实世界中很普遍，如家族结构、行政组织机构，它们自上而下、层次分明。图 1-23 给出了一个描述学校组织层次结构的层次数据模型 E-R 图。

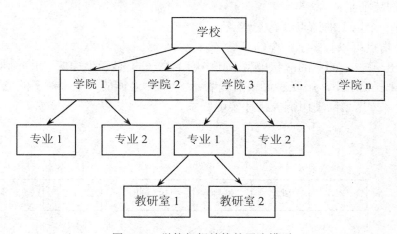

图 1-23 学校组织结构的层次模型

层次模型的特性是：

（1）有且仅有一个无双亲结点，称为根（root）。

（2）一个结点下面可以没有结点，即向下没有分支，那么该结点称为叶结点。

（3）一个结点可以有一个或多个结点，前者称为父结点，后者称为子结点。

（4）同一父结点的子结点称为兄弟结点。

（5）除根结点外，其他任何结点有且只有一个父结点。

在层次模型中，每个记录类型可以包含多个字段，不同记录类型之间、同一记录类型的不同字段之间不能同名。如果要存取某一类型的记录，就要从根结点开始，按照树的层次逐层向下查找，查找路径就是存取路径，如图 1-24 所示。

层次模型结构简单、容易实现，对于某些特定的应用系统效率很高，但如果需要动态访问数据（如增加或修改记录类型）时，效率并不高。另外，对于一些非层次性结构（如多对多联系），用层次模型表达起来比较繁琐和不直观。

2. 网状模型

网状模型（Network model）20 世纪 70 年代初期由查尔斯·巴赫曼（Charles W.Bachman）

首先提出。该模型可以看作是层次模型的一种扩展。它采用网状结构表示实体及其之间的联系。网状模型的每一个结点代表一个记录类型，记录类型可包含若干字段，联系用链接指针表示，去掉了层次模型的限制。

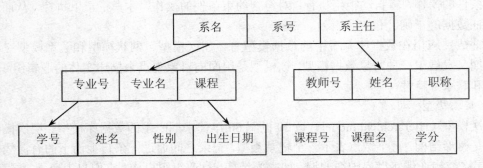

图 1-24 教务管理系统的层次模型

网状模型的特征是：

（1）允许一个以上的结点没有父结点。

（2）一个结点可以有多于一个的父结点。

图 1-25 给出了一个简单的网状模型，其中图 1-25（a）是学生选课 E-R 图，S 表示学生记录型，C 表示课程记录型，用联系记录型 L 表示 S 和 C 之间的一个多对多的选修联系，如图 1-25（b）所示。数据之间使用链表指针实现联系。

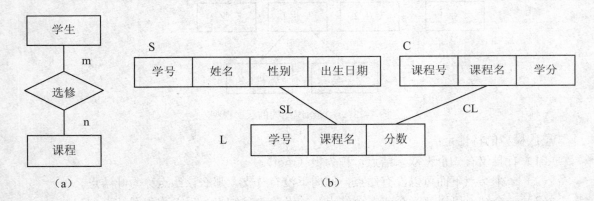

图 1-25 教务管理系统的网状模型

由于网状模型比较复杂，一般实际的网状数据库管理系统对网状都有一些具体的限制。在使用网状数据库时需要一些转换。

网状数据模型的优点：

（1）能够更为直接地描述现实世界，如一个结点可以有多个双亲。

（2）具有良好的性能，存取效率较高。

网状数据模型的缺点：

（1）结构比较复杂，且随着应用环境的扩大，数据库的结构会变得越来越复杂，不利于最终用户的掌握。

（2）其 DDL、DML 语言复杂，用户不易使用。

（3）由于记录之间的联系是通过存取路径实现的，应用程序在访问数据时必须选择适当的存取路径，因此，用户必须了解系统结构的细节，加重了编写应用程序的负担。

3. 关系模型

（1）关系模型的概念

网状模型和层次模型已经很好地解决了数据的集中和共享问题，但是在数据独立性和抽象级别上仍有很大欠缺。用户在对这两种模型进行存取时，仍然需要明确数据的存储结构，指出存取路径。而后来出现的关系模型较好地解决了这些问题。

1970 年，IBM 的研究员 E.F.Codd 博士在《Communication of the ACM》上发表了一篇名为"A Relational Model of Data for Large Shared Data Banks"的论文，提出了关系模型（Relational model）的概念，奠定了关系模型的理论基础。后来 Codd 又陆续发表了多篇文章，论述了范式理论和衡量关系系统的 12 条标准，用数学理论奠定了关系模型的基础。

用二维表结构来描述实体及其实体之间联系的模型称为关系模型。关系模型以关系代数理论为基础，在关系模型中操作的对象和操作的结果都是二维表，这种表就是关系。

在关系模型中，无论是从客观事物中抽象出的实体，还是实体之间的联系，都用单一的结构类型——关系（即二维表格结构）来表示。在对关系进行各种处理之后，得到的还是关系——一张新的二维表。

二维表由行和列组成。下面以教师信息表和课程表（见表 1-2 和表 1-3）为例，说明关系模型中的一些常用术语：

表 1-2 教师信息表（表名为 teacher）

教师号	姓名	性别	职称	系别
T1101	邹涛	男	讲师	管理学院
T1102	李丽	女	教授	数理学院

表 1-3 课程表（表名为 course）

课程号	课程名称	学时	教师号
K108	C 语言	64	T1101
K109	数据结构	72	T1102

①关系（relation）：一个关系就是一个表，如上面的教师信息表和课程表。

②元组（Tuple）：表中的一行为一个元组（不包括表头），也称为一条记录（Record）。

③属性（Attribute）：表中的一列为一个属性。

④码（Key）：在二维表中凡能唯一标识元组的最小属性集称为该表的键或码。二维表中可能有若干个键，它们称为该表的候选码或候选键（Candidate Key）。从二维表的所有候选键中选取一个作为用户使用的键，称为主键（Primary Key）或主码，一般主键也简称为键或码。如果在一个关系中包含另一个关系的主键所对应的属性组，则称该属性组为外键（Foreign Key）或外码。

⑤域（Domain）：属性的取值范围。

⑥分量：元组中的一个属性值。

⑦关系模式：对关系的描述，一般表示为：关系名（属性 1，属性 2，……，属性 n）。例

如表 1-2 中教师信息表（表名为 teacher）的关系模式，可写成如下形式：

Teacher（教师号，姓名，性别，职称，系别）

在关系元组的分量中允许出现空值（Null Value）以表示信息的空缺。空值用于表示未知的值或不可能出现的值，一般用 NULL 表示。一般关系数据库系统都支持空值，但是有两个限制，即关系的主键中不允许出现空值，因为如主键为空值则失去了其元组标识的作用；需要定义有关空值的运算。

关系模式支持子模式，关系子模式也是二维表结构，关系子模式对应用户数据库，称为视图（View）。

在关系模型中，记录之间的联系是通过不同关系中的同名属性来实现的。关系模型的基本特征是：

①二维表中元组个数是有限的——元组个数有限性。

②二维表中元组均不相同——元组的唯一性。

③二维表中元组的次序可以任意交换——元组的次序无关性。

④二维表中元组的分量是不可分割的基本数据项——元组分量的原子性。

⑤二维表中属性名各不相同——属性名唯一性。

⑥二维表中属性与次序无关，可任意交换——属性的次序无关性。

⑦二维表属性的分量具有与该属性相同的值域——分量值域的同一性。

关系模型概念清晰、结构简单，实体、实体联系和查询结果都采用关系表示，用户比较容易理解。另外，关系模型的存取路径对用户是透明的，程序员不用关心具体的存取过程，减轻了程序员的工作负担，具有较好的数据独立性和安全保密性。

关系模型也有一些缺点，在某些实际应用中，关系模型的查询效率不如层次和网状模型。为了提高查询的效率，有时需要对查询进行一些特别的优化。

（2）关系操纵

关系模型的数据操纵即是建立在关系上的数据操作，一般有查询、插入、删除及修改四种操作。

①数据查询。用户可以查询关系数据库中的数据，它包括一个关系内的查询以及多个关系间的查询。

②数据删除。数据删除的基本单位是一个关系内的元组，它的功能是将指定关系内的指定元组删除。

③数据插入。数据插入仅对一个关系而言，即在指定关系中插入一个或多个元组。

④数据修改。数据修改是在一个关系中修改指定的元组与属性。

以上四种操作的对象都是关系，而操作结果也是关系，因此都是建立在关系上的操作。这四种操作又可以分解成六种基本操作，称为关系模型的基本操作：

- 关系的属性指定；
- 关系的元组选择；
- 两个关系合并；
- 一个或多个关系的查询；
- 关系中元组的插入；
- 关系中元组的删除。

（3）关系中的数据约束

关系模型允许定义四类数据约束，它们是实体完整性约束、参照完整性约束、域完整性约束以及用户定义的完整性约束，其中前两种完整性约束由关系数据库系统自动支持。对于用户定义的完整性约束，则由关系数据库系统提供完整性约束语言，用户再利用该语言写出约束条件，运行时由系统自动检查。

①实体完整性约束（Entity Integrity Constraint）

该约束要求关系的主键中属性值不能为空值，这是数据库完整性的最基本要求，因为主键是唯一决定元组的，如为空值则其唯一性就成为不可能的了。

②参照完整性约束（Reference Integrity Constraint）

该约束是关系之间相关联的基本约束，它不允许关系引用不存在的元组：即在关系中的外键要么是所关联关系中实际存在的元组，要么就为空值。比如在关系 Teacher（教师号，姓名，性别，职称，系别）与 Course（课程号，课程名称，学时，教师号）中，Course 中主键为（课程号，教师号）而外键为教师号，Teacher 与 Course 通过"教师号"相关联。参照完整性约束要求 Course 中的"教师号"的值必在 Teacher 中有相应元组值，如有 Course（K109，数据结构，72，T1102），则必在 Teacher 中存在 Teacher（T1102，李丽，女，教授，数理学院）。

③域完整性约束

域完整性是保证数据库字段取值的合理性。属性值应是域中的值，这是关系模式规定了的。除此之外，一个属性能否为 NULL，这是由语义决定的，也是域完整性约束的主要内容。域完整性约束是最简单、最基本的约束。在当今的关系 DBMS 中，一般都有域完整性约束检查功能，包括检查（CHECK）、默认值（DEFAULT）、不为空（NOT NULL）等。

④用户定义的完整性约束（User defined Integrity Constraint）

实体完整性和参照完整性适用于任何关系型数据库系统，它主要是针对关系的主关键字和外部关键字取值必须有效而做出的约束。用户定义的完整性则是根据应用环境的要求和实际的需要，对某一具体应用所涉及的数据提出的约束性条件。这一约束机制一般不应由应用程序提供，而应由关系模型提供定义并检验，用户定义的完整性主要包括字段有效性和记录有效性。

实体完整性约束和参照完整性约束是关系数据库所必须遵守的规则，在任何一个关系数据库管理系统（RDBMS）中均由系统自动支持。

4．其他数据模型

（1）面向对象模型

面向对象模型（object oriented model）出现于 20 世纪 80 年代，它既吸收了关系数据模型的概念，同时又与面向对象程序设计语言结合而产生的一种新的数据模型。该模型将客观世界的实体都模型化为一个对象，每个对象有一个唯一的标识。面向对象模型是一种新型的可扩充的数据模型，即可根据用户的需要，自己定义新的数据类型及其相应的约束和操作。

（2）Web 模型

Web 模型（Web model），是 20 世纪 90 年代将新型的 Web 技术与关系型数据库技术相结合而产生的新型数据库模型。

数据库中存储的数据可以从多种渠道加以利用。可以在单机上仅供一个人使用；可以在局域网中供小范围内的多人使用；也可以通过 Intranet 和 Internet 在非常大的范围内供广大用户使用，这就是 Web 数据库。

　　Web 数据库伴随着 Internet 的发展而不断成长。随着网络逐渐融入人们的工作、学习和生活，Web 数据库也渐渐显示出它的重要性，数据库在网站的建设中已经成为必不可少的重要内容。会员（客户）资料管理、产品（服务）资料管理、销售资料管理和分析、访问流量统计分析等都离不开数据库系统的支持，可以说数据库技术已经成为网络的核心技术，网络就是数据库。所以各大软件厂商都纷纷加紧推出了自己的 Web 数据库解决方案，提供多种工具和技术供你选择。

　　Web 数据库可以实现方便廉价的资源共享。数据信息是资源的主体，因而网络数据库技术自然而然成为互联网的核心技术。

　　在人们使用数据模型并处理数据时，非关系模型在数据库系统初期发挥了巨大的作用。在关系模型发展后，非关系型数据库则迅速衰退，完成了历史使命而退出。关系模型具有完备的理论基础、简单的模型、说明性的查询语言、简单易学、使用方便等优点而风靡全球，是目前使用最广泛的数据模型，Visual FoxPro、Oracle、SQL Server、Access 等都是关系型数据库。而面向对象模型和 Web 模型是近年才出现的数据模型，是目前数据库技术研究的方向，它们也都是建筑在关系模型的基础上。因此，关系型数据库一定是学习的重点。

　　支持某一类数据模型的数据库管理系统就称为某一类数据库管理系统。例如 Visual FoxPro 支持关系模型，就称它为关系型数据库管理系统（RDBMS）。

1.5　关系代数

　　数据库应用的一个主要目的就是如何从数据库中获取所需要的信息。关系代数（relational algebra）是一种抽象的查询语言，是关系数据操纵语言的一种传统表达方式。关系代数是以集合代数为基础发展而来的，它是以关系为运算对象的一组高级运算的集合。

　　下面将介绍关于关系数据库的理论——关系代数。

1.5.1　关系代数的运算符及分类

　　关系代数的运算对象是关系，运算结果也是关系。关系代数所使用的运算符有四类：集合运算符、专门的关系运算符、比较运算符和逻辑运算符。

　　①集合运算符：∪（并运算）、∩（交运算）、－（差运算）和×（广义笛卡尔积）。

　　②专门的关系运算符：σ（选择）、π（投影）、÷（除）和▷◁（连接）。

　　③比较运算符：＞（大于）、≥（大于等于）、＜（小于）、≤（小于等于）、＝（等于）和≠（不等于）。

　　④逻辑运算符：¬（非）、∧（与）和∨（或）。

　　关系代数的运算可分为传统的集合运算和专门的关系运算两类。

　　①传统的集合运算。传统的集合运算从关系定义出发，把关系看成元组的集合，其运算是从关系的记录（行）的角度来进行。

　　②专门的关系运算。专门的关系运算不仅涉及关系的记录（行），也涉及关系的属性（列）。

1.5.2　传统的集合运算

　　传统的集合运算是二目运算，包括并、交、差、广义笛卡尔积四种运算。

1. 并（Union）

设关系 R 和关系 S 具有相同的目 n（即两个关系都有 n 个属性），且相应的属性取自同一个域，则关系 R 与关系 S 的并由属于 R 或属于 S 的元组组成，其结果关系仍为 n 目关系。记作：

$$R \cup S = \{t | t \in R \lor t \in S\}$$

其中，t 是元组变量，$t \in R$ 表示 t 是 R 的一个元组，并运算的结果要消除重复的元组。

2. 差（Difference）

设关系 R 和关系 S 具有相同的目 n，且相应的属性取自同一个域，则关系 R 与关系 S 的差由属于 R 而不属于 S 的所有元组组成。其结果关系仍为 n 目关系。记作：

$$R - S = \{t | t \in R \land t \notin S\}$$

3. 交（Intersection）

设关系 R 和关系 S 具有相同的目 n，且相应的属性取自同一个域，则关系 R 与关系 S 的交由既属于 R 又属于 S 的元组组成。其结果关系仍为 n 目关系。记作：

$$R \cap S = \{t | t \in R \land t \in S\}$$

关系的交可以用差来表示，即 $R \cap S = R - (R - S)$。

4. 广义笛卡尔积（Extended Cartesian product）

两个分别为 n 目（或称度）和 m 目的关系 R 和 S 的广义笛卡尔积是一个(n+m)列的元组的集合 R×S。元组的前 n 列是关系 R 的一个元组，后 m 列是关系 S 的一个元组。

广义笛卡尔积不要求参与运算的两个关系有相同的目，也不要求属性取自相同的域。R×S 的组合原则是：从 R 中取一个元组与 S 中的任一元组搭配组合成一个新的元组，如果 S 有 k2 个元组则会产生 k2 个新元组，R 中若有 k1 个元组时则会产生 k1×k2 个新元组。

广义笛卡尔积的定义形式如下：

$$R \times S = \{t | t = <t^n, t^m> \land t^n \in R \land t^m \in S\}$$

其中，t^n、t^m 中 n、m 为上标，分别表示有 n 个分量和 m 个分量。

【例 1-2】关系的传统集合运算举例。有关系 R 和关系 S，如图 1-26（a）、图 1-26（b）所示。图 1-26（c）为关系 R 与 S 的并，图 1-26（d）为关系 R 与 S 的交，图 1-26（e）为关系 R 和 S 的差，图 1-26（f）为两者的广义笛卡尔积。

A	B	C
a1	b1	c1
a2	b2	c2
a3	b3	c3

（a）R

A	B	C
a1	b2	c2
a1	b2	c2
a2	b2	c1

（b）S

图 1-26 关系的传统集合运算举例

A	B	C
a1	b2	c1
a1	b2	c2
a2	b2	c1
a1	b3	c2

（c）R∪S

A	B	C
a1	b2	c2
a2	b2	c1

（d）R∩S

A	B	C
a1	B1	c1

（e）R－S

R.A	R.B	R.C	S.A	S.B	S.C
a1	b1	c1	a1	b2	c2
a1	b1	c1	a1	b3	c2
a1	b1	c1	a2	b2	c1
a1	b2	c2	a1	b2	c2
a1	b2	c2	a1	b3	c2
a1	b2	c2	a2	b2	c1
a2	b2	c1	a1	b2	c2
a2	b2	c1	a1	b2	c2
a2	b2	c1	a2	b2	c1

（f）R×S

图 1-26　关系的传统集合运算举例（续图）

1.5.3　专门的关系运算

1. 选择（Selection）

选择又称为限制（Restriction）。它是在关系 R 中选择符合逻辑表达式 F 为真的元组，即对二维表进行水平分割，记作：

$$\sigma_F(R)=\{t|t\in R \wedge F(t)=true\}$$

其中，F 表示选择条件，它是一个逻辑表达式，取逻辑值"真"或"假"。F 的形式是由逻辑运算符¬（非）、∧（与）和∨（或）连接各算术表达式组成。

逻辑表达式 F 的基本形式为：

$$X_1 \theta Y_1 [\varphi X_2 \theta Y_2]$$

其中，θ 表示比较运算符，它可以是>、≥、<、≤、＝或≠。X_1、Y_1 等是属性名或常量或简单函数。属性名也可以用它的序号来代替。φ 表示逻辑运算符。[ ]表示任选项，即[ ]中的部分可以要也可以不要。

【例 1-3】设有一个如表 1-4 所示的商品关系，现要查询上海生产的商品信息，其表达如下：

$$\sigma_{G\_place='上海'}(goods) \quad 或 \quad \sigma_{3='上海'}(goods)$$

其中，下角标"3"为产地的属性序号。

表 1-4　商品（表名为 goods）

G_no（商品编号）	G_name（商品名）	G_place（产地）	G_price（价格）	G_rank（等级）
G01	空调	广州	1800	一等品
G02	冰箱	青岛	3200	特等品
G03	电视机	上海	15000	一等品
G04	计算机	青岛	6500	一等品
G05	洗衣机	上海	2800	一等品

【例 1-4】对表 1-4 所示的商品关系（goods），查询价格大于或等于 6000 元以上的商品信息，其表达式如下：

$$\sigma_{G\_price \geq 6000}(goods) \quad 或 \quad \sigma_{4 \geq 6000}(goods)$$

2. 投影（Projection）

投影运算是从关系 R 中选择出若干属性列，并重新安排排列的顺序，再删除重复的元组后组成的一个新关系。该运算是对二维表进行垂直分割，记作：

$$\pi_A(R) = \{t[A] \mid t \in R\}$$

其中，π 为投影运算，A 为 R 中的属性列。

注意：投影之后不仅取消了原关系中的某些列，而且还可能取消某些元组，因为取消了某些属性列后，就可能有重复行，应取消这些完全相同的行（元组）。

【例 1-5】对表 1-4 所示的商品关系（goods），对商品产地进行查询，其表达式如下：

$$\pi_{G\_place}(goods) \quad 或 \quad \pi_3(goods)$$

结果如表 1-5 所示。

表 1-5　投影运算结果

G_place（产地）
广州
青岛
上海
青岛
上海

3. 连接（Join）

连接运算是从两个关系的笛卡尔积中选取两个关系的属性符合一定管理条件的元组，记作：

$$R \underset{i\theta j}{\bowtie} S = \sigma_{i\theta(r+j)} (R \times S)$$

其中，i 和 j 分别是关系 R 和 S 中的第 i 个、第 j 个属性，θ 是比较运算符，r 是关系 R 的目。该式表示连接运算是在关系 R 和 S 的笛卡尔积中选择第 i 个分量和第 (r+j) 个分量满足 θ 运算的元组。

连接包括 θ 连接，自然连接，外连接，半连接。

半连接（half join）是一种特殊的自然连接。它与自然连接的区别在于其结果只保留 R 的属性。当关系 R 和 S 有相同的属性组 B，且该属性组的值相等时进行连接，其结果只保留 R 的属性，这种连接称为半连接。

外连接分为左外连接（Left Outer Join 或 Left Join）、右外连接（Right Outer Join 或 Right Join）和全外连接（Full Outer Join 或 Full Join）三种。

在连接运算中，最为重要也最为常用的连接是等值连接（Equi-join）和自然连接（Natural join）。

θ 为 "=" 的连接运算称为等值连接。它是从关系 R 与 S 的笛卡尔积中选取 A、B 属性值相等的那些元组。

自然连接（Natural join）是一种特殊的等值连接，它要求两个关系中进行比较的分量必须是相同的属性组，并且要在结果中把重复的属性去掉。记作 R⋈S。

一般的连接操作是从行的角度进行运算。但自然连接还需要取消重复列，所以是同时从行和列的角度进行运算。

【例1-6】有如图1-27（a）、（b）所示的两个关系 R 与 S，求大于连接 R ⋈ S（C>D）、
等值连接 R ⋈ S（C=D）、等值连接 R ⋈ S（R.B=S.B）和自然连接 R⋈S。

R

A	B	C
a1	b1	2
a1	b2	4
a2	b3	6
a2	b4	8

（a）

S

B	D
b1	5
b2	6
b3	7
b3	8

（b）

图1-27　两个关系 R 与 S

①R 和 S 的大于连接（C>D），如图1-28所示。

A	R.B	C	S.B	D
a2	b3	6	b1	5
a2	b4	8	b1	5
a2	b4	8	b2	6
a2	b4	8	b3	7

图1-28　大于连接（C>D）

②R 和 S 的等值连接（C=D），如图1-29所示。

A	R.B	C	S.B	D
a2	b3	6	b2	6
a2	b4	8	b3	8

图1-29　等值连接（C=D）

③R 和 S 的等值连接（R.B=S.B），如图1-30所示。

A	R.B	C	S.B	D
a1	b1	2	b1	5
a1	b2	4	b2	6
a2	b3	6	b3	7
a2	b3	6	b3	8

图1-30　等值连接（R.B=S.B）

④R 和 S 的自然连接，如图1-31所示。

A	B	C	D
a1	b1	2	5
a1	b2	4	6
a2	b3	6	7
a2	b3	6	8

图 1-31　自然连接（R.B=S.B）

结合上例，我们可以看出等值连接与自然连接的区别。

● 等值连接中不要求相等属性值的属性名相同，而自然连接要求相等属性值的属性名必须相同，即两关系只有同名属性才能进行自然连接。如上例 R 中的 C 列和 S 中的 D 列可进行等值连接，但因为属性名不同，不能进行自然连接。

● 等值连接不将重复属性去掉，而自然连接去掉重复属性，也可以说，自然连接是去掉重复列的等值连接。如上例 R 中的 B 列和 S 中的 B 列进行等值连接时，结果有两个重复的属性列 B，而进行自然连接时，结果只有一个属性列 B。

4. 除（Division）

给定关系 R(X,Y) 和 S(Y,Z)，其中 X，Y，Z 为属性组。R 中的 Y 与 S 中的 Y，可以有不同的属性名，但必须出自相同的域集。R 与 S 的除运算得到一个新的关系 P(X)，P 是 R 中满足下列条件的元组在 X 属性列上的投影：元组在 X 上分量值 x 的像集 Y_x 包含 S 在 Y 上投影的集合。记作：

$$R \div S = \{t_r[X] | t_r \in R \wedge \pi_Y(S) \subseteq Y_x\}$$

其中，Y_x 为 x 在 R 中的像集。

说明：设两个关系 R 和 S 的元数分别为 r 和 s（r>s>0），那么 R 除 S 是一个 (r-s) 元的元组的集合。它是满足下列条件的最大关系：其中 R 中的每个元组 t 与 S 中的每个元组 u 组成的新元组 <t,u> 必在关系 R 中。除运算是笛卡尔积的逆运算。

除操作也是同时从行和列的角度进行运算。R÷S 的具体计算过程如下：

①将被除关系的属性分为像集属性和结果属性两部分，与除关系相同的属性属于像集属性，不相同的属性属于结果属性。

②在除关系中，在与被除关系相同的属性（像集属性）上进行投影，得到除目标数据集。

③将被除关系分组，把结果属性相同的元组分为一组。

④观察每个组，如果它的像集属性值中包括目标数据集，则对应的结果属性值属于该除法运算结果集。

【例 1-7】已知关系 R 和 S，如图 1-32 所示，求 R÷S。

R

A	B	C	D
a1	b2	c3	d5
a1	b2	c4	d6
a2	b4	c1	d3
a3	b5	c2	d8

S

C	D	F
c3	d5	f3
c4	d6	f4

图 1-32　关系 R 和 S

①将关系 R 的属性分为像集属性（C，D）和结果属性（A，B）两部分，即有如下关系，

如图 1-33 所示。

②在除关系中，在与被除关系相同的属性（像集属性）上进行投影，得到除目标数据集，即包含关系 S 属性组（C、D）在关系 R 上的投影，如图 1-34 所示。

③最后得到结果相同的两个元组(a1,b2)，合并结果，即只有(a1,b2)的像集包含 S 在 Y 上的投影，所以 R÷S={(a1,b2))，如图 1-35 所示。

结果属性

A	B
a1	b2
a1	b2
a2	b4
a3	b5

像集属性

C	D
c3	d5
c4	d6
c1	d3
c2	d8

A	B
a1	b2
a1	b2

A	B
a1	b2

图 1-33　结果属性和像集属性　　图 1-34　投影结果　　图 1-35　消除重复值的投影结果

注： 除法运算不是基本运算，但可以由基本运算推导而出。设关系 R 有属性 A_1, A_2, ..., A_n，关系 S 有域 A_{n-s+1}, A_{n-s+2}, ..., A_n，此时有：

$$R \div S = \pi_{A_1, A_2, ..., A_{n-s}}(R) - \pi_{A_1, A_2, ..., A_{n-s}}((\pi_{A_1, A_2, ..., A_{n-s}}(R) \times S) - R)$$

在以上运算中最常用的是投影运算、选择运算、自然连接运算、并运算及差运算。

思考题：

①设关系 R 给出了学生修读课程的情况，关系 S 给出了所有课程号，如图 1-36 所示。修读所有课程的学生号可用 T=R/S 表示，试找出修读所有课程的学生号。

R

S#	C#
S1	C1
S1	C2
S2	C1
S2	C2
S2	C3
S3	C2

S

C#
C1
C2
C3

图 1-36　关系 R 和 S

②现有关系 R 和 S，如图 1-37 所示，求 R÷S。

R

A	B	C
A1	B1	C2
A2	B3	C7
A3	B4	C6
A1	B2	C3
A4	B6	C6
A2	B3	C3
A1	B2	C1

S

B	C	D
B1	C2	D1
B2	C1	D1
B3	C3	D2

图 1-37　关系 R 和 S

1.6　关系数据库的规范化*

关系数据库的规范化理论最早是由关系数据库的创始人 E.F.Codd 提出的，后经许多专家学者对关系数据库理论作了深入的研究和发展，形成了一整套有关数据库设计的理论。

不是所有的二维表格都能称为关系。一个二维表要称为关系或合理的关系，还应满足一定的约束条件，即关系要规范化。

关系规范化分成几个等级，一级比一级要求得严格。满足最低要求的关系称为属于第一范式（Normak From，简称为 NF）。在此基础上又满足了某种条件，达到第二范式标准的，则称它属于第二范式的关系，如此等等，直到第五范式。满足较高条件者必须满足较低范式条件。一个较低范式的关系，可以通过关系的无损分解转换为若干高级范式关系的集合。一般情况下，第一范式和第二范式的关系存在许多缺点，实际的关系数据库一般使用第三范式以上的关系。

关系规范化的主要作用有如下三个基本方面：

①数据冗余度大

所谓数据冗余，就是相同数据在数据库中多次重复存放的现象。数据冗余不仅会浪费存储空间，而且会造成数据的不一致性。

②插入异常

插入异常是指，当在不规范的数据表中插入数据时，由于实体完整性约束要求主码不能为空的限制，而使有用数据无法插入的情况。

③删除异常

删除异常是指，当不规范的数据表中某条需要删除的元组中包含有一部分有用数据时，就会出现无法删除等问题。

从 1971 年起，Codd 相继提出了关系的三级规范化形式，即第一范式（1NF）、第二范式（2NF）、第三范式（3NF）。1974 年，Codd 和 Boyce 共同提出了一个新的范式概念，即 Boyce-Codd 范式，简称 BC 范式。1976 年 Fagin 提出了第四范式，后来又有人定义了第五范式。至此在关系数据库规范中建立了一系列规范：即第一范式（1NF）、第二范式（2NF）、第三范式（3NF）、BC 范式（BCNF）、第四范式（4NF）和第五范式（5NF）等。

各个范式之间的联系可以表示为：$5NF \subset 4NF \subset BCNF \subset 3NF \subset 2NF \subset 1NF$。

1. 第一范式（1NF）

在任何一个关系数据库中，第一范式是对关系模型的基本要求，不满足第一范式的数据库就不是关系数据库。

所谓第一范式是指数据库表的每一列都是不可再分割的基本数据项，同一列不能有多个值，即实体中的某个属性不能有多个值或者不能有重复的属性。如果出现重复的属性，就可能需要定义一个新的实体，新的实体由重复的属性构成，新实体与原实体之间为一对多关系。在第一范式中表的每一行只包含一个实例的信息。例如，对于图 1-38 中的客户信息，不能将客户信息都放在一列中显示，也不能将其中的两列或多列放在一列中显示；客户信息的每一行只表示一个客户的信息，一个客户的信息在表中只出现一次。简而言之，第一范式就是无重复的列。

2. 第二范式（2NF）

第二范式是在第一范式的基础上建立起来的，即满足第二范式必须先满足第一范式。第二范式要求数据库表中的每个实例或行必须可以被唯一地区分。为实现区分，通常需要为表加上一个列，以存储各个实例的唯一标识。如图 1-38 中，因为"客户编号"是用来区分每个客户唯一信息的，这个唯一属性列被称为主关键字或主键。

客户编号	客户姓名	客户地址	所属业务编号	联系电话
C1001	王海	北京市	S1003	13012345678
C1002	宋江	上海市	S1002	13112345678
C1003	张伟	天津市	S1001	13212345678
C1004	史进	重庆市	S1002	13312345678
C1005	吴天	成都市	S1001	13412345678

图 1-38　"客户信息"中的数据

第二范式要求实体的属性完全依赖于主关键字。

3. 第三范式（3NF）

满足第三范式必须先满足第二范式。也就是说，第三范式要求一个数据库表中不包含已在其他表中包含的非主关键字信息。例如，存在一个业务员信息，其中每个业务员有业务员编号、业务员姓名、家庭住址、电话等信息。那么在图 1-38 的"客户信息"中列出业务员编号后就不能再将业务员姓名、家庭住址、电话等与业务员有关的信息加入"客户信息"中。如果不存在业务员信息，则根据第三范式也应该构建它，否则就会有大量的数据冗余。简而言之，第三范式就是属性不依赖于其他非主属性。第三范式的作用可使数据冗余度降低、不存在插入异常、不存在删除异常和不存在更新异常等。

4. BC 范式（BCNF）

在关系模式 R 中，如果每个决定因素（非主属性）都包含关键字（而不是被关键字所包含），则为 BCNF 的关系模式。

一个关系模式如果达到了 BCNF，那么，在函数依赖范围内，它就已经实现了彻底的分离，消除了数据冗余、插入和删除异常。

5. 第四范式（4NF）

满足第四范式，必须满足下列条件。

①必须满足 BCNF：该条件保证所有键都被恰当地定义了，并且，实体中所有的值都正确地依赖于实体的键。

②在一个属性与实体的键之间，多值依赖（MVD）必须不能超过一个：能够存储多值，并且与实体的键相关联的属性不能超过一个，否则会出现重复的数据。另外，我们应该保证，对多值属性的每个值，都不会在单值属性中重复它。

即要求把同一表内的多对多关系删除。

6. 第五范式（5NF）

将一个表尽可能地分割成小的块，以排除在表中所有冗余的数据。

【例 1-8】对关系"学生信息"进行规范化，关系"学生信息"表示如下：

学生信息（学生 ID，姓名，地址，城市，邮政编码，所在年级，性别，参加课程，课程级别，课程 ID，名称，描述，教师 ID，教师姓名，时间表，地点，先决课程）

对关系"学生信息"进行规范化的设计步骤如下：

（1）如果这么多字段在同一个表里，那么这种设计会被认为没有规范化，关系中有很多重复的信息。为了把数据库转化为第一范式，需要把关系"学生信息"分成两个关系："学生"和"课程"，并在两个表之间以"学生 ID"为关键字建立关系。关系"学生"和"课程"的信息如下：

学生（<u>学生 ID</u>，姓名，地址，城市，邮政编码，所在年级，性别）

课程（<u>学生 ID</u>，课程 ID，名称，描述，教师 ID，教师姓名，时间表，地点，先决课程）

这样，我们就将"学生"和"课程"的有关信息从"学生信息"关系中分离出来，消除了由不同的逻辑组引入的重复。

（2）接下来，从第一范式到第二范式，我们需要消除表中仅仅部分依赖主键的列，这些列应该被分割到不同的表中。在"课程"关系中，许多列仅仅依赖于课程 ID，而不依赖于学生 ID，这个表的主键是学生 ID+课程 ID，因此把这个关系分成两个关系"选课"和"课程"，这两个关系可以通过"课程 ID"进行联系。"选课"和"课程"关系如下：

选课（<u>学生 ID</u>，<u>课程 ID</u>）

课程（<u>课程 ID</u>，名称，描述，<u>教师 ID</u>，教师姓名，时间表，地点，先决课程）

既然对主键的部分依赖已经消除，数据库就已经满足第二范式了。

（3）为了进一步把数据库转化为第三范式，需要把关系中对构成主键的列的不依赖部分分离出去，教师姓名依赖于教师 ID，而不依赖于课程 ID，这些列应该被分离以形成一个新的关系，如下：

教师（<u>教师 ID</u>，教师姓名）

课程（<u>课程 ID</u>，名称，描述，教师 ID，时间表，地点，先决课程）

最终关系"学生信息"被分解成以下四个关系，满足了数据库规范化设计的要求。

①学生（<u>学生 ID</u>，姓名，地址，城市，邮政编码，所在年级，性别）

②选课（<u>学生 ID</u>，<u>课程 ID</u>）

③课程（<u>课程 ID</u>，名称，描述，<u>教师 ID</u>，时间表，地点，先决课程）

④教师（<u>教师 ID</u>，教师姓名）

1.7　数据库设计*

在数据库系统中的一个核心问题是设计一个能满足要求、性能良好的数据库，这就是数据库设计（Database Design）。数据库设计的基本任务是根据用户对象的信息要求、处理需求和数据库的支持环境设计出数据模式。

数据库设计的方法可分为手工试凑法和规范设计法两种，其中：

（1）手工试凑法

● 　设计质量与设计人员的经验和水平有直接关系；

● 　缺乏科学理论和工程方法的支持，工程的质量难以保证；

● 　数据库运行一段时间后常常又不同程度地发现各种问题，增加了维护代价。

（2）规范设计法

该方法的基本思想是：过程迭代和逐步求精。

按照规范设计的思想，数据库设计的方法有很多，主要有如下的典型方法：

1）新奥尔良（New Orleans）方法：将数据库设计分为四个阶段，即：

①需求分析阶段：综合各个用户的应用需求；

②概念设计阶段：形成独立于机器特点，独立于各个 DBMS 产品的概念模式（E-R 图）；

③逻辑设计阶段：首先将 E-R 图转换成具体的数据库产品支持的数据模型，如关系模型，

形成数据库逻辑模式；然后根据用户处理的要求、安全性的考虑，在基本表的基础上再建立必要的视图（View），形成数据的外模式；

④物理设计阶段：根据 DBMS 特点和处理的需要，进行物理存储安排，建立索引，形成数据库内模式。

2）S.B.Yao 方法：将数据库设计分为六个步骤，需求分析、模式构成、模式汇总、模式重构、模式分析和物理数据库设计。

3）I.R.Palmer 方法：主张把数据库设计当成一步接一步的过程，并采用一些辅助手段来实现每一过程。

在数据库设计过程中，还应包括数据库实施和数据库运行与维护两个重要的过程。

1. 需求分析

调查和分析用户的业务活动和数据的使用情况，弄清所用数据的种类、范围、数量以及它们在业务活动中交流的情况，确定用户对数据库系统的使用要求和各种约束条件等，形成用户需求规约。如果需求分析做的不好，会导致后续环节不能正常进行。

2. 概念设计

对用户要求描述的现实世界（可能是一个工厂、一个商场或者一个学校等），通过对其中信息的分类、聚集和概括，建立抽象的概念数据模型。这个概念模型应反映现实世界各部门的信息结构、信息流动情况、信息间的互相制约关系以及各部门对信息存储、查询和加工的要求等。所建立的模型应避开数据库在计算机上的具体实现细节，用一种抽象的形式表示出来。以实体-联系模型（E-R 模型）方法为例，第一步先明确现实世界各部门所含的各种实体及其属性、实体间的联系以及对信息的制约条件等，从而给出各部门内所用信息的局部描述（在数据库中称为用户的局部视图）；第二步再将前面得到的多个用户的局部视图集成为一个全局视图，即用户要描述的现实世界的概念数据模型。

3. 逻辑设计

这一步设计的结果就是所谓"逻辑数据库"。其主要工作是将现实世界的概念数据模型设计成数据库的一种逻辑模式，即适应于某种特定数据库管理系统所支持的逻辑数据模式。与此同时，可能还需要为各种数据处理应用领域产生相应的逻辑子模式。

4. 物理设计

这一步设计的结果就是所谓"物理数据库"。根据特定数据库管理系统所提供的多种存储结构和存取方法等依赖于具体计算机结构的各项物理设计措施，对具体的应用任务选定最合适的物理存储结构（包括文件类型、索引结构和数据的存放次序与位逻辑等）、存取方法和存取路径等。

5. 验证设计

在上述设计的基础上，收集数据并具体建立一个数据库，运行一些典型的应用任务来验证数据库设计的正确性和合理性。一般一个大型数据库的设计过程往往需要经过多次循环反复。当设计的某步发现问题时，可能就需要返回到前面去进行修改。因此，在做上述数据库设计时就应考虑到今后修改设计的可能性和方便性。

6. 运行与维护设计

在数据库系统正式投入运行的过程中，必须不断地对其进行调整与修改。

至今，数据库设计的很多工作仍需要人工来做，除了关系型数据库已有一套较完整的数据范式理论可用来部分地指导数据库设计之外，尚缺乏一套完善的数据库设计理论、方法和工具，以实现数据库设计的自动化或交互式的半自动化设计。所以数据库设计今后的研究发展方向是研究数据库设计理论，寻求能够更有效地表达语义关系的数据模型，为各阶段的设计提供自动或半自动的设计工具和集成化的开发环境，使数据库的设计更加工程化、更加规范化和更加方便易行，使得在数据库的设计中充分体现软件工程的先进思想和方法。

数据库设计的上述 6 个阶段并不是由一个人顺序单向完成的，而是需要多人合作、循环渐进地完成。数据库设计的人员包括系统分析人员、数据库管理人员、需求分析人员、领域人员和程序员等。这些人员参与不同阶段的数据库设计。除需求分析之外，各阶段都需要在前阶段设计的基础上，理解前阶段的设计结果，进行本阶段的设计，并验证前阶段设计的合理性。如果存在问题，还需要返回前阶段的步骤，重新设计。

数据库设计的全过程，如图 1-39 所示。

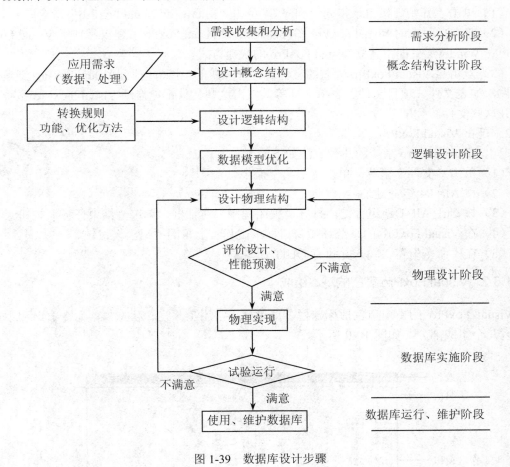

图 1-39   数据库设计步骤

1.8   Visual FoxPro 系统概述

Visual FoxPro 是在 FoxBase 和 FoxPro 的基础上发展起来的，是中小型关系型数据库管理系统。本教材将使用 Visual FoxPro 6.0 中文版（简称为 Visual FoxPro）。

Visual FoxPro 6.0 及其中文版是可运行于 Windows 95 和 Windows NT 平台的 32 位数据库

开发系统，它不仅可以简化数据库管理，而且能使应用程序的开发流程更为合理。Visual FoxPro 6.0 使组织数据、定义数据库规则和建立应用程序等工作变得简单易行。利用可视化的设计工具和向导，用户可以快速创建表单、查询和打印报表。Visual FoxPro 6.0 还提供了一个集成化的系统开发环境，它不仅支持过程式编程技术，而且在语言方面作了强大的扩充，支持面向对象可视化编程技术，并拥有功能强大的可视化程序设计工具。目前，Visual FoxPro 6.0 是用户收集信息、查询数据、创建集成数据库系统、进行实用系统开发较为理想的工具软件。

1.8.1　Visual FoxPro 的启动与退出

1. 启动 Visual FoxPro

启动 Visual FoxPro 的常用方法有以下几种：

（1）单击"开始"按钮，指向"程序"，单击"Microsoft Visual FoxPro"命令。

（2）双击桌面上的 Visual FoxPro 图标即可启动 Visual FoxPro。建议常使用 Visual FoxPro 的用户在 Windows 桌面上建立 Visual FoxPro 的快捷方式。

（3）双击与 Visual FoxPro 关联的文件。打开"我的电脑"，找到 Visual FoxPro 创建的用户文件，如表文件、项目文件、表单文件等，双击这些文件都能启动 Visual FoxPro 系统，同时打开这些文件。

2. 退出 Visual FoxPro

退出 Visual FoxPro 系统的几种方法如下：

（1）单击"文件"菜单，单击"退出"命令。

（2）按 Alt+F4 组合键。

（3）按 Ctrl+Alt+Del 组合键，打开"关闭程序"对话框，单击"结束任务"按钮。

（4）在 Visual FoxPro 的系统环境窗口，单击其右上角的"退出"按钮。

（5）在"命令"窗口输入并执行 QUIT 命令。

1.8.2　Visual FoxPro 窗口的基本组成

Visual FoxPro 的主窗口包括标题栏、菜单栏、常用工具栏、状态栏、命令窗口和主窗口工作区几个组成部分，如图 1-40 所示。

图 1-40　Visual FoxPro 主窗口

1. 标题栏

标题栏是软件的标识，包含系统图标、窗口标题、最小化按钮、最大化/还原按钮和关闭按钮 5 个对象。

2. 菜单栏

菜单栏可以提供对 Visual FoxPro 的大部分操作，其中包括文件、编辑、显示、格式、工具、程序、窗口和帮助 8 个菜单项，其中"程序"菜单不是固定的。

3. 工具栏

Visual FoxPro 系统提供了 11 种常用工具栏，包括报表控件、报表设计器、表单控件、表单设计器、布局、查询设计器、常用、打印预览、调色板、视图设计器和数据库设计器。用户使用工具栏能够方便地实现某种操作，可以通过执行"显示"菜单下的"工具栏"命令来选择所需要的工具栏。

4. 状态栏

状态栏位于主窗口的底部，用于显示系统在某一时刻的操作状态和辅助信息。

5. 命令窗口

命令窗口是 Visual FoxPro 系统进行命令的输入、编辑、执行的窗口，用户可以通过"窗口"菜单中的"命令窗口"（Ctrl+F2）或"隐藏"（Ctrl+F4）命令弹出或关闭命令窗口。

6. 主窗口工作区

工作区是工具栏和状态栏之间的区域，可用于显示命令或程序的执行结果，同时各种窗口或对话框也在此打开。

1.8.3　Visual FoxPro 系统的常用文件类型

在 Visual FoxPro 系统中，常见的文件类型有项目、数据库、表、视图、查询、表单、报表、标签、程序、菜单和类等。它们以不同的文件类型存储、管理，以不同的系统默认扩展名相互区分、识别，如表 1-6 所示列出了 Visual FoxPro 中常用的文件扩展名及其所代表的文件类型。

表 1-6　Visual FoxPro 系统的常用文件类型

扩展名	文件类型	扩展名	文件类型
.act	向导	.lbt	标签备注文件
.app	生成的应用程序	.lbx	标签文件
.cdx	复合索引文件	.mem	内存变量保存文件
.chm	编译的 HTML 超文本语言帮助文件	.mnt	菜单备注文件
.dbc	数据库文件	.mnx	菜单文件
.dbf	表文件	.mpr	生成后的菜单文件
.dct	数据库备注文件	.mpx	编译后的菜单程序文件
.dcx	数据库索引文件	.ocx	Active 控件文件
.dll	Windows 动态链接库文件	.pjt	项目备注文件
.err	编译错误文件	.pjx	项目文件
.esl	Visual FoxPro 支持的库文件	.prg	程序文件

扩展名	文件类型	扩展名	文件类型
.exe	可执行的程序文件	.qpr	生成的查询程序文件
.fll	FoxPro 动态链接库文件	.qpx	编译后的查询程序文件
.fmt	格式文件	.sct	表单备注文件
.fpt	表的备注文件	.scx	表单文件
.frt	报表的备注文件	.tbk	备注备份文件
.frx	报表文件	.txt	文本文件
.fxp	编译后的程序文件	.vct	可视类库备注文件
.hlp	帮助文件	.vcx	可视类库文件
.idx	单索引文件	.win	窗口文件

1.8.4　Visual FoxPro 系统的工作方式

Visual FoxPro 是一种用于数据库设计和管理的软件，可以用做各种事务中大量数据的检索及管理。它具有界面友好、工具丰富、速度较快等优点，并在数据库操作与管理、可视化开发环境、面向对象程序设计等方面具有较强的功能。

Visual FoxPro 系统支持两种工具方式：交互方式和程序方式。用户可根据实际情况，选择合适的工具方式，来实现数据库的操作及应用。

1. 交互方式

交互方式又分为命令操作方式和菜单操作方式两种。当 Visual FoxPro 启动成功后，便进入交互方式。

（1）命令操作方式。命令操作方式是用户在命令窗口中直接键入命令并执行的操作方式。使用命令操作方式时，用户可以直接使用系统的各种命令、函数，对数据库的操纵更直接、有效，但是要求用户熟练地掌握各种命令及函数的格式、功能及用法。

（2）菜单操作方式。菜单方式是利用系统提供的菜单、工具栏和各种向导、生成器、设计器等工具进行操作的方式。使用菜单操作方式时，用户可以在直观、简单、可视化的方式下轻松地完成所需的操作、无需记忆大量的命令，但是其操作步骤往往比较繁琐。

交互方式操作简单、直观，无需编程，但是却很难用此方式解决比较复杂的问题。

2. 程序方式

程序方式是根据需要将实现某些功能的命令序列编写成程序，并存储成程序文件的形式，通过运行这个程序文件来实现对数据库的操作和管理。使用程序方式，用户可以高效、反复地运行程序文件，并可以实现对复杂问题的处理，但程序的编写需要经过专门的训练。

1.8.5　Visual FoxPro 命令语法规则

Visual FoxPro 系统提供了大量的命令，熟悉命令的格式，并采用命令操作方式可以提高操作的效率和灵活性

1. Visual FoxPro 的命令格式

Visual FoxPro 的命令都有固定的格式，除了少数几个只有一个命令动词外，一般都是由

命令动词和命令短语两部分组成，在使用命令时必须遵守相应的格式和语法规则，否则系统无法识别和执行。Visual FoxPro 命令的基本格式如下：

　　<命令动词> [<范围子句>] [<For 条件子句>]　[<|While 条件子句>]　[<字段名表子句>]...[TO PRINTER [PROMPT] | TO FILE 文件名]

命令格式中用"<>"表示必选项，在命令中必须选择该项；用"[]"表示可选项，可以根据实际需要选用或省略该项内容；用"|"表示任选项，可以根据实际需要任选且必须选其中一项内容。"/"表示二选一，即在"/"的两边选择其中一项。其中的范围子句、条件子句和字段名表子句是命令中常用的 3 种子句。在书写命令时，不应包含"<>"、"[]"和"|"语法标识符。

（1）命令动词

命令动词一般是要执行的操作所对应的英文单词，是一条命令中必不可少的部分。一条命令必须以命令动词开头，当命令动词超过 4 个字母时，在使用时可以只写前 4 个字母，系统会自动识别。

（2）范围子句

范围子句用于限定命令操作的记录范围，有以下四种使用格式。

● 　ALL——表文件中所有记录。

● 　NEXT <n>——包括当前记录到后面 n 个记录。

● 　RECORD <n>——记录号为 n 的一个记录。

● 　REST——包括当前记录到最后的记录。

在命令的一般格式中，[范围]作为可选项是可以缺省的。在有些 Visual FoxPro 命令中，[范围]的缺省是对所有记录进行操作。而在另外一些命令中，缺省这项是对当前的一条记录操作，如记录的删除命令和字段值的替换命令。

RECORD <n>指出是对表的第几条记录进行操作。当录入记录时，系统会自动生成记录号，记录号表示了记录的先后录入顺序，也提供给用户使用记录号来操作记录。

（3）条件子句

条件子句用来只对符合指定条件的记录进行操作，条件子句有两种。

● 　For <条件>：选择表中符合条件的所有记录。

● 　While <条件>：选择符合条件的记录，直到第 1 个不符合条件的记录为止。

其中的<条件>由一个逻辑表达式或关系表达式构成，其值为逻辑型数据。两者的区别在于 For <条件>表示对指定范围的所有符合条件的记录进行操作；While <条件>表示从当前记录开始对每一条记录按指定的条件进行比较，当遇到第 1 个不符合条件的记录时结束操作，并将记录指针定位在第 1 条不满足指定条件的记录上。

（4）字段名表子句

字段名表子句用来限制只对指定的若干个字段进行操作。字段名表子句的格式如下：

[Fields] <字段名 1,字段名 2,字段名 3,......>

其中字段名表由若干个以半角（英文）逗号","分隔的字段名构成，默认情况下是对当前表中的所有字段进行操作，但不包括备注型字段和通用型字段。格式中的 Fields 是可选项，即在有些命令的字段名表子句中是可以省略的。

除了上述几种常用的子句外，很多命令还有其他的子句，操作时用户可以根据实际需要部分或全部选用这些子句。子句的作用是扩充和完善命令的功能，许多命令必须通过子句的配合才能有效和完整地实现命令功能，因此，对命令中各子句的了解和掌握是十分重要的。

2. 命令书写规则

Visual FoxPro 的命令在使用时必须按一定的规则书写或输入，其规则如下：

- 任何命令必须以命令动词开始。
- 除命令动词外，命令中其他各子句的排列顺序不会影响命令的功能。
- 命令动词与子句之间、各子句之间都以空格分隔。
- 一个命令行最多包含 8192 个字符，一行书写不完可以在行尾加分号作为续行标志，然后换行继续书写。
- 不区分命令字符的大小写。
- 命令中除了汉字外所有的字符和标点都应在半角情况下输入。
- 文件名、字段名和变量名应避免使用保留字和重名使用。

第2章　数据类型、常量、变量与项目的使用

本章学习目标

- 学习了解 Visual FoxPro 的基本数据类型、常量和变量的概念和定义方法。
- 掌握数据的查看方法。
- 熟练掌握常量、变量、运算符和表达式的使用方法。
- 理解数组的概念和基本使用。
- 学会 Visual FoxPro 数据库中提供的常用函数的使用方法。
- 掌握项目的建立和使用方法。

在计算机中，一切信息（数据）都是以二进制的形式表示和描述，即数据处理的方式都相同，因此处理的手段过于简单，也不易理解。我们知道，日常生活中有各种各样的信息（数据），有具有大小意义的数，如 12、-23、12.45 等；有具有日期时间性质的（信息）数据，如 2011 年 5 月 21 日、9:18:56 等。

为了方便计算机对这些（信息）数据存储和处理，Visual FoxPro 对各种数据进行了分类，这就是数据类型。

本章主要介绍构成 Visual FoxPro 应用程序的数据基本元素，包括：数据类型、数据的表现形式、数据的运算，具体就是指数据类型、常量与变量、运算符、表达式、内部函数等。

在本章的最后，我们还将向读者介绍项目的建立和使用方法。

2.1　数据类型

数据类型确定了数据在计算机内部的存储形式、值域及其所允许的运算。表 2-1 给出了 Visual FoxPro 的常用数据类型。在表 2-1 的第一列中，凡带下划线的字符，表示该类数据的类型缩写，在表的定义命令中将会用到。

表 2-1　Visual FoxPro 6.0 的常用数据类型

数据类型	说明	大小	范围
字符型（Character）	任意文本	每个字符用一个字节，最多可有 254 个字符	任意字符
货币型（Currency）	货币量	8 个字节	-922337203685477.5808~922337203685477.5807
日期型（Date）	含有年、月和日的数据	8 个字节	使用严格日期格式时，{^0001-01-01}（公元前 1 年 1 月 1 日）到{^9999-12-31}（公元 9999 年 12 月 31 日）

续表

数据类型	说明	大小	范围
日期时间型（Date<u>T</u>ime）	含有年、月、日和时间的数据	8 个字节	使用严格日期格式时，{^0001-01-01}（公元前 1 年 1 月 1 日）到{^9999-12-31}（公元 9999 年 12 月 31 日），加上上午 00:00:00 到下午 11:59:59
逻辑型（<u>L</u>ogical）	"真"或"假"的布尔值	1 个字节	真（.T.）或假（.F.）
数值型（<u>N</u>umeric）	整数或分数	在内存中占 8 个字节	在表中占 1～20 个字节 从.9999999999E+19～.9999999999E+20

除了上述数据类型外，表 2-2 还给出了在 Visual FoxPro 6.0 中仅可用于表中字段的有关的数据类型。

表 2-2　Visual FoxPro 6.0 仅用于字段的数据类型

字段类型	说明	大小	范围
双精度型（<u>D</u>ouble）	双精度浮点数	8 个字节	+/-4.94065645841247E-324～+/-8.9884656743115E307
浮点型（<u>F</u>loat）	与数值型一样	在内存中占 8 个字节；在表中占 1～20 个字节	-.9999999999E+19～.9999999999E+20
通用型（<u>G</u>eneral）	OLE 对象引用	在表中占 4 个字节	受可用内存空间限制，通用型数据也是存放在与数据表同名、扩展名为.FPT 的备注文件中
整型（<u>I</u>nteger）	整型值	4 个字节	从 2147483647～2147483646
备注型（<u>M</u>emo）	数据块引用	在表中占 4 个字节	受可用内存空间限制，存放在与数据表文件同名、扩展名为.FPT 的备注文件中
字符型（二进制）（<u>V</u>arChar Binary）	任意不经过代码页修改而维护的字符数据	每个字符用一个字节，最多可有 254 个字符	任意字符
备注型（二进制）（<u>M</u>emo Binary）	任意不经过代码页修改而维护的备注字段数据	在表中占 4 个字节	受可用内存空间限制

2.2　数据输出命令

下面将要介绍常量、变量和表达式的结果输出命令。最简单的数据输出命令是问号"?"和反斜杠"\"。问号命令分为单、双、三问号命令三种形式，反斜杠命令分为单、双反斜杠命令两种形式。

2.2.1　问号命令

1. 命令格式

? | ?? | Expression1 [FONT cFontName [, nFontSize] [STYLE cFontStyle]]
[, Expression2] ... [, Expression3]...

或

??? Expression

2. 功能

?：换行从下行首部开始显示表达式列表中各表达式的值。

??：不换行从光标的当前位置开始显示表达式列表中各表达式的值。

???：指定将字符型常量的内容直接发送到打印机上。

其中：

（1）Expression1：计算表达式 Expression1 的值，然后先输出一个回车和换行符，再输出计算结果。计算结果显示在 Visual FoxPro 主窗口或者活动的用户自定义窗口的下一行。

如果省略了表达式，则显示或打印一个空行。当包含多个表达式时，即有 Expression2、Expression3 等表达式时，显示的表达式结果之间将插入一个空格。

（2）FONT cFontName [, nFontSize]：指定用于 "? | ??" 输出的字体。cFontName 指定字体名称，nFontSize 指定字体大小。

【例 2-1】 下列命令用 16 磅的 "黑体" 字体显示字符 "中华人民共和国"，显示结果如图 2-1 所示。

? "中华人民共和国" FONT '黑体',16✓

注意： 命令行中的符号 "✓"，表示命令输入完毕后，并按下回车键，以下不再标出。

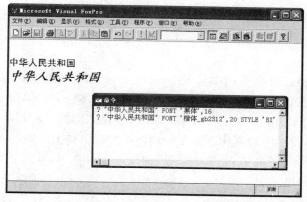

图 2-1　"?|??" 数据输出命令的使用

如果给出 FONT 子句但是没有指定字体大小 nFontSize，此时字体大小为 10 磅。

如果省略 FONT 子句，并且 "? | ??" 的输出结果放在 Visual FoxPro 主窗口中，则输出的字体为 Visual FoxPro 主窗口字体（或用户自定义窗口字体）。

（3）STYLE cFontStyle：指定用于 "? | ??" 输出的字体样式。如果省略 STYLE 子句，则使用 "正常" 字体样式。STYLE 子句指定字体样式时，必须包含有 FONT 子句。cFontStyle 可以使用的字体样式，如表 2-3 所示。

可以使用多个字符的组合来指定字体样式。

【例 2-2】 例如，下面的命令用 20 磅的 "楷体" 字体，加粗和斜体字样，显示字符 "中华人民共和国"，显示结果如图 2-1 所示。

? "中华人民共和国" FONT '楷体_gb2312',20 STYLE 'BI'

"?|??" 命令的后面还有许多短语可供选择，以修饰显示效果，读者可查阅帮助文件予以了解。

表 2-3　cFontStyle 指定的字体样式

字符	字体样式	字符	字体样式
B	粗体	S	阴影
I	斜体	-	删除线
N	正常	T	透明
O	轮廓	U	下划线
Q	不透明		

2.2.2　反斜杠命令

1. 命令格式

\\\\\\TextLine

2. 功能

\：换行从下行首部开始显示文本行的内容。

\\：不换行从光标的当前位置开始显示文本行的内容。\和\\前面的空格不包含在输出行中，但是\和\\之后的空格包含在输出行中。

【例 2-3】在命令窗口中输入如下命令序列，在主窗口输出结果。

```
x=50
y=150
\x+y=
??x,"+",y
??"=",x+y
```

则在 Visual FoxPro 工作主窗口中显示：x+y= 50 + 150 = 200。

可以在文本行中嵌套一个表达式。如果表达式放在文本合并分隔符（默认情况下为<< >>）之内，并且 SET TEXTMERGE 设置为 ON，则计算表达式的值，并将结果以文本形式输出。

【例 2-4】在命令窗口中输入如下命令序列，在主窗口输出结果。

```
d=CTOD("10-1-2009")    &&此命令将字符串"10-1-2009"转化为一个日期
SET TEXTMERGE ON
\<<YEAR(d)>>年
\\<<MONTH(d)>>月
\\<<DAY(d)>>日
\是中华人民共和国成立 60 周年的喜庆日子。
```

命令后面的符号"&&"以及文字部分是注释说明，输入命令时可省略。命令序列显示的结果，如图 2-2 所示。

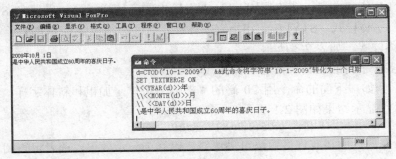

图 2-2　用"\\\\"文本输出命令的使用

2.3　常量

常量（Constant）是指在数据处理或在程序执行过程中其值不能发生变化的量，是在命令或程序中被直接引用的实际值。按是直接写出还是先定义成一个符号再引用，可将常量分为直写常量（字面常量）和符号常量。

最常用的直写常量在 Visual FoxPro 中有以下类型。

1.　数值型常量

整数、小数和科学计数法表达的数是数值型常量，如 10，123.45，1.2e-3、2.5E+6 等。

2.　字符型常量

字符型常量是使用一对界限符""，也可使用一对"或[]括起来的一个或几个字符，称为字符串。如'A'、"Abcd"、[123abc]。如果该字符串本身含有一种界限符，则需要用另一种界限符括起来，如[It's all right]等。字符串的最大长度为 254 个字符。

3.　日期型常量

用花括号括起来的量，如{11/08/2000}，空白时间为{}或{/}。时间日期型为{11/08/2000 8:45 a}等，严格时间日期型可用{^11/08/2000 8:45 a}表示。

使用函数将一个字符串转换为一个日期，如 CTOD("11/23/79")等。

可以使用下面的命令对日期或日期时间常数进行明确检查。

SET STRICTDATE TO [0 | 1 | 2]

其中：0，默认值，关闭严格的日期格式检查；1，指定所有的日期和日期时间常数必须符合严格的日期格式；2：表示进行严格的日期格式检查，并且对 CTOD()和 CTOT()函数的格式也有效。

下面再介绍几条影响日期格式的设置命令。

（1）SET MARK TO 命令

该命令用于设置显示日期型数据时使用的分隔符，命令格式如下：

SET MARK TO [cDelimiter]

其中，cDelimiter 设置显示日期型数据时使用的分隔符，如 "-"、"."等。如果 SET MARK TO 命令中没有指定任何分隔符，执行该命令时表示恢复系统默认的斜杠分隔符。

（2）SET DATE TO 命令

该命令用于指定日期表达式和日期时间表达式的显示格式，命令格式如下：

SET DATE [TO] AMERICAN | ANSI | BRITISH | FRENCH | GERMAN |
ITALIAN | JAPAN | USA | MDY | DMY | YMD

在该命令中，AMERICAN 等参数所定义的日期格式如表 2-4 所示。

表 2-4　常用日期格式

短语	格式	短语	格式
AMERICAN	mm/dd/yy	ANSI	yy.mm.dd
BRITISH / FRENCH	dd/mm/yy	GERMAN	dd.mm.yy
ITALIAN	dd-mm-yy	JAPAN	yy/mm/dd
USA	mm-dd-yy	MDY	mm/dd/yy
DMY	dd/mm/yy	YMD	yy/mm/dd

（3）SET CENTURY ON/OFF 命令

此命令用于设置显示日期型数据时是否显示世纪，命令使用格式如下：

SET CENTURY ON/OFF

【例 2-5】在命令窗口中输入下面的命令序列，其功能是设置年月日格式。

SET CENTURY ON　　　　　&& 设置 4 位数字年份
SET MARK TO　　　　　　&& 恢复系统默认的斜杠日期分隔符
SET DATE TO YMD　　　　&& 设置年月日格式
?{^2011-08-12}

屏幕上显示以下结果：

2011/08/12

4．逻辑型常量

逻辑型常量只有两个值，即.T.（真）和.F.（假）。.T.（真）也可写成.t.、.Y.或.y.；.F.（假）也可写成.f.、.N.或.n.。

5．货币型常量

以$符号开头并四舍五入到小数 4 位的数值型数据，如$12、$23.45、$12.3457 等。

6．符号常量

最常用的符号常量也有上述的 5 个类型，但它必须用预编译指令#DEFINE 进行预定义，方可使用。预定义的格式为：

#DEFINE ConstantName Expression

其中：ConstantName 为符号常量名称，Expression 为要对符号常量预定义的值。

在程序中当不再使用符号常量时，可通过#UNDEF 语句予以释放。格式为：

#UNDEF ConstantName

【例 2-6】在命令执行的开始定义符号常量 PI，表示圆周率 3.1415926，设圆半径 R=10，求出圆的周长和面积。

在命令窗口中依次执行下面的命令序列：

```
#DEFINE PI 3.1415926
R=10
L=2*PI*R
S=PI*R*R
?"当圆半径 R=",R,"时： "
?"圆周长 L=",L
?"圆面积 S=",S
#UNDEF PI
```

2.4　变量

在数据处理过程中，其值可以改变的量称为变量。一个变量必须有一个名字和相应的数据类型，通过名字可引用一个变量，而数据类型则决定了该变量的存储方式和在内存中占据存储单元的大小。变量名实际上是一个符号地址，在对程序编译连接时，由系统给变量分配一个内存地址，在该地址的存储单元中存放变量的值，如图 2-3 所示。程序从变量中取值，实际上是通过变量名找到相应的内存地址，从其存储单元中取得数据。

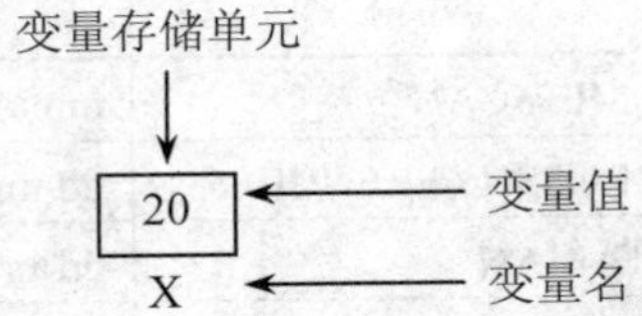

图 2-3　变量名与变量值

在 Visual FoxPro 中，变量根据是否与表的结构有关分为两大类，一类是与表的结构定义无关的变量，称为内存变量（又称为临时变量）；另一类则是与表的结构定义密切相关的变量，用来定义表的字段的数据类型，称为字段名变量。数组是一种特殊的内存变量。另外，Visual FoxPro 还提供了一系列系统内存变量，供用户使用，系统内存变量由系统规定。

内存变量是独立存在于内存中的变量，一般随程序结束或退出 Visual FoxPro 而释放，也可在程序代码中使用命令释放内存变量。内存变量常用于存储程序运行的中间结果或用于存储控制程序执行的各种参数。Visual FoxPro 定义 6 种内存变量：字符型、数值型、逻辑型、日期型、日期时间型和屏幕型内存变量。对于屏幕型内存变量，可用"SAVE SCREEN TO 变量名"命令存放当前屏幕上的信息，用"RESTORE SCREEN 变量名"命令从屏幕内存变量中恢复屏幕信息。Visual FoxPro 最多允许 65000 个内存变量，默认为 1024 个。

变量一般要先声明，再使用。

2.4.1　内存变量

1. 内存变量的命名

与常量不同，每个内存变量应有一个不能重复且固定的名字，以便与内存中为它们开辟的存储单元实现内外的对应联系，用户通过对变量名字的操作实现对存储单元的访问。

Visual FoxPro 规定，内存变量的名字不区分大小写，且必须是以英文字母或汉字或下划线开头，后跟字母、汉字、数字、下划线的一串字符，总长不得超过 128 个字符。

例如：xh、xm、A100、_scr、b_c 都是合法的内存变量名，而：12xy、*abc 则不是合法的变量名。

变量在命名时，应避免使用 Visual FoxPro 保留字。由于 Visual FoxPro 的系统内存变量均以下划线开头，为了不使用户自定义的内存变量与系统内存变量相混淆，建议用户在定义内存变量时，最好不要以下划线开头。

2. 内存变量的赋值

在 Visual FoxPro 中，内存变量的数据类型属于变体型，它的具体类型由赋给它的表达式的类型来确定。对内存变量赋值的方法有两种。

（1）使用"="为内存变量赋值

"="称为赋值命令，其使用格式如下：

MvarName = Expression

赋值命令的作用是将"="右边表达式的值赋给它左边的内存变量。例如：

s='2008 年 8 月 8 日是一个骄傲的日子。'

?s　　&&屏幕主窗口显示"2008 年 8 月 8 日是一个骄傲的日子。"

（2）使用 STORE 命令为内存变量赋值

STORE 命令的功能是将数据存入内存变量、数组或数组元素中，其语法格式如下：

STORE eExpression TO VarNameList | ArrayNameList

其中，VarNameList 表示内存变量列表。若内存变量列表中有若干个内存变量时，各变量之间必须用逗号","隔开（以后凡提到列表均如此）。

【例 2-7】为内存变量 d1、d2、d3 分别赋值一个日期{^2008-8-8}并显示。

在命令窗口中，输入如下的命令：

SET CENTURY ON　　　　　　&&确定日期是否显示世纪部分
SET DATE TO LONG　　　　　&&确定日期显示格式和 Windows 系统日期格式一致

STORE {^2008-8-8} TO d1,d2,d3
?d1,d2,d3
在 Visual FoxPro 工作区将显示：
2008 年 8 月 8 日 2008 年 8 月 8 日 2008 年 8 月 8 日

3．变量的作用范围

变量有一定的使用范围，在命令窗口中直接使用的变量是全局性的。其作用范围在命令窗口中以及所有的程序都可以使用。在 Visual FoxPro 程序中，还可以使用 Local、Private 和 Public 命令强制规定变量的作用范围。

（1）Local

用于定义本地变量，在命令窗口不能使用该命令。这类变量只能在创建它们的程序中使用和修改，不能被更高层或更低层的程序访问。

（2）Private

用于定义私有变量，在命令窗口该命令不起作用。它是仅用于当前程序的变量。这类变量可被程序本身或更低层的程序访问或修改。

（3）Public

用于定义全局变量，在本次 Visual FoxPro 运行期间，所有程序都可以使用这个全局变量。

2.4.2　数组变量

在 Visual FoxPro 数据处理过程中，常有很多变量，如 x0=301,x1=302,x2=303,x3=304,…。为方便对各个变量进行统一管理，可将各变量定义成一个集合，即数组，如图 2-4 所示。

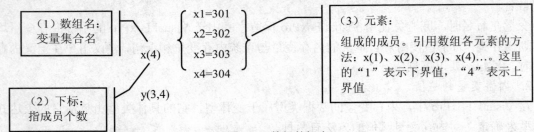

图 2-4　数组的概念

一个数组的基本要素如下：

（1）数组名（Array Name）：变量集合名，如 x、y、z 等。

（2）下标（Index）：指成员个数，如 x(4)中的数字 4。

（3）元素（Element）：组成数组的成员，使用时用 x(1)、x(2)、y(1,2)、x(3,4)等表示成员元素。

（4）维数（Dimension）：数组下标的个数，表示数组的复杂度。如数组 y(3,4)有两个下标，我们称其为二维数组。在 Visual FoxPro 中支持二维数组，但不支持更高维数组。

（5）下标的上界（Upper Boundary）和下界（Lower Boundary）。指定的上下标界，在 Visual FoxPro 中，各维的下界总是 1，上界大小由下标的数字决定。

一个数组可以存储多个值，通过数组名和下标对这些值进行存取。与变量相比，数组有以下优点：

（1）数组能够保存多个值。

（2）数组可与循环语句配合实现复杂算法。

（3）数组可用作通用过程的参数，以传递大量的值。

（4）数组常用来表示与一维、二维空间分布相关的数据，非常直观，即一维数组对应于二维表格中的一条记录，二维数组对应于一张表格。

与其他高级语言不同，Visual FoxPro 数组中的各个元素可以具有不同的数据类型。

1. 数组的声明

数组原则上必须先声明然后使用，数组声明使用 DIMENSION 或 DECLARE 语句。数组声明的格式如下：

DIMENSION|DECLARE ArrayName1(nRows1 [, nColumns1])

[, ArrayName2(nRows2 [, nColumns2])] ...

功能是声明一维或二维数组，一个声明语句可以同时声明多个数组。其中：

- ArrayName：要声明的数组的名字。
- nRows：要声明的数组的行数。
- nColumns：要声明的数组的列数。

说明：

- 在 Visual FoxPro 中，数组的命名规则和内存变量相同。
- 在 Visual FoxPro 中，最多可声明 1024 个数组，每个数组最多 65000 个元素。
- 数组声明后各元素一律被初始化为.F.。
- 数组在声明和使用时，也可在数组名后使用方括号。
- 数组可重新声明从而改变其维数与大小，此时原元素值将保持不变，除非数组的容量变小使后面的元素丢失。
- 在计算机中数组按行存储，二维数组可以当成一维数组来使用，只要元素的序号相对应即可。设有一个二维数组：a(M,N)，一个一维数组：a(M*N)。则 a(i,j) 和 a(k) 的下标对应关系为：k=(i-1)*N+j（i=1,2,…,M，j=1,2…,N）。

【例 2-8】下面的命令行可声明一个有 10 个元素的一维数组 a，行数为 10，列数为 20 的数组 b。

DIMENSION　a(10),b(10,20)

2. 数组的赋值

数组的赋值分为整体赋值和元素赋值。它们都可以像内存变量一样通过赋值语句或赋值符来实现。

（1）为数组整体赋值

数组的整体赋值只要将表达式的值赋给数组名即可。

【例 2-9】声明一个 2 行 3 列的数组 d，并将各元素的初值一律赋为{^2011-10-1 日}。

DIMENSION d(2,3)

d={^2011-10-1}　&&也可使用命令 STORE {^2011-10-1 日} TO d

SET CENTURY ON

?d(1,1),d(1,2),d(1,3)

?d(2,1),d(2,2),d(2,3)

显示结果为两行：

10/1/2011 10/1/2011 10/1/2011

10/1/2011 10/1/2011 10/1/2011

（2）为数组元素赋值

数组声明后，对数组元素的赋值，只要使用下标即可。

【例 2-10】对上例中的数组元素 d(1,3)、d(2,3)分别赋一个日期和一个字符串。

```
SET DATE LONG        &&设置日期的显示为长格式
d(1,3)= {^2011/10/1}
d(2,3)='中华人民共和国国庆日'
?d(1,3),d(2,3)
```

结果显示：

2011 年 10 月 1 日 中华人民共和国国庆日

2.4.3　字段名变量

字段名变量的声明与赋值和数据表密切相关，将在第 4 章"数据表的基本操作"中讲解。

由于内存变量存放在独立于数据库文件的临时存储单元中，所以，变量可以同名，但在这种情况下，变量具有更高的使用优先级。若访问内存变量，变量名前应加上"m."或"m->"前缀来引用它。例如，一个内存变量和当前打开的表字段变量同名，都是 csrq，则在引用内存变量 csrq 时，要用形式 m.csrq 或 m->csrq，如果直接使用 csrq，则引用是的表字段变量 csrq。

2.4.4　内存变量的查看

声明或定义了内存变量后，用户可通过 DISPLAY MEMORY 或 LIST MEMORY 命令对所定义的内存变量进行查看。

DISPLAY MEMORY 命令的使用格式如下：

```
DISPLAY MEMORY [LIKE FileSkeleton] [NOCONSOLE]
[TO PRINTER [PROMPT] | TO FILE FileName]
```

其中：

- LIKE FileSkeleton：可以通过包含 LIKE 子句有选择地显示符合匹配条件要求的内存变量和数组。匹配条件中可以包含问号"?"和星号"*"通配符，例如，要显示所有以字母 A 开头的内存变量，可执行命令：DISPLAY MEMORY LIKE A*

- NOCONSOLE：不在 Visual FoxPro 主窗口或活动的用户自定义窗口输出。

- TO PRINTER [PROMPT]：将 DISPLAY MEMORY 的结果定向输出到打印机。包含 PROMPT 子句时，在打印开始前显示"打印"对话框。

- TO FILE FileName：将查看的结果定向输出到 FileName 指定的文件（*.txt）中。如果文件已经存在，且 SET SAFETY 设为 ON，Visual FoxPro 会提示是否要改写此文件。

- DISPLAY MEMORY 也显示有关系统内存变量、菜单、菜单栏、菜单标题和窗口的信息。

【例 2-11】内存变量显示示例。

在命令窗口中依次输入并执行如下命令：

```
a=10
ab="Visual FoxPro"
abc=.Y.
b=30
bc="Hello China!"
DIMENSION c(3)
DISPLAY MEMORY LIKE a*
DISPLAY MEMORY TO nc
```

其中：

（1）命令 DISPLAY MEMORY LIKE a*显示内容如下

A	Pub	N	10	(	10.00000000)
AB	Pub	C	"Visual FoxPro"		
ABC	Pub	L	.T.		

（2）命令 DISPLAY MEMORY TO nc 执行的功能是：在主窗口既显示内存变量，同时也显示系统变量，并将这些变量保存到文件 nc.txt 中。屏幕显示和文件 nc.txt 的部分内容如下：

A	Pub	N	10	(	10.00000000)
AB	Pub	C	"Visual FoxPro"		
B	Pub	N	30	(	30.00000000)
BC	Pub	C	"Hello China!"		
C	Pub	A			
(　1)		L	.F.		
(　2)		L	.F.		
(　3)		L	.F.		
ABC	Pub	L	.T.		

已定义　　6 个变量，占用了 39 个字节
1018 个变量可用
打印系统内存变量

_ALIGNMENT	Pub	C	"LEFT　　"		
_ASCIICOLS	Pub	N	80	(	80.00000000)
……					
_WRAP	Pub	L	.F.		

　　74 个系统变量已定义
菜单和主菜单定义
　　0 个菜单已定义
弹出式菜单定义
　　0 个弹出式菜单已定义
窗口定义
　　0 个窗口已定义

在上面的显示结果中，其中：

- 第 1 列为变量名。
- 第 2 列为变量特性，若为全局变量，则显示 Pub；若为私有变量，则显示 Priv。
- 第 3 列为变量类型。字符型显示 C，数值型显示 N，日期型显示 D，逻辑型显示 L，数组显示 A 等。
- 第 4 列为变量的值。对于字符型变量，显示带双引号的字符串；对于数值型变量，显示数值，其后面的是机内表示法；对于日期型变量，显示格式为"月月/日日年年"（可用 SET DATE TO 命令改变其显示格式）；对于逻辑型变量，显示.T.或.F.。
- 对于内存变量，占用了多少个字节数的计算方法是字符型变量的长度（包括字符型数组元素）+7 后的总和。

此外，要查看内存变量的使用情况，也可使用 LIST MEMORY 命令，该命令和 DISPLAY MEMORY 的区别是滚屏显示，而不是分屏显示。LIST MEMORY 命令的语法格式如下：

```
LIST MEMORY [LIKE FileSkeleton] [NOCONSOLE]
            [TO PRINTER [PROMPT] | TO FILE FileName]
```

2.4.5　内存变量的保存、恢复和清除

当退出 Visual FoxPro 系统后，用户所建立的内存变量将不会存在，如果希望以后再使用

这些变量，这时可将这些内存变量保存到一个指定的内存变量文件中，同时也可将指定的内存变量文件中的变量恢复到 Visual FoxPro 系统中。如果内存变量不再使用，也可清除。

1．内存变量的保存

用户所建立的内存变量可用下面的命令将它们保存到内存变量文件中。

SAVE TO FileName | MEMO MemoFieldName
　　　　　　　[ALL LIKE Skeleton | ALL EXCEPT Skeleton]

其中：

● FileName：指定保存内存变量和数组的内存变量文件。内存变量文件的默认扩展名是.MEM。

● MEMO MemoFieldName：指定保存内存变量和数组的备注字段。

● ALL LIKE Skeleton：指定保存所有符合匹配条件要求的内存变量和数组。匹配条件中可以包含问号"?"和星号"*"通配符。

● ALL EXCEPT Skeleton：指定保存所有不符合匹配条件要求的内存变量和数组。

【例 2-12】对例 2-11 中所定义的内存变量进行保存。

SAVE TO NC　　　　&&保存所有内存变量
SAVE TO NC1 ALL LIKE A*　&&保存所有以 A 字符开始的内存变量
SAVE TO NC1 ALL EXCEPT A*　&&保存所有除 A 字符开始的内存变量

2．内存变量的恢复

如果要重新使用已保存在内存变量文件中的内存变量，可用命令 RESTORE FROM 将内存变量调入内存，该命令的使用语法格式如下：

RESTORE FROM FileName | MEMO MemoFieldName [ADDITIVE]

其中：

● FileName：指定保存内存变量和内存变量数组的内存变量文件。内存变量文件指定扩展名是.MEM。

● MEMO MemoFieldName：指定保存内存变量和内存变量数组的备注字段。

● ADDITIVE：防止删除当前内存中已有的内存变量或内存变量数组。如果使用 ADDITIVE 时，要添加的内存变量或内存变量数组的数目加上已有内存变量的数目超过了系统对内存变量数目的限制，Visual FoxPro 将从内存变量文件或备注字段中恢复尽可能多的内存变量和内存变量数组。

恢复内存变量或内存变量数组时，如果内存变量或内存变量数组与已有内存变量或内存变量数组有相同的名称，则用恢复的内存变量或内存变量数组的值改写原有内存变量或内存变量数组中的值。

3．内存变量的清除

为节省存储空间，不再使用的内存变量应使用清除命令来释放其所占的内存空间。可利用如下几条命令清除内存变量。其语法格式如下：

（1）CLEAR ALL

该命令的功能是从内存中释放所有的内存变量和数组以及所有用户自定义菜单栏、菜单和窗口的定义。

（2）CLEAR MEMORY

该命令的作用是从内存中释放所有公共或私有内存变量和数组，但不释放系统内存变量。

（3）RELEASE <内存变量名表>

该命令的作用是从内存中释放指定的内存变量和数组，各内存变量和数组名称可用逗号分隔。

（4）RELEASE ALL [EXTENDED] [LIKE Skeleton | EXCEPT Skeleton]

其中：

● ALL：从内存中释放所有的内存变量和数组。

● EXTENDED：在程序中，指定释放所有的公共变量。当在程序中执行 RELEASE ALL、RELEASE ALL LIKE 或 RELEASE ALL EXCEPT 时，并不释放公共变量。

● LIKE Skeleton | EXCEPT Skeleton：从内存中释放所有符合匹配条件的内存变量和数组，Skeleton 可以包含通配符"?"和"*"。

例如，清除所有以 A 开头的内存命令，可输入下面的命令：

RELEASE ALL LIKE a*

2.5　运算符与表达式

在数据加工时，Visual FoxPro 提供了一组运算指令，这些指令以某些特殊符号表示，称为运算算符，简称运算符（Operator）。

用运算符按一定的规则连接常量、变量和函数所组成的式子称为表达式（Expression），如，m+3，s+Cos(x*3.14/180)等都是表达式，单个变量或常数也可以看成是表达式。每一个表达式都有一个值，即计算结果，称为表达式的值（Value）。

运算符可分为数值（算术）运算符、字符串运算符、日期运算符、关系（比较）运算符、逻辑运算符和类与对象运算符等六类，这里介绍前五类。

2.5.1　数值运算符

数值运算符要求参与运算的运算对象是数值型数据，运算的结果也是数值型，除取负号运算符"-"是单目运算符（要求一个运算对象）之外，其余都是双目运算符（要求两个运算对象）。数值运算符及优先级如表 2-5 所示。

表 2-5　数值运算符及优先级

运算	运算符	运算优先级	例子	结果
括号	()	1		
取负	-	2	-2+3	1
幂	^或**	3	-2^4	16
乘法	*	4	2*3	6
浮点除法	/		3/2	1.5
取模（余）	%	5	5 % 3	2
加法	+	6	2+3	5
减法	-		2-3	-1

说明：

（1）由数值运算符按一定的规则连接常量、变量和函数所组成的式子称为数值表达式。

（2）在 Visual FoxPro 中，不支持数学的花括号（一对"{}"）和中括号（一对"[]"）的用法，如果在表达式中有多重括号，则可使用多个括号"()"进行表示，如下面的表达式：

$$(x-y)/(x+y)+(1+\sin(x)^2+\cos(30))*\ln(x+y)$$

（3）取模（余）运算符%。取余运算就是对两数进行除法运算后取商的余数部分，如果第一个对象是一个整数，则余数一定为整数，即被除数中的小数位数决定了计算结果中的小数位数。

求余的结果的正负号始终与第二个运算对象的符号相同。例如：

5 % 3 结果值为 2。

5 % -3 结果值为-1。

-5 % -3 结果值为-2。

5 % 2.2 结果值为 1。

5.0 % 2.2 结果值为 0.6。

当除数和被除数的符号相同时，结果的绝对值为：|被除数|%|除数|；当除数和被除数的符号不同时，结果的绝对值为：(|被除数|-|除数|)%|除数|-|除数|。

思考题：执行命令?13%4,-13%-4,8.00%2.6,- 8%-2.5 后，结果是什么？

2.5.2　字符串运算符

字符串运算符有"+"、"-"和"$"，用字符串运算符按一定的规则连接常量、变量和函数所组成的式子称为字符串表达式。其中：

（1）运算符"+"和"-"：作用是将两个字符串连接在一起，系同级别运算符。例如：

"Hello␣" + "China!"　'结果为：Hello China!，其中"␣"表示空格

"Hello␣" - "China!"　结果为：HelloChina!␣

说明：

- "+"：将两个字符串、一个字符串和一个字段或一个字符串和一个内存变量连接起来。
- "-"：如果第一个字符串有后缀空格，则将第二个字符串追加到第一个字符串之后并将原第一个字符串的后缀空格移动到结果字符串之后。

（2）运算符"$"：用于比较，在一个字符串表达式中寻找另一个字符串表达式。由于该运算符的优先级比"+"和"-"低，但比关系运算符高，因此介绍关系运算符时再行讲解。

2.5.3　日期时间运算符

日期型、日期时间型运算符有"+"和"-"两个，它们是同一优先级的，对应的表达式分别为日期型和日期时间型表达式。

表 2-6 给出了日期型和日期时间型运算符、表达式的功能。

表 2-6　日期、日期时间型运算符及表达式

运算符	结果	结果单位	实例	结果
+	得到新日期：d	天（day）	{^2011/08/01}+7	08/08/11
	得到新日期时间：t	秒（Sec）	{^2011/08/08 09:00:00}+3600	08/08/11 10:00:00 AM
-	相差的天数：n	天（day）	{^2000/08/08}-{^1999/08/08}	366

运算符	结果	结果单位	实例	结果
-	相差的秒数：n	秒（Sec）	{^2011/08/08 20:00}-{^2011/08/08 1:00}	68400
	得到新日期：d	天（day）	{^2011/08/10}-2	08/08/11
	得到新日期时间：t	秒（Sec）	{^2011/08/08 20:30}-5400	08/08/11 07:00:00 PM

2.5.4　关系运算符

关系运算符用于进行两个类型相容的数据之间的大小比较，比较的结果是逻辑值.T.或.F.，即比较成立时，返回逻辑值.T.；反之，返回逻辑值.F.。

关系运算符分为关系运算符和字符关系运算符"$"。关系运算符有 7 个，分别为"<"、">"、"="、"<>"（或"#"，或"!="）、"<="、">="、"=="，它们均系同级别运算符，字符关系运算符是"$"，但该运算符比关系运算符的优先级要高。

各个关系运算符及表达式的功能说明，如表 2-7 所示。

表 2-7　关系运算符和关系表达式

运算符	功能	运算优先级	实例	结果
$	包含于	1	'人民'$[中国人民]	.T.
<	小于	2	2<3	.T.
<=、=<	小于等于		{^2008/08/08}<={^2007/08/08}	.F.
=	等于		"abc"=[abd]	.F.
>=、=>	大于等于		[北京奥运]>=[奥运北京]	.T.
>	大于		.T.>.F.	.T.
<>、#、!=	不等于		5!=6	.T.
==	精确等于		'北京奥运'=='北京奥运　'	.F.

说明：

（1）对于数值型数据比较大小很简单，数值大者为大，数值小者为小。逻辑型数据比较时逻辑真值.T.大于逻辑假值.F.。日期型或日期时间型数据比较大小以日历和时钟为准，按年、月、日、时、分、秒的次序逐项比较，朝后者为大，朝前者为小。例如：

?{^201108/08}>{^2010/08/08},{^2011/08/08 21:30}<{^2011/08/08 20:00}

结果显示：.T.　.F.

（2）字符串比较总的原则是：从第一个字符开始逐字符比较，当碰到某个对应字符不同时，该字符的排列次序大者所在的字符串大。

字符串在进行比较时，可按拼音（PinYin）、机内码（Machine）和笔画（Stroke）进行比较，选用的排列方法不同会有不同的结果。因此，在进行字符大小比较时，必须清楚当前所用的字符排序次序属于哪一种，如果不是希望的排序次序，就要重新设置。

● 设置字符排序次序

字符的排序次序既可通过 Visual FoxPro 主菜单"选项"对话框中的"数据"选项卡来设置，也可用命令设置。命令格式如下：

SET COLLATE TO cOption

其中：参数 cOption 指定要选用的字符排序次序的方式，它必须以字符串形式给出，可以是："Pinyin"、"Machine"、"Stroke"，分别表示字符串按拼音、机器码、笔画进行排序。"Pinyin"是系统的缺省设置。

● 确定操作符"="如何对不同长度字符串进行比较

使用命令 SET ANSI，可以确定在 Visual FoxPro 命令中如何用操作符"="对不同长度字符串进行比较。该命令的语法格式如下：

SET ANSI ON | OFF

其中：

字符串顺序：在 Visual FoxPro 命令中，两个字符串在比较中的左右顺序是有关系的。把字符串从操作符"="或"=="的一边移到另一边将影响比较的结果。

ON：将"="右侧较短的字符串后面加入空格以使它与较长的字符串具有相同的长度。然后，对两个字符串的每个字符进行一个字符与一个字符的比较。比如下面的比较：

'Tommy' = 'Tom'

如果 SET ANSI 设置为 ON，则上述比较结果为"假"（.F.）。这是因为在'Tom'中加入空格后成了'Tom   '，而字符串'Tom'与字符'Tommy'并不是每个对应的字符都相等。

OFF：指定"="右侧较短的字符串不要填充空格。两个字符串比较到较短的字符串结束就可以了，系统默认为 OFF。比如下面的比较：

'Tommy' = 'Tom'

如果 SET ANSI 设置为 OFF，则上述比较结果为"真"（.T.）。这是因为比较完字符串'Tom'后便不再继续比较了。

SET ANSI 对操作符"=="没有任何影响。当使用操作符"=="时，较短的字符串总是在其后加上空格后再进行比较的。

（3）字符串比较分为精确比较和非精确比较

● 精确比较

精确比较的运算符为"=="，其比较方法是：当且仅当两个字符串完全相同——长度相等（对应字符相同时），表达式的结果为真，其余情况均为假。它与命令 SET EXACT OFF|ON 状态的设置无关。

● 非精确比较

非精确比较所用的比较运算符是"="，它与 SET EXACT OFF|ON 状态的设置有密切的关系。设有两个字符串 S1 和 S2，有表达式 S1=S2。

在 SET EXACT OFF 状态（默认设置）下，S1=S2 的比较方法是：当 S2 为 S1 从首字符开始的一个子字符串时结果即为真，否则为假。与精确比较不同，在非精确比较的状态下，如果将 S1、S2 位置颠倒，则可能产生不同结果。

在 SET EXACT ON 状态下，S1=S2 的比较方法分两步进行。首先，在较短的字符串后面添加空格到和较长的串等长，然后再逐字符比较大小。

【例 2-13】比较"北京奥运会"和"奥运会"的大小。

```
SET COLLATE TO "machine"
SET EXACT OFF
?"北京奥运会"="北京","北京"="北京奥运会"        &&结果为   .T.      .F.
SET EXACT ON
?"北京奥运会"="北京","北京"="北京奥运会"        &&结果为   .F.      .F.
```

（4）包含运算符$

包含运算符的运算定义为：设有两个字符串 S1 和 S2，有表达式：S1$S2。当 S1 属于 S2 的一个子字符串时表达式结果为真，否则为假。例如：

?"奥运会"$"北京奥运会"

结果显示：

.T.

2.5.5　逻辑运算符

逻辑运算符对运算对象进行逻辑运算，共 3 个。按其优先级从高到低的排列为 NOT（逻辑非）、AND（逻辑与）、OR（逻辑或），运行的结果为逻辑型数据。当逻辑关系成立时，运算结果为.T.；当逻辑关系不成立时，运算结果为.F.。除运算符 NOT 是一个单目运算符外，其余都是双目运算符。表 2-8 列出了逻辑运算符，表 2-9 列出了逻辑运算的真值表。

表 2-8　逻辑运算符

运算符	说明	运算结果的说明	优先级	例子	结果
NOT 或.NOT. 或!	逻辑非	取反，即：假取真，真取假	1	Not(3>2)	.F.
AND 或.AND.	逻辑与	操作数均为真时，结果为真，其余为假	2	(3>2) And (5>=5)	.T.
OR 或.OR.	逻辑或	操作数均为假时，结果为假，其余为真	3	(3<2) Or (5>=5)	.T.

表 2-9　逻辑运算真值表（用 T 表示真，用 F 表示假）

操作数 1	操作数 2	逻辑非	逻辑与	逻辑或
A	B	not A	A and B	A or B
F	F	T	F	F
F	T	T	F	T
T	F	F	F	T
T	T	F	T	T

说明：

①逻辑运算中的各运算符的优先级各不相同，NOT（逻辑非）最高，但它低于关系运算符。

②逻辑运算符可用于对多个关系表达式进行逻辑判断。如，要判断 X 是否为[3,9)中的一个数，就要使用逻辑运算符 AND，正确的写法是：

3<=X AND X<9　或　X>=3 AND X<9

又如：A+B=C AND X=Y，也是逻辑表达式。其含义是，当 A+B 等于 C 并且 X 等于 Y 时，该表达式的结果为真。

又如，判断闰年的条件是：①能被 4 整除，但不能被 100 整除；②能被 400 整除。假设用 IntYear 表示输入的年份，则该年是否为闰年的条件如下。

IntYear % 4 = 0 AND IntYear % 100 <> 0 OR IntYear % 400 = 0

而下面一段程序的输出结果是：False。
a = 10
b = 20
?a = b

2.5.6　名称表达式和宏替换表达式

1．名称表达式

在 Visual FoxPro 中，许多命令和函数需要提供一个名，如表（.dbf）的文件名、字段名、索引文件名、内存变量和数组名、菜单名、表单名、属性名等。

名不是变量或字段，但是可以定义一个表达式，以代替同名的变量或字段的值。将名称保存到变量或数组元素中，然后再由括号括起该变量或数组，称为名称表达式。然后就可用这个名称表达式来替换字符型变量或数组元素的值。名称表达式的使用语法格式如下：

(VarName)

其中，VarName 为字符型的内存变量名，名称并不是表达式、变量、数组元素或字段，名称不应以引号括起。

【例 2-14】执行下面的命令，查看运行结果。

nvar=10
var_name="nvar"　&&将名称 nvar 保存到变量 var_name 中
STORE 1.23 TO (var_name)　&&该命令的作用等于 store 1.23 to nvar
?(var_name)
?(var_name),nvar　　&& 显示结果为 nvar　1.23

2．宏替换表达式

宏替换表达式的使用语法格式如下：

&VarName[.cExpression]

其中，VarName 为字符型变量，其作用是将存储在字符型内存变量中的字符串替换，即将此变量值作为名称使用。宏替换符号与内存变量名之间不能有空格。宏替换的范围是从"&"起，直到遇到一个点号（.）或空白为止。

同样是完成替换，宏替换的速度比名称表达式慢，但使用或作用更为广泛。

【例 2-15】例 2-14 中，用宏替换表达式替换名称表达式。

var_name="nvar"　　&&将名称 nvar 保存到变量 var_name 中
STORE 1.23 TO &var_name
?&var_name,nvar　　&& 显示结果为 nvar　1.23

【例 2-16】宏替换可以用于类型转换，也可以构成表达式，执行下面的命令，查看运行结果。

m='25'
?15+&m　&&显示 40

【例 2-17】宏替换函数可以嵌套调用。嵌套是指宏替换函数取代的字符串本身可包含宏替换符&。执行下面的命令，查看运行结果。

楚留香="老师"
XM='楚留香'
职称='教授'
ZC='职称'
?"&XM."+&xm+"的&zc.是"+&ZC

屏幕上显示的结果是：

楚留香老师的职称是教授

思考题：

①有下面的命令序列，运行后结果是什么？

C1= '1'

C2= '2'

?C&C1

?C&C2+C&C1

②运行下面的命令序列，查看显示结果。

N1="15"

?2*&N1.0

?2*10&N1

?2*10.&N1

在使用宏替换表达式时还应注意以下几点，以免在应用中出现错误。

（1）宏替换表达式的自变量必须是字符型的内存变量，不能是数值型或其他任何类型的数据，也不能是字段变量（参见第 3 章）。

（2）符号"&"与自变量之间不得有空格。

（3）当表达式自变量与其尾随字符容易混淆时，必须以"."号分隔。

2.5.7　表达式的运算顺序

一个表达式由常量、变量、函数、运算符以及圆括号"()"，按照一定的规则组成。该表达式的运算结果与类型是由参与运算的数据和运算符决定的。

表达式的书写规则：

①表达式中的字符不区别大小写，从左到右在同一基准并排书写，不能出现上下标。

②在表达式中可以多次使用圆括号"()"，但圆括号必须成对出现；Visual FoxPro 表达式中的乘号"*"不能省略。

③能用内部函数的地方尽量使用内部函数。

例如，有数学表达式 $\dfrac{-b + \sqrt{b^2 - 4ac}}{2a}$，则在 Visual FoxPro 中可写成：

(-b + Sqr(b ^ 2 - 4 * a * c)) / (2 * a)

④可以用括号改变优先顺序，强令表达式的某些部分优先运行。括号内的运算总是优先于括号外的运算。对于多重括号，总是由内到外。

当表达式中有多个运算符时，表达式要按运算符的优先级来进行运算。

● 同类型运算符的表达式，按本类型内各种运算符的优先级确定运算次序。

● 不同类型运算符的混合表达式，优先级从高到低依次为数值、字符、日期和日期时间运算符、关系运算符和逻辑运算符。

● 同优先级时，表达式按自左向右的次序执行。

例如：500/16-6 与 500/(16-6)的结果分别是 25.25 和 50。

【例 2-18】在 SET EXACT OFF 的状态下，对下面的表达式，判断结果。

.NOT.10+8>=2^4 .AND.(.t. .OR. .f.).OR. .NOT.'计算机学院'='计算机'

对表达式判断结果的步骤如下：

（1）解括号

.NOT. 10+8>=2^4 .AND. 5>8 .AND. .t. .OR. .NOT. '计算机学院'='计算机'

（2）做数值、字符运算

.NOT. 18>=16 .AND. 5>8 .AND. .t. .OR. .NOT. '计算机学院'='计算机'

（3）做关系运算

.NOT. .T. .AND. .F. .AND. .t. .OR. .NOT. .T.

（4）做逻辑运算，先做逻辑非

.F. AND .F. AND .T. OR .F.

（5）做逻辑与

.F. OR .F.

（6）最后做逻辑或

最终结果为.F.。

思考题：求表达式('a'+'bc'<'abc'.or.3+2-5>=0).and..not..f.的运算结果。

2.6　内部函数

在 Visual FoxPro 中，为了方便程序开发者的使用，系统将常用的一些数学、统计等公式，以程序的方式编写出来，并将这些程序命名为函数，供其他程序调用。Visual FoxPro 提供了 500 余种内部函数。

Visual FoxPro 内部函数分为数值运算函数、字符串运算函数、日期时间函数、转换函数、测试函数和用户自定义函数（将在第 6 章中给予介绍）等六类。

一般函数的调用方法如下：

函数名（参数列表）　'有参函数
函数名（）　　　　　'无参函数

说明：

①使用函数要注意参数的个数及参数的数据类型。函数中即使没有一个参数，函数调用时圆括号也不得省略。圆括号内的参数称为实参。

②Visual FoxPro 函数的调用可单独出现或出现在表达式中，目的是使用函数取得一值。

③要注意函数的定义域（自变量或参数的取值范围）和值域。如：sqr(x)，要求：x>=0；而函数 exp(23773)的值就超出实数在计算机中的表示范围。

2.6.1　数值运算函数

数值运算函数是指自变量和结果一般均为数值型数据的函数。表 2-10 给出了常用的数值函数。其中的参数 n 代表数值型表达式，en 代表任意表达式。

表 2-10　Visual FoxPro 常用数值运算函数

函数名称	功能描述	举例	结果
ABS(n)	返回由 n 指定数值表达式的绝对值	?ABS(-5)	5
COS(n)	余弦函数，n 为弧度值	COS(PI()/3)	0.50
EXP(n)	返回 e^x 的值，其中 x 是某个给定的数值型表达式 n；e 为自然对数的底，大小约等于 2.71828	EXP(2)	7.39
FLOOR(n)	对于给定的数值型表达式值 n，返回小于或等于它的最大整数	FLOOR(-10.5)　FLOOR(10.5)	-11　10

续表

函数名称	功能描述	举例	结果
INT(n)	计算一个数值表达式 n 的值，并返回其整数部分	?INT(12.5) ?INT(6.25 * 2) ?INT(-12.5)	12 12 -12
LOG(n)	计算数值表达式 n 的自然对数	LOG(10)	2.30
LOG10(n)	计算数值表达式 n 的常用对数	LOG10(10)	1.00
MAX(en1,en2[,en3...])	对几个表达式求值，并返回具有最大值的表达式。所有表达式必须为同一数据类型	?MAX(12,34.5,-23)	34.5
MIN(en1,en2[,en3 ...])	对几个表达式求值，并返回具有最小值的表达式	?MIN(12,34.5,-23)	-23
MOD(n1,n2)	同于 n1%n2 运算	MOD(5,-3)	-1
PI()	圆周率函数	PI()	3.14
RAND([n])	根据种子数 n，返回一个 0~1 之间的随机纯小数	?INT(1+100*RAND( ))	91
ROUND(n1,n2)	四舍五入到指定小数位数的数值	SET DECIMALS TO 4 SET FIXED ON ?ROUND(1234.1962,3) ?ROUND(1234.1962,2) ?ROUND(1234.1962,0) ?ROUND(1234.1962,-1) ?ROUND(1234.1962,-2) SET FIXED OFF SET DECIMALS TO 3 ?ROUND(1234.1962, 2)	 1234.196 1234.2000 1234.0000 1230.0000 1200.0000 1234.20
SIGN(n)	当表达式 n 的值为正、负或 0 时，分别返回 1、-1 或 0	?SIGN(10) ?SIGN(0) ?SIGN(-10)	1 0 -1
SIN(n)	返回角度 n 的正弦值	?SIN(PI()/6)	0.500
SQRT(n)	开平方根，n≥0	SQRT(4)	2.00
TAN(n)	求正切函数，n 为弧度值	TAN(PI()/4)	1.00

说明：

（1）对于函数的返回值，系统缺省为 2 位小数。若要改变小数位数，可通过如下命令进行设置：

SET DECIMALS TO n

其中，参数 n 是要设置的小数位数。

（2）参数可以是常数、变量或表达式，还可以是函数（称函数的嵌套）。

（3）表中的三角函数的参数单位为弧度。例如，n 为 30°，则求正弦 Sin()值，需将 n 转化成弧度，即 Sin(n*3.1415/180)或 Sin(n*PI()/180)，才能得到正确的结果。

（4）SIGN(n)函数，当 N<0 时，返回-1；当 N=0 时，返回 0；当 N>0 时，返回 1。

（5）RAND(n)函数产生一个 0～1 之间的随机小数，包括 0，但不包括 1。RAND()函数中的参数 n，称为种子（Seed）数。其中：

①在第一次发出 RAND()函数时用种子数 n，然后再使用不带 n 参数的 RAND()函数，将得到一个随机数序列。如果第二次发出 RAND()函数时使用同样的种子数 n，那么 RAND()返回同样的随机数序列。

②如果第一次发出 RAND()函数时使用的 n 参数是负数，那么将使用来自系统时钟的种子值。若要获得随机程度最大的数字序列，可以最初用一个负的参数发出 RAND()函数，然后再不带参数发出 RAND()函数。

③如果省略了 n 参数，RAND()函数将使用默认的种子数值 100001。

④为了生成某个范围内的随机整数，可使用以下公式：

$$Int((上限值 - 下限值 + 1) * RAND + 下限值)$$

例如，随机产生 100～200（不包括 100 和 200）之间的整数的表达式：Int(99*RAND+101)；如果包括 100 而不包括 200，则表达式为 Int(100*RAND+100)。

（6）当函数的参数是另一个函数时，称为函数的嵌套调用，Visual FoxPro 中允许多次嵌套调用。如：

```
?SQRT(ABS(-36))        &&结果显示 6
```

由于嵌套在内层的函数是外层函数的参数，因此要注意内层函数值的数据类型与外层函数的参数类型是否一致或兼容，值的范围也要符合要求。如：

```
?Log(Cos(3.1415926))
```

由于值的范围不符合要求，因此会产生运行时错误提示，如图 2-5 所示。

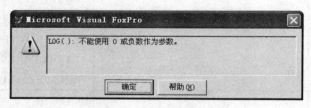

图 2-5　错误提示信息

（7）四舍五入函数 ROUND(n1,n2)，其中：

参数 n1 是进行四舍五入的数值型表达式。n2 是要精确到的小数点的位数，可以大于 0、等于 0、小于 0。各种情况下函数的意义如下：

● n2>0，精确到小数点后的 n2 位。

● n2=0，精确到整数个位。

● n2<0，精确到小数点前的|n2|+1 位，小数点前的|n2|位数值均以 0 给出。

值得注意的是，ROUND()函数不理会 SET DECIMALS TO 命令设置的小数位数。若要使 SET DECIMALS TO 命令对 ROUND()函数有效，则应将 SET FIXED 设置为 ON。

2.6.2　常用字符处理函数

字符及字符串处理函数是指函数的处理对象均为字符型数据，但其返回值类型各异，即：

字符型处理函数是指自变量一般为字符型数据的函数。字符型函数的返回值的类型是多样的，有的函数结果是字符型，也有的函数结果却是数值型或逻辑型等。表 2-11 给出了常用的字符型函数。表中的参数 s 表示字符型表达式，en 表示任意数据类型的表达式。

表 2-11 常用的字符型函数

函数名称	功能描述	举例	结果
AT(s1,s2 [,n]) 或 ATC(s1,s2 [,n])	数值型。查找字符表达式 s1 在另一个字符表达式 s2 中第 n 次出现的位置，从最左边开始计数。n 缺省，指第 1 次。ATC()与 AT()功能类似，但不区分串中的大小写字符	AT([ab],[abcdabefAbdeaabg],3) ATC([ab],[abcdabefAbdeaabg],3)	14 9
CHRTRAN(s1,s2,s3)	字符型。在字符表达式 s1 中，把与 s2 字符表达式字符相匹配的字符替换为 s3 表达式中相应字符	?CHRTRAN('abcdef', 'ace', 'xyz') ?CHRTRAN('abcd', 'abc', 'yz') ?CHRTRAN('abcdef','ace','xyzqrst')	xbydzf yzd xbydzf
LEFT(s,n)	字符型。从 s 的左边取 n 个字符	LEFT("2008 北京奥运会",8)	2008 北京
LEN(s)	数值型。求字符串 s 的长度。	LEN('2008 北京奥运会')	14
LIKE(s1,s2)	逻辑型。s1 字符表达式是否与 s2 字符表达式相匹配,当两串对应字符都匹配时结果为.T.；否则为.F.；s1 中可用通配符：*、?	LIKE([ab*],[abcd])	.T.
LOWER(s)	字符型。将串 s 中的大写字母改为小写	LOWER('FoxPro')	foxpro
OCCURS(s1,s2)	数值型。子串 s1 在串 s2 中出现的次数，若 s1 不是 s2 的子串，则返回 0	OCCURS([ab],[abcdabefabdeadbg])	3
REPLICATE(s,n)	字符型。生成 n 个串 s 组成的新串	REPLICATE('Fox',2)	FoxFox
RIGHT(s,n)	字符型。从 s 的右边取 n 个字符	RIGHT("Visual FoxPro",6)	FoxPro
SPACE(n)	字符型。生成 n 个空格组成的一个字符串	LEN(SPACE(18)-SPACE(5))	23
STUFF(s1,n1,n2[,s2])	字符型。用 s2 替换 s1 中从 n1 开始的 n2 个字符。如果 s2 是空字符串，则从 s1 中删除用 n2 指定的字符数目。如果 n2 是 0，则替换字符串 s2 插入到 s1 中	STUFF([北京奥林匹克运动会],7,10,'运')	北京奥运会
SUBSTR(s,n1[,n2])	字符型。从 s 的第 n1 个字符开始，取 n2 个字符，组成新串，n2 缺省指从 n1 一直取到最后	SUBSTR("北京奥运会",5,6)	奥运会

续表

函数名称	功能描述	举例	结果
TRANSFORM(en,[cF])	字符型。以指定的格式 cF 输出字符表达式或数值表达式 en。详细使用情况，请参见第 7 章@...SAY 的使用	?TRANSFORM(12.34, '$$$$.99') ?TRANSFORM("abc","@!") ?TRANSFORM("abc","!!X") 其中带有 "@" 表示整体效果	$12.34 ABC ABc
UPPER(s)	字符型。将串 s 中的小写字母改为大写字母	UPPER('Olympiad')	OLYMPIAD
LTRIM(s)	字符型。将字符串 s 中的先导空格删除	LTRIM([␣␣喜迎奥运])	喜迎奥运
TRIM(s)、RTRIM(s)	字符型。将字符串 s 中的后缀空格删除	LEN(TRIM('北京奥运␣␣'))	8
ALLTRIM(s)	字符型。将字符串 s 中的前后空格删除	LEN(ALLTRIM('␣␣喜迎奥运␣'))	8

2.6.3 常用日期和时间类函数

日期和时间类函数提供时间和日期的信息。表 2-12 给出了常用的日期和时间函数。表中的自变量 d 代表日期型表达式、t 代表日期时间型表达式、dt 代表日期或日期时间型表达式。

表 2-12 常用日期时间型函数

函数名称	功能描述	举例	结果
DATE()	日期型。返回系统当前日期	?DATE()	08/08/11
DATETIME()	日期时间型。返回系统当前日期时间（12 小时制）	?DATETIME()	08/08/11 06:26:45 PM
DAY(dt)	数值型。返回表达式中是月内的第几天	?DAY(DATETIME())	8
HOUR(t)	数值型。返回表达式中的小时数（24 小时制）	HOUR(DATETIME())	18
MIMUTE(t)	数值型。返回表达式中的分钟数	MINUTE(DATETIME())	26
MONTH(dt)	数值型。返回表达式中的月份	?MONTH(DATE())	8
SEC(t)	数值型。返回表达式中的秒数部分	SEC(DATETIME())	45
TIME()	字符型。返回系统当前时间（24 小时制）	?TIME()	18:26:45
YEAR(dt)	数值型。返回表达式中的年份	?YEAR(DATE())	2011

对于日期和日期时间型数据，缺省的显示格式是按传统的 "mm/dd/yy hh:mm:ss" 格式进行。用户可根据需要自行设置其显示格式，设置不同，对于同一日期会得到不同的显示结果。表 2-11 给出的结果是按传统格式显示的，并假设此时的系统日期时间如下：
{^2011-8-8 18:26:45}

2.6.4 常用类型转换类函数

类型转换函数的作用是将自变量的数据类型转换成另一类型。常用的数据类型转换函数如表 2-13 所示。表中，假设已使用了世纪显示设置命令：SET CENTURY ON，并假设此时的系统日期时间为：{^2011-8-8 18:26:45}。

表 2-13　常用类型转换函数

函数名称	功能描述	举例	结果
ASC(s)	数值型。返回表达式 s 中第一个字符的机内码值，忽略其他字符	?ASC("FoxPro")	70
CHR(n)	字符型。n 是一个大于 0 的正整数，CHR()返回与之对应的 ASCII 字符或汉字	?CHR(65)	A
Val(s)	数值型。将数字组成的字符表达式转换成数字值	?Val('123.456abc') ?Val("1.23e5") ?Val("-1.23e5") ?Val("abc-1.23e5")	123.46 123000.00 -123000.00 0.00
STR(n1,[n2[,n3]])	字符型。将数值 n1 转换成总长度为 n2、小数为 n3 位的字符串	?STR(123.456,6,2)	123.46
CTOD(s)	日期型。将形如日期型数据的字符串转换成对应的日期型数据	?CTOD('08/08/2011') ?CTOD('^2011-8-8')	08/08/2011 08/08/2011
CTOT(s)	日期时间型。将形如日期时间型数据的字符串转换为对应的日期时间型数据	?CTOT([08/08/2011 18:00])	08/08/2011 06:00 PM
DTOC(d [,1])	字符型。将日期型数据转换成对应的字符串	?DTOC({^2011/08/08}) ?DTOC({^2008/8/8},1)	08/08/2011 20110808
DTOR(n)	数值型。将数值表达式 n（度）转换为弧度。如果是一个用"度：分：秒"格式表示的度数应先转换为实数形式	?sin(dtor(30))	0.50
DTOS(dt)	字符型。将指定日期或日期时间表达式 dt 转换成八位字符串。此函数不受命令 SET DATE |CENTURY 的影响	Dt={^2011-8-8 18:36:45} ?dtos(dt)	20110808
TTOC(t [,1|2])	字符型。将日期时间型数据转换成对应的字符串	SET HOUR TO 24 ?TTOC({^2011/08/8 18:26:35}) ?TTOC({^2011/08/8 18:26:35},1)	08/08/2011 18:26:35 20110808182635
RTOD(n)	数值型。将表示弧度的数值表达式 n 转换成度	? ?RTOD(PI()/3)	60.00
DTOT(d)	日期时间型。将日期型表达式 d 转换成日期时间型值	?DTOT(DATE())	08/08/2011 18:26:35
TTOD(t)	日期型。从日期时间表达式 t 中返回一个日期值	SET CENTURY ON ?TTOD(CTOT([08/08/2011 18:00]))	08/08/2011

转换函数的几点说明。

（1）在 DTOC(d [,1])函数中，无参数 1 时结果为 MM/DD/YY[YY]格式，有参数 1 时结果为 YYYYMMDD 格式。

（2）在 TTOC(t [,1|2]) 函数中，如果 t 中只包含时间，则系统把日期 "12/30/1899" 添加到 t 中；如果 t 中只包含日期，则系统将默认的午夜时间 "12:00:00A.M." 添加到 t 中。

参数 1：表示返回一个有 14 位的字符串，格式为 "yyyy:mm:dd:hh:mm:ss"，且格式不受 SET CENTURY 或 SET SECONDS 的影响。

参数 2：TTOC() 返回的字符串只包含日期时间表达式的时间部分。字符串中是否包含秒由 SET SECONDS 和 SET DATE 决定。如果 SET DATE 设为 LONG 或 SHORT，则字符串的格式由 "控制面板" 中的相应设置决定。

（3）在 DTOT(d) 中，函数返回的日期时间型值的格式由 SET DATE 和 SET MARK 的当前设置值决定。若未提供世纪值，则假定为二十世纪。

DTOT() 向日期中加上午夜(12:00:00 A.M.)的默认时间来生成有效的日期时间值。

在 TTOD(t) 中，如果表达式 t 只包含时间，则系统将默认的日期 "12/30/1899" 添加到 t 中，并返回这个默认的日期。

（4）函数 VAL(s) 说明如下：

- 如果 s 以非数字字符开头，转换结果为 0。
- 如果 s 以数字字符、"."、"+"、"-" 开头，转换结果为：截至到第 1 个非数字字符出现的位置为止。如 VAL(".123A") 的结果为 .123，且受 SET DECIMALS TO 的影响。
- 如果字符串的前面部分如同科学记数常量的形式，则将其转为对应的数值型数据。
- 字符型表达式 s 最多由 16 位数字组成，若超过 16 位，则对其四舍五入。

（5）函数 STR(n1[, n2 [, n3]]) 说明如下：

- n1：要转换成字符串的数值型数据。
- n2：要转换成的字符串总长度。
- n3：要转换成的字符串的小数位数，n3>0，表示精确到小数点后的位数；n3=0（缺省），表示不保留小数位；n3<0，则出错。系统转换时，对 n3 位后面的紧跟一位数值作四舍五入处理。
- 当 n2、n3 均缺省时，表示将 n1 转换为长度为 10 个字符的仅由 n1 的整数部分组成的字符串。
- 小数点也占 1 个字符位置。
- 转换时，首先保证整数部分能精确转换，然后剩余的长度才考虑小数部分。如果 n2 连整数部分都无法容纳，则结果将以 n2 个 "*" 给出。例如，执行如下命令：

```
a=123456.378
?STR(a,8,5),STR(a,5)
```

屏幕上显示的结果是：

```
123456.4          *****
```

（6）CHR(n) 函数中的正整数的物理意义是字符的机器码值，它的取值范围分别是：

- n≤127：标准 ASCII 字符的机器码值。
- 128≤n≤255：扩展 ASCII 字符的机器码值。
- 41377≤n≤43518：标准图形符的机器码值。
- 45217≤n≤55289：一级汉字的机器码值。
- 55457≤n≤63485：二级汉字的机器码值。

ASC() 与 CHR() 函数功能相反。

【例 2-19】验证汉字"成"的机内码是否在 45217≤n≤55289 之中。

?ASC("成")

命令执行后，屏幕显示的结果为 46025，说明在机内码 45217≤n≤55289 之中。

而执行下面的命令，则显示的结果是：VFP 数据库。

?CHR(86)+CHR(70)+CHR(80)+CHR(51965)+CHR(48861)+CHR(49122)

2.6.5　测试函数

测试函数用来测试操作对象的状态，表 2-14 给出常用测试函数。函数中的自变量 n 表示工作区号，s 表示表的别名。同时假设有一个表 xscj.dbf，其中有 100 条记录，并已经打开。

表 2-14　常用测试函数

函数名称	功能描述	举例	结果
ALIAS(n | s)	字符型。返回当前表或指定工作区表的别名。 如果省略参数 n 或 s，函数将返回在当前工作区中打开的表的别名。如果当前或指定工作区没有打开的表，则函数返回空字符串	USE xscj ?alias( ) select 0 use xscj again alias cj ? alias( )	xscj cj
BETWEEN(vt,vl,vh)	逻辑型或 Null 值。测试 vt 是否在 vl～vh 之间，在其中返回.T.，否则返回.F.。vl 一定小于或等于 vh；如果 vl 或 vh 为 Null 值，则返回 Null 值	?BETWEEN(5,2,10) ?BETWEEN('C','a','z')	.T. .F.
BOF([n|s])	逻辑型。测试记录指针是否指向表文件的开始标记，指向则返回.T.，否则返回.F.；空表时 BOF()为.T.	GO TOP SKIP -1 ?BOF()	.T.
DBF([s | n])	字符型。返回指定工作区中打开的表名，或根据表别名返回表名（包含的路径）。 如果省略 s 和 n，DBF() 返回当前工作区中打开的表名；如果指定的工作区中没有打开的表，DBF() 返回一个空字符串；如果表没有 s 别名，则 Visual FoxPro 产生错误	select 0 use xscj alias cj ?dbf("cj")	D:\jxgl\data\xscj.dbf
DBC( )	字符型。返回当前数据库的名称和路径。如果没有当前数据库，则 DBC()返回空字符串	Open DataBase jxgl ?dbc()	d:\jxgl\data\jxgl.dbc
DELETED([n|s])	逻辑型。删除标记测试函数：测试当前记录是否加有逻辑删除标记，加有则返回.T.，否则返回.F.	DELETE ?DELETED()	.T.
EMPTY(Exp)	逻辑型。当表达式为该数据类型规定的"空"值时，返回.T.，否则返回.F.	?EMPTY(0)	.T.
EOF([n|s])	逻辑型。测试记录指针是否指向表文件的结束标记，指向则返回.T.，否则返回.F.；空表时 EOF()为.T.	List ?EOF()	.T.

函数名称	功能描述	举例	结果
FCOUNT([n | s])	数值型。返回表中的字段数目	?fcount()	9
FIELD(n1 [, n | s])	字符型。根据编号 n1 返回表中的字段名。如果 n1 等于 1，则返回表中的第一个字段名；如果 n1 等于 2，则返回第二个字段名，依此类推	?field(2)	姓名
FILE(s)	逻辑型。如果在磁盘上找到指定的文件，则返回.T.	?FILE("xsda.dbf")	.T.
FOUND([n | s])	逻辑型。如果最近 CONTINUE、FIND、LOCATE 或 SEEK 命令执行成功，则函数的返回值为"真"(.T.)。可以使用这个函数来判定子表是否有记录和父表的记录相匹配	USE xsda INDEX 姓名 TAG xm FIND 阿童木 ?FOUND()	.T.
FSIZE(cfn[,n| s] | FN)	数值型。以字节为单位，返回指定字段或文件的大小。其中，参数 cfn 和 FN 分别表示字段名或文件名	?fsize("姓名")	8
IIF(lExp,Exp1,Exp2)	条件测试函数；当 lExp 为真时，返回 Exp1 的值，否则返回 Exp2 的值。该函数的数据类型由 Exp1 或 Exp2 的数据类型决定	?IIF(性别='男','樱木花道','花仙子')	花仙子
ISNULL(Exp)	逻辑型。当 Exp 的值为 Null 时，返回.T.，否则返回.F.	x=.null. ?ISNULL(x)	.T.
RECCOUNT([n|s])	数值型。返回表的物理记录条数，注意空表时，该函数为 0	?RECCOUNT()	100
RECNO([n|s])	数值型。返回当前记录的物理记录号，注意当 BOF()为.T.时，RECNO()为 1；EOF()为.T.时，RECNO()为记录条数+1	GO 10 ?RECNO()	10
RECSIZE([n | s])	数值型，测试表中记录的大小。该函数显示的记录的大小与 DISPLAY STRUCTRUE 命令显示的结果相同	?recsize()	44
SEEK(eExp [, n | s [,n1| cfn| ctn]])	逻辑型。在一个已建立索引的表中搜索一个记录第一次出现的位置，该记录的索引关键字与指定表达式相匹配。seek()函数返回一个逻辑值，指示搜索是否成功。 如果省略了 n 或 s，则在当前工作区中搜索表。其中：①n1 参数，指定用来搜索关键字的索引文件或索引标识编号。②cfn 参数：指定用来搜索索引关键字的.IDX 文件。③ctn 参数：指定用来搜索索引关键字的.CDX 文件的标识。标识名称可以来自结构文件.CDX，也可以来自任何打开的独立.CDX 文件。 说明：如果存在相同的.IDX 文件和标识名称，优先使用.IDX 文件	use xsda order xm ?seek('阿童木')	.T.

续表

函数名称	功能描述	举例	结果
SELECT([0 | 1 | s])	数值型。返回当前工作区编号或未使用工作区的最大编号。其中：0（或省略），函数返回当前工作区的编号；1，函数返回未使用工作区的最大编号；s，指定表别名，函数返回其所在工作区编号	select 10 ?select() ?select(0)	10 10
TYPE(cExp)	字符型。返回字符表达式其内容的数据类型	?TYPE('(12 * 3) + 4') ?TYPE('date( )') ?TYPE('.f. or .t.') ?TYPE('answer=42') ?TYPE('$19.99')	N D L U Y
USED([n|c])	逻辑型。如果在指定的工作区 n 中打开了一个表 c，函数就返回"真"（.T.）；否则，返回"假"（.F.）。	UES 学生 ?USED()	.T.
VARTYPE(Exp)	字符型。与 TYPE()函数功能相同，但是 VARTYPE()更快，而且表达式外面不需要引号	?VARTYPE(date( ))	D

下面给出关于测试函数的一些说明。

（1）函数 EMPTY()在自变量为"空"值时，将返回一个逻辑真。表 2-15 给出了各类数据的"空"值定义。

表 2-15　不同数据类型的"空"值定义

数据类型		"空"值定义	数据类型	"空"值定义
数值类型数据	数值型（N）	0	字符型（C）	空串、空格、制表符、回车符、换行符及它们的组合
	货币型（Y）	0	日期型（D）	空，如 CTOD("")
	浮点型（F）	0	日期时间型（T）	空，如 CTOT("")
	双精度型（B）	0	逻辑型（L）	.F.
	整型（I）	0	备注型（M）	空（无内容）
二进制型		空（0h）或仅含 0 位	通用型（G）	空（无 OLE 对象）
变体型		空（0h）或仅含 0 位		

（2）TYPE(cExp)函数返回的数据，如表 2-16 所示。

表 2-16　TYPE()函数所返回的字符值及其对应的数据类型

数据类型	返回的字符	数据类型	返回的字符
字符型	C	备注型	M
数值型	N	对象型	O
货币型	Y	通用型	G
日期型	D	Screen（用 SAVE SCREEN 命令建立）	S
日期时间型	T	未定义的表达式类型	U
逻辑型	L		

（3）函数 VARTYPE(Exp[,lExp])的返回值，如表 2-17 所示。

表 2-17　VARTYPE()函数返回的数据类型

返回的字符	数据类型	返回的字符	数据类型
N	数值型、整型、浮点型或双精度型	C	字符型或备注型
Y	货币型	D	日期型
L	逻辑型	T	日期时间型
O	对象	X	Null
G	通用型	U	未知

注意：当表达式 Exp 的值为.NULL.时，将根据 lExp 逻辑表达式的值决定返回的值，如果 lExp 的值为.T.，则返回 Exp 的原数据值；如果 lExp 的值为.F.或缺省，则返回"X"以表明 Exp 的运算结果为.NULL.。

【例 2-20】分析下面命令序列的执行结果。
```
x="中国人民"
y=121
y=.NULL.
z=123.4567
?VARTYPE(x),VARTYPE(y),VARTYPE(y,.T.),VARTYPE(z),VARTYPE(u)
```
结果显示：
```
C  X  N  N  U
```

2.6.6　其他函数

表 2-18 给出了其他几个常用的功能函数。

表 2-18　其他函数

函数名	功能描述	操作	显示结果
MESSAGEBOX(cExp1 [,n [, cExp2]])	数值型。显示一个用户自定义对话框	?MessageBox("真的要退出吗？",4+32+0, "提示信息")	
CURDIR(cExp)	字符型。给出当前磁盘的当前目录	SET DEFAULT d:\xsda ?CURDIR()	\xsda\
SYS(5)	字符型。返回当前 Visual FoxPro 的默认驱动器	?SYS(5)	D
SYS(2004) 或 HOME()	字符型。返回启动 Visual FoxPro 的目录或文件夹名称	?HOME()	显示 Visual FoxPro 安装启动目录名称
DISKSPACE([cExp])	数值型。返回默认磁盘驱动器上可用的字节数。无参数时，默认的驱动器或卷由 SET DEFAULT 命令指定	SET DEFAULT TO D ?DISKSPACE()	5211013120
RGB(nR, nG, nB)	根据红 nR、绿 nG、蓝 nB 颜色成份合成一个颜色值	_SCREEN.BACKCOLOR= RGB(255,0,0)	屏幕显示红色

续表

函数名	功能描述	操作	显示结果
COL()和 ROW()	判断光标列（行）位置函数	CLEAR @5,5 SAY '' &&定位于 5,5 处 @ROW()+6,COL() SAY '胜利' @ROW()+1,$+4 SAY '万岁!'	胜利 万岁!
INKEY([<n>][, cH])	数值型。检测用户所击键对应的 ASCII 码函数，数值表达式以秒为单位等待击键的时间	K=INKEY([<n>]) 执行该命令并按下 A 键后 ?k	65

其他函数的几点说明：

（1）INKEY()函数。INKEY()函数的参数 n，以秒为单位，指定 INKEY()函数对击键的等待时间。如果不包含 n，INKEY()函数立即返回一次击键的值；如果 n 为 0，INKEY()函数一直等待到有击键为止。

INKEY()函数的参数 cH，决定是否显示或隐藏光标，或者检查鼠标单击。若要显示光标，cH 为 S；若要隐藏光标，cH 为 H；如果 cH 既包含 S 又包含 H，则使用后一个字符的设置。

（2）有关 MessageBox 函数的详细介绍和使用方法，请参见第 9 章有关内容。

2.7 Visual FoxPro 的可视化设计工具

为了减少用户工作量，高效开发出高质量的 Visual FoxPro 应用程序，Visual FoxPro 提供了一整套的可视化设计工具供用户使用。这些工具可分为向导、设计器、生成器三大类。各个类型的设计工具，使用方法均大体雷同，故对每个类型的设计工具只需讲解一个，即可逐类旁通。

2.7.1 向导（Wizard）

向导提供了用户完成某些工作所需要的详细操作步骤，在这些步骤的引导下，用户可以一步一步方便地完成任务，不用编程就可以创建良好的应用程序界面，并完成许多与数据库有关的操作。Visual FoxPro 提供了 25 种向导工具。常用的向导有：表向导、报表向导、表单向导、查询向导等。

向导的启动有两种方法，现以建立表单文件为例讲解向导的使用步骤。

1. 通过"文件"菜单

操作步骤如下：

（1）单击"文件"菜单的"新建"命令，打开"新建"对话框，如图 2-6 所示。

（2）选择有关的文件类型，例如选"表单"。

（3）单击"向导"按钮，即可启动"向导"，用户在该向导的指引下，可逐步完成该类文件的创建。

2. 通过"工具"菜单

操作步骤如下：

（1）单击"工具"菜单中的"向导"命令，在展开的"向导"二级子菜单中，选择"表单"命令，启动创建"表单"向导，如图 2-7 所示。

图 2-6 "新建"对话框

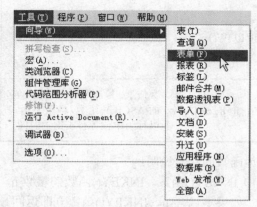

图 2-7 使用"工具"菜单启动向导

（2）在"向导选择"对话框中，单击需要的向导图标。

Visual FoxPro 提供了多个向导工具，常用向导工具的功能如表 2-19 所示。

表 2-19 向导功能表

向导名称	功能
表向导	在表结构基础上创建一个新表
报表向导	利用单独的表来快速创建报表
一对多报表向导	从相关的数据表中快速创建报表
标签向导	快速创建一个标签
分组/统计报表向导	快速创建分组统计报表
表单向导	快速创建一个表单
一对多表单向导	从相关的数据表中快速创建表单
查询向导	快速创建查询
交叉表向导	创建交叉表查询
本地视图向导	利用本地数据创建视图
远程视图向导	创建远程视图
导入向导	导入或添加数据
文档向导	从项目文件和程序文件的代码中产生格式化的文本文件
图表向导	快速创建图表
应用程序向导	快速创建 Visual FoxPro 的应用程序
SQL 升迁向导	引导用户利用 Visual FoxPro 数据库功能创建 SQL Server 数据库
数据透视表向导	快速创建数据透视表
安装向导	从文件中创建一整套安装磁盘
邮件合并向导	创建一个邮件合并文件

2.7.2　设计器（Designer）

Visual FoxPro 系统的设计器为用户提供了一个友好的图形界面。用户可以通过它创建并定制数据表结构、数据库结构、报表格式和应用程序组件等。常用的设计器有：表设计器、查询设计器、视图设计器、报表设计器、数据库设计器、菜单设计器等。和向导不同，设计器是一个不分步骤的集成设计环境。

以打开数据库设计器为例，其操作步骤如下：

（1）打开"文件"菜单，单击"新建"命令，打开"新建"对话框。

（2）在"新建"对话框中，选中"数据库"单选按钮，单击"新建文件"按钮，打开"创建"对话框。

（3）输入数据库文件名，选择文件保存路径，单击"保存"按钮返回，这时就会打开"数据库设计器"窗口，如图 2-8 所示。

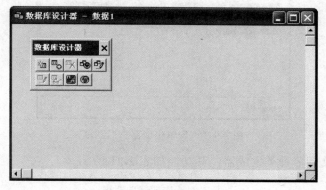

图 2-8　数据库设计器

Visual FoxPro 有多种设计器，其功能如表 2-20 所示。

表 2-20　设计器功能表

名称	功能
表设计器	创建表并建立索引
查询设计器	用于创建本地表的查询
视图设计器	用于创建远程数据源的查询并可更新查询
表单设计器	创建表单，用以查看并编辑表的数据
报表设计器	创建报表，以便显示及打印数据
标签设计器	创建标签布局以便打印标签
数据库设计器	建立数据库，查看并创建表之间的关系
连接设计器	为远程视图创建连接
菜单设计器	创建菜单或快捷菜单

2.7.3　生成器（Builder）

生成器一般附属于设计器，其作用是协助设计器通过交互式操作，自动生成表达式、程序过程等，从而简化操作、提高效率。在生成器中，用户只要告诉它做什么，至于如何做则是生成器自己的事情了。

常用的生成器有：组合框生成器、命令组生成器、表达式生成器、表单生成器、列表框生成器等。

以打开表单生成器为例，其操作步骤如下：

（1）打开"文件"菜单，单击"新建"命令，打开"新建"对话框。

（2）选中"表单"单选按钮，单击"新建文件"按钮，打开"表单设计器"窗口。

（3）在"表单设计器"窗口中，在表单上单击鼠标右键，然后在弹出的快捷菜单中单击"生成器"命令，打开"表单生成器"对话框，如图 2-9 所示。

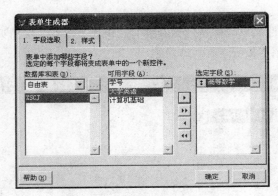

图 2-9　"表单生成器"对话框

Visual FoxPro 具有多种类生成器，其功能如表 2-21 所示。

表 2-21　生成器功能表

名称	功能	名称	功能
自动格式生成器	生成格式化的一组控件	列表框生成器	生成列表框
组合框生成器	生成组合框	选项生成器	生成选项按钮
命令组生成器	生成命令组按钮框	文本框生成器	生成文本框
编辑框生成器	生成编辑框	表达式生成器	生成并编辑表达式
表单生成器	生成表单	参照完整性生成器	生成参照完整性规则
表格生成器	生成表格		

2.8　项目管理器

项目管理器也是 Visual FoxPro 提供的一种辅助设计工具。一个有一定规模的数据库应用系统，不仅包含了各种类型的文件，而且每一类文件的数目也不止一个。Visual FoxPro 的项目管理器把每一类文件的组成作为一类模块，如表模块、表单模块、报表模块等，通过创建一个项目文件把应用系统的所有组成模块统一管理起来。用户可利用项目管理器简便地、可视化地创建、修改、调试和运行项目中各类文件，还能把应用项目集成为一个在 Visual FoxPro 环境下运行的应用程序，或者编译（连编）成脱离 Visual FoxPro 环境而运行的可执行文件。可以认为项目管理器是 Visual FoxPro 的管理和控制中心。

2.8.1　创建项目

1．创建方法

通常可以使用两种方法创建一个新的项目文件，一种是使用 Visual FoxPro 的菜单命令，另一种是在命令窗口输入命令。具体操作如下所述。

（1）菜单操作：打开"文件"菜单，单击"新建"命令，选择文件类型为"项目"，单击"新建文件"按钮，为文件取名，单击"保存"按钮。

（2）命令窗口：CREATE PROJECT <项目文件名>。

在使用以上两种方法后，都可以创建一个新的项目文件，项目文件的扩展名是.PJX。在 Visual FoxPro 系统的窗口中会出现一个项目管理器来表示项目文件，同时在系统的菜单栏中还会出现"项目"菜单，提供对项目文件操作的相关命令。项目管理器的界面如图 2-10 所示。

2．项目的关闭与保存

在"项目管理器"对话框中，单击对话框右上角的"关闭"按钮（或按下 Esc 键，或按下 Ctrl+Q 组合键），也可按下 Ctrl+W 组合键（保存），系统都会弹出"系统信息提示"对话框，如图 2-11 所示。

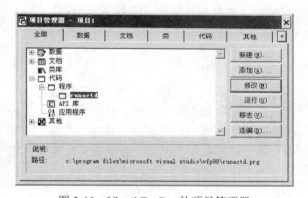

图 2-10　Visual FoxPro 的项目管理器

图 2-11　"系统信息提示"对话框

如果项目中没有任何文件，可将其删除或保存，在图 2-11 中，单击"删除"按钮，可删除该项目，单击"保持"按钮，可保存该项目。

说明：

- 如果单击图 2-6 中的"向导"按钮，系统将弹出"应用程序向导"对话框，利用它可创建项目并同时生成一个应用程序框架。
- 对于已存在的项目，双击该项目文件名同样会激活项目管理器，并将该项目所在的路径（文件夹）作为当前操作（如保存文件）时的默认路径（文件夹）。

3．项目管理器界面组成

从项目管理器界面可以看出，项目管理器由以下几部分组成：

（1）标题栏。项目管理器标题栏显示的标题就是项目文件的主文件名，在创建项目文件时，默认项目文件名为"项目 1、项目 2、……"，用户可以删除，输入自己选择的项目文件名。

（2）选项卡。标题栏下方是选项卡，共有 6 个。选择不同的选项卡，则在下面的工作区显示所管理的相应文件的类型。现对各选项卡的意义做如下说明。

- 全部——可显示和管理应用项目中使用的所有类型的文件，"全部"选项卡包含了它右边的五个选项卡的全部内容。

- 数据——管理应用项目中各种类型的数据文件，数据文件有数据库、自由表、视图、查询文件等。
- 文档——显示和管理应用项目中使用的文档类文件，文档类文件有表单文件、报表文件、标签文件等。
- 类——显示和管理应用项目中使用的类库文件，包括 Visual FoxPro 系统提供的类库和用户自己设计的类库。
- 代码——管理项目中使用的各种程序代码文件，如程序文件（.PRG）、API 库和用项目管理器生成的应用程序（.APP）。
- 其他——显示和管理应用项目中使用的、但在以上选项卡中没有的文件，如菜单文件、文本文件等。

（3）工作区。从图 2-10 可以看出，项目管理器的工作区采用分层结构的方式来组织和管理项目中的文件。左边的最高一层用明确的标题标识了文件的分类，单击"+"号可展开该类文件的下属组织层次，"+"号也变成了"-"号。单击"-"号可把展开的层次折叠起来，"-"号变成了"+"号。用鼠标逐层单击某类文件的"+"号，展开到最后是没有"+"或"-"的文件名，选中某个文件后，就可以用项目管理器的命令按钮来修改和运行这个文件。

（4）命令按钮。项目管理器右边的命令按钮为工作区窗口的文件提供各种操作命令。

2.8.2 项目管理器的使用

在开发一个数据库应用系统时，可以有两种方法使用项目管理器，一种方法是先创建一个项目管理文件，再使用项目管理器的界面来创建应用系统所需的各类文件；另一种方法是先独立地建立应用系统的各类文件，再把它们一一添加到一个新建的项目管理文件中。究竟使用哪种方法，完全看开发者的个人习惯，项目管理器中的"新建"和"添加"命令按钮给开发者提供了选择的自由。

1. 命令按钮的功能

在刚创建和打开一个项目文件后，可看到以下命令按钮，它们的功能如下：

- 新建(N)...——在工作区窗口选中某类文件后，单击"新建"按钮，新建的文件就添加到该项目管理器中。
- 添加(A)...——可把用 Visual FoxPro "文件"菜单下的"新建"命令和"工具"菜单下的"向导"命令创建的各类独立的文件添加到该项目管理器中，把它们统一地组织管理起来。
- 修改(M)——使用设计器界面来修改项目中已存在的各类文件。
- 打开(O)——可打开项目中已存在的如数据库文件等。
- 浏览(B)——可浏览表中记录。
- 关闭(C)——关闭已打开的文件，如数据库文件等。
- 运行(U)——在工作区窗口选中某个具体文件后，可运行该文件。
- 移去(V)...——把选中的文件从该项目中移去。
- 连编(D)...——把项目中相关的文件连编成应用程序和可执行文件。

上述命令按钮并不是一成不变的，若在工作区打开一个数据库文件，"运行"按钮会变成"关闭"按钮；打开一个自由表文件，"运行"按钮会变成"浏览"按钮，单击该按钮，系统提供浏览方式显示表的记录。

　　此外上述命令按钮有时是可用的，有时是不可用的。它们的可用和不可用状态与工作区的文件选择状态相对应，如在"全部"选项卡的工作区中，各种文件类型都是"+"号没有展开，也就是没有选中要操作的具体文件，此时像"新建"、"运行"等按钮呈现灰色，表示是不可用的。如果在工作区展开某类文件，如单击"文档"类文件，选中了"表单"类文件，这些按钮就变成了黑色，表示是可用的，现在就可修改和运行选中的表单文件了。

　　2．项目管理器中命令的操作

　　在项目管理器中管理文件，可进行新建、添加、运行、重命名等各种操作。在工作区窗口用鼠标单击展开各类文件和选择要操作的文件，可用以下几种方式进行。

　　（1）使用命令按钮：即用前面介绍的项目管理器界面右边的命令按钮，如单击按钮"新建"、"添加"、"运行"等。

　　（2）使用"项目"菜单：启动了项目管理器之后，会在 Visual FoxPro 的菜单栏自动添加"项目"菜单。"项目"菜单下的命令除了包括项目管理器的按钮命令外，还有不同的内容，如图 2-12 所示。

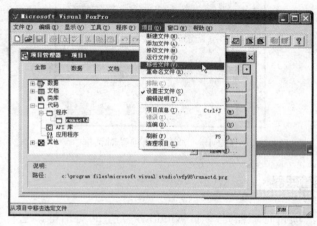

图 2-12　"项目"菜单下的命令

　　可以用"项目"菜单下的命令对项目管理器管理的文件进行"重命名"和"设置主文件"等操作，这些操作是项目管理器的命令按钮没有提供的。

　　（3）使用快捷菜单：在项目管理器的工作区选择了某类文件后，单击鼠标右键，可弹出一个快捷菜单，如图 2-13 所示，快捷菜单的命令和命令按钮以及"项目"菜单下的命令也有所不同。选择其中的"生成器"命令，可使用一个名为"应用程序生成器"的辅助工具来把项目中设计的大部分文件生成一个应用程序。

　　3．项目管理器对应用程序的开发运用

　　在开发一个数据库应用系统时，创建一个项目管理器后，首先通过项目管理器的"新建"和"添加"命令按钮把应用系统所有的各类文件组织到项目中，然后再对项目中的各类文件进行调试和修改，就可选择应用系统中程序运行的起点文件——主文件，这个文件可以是调用其他程序的主程序，或者是调用其他表单的主表单。图 2-13 中的例子就是把一个实际应用项目中名称为"main"的程序文件选作主文件。在选择了"主文件"后，就可以使用项目管理器右下方的"连编"命令按钮，通过弹出的"连编选项"对话框（见图 2-14），把项目文件生成为可在 Visual FoxPro 环境下运行的应用程序或脱离 Visual FoxPro 运行的可执行文件。

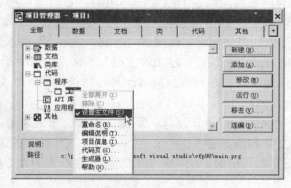

图 2-13   "项目管理器"中的快捷菜单

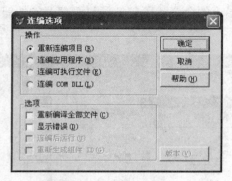

图 2-14   "连编选项"对话框

2.8.3   定制项目管理器

从图 2-8 可看出，项目管理器是一个 Windows 类型的对话框，它有 2 个特殊按钮，一个关闭按钮×和一个缩放按钮 ，它们的意义如下。

（1）关闭按钮

关闭项目管理器，常用于退出 Visual FoxPro 时。但如果在退出 Visual FoxPro 时并没有关闭项目管理器，则下次启动 Visual FoxPro 时将自动打开前一次正在使用的项目管理器。

（2）缩放按钮

屏幕的显示范围毕竟是有限的，为了避免项目管理器占用太多的屏幕，可按下此按钮，此时项目管理器将折叠（收缩）成一个工具栏窗口，原本向上的收缩箭头按钮则变为向下的展开箭头按钮 " "，如图 2-15 所示。再次单击缩放按钮，项目管理器又将展开恢复原样。

图 2-15   被缩成工具栏的项目管理器

1. 改变大小和位置

（1）改变项目管理器的位置：鼠标拖动项目管理器的标题栏可改变其在屏幕上的位置。

（2）改变项目管理器的大小：鼠标拖动项目管理器的四边可改变它的长或者宽，拖动它的四角可同时改变它的长和宽。

2. 分离项目管理器中的选项卡

在项目管理器折叠之后，可把其中的一个选项卡分离出来，以方便单独使用。方法是用鼠标向下拖动其中一个选项卡，就可把它分离出来了。在图 2-16 的下面部分是分离出来的"代码"选项卡，这时在"代码"标签的右边有个图钉图标"🖈"，单击这个图标可设置为该选项卡在最前面显示，再单击这个图标可取消设置。单击图钉图标右边的关闭按钮，可把分离出来的选项卡还原到原来的位置。

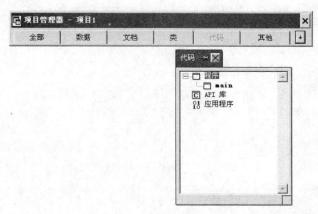

图 2-16　分离选项卡

3. 停放项目管理器

可用鼠标拖动项目管理器的标题栏到 Visual FoxPro 主窗口的菜单栏和工具栏附近，项目管理器就变成了系统工具栏的一个工具条，这时它没有工作区窗口，因此不能使用。但可用分离选项卡的方法，把其中某个选项卡分离出来单独使用。

2.9　在 Visual FoxPro 环境下使用操作系统命令创建用户文件夹

要开发一个应用程序，用户最好先为自己创建一个独立的文件夹。这既可以在 Windows 环境下创建，又可以在 Visual FoxPro 命令窗口下使用操作系统命令创建。在 Visual FoxPro 环境中创建用户文件夹，可使用下面的命令。

RUN|! MD [Driver:][Path]FolderName

其中：

- RUN|!：指定在 Visual FoxPro 命令窗口执行操作系统的有关命令或运行非 Visual FoxPro 程序。
- MD：操作系统中创建目录的命令。
- Driver：指定要创建的用户文件夹所在的磁盘驱动器符，缺省时为当前盘。
- Path：指定要创建的用户文件夹的路径，缺省时为当前目录。
- FolderName：指定要创建的用户的文件夹名。

【例 2-21】在 Visual FoxPro 环境中创建一个用户子目录：d:\VISUAL FOXPRO\myFolder，并把它设置为缺省目录。

!MD d:\VISUAL FOXPRO\myFolder

SET DEFAULT TO d:\VISUAL FOXPRO\myFolder

其中，指定使用默认的驱动器、目录或文件夹命令 SET DEFAULT TO，也可使用如下命令进行对话式的设定：

CD | CHDIR cPath | ?

参数 cPath 表示完整的路径，如 d:\Jxgl；参数 "?" 表示在设置默认路径时，打开一个对话框，供用户进行路径的选择。

在 Visual FoxPro 中，同一个文件夹只需创建一次，以后只要未被删除就可打开直接使用。

第 3 章　数据库与表

- 了解数据库、自由表和数据库表的概念和联系。
- 掌握数据表内容的编辑方法。
- 了解数据库字典的概念、掌握数据表记录属性的设置、永久关系的建立方法。

在 Visual FoxPro 中，一个具体的关系模型，由若干个表（关系）组成，表用来组织和管理数据。而数据库（Data Base）则是一个包容器，它提供了存储数据的一种结构，用来组织相互之间存在联系的多个表。同时，还有一种独立于数据库而存在的表，在数据库理论中，把数据库中包含的表称为数据库表，把独立于数据库的表称为自由表。

不管是自由表还是数据库表，对它们的操作都是关系模型最基本的操作，只不过数据库表比自由表的操作要更丰富些。

数据库与表（table）是两个不同的数据实体，数据库可以管理表、视图等数据实体。此外，数据库还提供了数据字典、各种数据保护和数据管理功能。

①视图（view）：一个保存在数据库中的、由引用一个或多个表、或其他视图的相关数据组成的虚拟表，可以是本地的、远程的或带参数的。

②存储过程（stored procedure）：是保存在数据库中的一个过程。该过程能包含一个用户自定义函数中的任何命令和函数。

③创建数据库时系统自动生成 3 个文件：数据库文件（.DBC）、数据库备注文件（.DCT）、数据库索引文件（.DCX）。

在数据库中，除表是以独立文件而存储外，其他数据库对象的信息均存储在数据库中。图 3-1 给出了 Visual FoxPro 中数据库的信息结构。

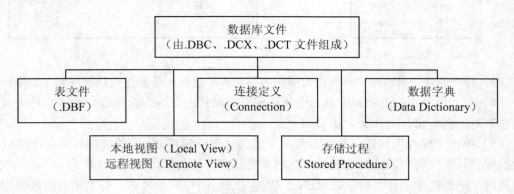

图 3-1　数据库的基本结构

本章主要介绍数据库与表的基本操作。

3.1　数据库的建立、打开、修改与删除

数据库由一个以上相互关联的数据表组成。要想把数据表放入数据库中，首先必须建立一个新的数据库，然后加入需要处理的表，并定义它们之间的关系。

3.1.1　创建数据库

创建数据库可通用菜单方式、项目管理器方式和命令方式等三种方式进行。数据库在使用时需要打开，不使用时则应及时关闭。

1. 菜单方式

下面我们以创建数据库"教学管理.dbc"为例，来说明利用菜单方式创建数据库的操作的主要步骤。

【例 3-1】利用菜单方式，创建一个文件名为"教学管理.dbc"的数据库。

利用菜单方式创建数据库的操作步骤如下：

（1）打开"文件"菜单，单击"新建"命令，打开"新建"对话框，选定"数据库"单选按钮，如图 3-2 所示。

（2）单击"新建文件"按钮，打开"创建"对话框，如图 3-3 所示。

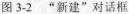
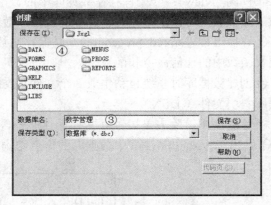

图 3-2　"新建"对话框　　　　　　　　　图 3-3　"创建"对话框

（3）在"创建"对话框中，在"数据库名"文本框处输入要创建的数据库名"教学管理"。

（4）在"保存在"下拉列表框处选择要保存的文件夹，这里选择 DATA 子文件夹（或在"创建"对话框双击某文件夹，如 DATA）。

（5）单击"保存"按钮，系统就生成了名为"教学管理.dbc"的数据库文件，然后显示"数据库设计器"窗口，同时将显示"数据库设计器"工具栏，如图 3-4 所示。

此时，空数据库文件"教学管理.dbc"创建完成，同时自动建立了与之相关的数据库备注文件"教学管理.dct"和数据库索引文件"教学管理.dcx"。

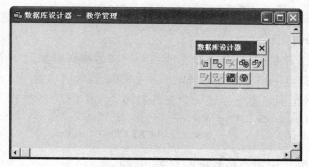

图 3-4 "数据库设计器"窗口

在数据库设计器中，用户可进行如下一系列操作：建立新表；添加表到数据库中；浏览数据库中的表；修改数据库中的表；移去数据库中的表；建立新的本地或远程视图；建立连接；编辑存储过程；编辑参照完整性等。

"数据库设计器"是专门用来设计数据库的操作界面，可以在它里面创建或修改表以及参照关系等。"数据库设计器"工具栏的图标功能从左向右依次如表 3-1 所示。

表 3-1 "数据库设计器"工具栏

名称	用途
新建表	创建新表
添加表	把已有的表添加到数据库
移去表	指将数据库表转移到数据库外，使之成为自由表，也可把选定的表从数据库中彻底地删除
新建远程视图	建立远程视图
新建本地视图	建立本地视图
修改表	在浏览窗口中显示选定的表进行编辑
浏览表	在浏览窗口中显示表的内容
编辑存储过程	在编辑窗口中显示一个 Visual FoxPro 存储过程
连接	加入、删除和修改表

2. 项目管理器方式

采用项目管理器创建数据库的方法是：新建或打开一个项目文件，屏幕出现"项目管理器"，单击项目管理器中的"全部"或"数据"选项卡，选中"数据库"选项，单击"新建"按钮，其余步骤基本同上。

3. 命令方式

下面我们介绍创建数据库的命令 CREATE DATABASE，该命令的使用格式如下：
CREATE DATABASE [*DatabaseName*|?]

创建一个以<*DatabaseName*>为名字的数据库文件（.dbc）。其中参数"?"将显示"创建"对话框，提示在对话框中指定要创建的数据库名称。

说明：

● 一个数据库将伴随生成一个数据库备注文件（.dct）和一个数据库索引文件（.dcx）。

- 不管 SET EXCLUSIVE 的设置如何，当使用 CREATE 命令创建数据库时，数据库都将以独占方式打开。
- 使用 CREATE DATABASE 命令不能自动地将数据库添加到一个项目中。即使项目管理器是打开的，用户也必须明确地添加数据库到应用项目中。

【例 3-2】用数据库创建命令创建一个文件名为"jxgl.dbc"的数据库。

```
SET DEFAULT TO d:\jxgl\data        &&设置文件保存的默认文件夹
CREATE DATABASE jxgl               &&或使用 CREA DATA jxgl
```

3.1.2　打开数据库、设置当前数据库与关闭数据库

刚建立的数据库是空的，要想在已建立的数据库中创建数据库表或使用数据库表，必须先打开数据库，使用完毕后还应关闭该数据库。

打开、关闭、删除数据库，都是指的数据库文件。以后在不产生混淆的情况下，一律将数据库文件简称为数据库，甚至库。

1．打开数据库

有以下三种方法打开数据库：

（1）在项目管理器中打开相应的数据库

在项目管理器中，选择相应的数据库。单击"打开"按钮 打开(O)，该数据库被打开。当打开某数据库时，建立的表将隶属于该数据库。

（2）通过菜单方式打开数据库

在菜单方式下打开数据库"教学管理.dbc"的操作步骤如下：

①选择"文件"菜单中的"打开"命令（或单击"常用"工具栏中的"打开"按钮），出现"打开"对话框，如图 3-5 所示。

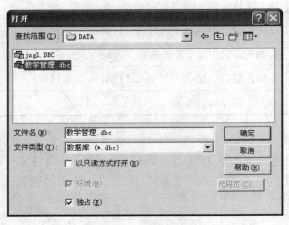

图 3-5　"打开"对话框

②在"打开"对话框中，选择需要打开的数据库文件"教学管理.dbc"，然后单击"确定"按钮，打开指定的数据库文件，进入"数据库设计器"窗口。

（3）使用命令方式打开数据库

可以使用 OPEN 命令打开数据库，OPEN 命令的语法格式如下：

OPEN DATABASE [FileName | ?] [EXCLUSIVE | SHARED] [NOUPDATE] [VALIDATE]

该命令的功能是：打开一个已有的数据库。如果多次使用，则表示打开多个数据库。

说明：

- EXCLUSIVE：以独占方式打开数据库。当数据库是以独占方式打开时，则不允许其他用户访问它。
- SHARED：以共享的方式打开数据库。此时，允许其他用户访问该数据库。如果用户并未使用 EXCLUSIVE 或 SHARED 关键字，则命令 SET EXCLUSIVE ON|OFF 将决定数据库以独占或共享方式打开。
- NOUPDATE：以只读方式打开数据库，不能对数据库进行更改。缺省 NOUPDATE 时，则数据库以读/写方式打开。
- VALIDATE：确保对数据库的引用是正确有效的。Visual FoxPro 将检查要引用的表及其索引在磁盘上的数据库中是否有效。同时检查要引用的字段和索引标识在表和索引文件中是否存在。

注意：

- 当数据库打开时，库所指向的表并未打开。
- 当本库内的表和库外的表同名时，执行表操作命令时，本库表优先。

【例 3-3】以 NOUPDATE 方式打开数据库"jxgl.dbc"。

OPEN DATABASE jxgl NOUPDATE

2. 打开数据库设计器

当用 OPEN 命令打开某数据库后，Visual FoxPro 工作区并不显示任何内容，要使数据库内的内容得以显示，还得使用数据库修改命令 MODIFY DATABASE 打开数据库设计器，然后对该数据库进行修改。命令 MODIFY DATABASE 的语法格式如下：

MODIFY DATABASE [DatabaseName | ?] [NOWAIT] [NOEDIT]

该命令的功能是：打开数据库设计器，以便对当前数据库进行交互操作。

说明：

- NOWAIT：在打开数据库设计器后继续程序的执行，即不必等待数据库设计器关闭，而是继续执行该命令之后的程序行。若在程序中使用 MODIFY DATABASE 时省略 NOWAIT，则打开数据库设计器后，程序暂停执行，直到关闭数据库设计器。NOWAIT 仅在程序中使用有效，在命令窗口中使用时无效。
- NOEDIT：禁止修改数据库。

【例 3-4】用命令打开数据库设计器及数据库"jxgl.dbc"。

MODIFY DATABASE jxgl

也可使用以下命令打开数据库"jxgl.dbc"文件，并显示数据库设计器。

OPEN DATABASE jxgl

MODIFY DATABASE

此时，数据库 jxgl.dbc 是一个不包含任何内容的空库。

除使用命令方式能打开数据库设计器之外，用户还可通过项目管理器和使用菜单等方法来打开，具体操作方法是：

（1）通过项目管理器打开数据库设计器。在项目管理器中，选择要修改的数据库，然后单击"修改"按钮 修改(M) 即可。

（2）使用菜单方法打开数据库设计器。选择"文件"菜单下的"打开"命令或单击"常用"工具栏中的"打开"按钮，选择要打开的数据库，会自动打开数据库设计器。

3. 设置当前数据库

当打开多个数据库时，存在一个当前操作是针对哪个数据库进行的问题。为此，Visual FoxPro 引入了当前数据库的概念。要设置某个数据库为当前数据库，可使用如下命令：

SET DATABASE TO [DatabaseName]

该命令的功能是：在同时打开多个数据库的条件下，设置某个数据库为当前数据库或非当前数据库。

说明：

● DatabaseName：要指定为当前库的库名。如果省略 DatabaseName，则打开的数据库都不会成为当前数据库。

● 可以从"常用"工具栏上的"数据库"下拉列表中，选择一个打开的数据库作为当前数据库，如图 3-6 所示。

图 3-6　从"常用"工具栏的"数据库"列表框中选择当前数据库

注意：

● 当执行查询或表单时，Visual FoxPro 可以自动打开数据库。

● SET DATABASE 在当前数据工作期有效。

【例 3-5】将"教学管理.dbc"设置为当前数据库。

SET DATABASE TO 教学管理

4. 关闭数据库

和 Windows 关闭文件的操作方法相同，用户可采用菜单方式关闭当前打开的数据库设计器，但不能关闭数据库。

要关闭已打开的数据库，可使用如下的命令：

CLOSE [ALL | DATABASES [ALL]]

该命令的功能是：关闭当前数据库和表。若没有当前数据库，则关闭所有工作区内所有打开的自由表、索引和格式文件，并选择工作区 1 为当前工作区。

说明：

● ALL：关闭所有文件，选择 1 号工作区为当前工作区。

● DATABASES [ALL]：无 ALL 关键字时，关闭当前数据工作期内的当前数据库和它的表文件。如果无当前数据库，则关闭所有工作区中的自由表、索引和格式文件，并且选择 1 号工作区。有 ALL 关键字时，关闭当前和所有非当前数据工作期中打开的数据库和表、自由表、所有工作区的索引和格式文件，选定 1 号工作区。

● 如果在项目管理器打开时，需用项目管理器中的"关闭"按钮，关闭已打开的数据库。

【例 3-6】设置"jxgl.dbc"为当前数据库，然后关闭该数据库。

SET DATABASE TO jxgl

CLOSE DATABASES

5. 删除数据库

删除数据库指将数据库文件从磁盘上删掉。删除一个数据库可以通过项目管理器或使用命令两种方式进行。

（1）在项目管理器中删除数据库

在项目管理器中选择要删除的数据库，然后单击"移去"按钮 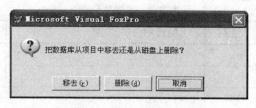，或选定数据库后按下 Delete 键，将弹出如图 3-7 所示系统提示对话框。

图 3-7　系统提示对话框

- 移去：是指把数据库从项目中移出，但并不从磁盘中删除。
- 删除：是指把数据库从项目中移出，并从磁盘中删除。

（2）通过命令方式删除数据库

使用命令也可以删除一个数据库，删除数据库的命令格式如下：

DELETE　DATABASE　DatabaseName | ? [DELETETABLES]

该命令的功能是：从磁盘上删除一个数据库。

说明：

- DatabaseName：指定要从磁盘上删除的数据库的名称（可以包含指定数据库的路径和数据库名），指定的数据库必须关闭。
- ?：显示"打开"对话框，从该对话框中可以指定要从磁盘上删除的数据库名。
- DELETETABLES：从磁盘上删除包含在数据库中的表和包含表的数据库。缺省时，仅删除数据库而将所指向的表释放为自由表。

注意：

与其他文件操作工具不同，如 Windows 的"文件管理器"，使用 DELETE DATABASE 命令从磁盘上删除一个数据库时，可以从数据库的表中删除对数据库的引用。

如果 SET SAFETY 设置为 ON，Visual FoxPro 会提示是否要删除指定的数据库；如果 SET SAFETY 设置为 OFF，则自动从磁盘上删除数据库。

【例 3-7】不提示删除数据库"jxgl.dbc"。

SET SAFETY OFF
DELETE DATABASE jxgl

3.2　创建表

表是用来组织和管理数据的，是存储数据的基本单位，不含表的数据库无实际用处。在 Visual FoxPro 中，表分为数据库表和自由表，数据库表具有自由表所没有的一些特性。

本节介绍数据库表和自由表的特性与创建方法。

3.2.1　分析和设计表的结构

数据表主要由两部分组成，一是结构部分；二是记录部分，记录部分也就是表的数据。

1. 分析表结构

在 Visual FoxPro 中，一个关系对应一张二维表。表的结构对应于二维表的结构。二维表中的每一列称为一个字段，每个字段都有一个名字，即字段名。二维表中的每一行有若干个数据项，这些数据项构成了一个记录。下面以表 3-2 所示的"学生"表为例，从分析二维表的格式入手来讨论表结构。

表 3-2　"学生"表

学号	姓名	性别	出生日期	系别	总分	团员	简历	照片
s1101101	樱桃小丸子	女	1991.10.23	01	520	F	（略）	（略）
s1101102	茵蒂克丝	女	1992.08.12	02	518	F	（略）	（略）
s1101103	米老鼠	男	1993.01.02	02	586	T	（略）	（略）
s1101104	花仙子	女	1994.07.24	03	550	F	（略）	（略）
s1101105	向达伦	男	1992.05.12	03	538	T	（略）	（略）
s1101106	雨宫优子	女	1993.12.12	04	564	T	（略）	（略）
s1101107	小甜甜	女	1994.11.07	01	506	T	（略）	（略）
s1101108	史努比	男	1995.09.30	05	521	T	（略）	（略）
s1101109	蜡笔小新	男	1995.02.15	05	592	T	（略）	（略）
s1101110	碱蛋超人	男	1993.03.18	04	545	F	（略）	（略）
s1101111	黑杰克	男	1993.05.21	06	616	T	（略）	（略）
s1101112	哈利波特	男	1992.10.20	06	578	T	（略）	（略）

在上面的表格中，有 9 个栏目，每个栏目有不同的栏目名，如"学号"、"姓名"等。同一栏目的不同行的数据类型完全相同，而不同栏目中存放的数据类型可以不同。如"姓名"栏目是"字符型"，而"入学总分"栏目是"数值型"。每个栏目的数据宽度有一定的限制。如："学号"的数据宽度是 8 个字符，"性别"的数据宽度是 2 个字符。对数值型的栏目一般还可规定小数的位数，如"入学总分"栏目可规定小数位数为 2。

在表文件中，表格的栏目称为字段。字段的个数和每个字段的名称、类型、宽度等要素决定了表文件的结构。定义表结构就是定义各个字段的属性。表的基本结构包括字段名、字段类型、字段宽度和小数位数。

（1）字段名。字段名即关系的属性名或表的列名。自由表字段名最长为 10 个字符，数据库表字段名最长为 128 个字符。字段名必须以字母或汉字开头。字段名可以由字母、汉字（1个汉字占 2 个字符）、数字和下划线"_"组成，但不能包含空格。例如：学号、BH、客户_1、地址、dz 等都是合法的字段名。

（2）字段类型和宽度。表中的每一个字段都有特定的数据类型。可将字段的数据类型设置为字符型、数值型等数据类型的一种，具体类型请参照表 2-2。字段宽度规定了字段的值可以容纳的最大字节数。例如，一个字符型字段最多可容纳 254 个字节。日期型、逻辑型、备注型、通用型等类型的字段宽度，系统分别规定为 8、1、4、4 个字节。

2. 设计表结构

在 Visual FoxPro 系统中，一张二维表对应一个数据表，称为表文件。一张二维表由表名、表头、表的内容三部分组成，一个数据表则由数据表名、数据表的结构、数据表的记录三要素构成。定义数据表的结构，就是定义数据表的字段个数、字段名、字段类型、字段宽度及是否以该字段建立索引等。下面以"学生"表为例，介绍表结构的设计。

"学号"、"姓名"、"性别"显然应是字符型，根据实际情况设定相应的长度。"出生日期"用日期型表示。为了减少数据冗余，"系别"存放的是系别专业的编号，而不是系别名称。虽然"系别"字段由数字组成，但不参加算术运算，所以采用字符型。"入学总分"用数值型表示，宽度为 5，小数位数为 1。"团员"只有两种状态，即"是"和"不是"，可以使用逻辑型数据来表示。例如：逻辑真.T.表示是团员，逻辑假.F.表示不是团员。"简历"表示学生的简要经历信息，是不定长的文本信息，因此采用备注型。"照片"存放学生的照片，采用通用型字段。"学生"表的结构如表 3-3 所示。

表 3-3　"学生"表的结构

字段名	类型	宽度	小数位
学号	字符型	8	
姓名	字符型	10	
性别	字符型	2	
出生日期	日期型	8	
系别	字符型	2	
总分	数值型	5	1
团员	逻辑型	1	
简历	备注型	4	
照片	通用型	4	

按照同样的方法，可以设计"通讯.dbf"、"课程.dbf"、"成绩.dbf"、"系名.dbf"、"教师.dbf"、"授课.dbf"等其他表的结构。"通讯"等表的结构如下：

通讯：学号 C(8)，宿舍 C(8)，联系 QQ C(9)，家庭详细通讯地址 C(20)，个人电话 C(11)，家长姓名 C(16)，家长电话 C(11)，备注 M。

课程：课程号 C(4)，课程名 C(20)，学时 N(3)，学分 N(2)，是否必修 L。

成绩：学号 C(8)，课程号 C(4)，成绩 N(5,1)。

系名：系号 C(2)，系名 C(20)。

教师：教师号 C(5)，姓名 C(8)，性别 C(2)，系别 C(2)，职称 C(10)，工资 N(8,2)，津贴 L。

授课：教师号 C(5)，课程号 C(4)。

3.2.2　创建数据库表与结构

创建表与结构需打开"表设计器"，其主要的方法有三种：菜单方式、在一个项目中建立和命令方式。为了以后编程方便，建议读者使用命令方式。这里为用户介绍后两种方法，至于用菜单方式创建表的结构可参照项目建立的方法，其过程大致相同。

设置新表时，需注意以下四点：

- 字段的数据类型应与将要存储在其中的数据类型相匹配。
- 字段的宽度足够容纳将要显示的数据内容。
- 为"数值型"、"浮点型"或"双精度型"字段设置正确的小数位数。
- 如果想让字段接受空值，则选中 NULL。

要在数据库中建立新表及其结构，主要有以下两种方法：

方法一：有项目管理器方式和菜单方式两种。

方法二：在数据库打开的情况下，可以使用菜单方式、通过"数据库设计器"工具栏方式和命令方式三种。

下面向读者介绍项目管理器、通过"数据库设计器"工具栏和命令三种方式，来创建数据库表和结构。

1. 在项目管理器中创建数据库表与结构

下面我们以在"教学管理.dbc"数据库中创建"学生.dbf"表为例，说明在项目管理器中创建数据库表与结构的方法和步骤。

【例 3-8】通过项目管理器方式，在数据库"教学管理.dbc"中创建"学生.dbf"数据表。

（1）打开 jxgl 项目，在打开的项目管理器中单击"全部"或"数据"选项卡。

（2）单击"数据库"图标前的折叠符号"＋"，再展开"教学管理"，并选择"表"图标，如图 3-8 所示。

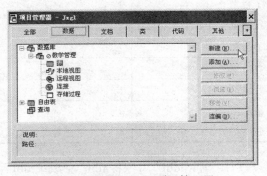

图 3-8　"jxgl.pjx"项目管理器

（3）单击"右侧"的"新建"按钮，弹出"新建表"对话框，如图 3-9 所示。

（4）在"新建表"对话框中单击"新建表"按钮，弹出"创建"对话框，如图 3-10 所示。

图 3-9　"新建表"对话框

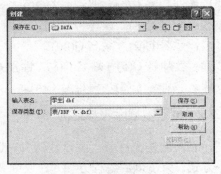

图 3-10　"创建"对话框

（5）在"创建"对话框中，在"保存在"下拉列表框中选择要保存的文件夹，这里是"DATA"，在"输入表名"文本框中输入要创建和保存的数据表名称，这里是"学生"。单击"保存"按钮，将打开"表设计器"对话框，如图 3-11 所示。

（6）接下来，在表设计器的"字段"选项卡中，按照表 3-3 的要求，依次设置"学生"数据表所需要的"字段名"、"类型"和"宽度"。如果是数值型、货币型、浮点型或双精度型字段，则还需输入"小数位数"。

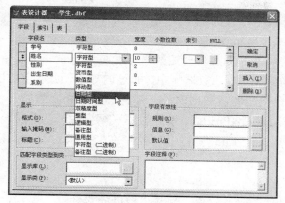

图 3-11　"表设计器-学生.dbf"对话框

在表设计器中，NULL 选项表示是否允许字段值为空值。空值表示没有确定的值，不同于零、空串或空格。如果选定 NULL 按钮，会显示"√"号，表示该字段可接受 NULL 值。一般来说，作为关键字的字段不允许为 NULL，可暂缺内容的字段允许为 NULL。

由于数据库表的信息登录在数据字典中，所以创建数据库表时还需要设置表的属性、字段属性、字段规则和记录规则等，具体内容和操作请参见 3.3 节，这里不予介绍。

（7）最后，单击"确定"按钮完成表的设计，系统弹出"现在输入数据记录吗？"提示信息对话框，如图 3-12 所示。

（8）在如图 3-12 所示的对话框中，单击"否"按钮，不进入记录编辑窗口；单击"是"按钮，进入记录编辑窗口，如图 3-13 所示。

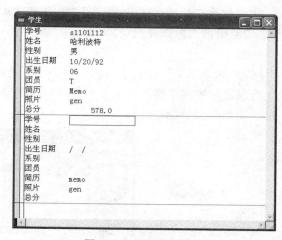

图 3-12　"系统"提示信息对话框

图 3-13　记录编辑窗口

（9）记录录入完毕后，按下 Ctrl+W（或按下 Ctrl+End，或单击编辑窗口右上角的"关闭"按钮）组合键，关闭编辑窗口并保存录入的记录数据；如果按下 Esc 键（或按下 Ctrl+Q 组合键），则表示放弃已录入的记录数据。

说明：在输入各字段的内容时，字符型、数值型字段的数据输入与修改比较简单；日期型则默认按格式 mm/dd/yyyy 输入日期；逻辑型可输入 T（或 Y）、F（或 N），默认值为 F；备注型与通用型字段显示"memo"与"gen"标志，输入数据时，按 Ctrl+PgDn 键或双击"memo"（或"gen"）标志打开备注型字段（或通用型字段）编辑窗口，输入或修改信息。输入或修改完毕，按 Ctrl+W 组合键或单击窗口的"关闭"按钮关闭备注型字段编辑窗口。这时，字段标志首字母显示为大写，即"Memo"或"Gen"。

2.　通过"数据库设计器"工具栏创建数据库表与结构

下面我们以在"教学管理.dbc"数据库中，通过向导来创建"学生"表为例，说明使用"数据库设计器"工具栏命令按钮创建数据库表与结构的方法和步骤。

【例 3-9】使用《Visual FoxPro 程序设计教程（第二版）习题集与解答》习题二中的四、上机题第 11 题所建立的"课程 1.dbf"，利用"向导"在"教学管理.dbc"数据库中创建"课程.dbf"数据表。

操作方法和步骤如下：

（1）在命令窗口中键入如下命令，打开"数据库设计器"窗口，如图 3-14 所示。

MODIFY DATABASE　教学管理

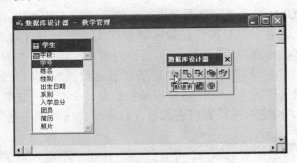

图 3-14　"数据库设计器-教学管理"窗口

注：打开"数据库设计器"窗口，也可使用项目方式或菜单方式。

（2）单击"数据库设计器"工具栏的"新建表"按钮，弹出"新建表"对话框，如图 3-9 所示。

（3）如果单击"新建表"按钮，以下的方法和步骤和上面"在项目管理器中创建数据库表"的方法和步骤一样，这里不再叙述。这里单击"表向导"按钮，系统将弹出"表向导"对话框，如图 3-15 所示。

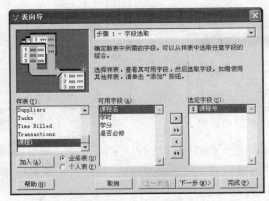

图 3-15　"表向导"对话框之步骤 1-字段选取

（4）单击对话框左下角的"加入"按钮，选取"课程 1.dbf"加入到"样表"列表框中。在"样表"列表框中，选择"课程 1.dbf"。单击"全部移动"按钮，将"可用字段"列表框中的所有字段移动到"选定字段"列表框中。

如果单击"移动"按钮 ，可将"可用字段"列表框中选定的字段移动到"选定字段"列表框中，反之单击"移出" 或"全部移出" 按钮，可将"选定字段"列表框中的字段移出。

（5）单击"下一步"按钮，系统弹出如图 3-16 所示的对话框。

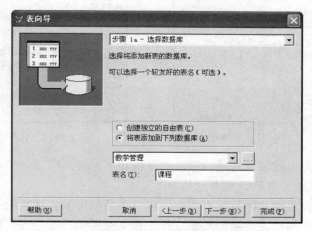

图 3-16　"表向导"对话框之步骤 1a-选择数据库

（6）选择"将表添加到下列数据库"单选按钮，然后单击 或 按钮，在下拉列表框（或弹出的"打开"对话框）中选择将表添加到的数据库。

在"表名"文本框输入创建的数据库表名，这里是：课程。单击"下一步"按钮，弹出如图 3-17 所示的对话框。

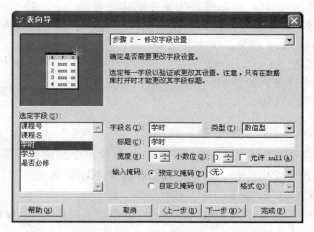

图 3-17　"表向导"对话框之步骤 2-修改字段设置

（7）在如图 3-17 所示的对话框中，可以修改选定字段的字段名、类型、宽度和小数位等。

（8）在接下来的操作中，由于涉及到表索引和建立关系，这里不需要，我们直接单击"完成"按钮，弹出如图 3-18 所示的对话框。

（9）在如图 3-18 所示的对话框中，选择"保存表以备将来使用"单选按钮，再次单击"完成"按钮，弹出如图 3-19 所示的"另存为"对话框。

（10）在"另存为"对话框中，选择要保存文件的文件夹：DATA；在"输入表名"文本框输入要保存的表文件名：课程。

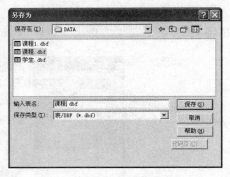

图 3-18　"表向导"对话框之步骤 4-完成　　　　图 3-19　"另存为"对话框

最后，单击"保存"按钮，完成数据表"课程.dbf"的创建。

3．通过命令方式创建数据库表与结构

利用命令方式创建表结构的方法有两个，第一个是使用 Visual FoxPro 的专用命令，该命令是以打开表设计器来创建表及结构；第二个是通过 SQL 命令来创建，这实际上是由 SQL 的数据定义语言 DDL 来完成的。

（1）使用 CREATE 命令创建表结构

创建表结构命令 CREATE 的语法格式如下：

CREATE dbf_Name|?

该命令的功能是：启动表设计器，创建表结构。其中参数"dbf_Name"指定要创建的表名。"?"显示"创建"对话框，提示用户为正在创建的表命名。

【例 3-10】用 CREATE 命令方式，创建表文件"系名.dbf"，该表的结构如下：

系名.DBF：系号 C(4)，系名 C(20)

操作步骤如下：

①利用创建表命令打开表设计器，在命令窗口中依次输入：

OPEN DATABASE　教学管理

CREATE　系名

②弹出如图 3-11 所示的"表设计器"对话框。在"字段"选项卡中，根据表结构输入相应的字段名、字段类型和宽度（若有 N 型字段，还将设置小数位数）等。各字段输入完后，单击"确定"按钮将表及结构保存，并添加到数据库"教学管理.dbc"中。

（2）利用 CREATE_SQL 命令创建表结构

创建表结构最快的方法是使用 CREATE_SQL 命令，它属于 SQL 的 DDL 范畴。这里介绍它的最简命令格式。命令格式如下：

CREATE TABLE | DBF TableName [FREE]
　　　　(FieldName1 FieldType [(nFieldWidth [, nPrecision])] … ，FieldName2…)

功能是：在不打开表设计器的情况下创建表及结构。

说明：

● TableName：要创建的表的名称。

● FREE：表示创建的表为自由表。

● FieldName FieldType [(nFieldWidth [, nPrecision])] …：要创建的表的字段的名称、类

型、长度、精确度等。

【例 3-11】用 CREATE_SQL 命令，创建表文件"成绩.dbf"。表结构如下：

成绩.DBF：学号 C(8)，课程号 C(4)，成绩 N(5,1)

在命令窗口中依次输入：

OPEN DATABASE 教学管理

CREATE TABLE 成绩 (学号 C(8),课程号 C(4),成绩 N(5,1))

命令执行后，"成绩.dbf"数据表创建成功并添加到"教学管理.dbc"中。

3.2.3　创建自由表

当未打开数据库时，建立的表就是自由表。自由表可以单独使用，但因存在于数据库之外，应用时需个别处理。自由表不支持长表名等属性设置。

1. 将数据库表从数据库中移出

可以将数据库表从数据库中移出使之成为自由表，但这样做数据表将会丢失原来设置的属性，如长表名等。

将一个数据库表从原数据库移出时，将出现如图 3-20 所示的对话框供用户确认。

图 3-20　移出数据库表时出现的信息提示对话框

2. 创建自由表

用户可以通过项目管理器创建自由表，也可以通过菜单或命令方式创建自由表。

如果通过"表设计器"创建自由表，用户会发现创建自由表时的"表设计器"与创建数据库表时出现的"表设计器"不同。对自由表来说，"表设计器"下半部分窗口不能使用，如图 3-21 所示。

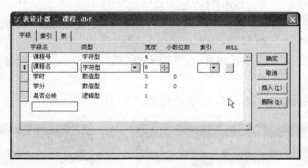

图 3-21　自由表设计器界面

【例 3-12】用 CREATE_SQL 命令，分别创建"教师.dbf"、"授课.dbf"和"通讯.dbf"三个数据表。

在命令窗口中依次输入以下命令：

SET DEFAULT TO DATA

CREATE TABLE 教师 FREE (教师号 C(5),姓名 C(8),;

　　　　性别 C(2),职称 C(10),工资 N(8,2),津贴 L)

CREATE TABLE 授课 FREE (教师号 C(5),课程号 C(4))
CREATE TABLE 通讯 FREE (学号 C(8),宿舍 C(8),联系 QQ C(9),家庭地址 C(20), ;
　　　　个人电话 C(11),家长姓名 C(16),家长电话 C(11),备注 M)

3.2.4 将自由表添加到数据库

创建好的自由表也可以添加到数据库中，使之成为数据库表。自由表一旦成为数据库表，将拥有更多的属性。

将自由表添加到数据库的方法有：通过项目管理器添加；使用菜单方式添加；在数据库设计器已打开的情况下，使用工具栏按钮添加；最后，还可以用命令方式添加。

向库中添加表时必须注意，只有自由表才能向数据库中添加，一个表只能隶属于一个数据库，一个数据库可以包含多个表。当表已经属于某个数据库时，要想将它又添加到另一个数据库中，就必须先将该表从原数据库中移出成为自由表，然后再添加到希望的数据库中去。

1. 通过项目管理器添加

下面以一个实例说明在项目管理器中将自由表添加到数据库中的方法步骤。

【例 3-13】在项目管理器中，将自由表"教师.dbf"添加到"教学管理"数据库中。

操作步骤如下：

①在命令窗口中键入如下命令，打开 jxgl 项目管理器窗口。

SET DEFAULT TO D:\JXGL
MODI PROJECT JXGL　　&&打开 jxgl 项目管理器窗口

②单击"全部"或"数据"选项卡，展开"教学管理"数据库，并选择"表"图标。

③单击"添加"按钮 添加(A)... ，在弹出的"打开"对话框中选择要添加的自由表，这里选择"教师.dbf"。

添加完成，此时会发现"教学管理.dbc"数据库中多了一个表，即"教师.dbf"数据表。

2. 在菜单方式下添加表

【例 3-14】打开数据库"教学管理.dbc"，利用菜单方式向数据库中添加"授课.dbf"表。

操作步骤如下：

①在命令窗口中输入命令"MODIFY DATABASE 教学管理"，打开数据库"教学管理.dbc"，并进入"数据库设计器"窗口。

②在"数据库设计器"窗口中，单击鼠标右键，弹出快捷菜单（也可以使用系统主菜单"数据库"中的"添加表"命令，或单击"数据库设计器"工具栏中的"添加表"按钮🔳），如图 3-22 所示。

③单击快捷菜单中的"添加表"命令，出现"打开"对话框，如图 3-23 所示。

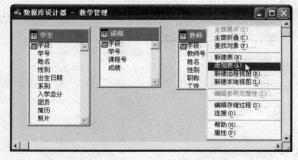

图 3-22　"数据库设计器"的快捷菜单

图 3-23　"打开"对话框

④在"打开"对话框中，选择要添加的表"授课.DBF"，单击"确定"按钮，返回"数据库设计器"窗口。于是，表"授课.DBF"被添加到数据库"教学管理.dbc"中了。

⑤重复②、③、④步骤的操作，可将其他表添加到数据库中。

3．通过命令方式添加

使用命令方式，也可将自由表添加到数据库中。命令格式如下：

ADD TABLE TableName | ? [NAME LongTableName]

功能是：在以独占方式打开的当前数据库中添加一个自由表。

说明：

- TableName：指定添加到数据库中的表的名称。
- ?：显示"打开"对话框，从中可以选择添加到数据库中的表。
- NAME LongTableName：指定表的长名。长名可以包含 128 个字符，用来取代扩展名为.DBF 的短文件名。
- 表添加到数据库中后，就不再是自由表。但是使用 REMOVE TABLE 命令又可以使数据库中的任何一个表成为自由表。

【例 3-15】将自由表"通讯.dbf"添加到"教学管理"数据库中。

在命令窗口中，键入如下命令：

OPEN DATABASE 教学管理
SET PATH TO D:\jxgl,d:\jxgl\data
ADD TABLE 通讯
SET DFAULT TO DATA
MODIFY DATABASE

命令序列的执行结果，如图 3-24 所示。此时会发现在数据库"教学管理.dbc"中，多了 2 个表。若项目管理器是打开的，则在数据库"教学管理.dbc"下，也出现了 2 个表。如法炮制，也可将其他的自由表添加到库中。

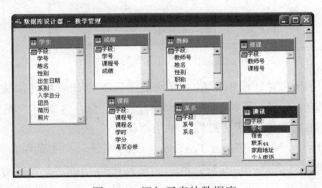

图 3-24　添加了表的数据库

3.2.5　修改表的结构

一个表创建完成，表的结构就已确定。如果创建时表的结构定义得不合理，可对表结构进行修改。表结构的修改主要是指：插入或删除字段，修改已有的字段类型、宽度或小数位数，为字段更名等。如果表中已有数据而又想改变字段类型或宽度，则表中该字段原有的数据将可能丢失。

修改表结构的方法主要有：项目管理器方式、菜单方式和命令方式。菜单方式下修改表结构和显示表结构一样，可通过 Visual FoxPro 系统菜单的"显示"菜单的"表设计器"选项进行，但此时表必须以独占方式打开。而修改表结构的常用命令也有两种，一种是打开表设计器，它仅可实现对当前表结构的修改；另一种是通过 SQL 中 DDL 的 ALTER-SQL 命令，它则不管表是否已经打开。

1. 项目管理器方式

在项目管理器中修改表结构可按以下步骤操作：

（1）打开要修改表所在的项目，如 jxgl.pjx。然后，在项目管理器中选择要修改的表，单击"修改"按钮 修改(M)，打开"表设计器"对话框。

（2）接下来可对要修改的字段进行修改。主要操作有：

- 修改已有的字段。将光标移到要修改的字段处，直接修改字段的名称、类型、宽度和字段的属性。
- 增加新字段。将光标移到要插入字段的位置，单击"插入"按钮。
- 删除不用的字段。将光标移到要删除的字段上，单击"删除"按钮。

2. 菜单方式

用菜单方式修改表结构的操作步骤如下：

（1）单击"文件"菜单中的"打开"命令，系统弹出"打开"对话框，如图 3-25 所示。

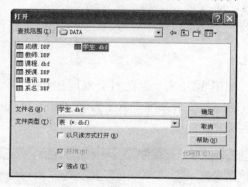

图 3-25　"打开"对话框

（2）在图 3-25 所示的对话框中，在"查找范围"下拉列表框处，选择表所在的文件夹，这里为 DATA，在"文件类型"下拉列表框中选择文件类型，这里为"表（*.dbf）"。然后，选择要打开的表文件，如"学生.dbf"。最后，单击"确定"按钮。

（3）如图 3-26 所示，单击 Visual FoxPro 系统的"显示"主菜单，再执行"表设计器"命令，打开"表设计器"对话框，即可对当前表的结构进行修改。在表设计器中修改表结构后，可单击"是"或"否"按钮，对所做的修改进行确认或取消。若单击"确定"按钮，或按 Ctrl+W 组合键，将打开"结构更改为永久性更改？"的提示信息对话框，如图 3-27 所示。

图 3-26　"显示"主菜单

图 3-27　结构修改提示信息对话框

（4）单击"是"按钮，表示修改有效且关闭"表设计器"；若单击"否"按钮，则修改无效并关闭"表设计器"。

3. 命令方式

MODIFY STRUCTURE 的作用是对已打开的表，通过表设计器进行结构的修改。该命令使用的语法格式如下：

MODIFY STRUCTURE

此命令的作用是打开指定数据表的表设计器界面。如果当前工作区中已打开了表，则直接弹出表设计器，反之，则需要在"打开"对话框中选择要打开的表，然后弹出表设计器。

【例 3-16】利用表设计器修改表"学生.dbf"，在"简历"字段前增加一个逻辑型的"三好生"字段。

操作步骤如下：

①在 Visual FoxPro 命令窗口中，键入 MODIFY STRUCTURE，此时系统弹出"打开"对话框，如图 3-28 所示。

②选择要打开的表，单击"确定"按钮，打开"表设计器"对话框，如图 3-29 所示。

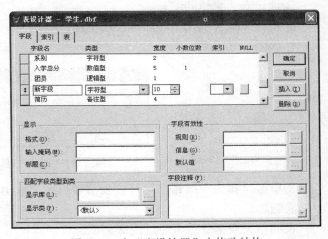

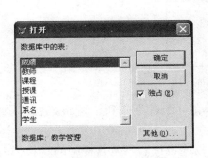

图 3-28 "打开"对话框   图 3-29 在"表设计器"中修改结构

③将光标移到"简历"字段上，单击"插入"按钮，此时增加一个新字段。

④修改"新字段"名为"三好生"，修改"类型"为"逻辑型"，单击"确定"按钮，完成表结构的修改。

此外，要对表结构进行修改，用户还可使用 ALTER-SQL 进行，详细内容请参考第 6 章。这里给出三个例子。

【例 3-17】向"学生.dbf"中先添加一个"身高 N(3,2)"字段，然后再将它的宽度改为 4。

ALTER TABLE 学生 ADD 身高 N(3,2)

ALTER TABLE 学生 ALTER 身高 N(4,2)

【例 3-18】删除"学生.dbf"中刚刚添加的"身高"字段。

ALTER TABLE 学生 DROP 身高

【例 3-19】将"学生.dbf"中的"系别"字段改名为"学院"。

ALTER TABLE 学生 RENAME 系别 TO 学院

3.2.6　移去和删除数据库表

当一个数据库不再需要某个表时，可将该表从数据库中移去使其成为自由表。若确定某个数据库表已失去了应用价值，也可从磁盘上将其删除。

1. 菜单方式移去和删除表

菜单方式下，移去和删除数据库表的操作可在项目管理器或数据库设计器中进行。

在项目管理器中，数据库表的移去和删除，是在库表被选定的条件下，通过"移去"按钮进行。

在数据库设计器中，数据库表的移去和删除，是在库表被选定的条件下，通过系统菜单"数据库"中的"移去"选项进行或使用快捷菜单进行。

下面以例 3-20 来说明这一过程。

【例 3-20】在"教学管理.dbc"数据库中，移出"通讯.dbf"数据表。

操作步骤如下：

①在命令窗口键入命令"MODIFY DATABASE 教学管理"，打开数据库设计器窗口。

②选定表"通讯.dbf"。

③执行 Visual FoxPro 系统菜单"数据库"中的"移去"命令，系统弹出"移去"信息提示框，如图 3-30 所示。

图 3-30　"移去"信息提示框

④单击"移去"按钮，可将该表从数据库中移出；单击"删除"按钮，可将该表从磁盘中彻底删除。

表的移去或删除也可通过快捷菜单进行（或使用"数据库设计器"工具栏中的"移去表"按钮）。其方法是，在打开的数据库设计器中，右击要删除的表的任何位置，将弹出一个快捷菜单，在快捷菜单中选"删除"，即可进入图 3-30 所示的提示信息框，从而确定是删除表还是移去表。

2. 使用删除命令移去和删除表

在 Visual FoxPro 中，从数据库中移去和删除表的命令是 REMOVE TABLE，该命令使用的语法格式如下：

REMOVE TABLE TableName | ? [DELETE]

该命令的功能是：将数据库表从数据库中移去或从磁盘上删除。

说明：

- TableName | ?：指定要从当前数据库删除的表，或显示删除对话框供用户在当前数据库中选择要删除的表。
- DELETE：指定从数据库中移去表并将表从磁盘上永久删除。而且使用本子句从磁盘上删除表时，即使 SET SAFETY 设置为 ON，系统也不会发出提示警告。

注意：REMOVE TABLE 命令将删除与表有关的所有索引、缺省值、与其他表的一致性准则关系。如果 SET SAFETY 设置为 ON，Vi: ual FoxPro 将提示用户要从数据库中进行表删除操作。

【例 3-21】在"教学管理.dbc"中，移去"授课.dbf"，使其变为自由表。

```
MODIFY DATABASE  教学管理
REMOVE TABLE  授课
```

3．使用 DROP-SQL 命令删除表

使用 DROP TABLE 命令，可将一个不用的数据表从数据库中彻底删除。DROP TABLE 命令是 SQL 的 DDL 中的一条命令，命令使用格式如下：

`DROP TABLE TableName | FileName | ? [RECYCLE]`

该命令的功能是：从当前的数据库中移去一个表并从磁盘上将它删除。

说明：

● TableName：指定要从当前数据库移去并删除的一个表的表名。

● FileName：指定从磁盘上要删除的一个自由表的表名。

● ？：显示删除对话框供用户在当前数据库中选择要移去并从磁盘上删除的表。

● RECYCLE：将要删除的表放入 Windows 回收站，以后可恢复。

注意：执行了 DROP TABLE 之后，所有与被删除表有关的主索引、默认值、验证规则都将丢失。当前数据库中的其他表若与被删除的表有关联，比如规则引用了被删除的表或与被删除的表建立了关系，这些规则和关系也都将无效。

执行了 DROP TABLE 之后，即使 SET SAFETY 设置为 ON，在删除表时也不会提示警告信息。因此，使用时要当心。

【例 3-22】假设表"教师.dbf"未被删除，用 DROP TABLE 命令将它放到回收站里。

`DROP TABLE  教师  RECYCLE`

4．删除数据库对表的引用

如果从磁盘中意外地删除了某个数据库，那么原来此数据库中包含的表仍然保留对该数据库的引用。FREE TABLE 命令在打开表或把表添加到另一个数据库中的同时，可以从表中删除数据库引用。FREE TABLE 命令的使用格式如下：

`FREE TABLE TableName`

该命令的功能是：删除表中的数据库引用。

说明：TableName：指定要删除数据库引用的表的名称。

注意：如果数据库在磁盘上仍然存在，则不能用 FREE TABLE 命令从该数据库中移去表。在这种情况下应该使用 REMOVE TABLE 命令，将该表从数据库中移出。

3.3　设置数据库表的属性

数据库表具有自由表所没有的属性，如长表名和长字段名、主关键字和候选关键字、字段的输入/输出格式、默认值、字段的标题、字段和记录的有效性规则、触发器等。这些属性将作为数据库的一部分保存起来。

数据库表的这些属性的集合被称为"数据字典（Data Dictionary）"，数据字典的引入，使数据库表的功能大大强于自由表。当数据库表成为自由表时，相关属性同时消失。

下面以实例的方式介绍对数据库表的属性如何进行设置，主要内容有：①设置库表的长名和注释；②设置表中字段的显示标题；③设置表中字段的输入输出掩码；④设置表中字段的注释；⑤设置表中字段的默认值；⑥设置表中字段的有效性规则；⑦设置触发器。

3.3.1 设置库表的长名和注释

对于数据库表，可以设置一个显示用的长表名，长表名最多为 128 个字符。表的注释是用来对表作进一步说明的，它仅在表设计器打开时才能看到，供表的设计人员参考。长表名和表注释是数据库表的特性之一。表一旦从数据库中移出，则长表名和表注释将不复存在。

为表设置长名和注释可在表设计器方式和命令方式下进行。

1. 使用"表设计器"方式

数据库表的长表名和注释的设置，可以通过"表设计器"的"表"选项卡来实现。

【例 3-23】利用表设计器为数据库表"学生.dbf"设置一个长表名"学生信息管理表"，并写入适当注释，如"本系统记录了 2006-2011 年度学生的有关信息。"。

操作步骤如下：

（1）在命令窗口中输入命令"MODIFY STRUCTURE"，在随后弹出的对话框中，选择要打开的数据库表，这里选择"学生.dbf"。之后，打开表设计器，如图 3-31 所示。

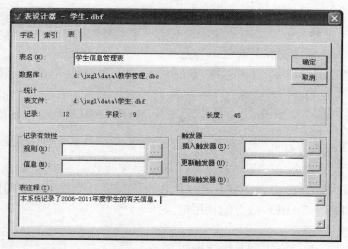

图 3-31   "表设计器"对话框的"表"选项卡

（2）单击"表"标签，显示"表"选项卡。

（3）在"表名"文本框处输入长表名，这里输入：学生信息管理表；在"表注释"框处输入适当的注释内容，如：本系统记录了 2006-2011 年度学生的有关信息。

（4）单击"确定"按钮，完成长表名和表注释的处理工作。

设置完成，此时数据库设计器中原来的表名"学生"已被长表名"学生信息管理表"所取代。而表注释会在下次打开表设计器的"表"选项卡时显示出来。

2. 使用命令方式

要设置表的长表名，用户也可使用 CREATE TABLE 命令中的子句 NAME 完成。

【例 3-24】在"教学管理.dbf"数据库中，创建一个教师工资表"zggz.dbf"，设置长表名为"教师工资表"。

```
OPEN DATABASE 教学管理
CREATE TABLE zggz NAME 教师工资表 (编号 C(8),姓名 VarChar(10),
          职称 C(6),职务工资 I,薪级工资 I,津贴 I)
```

3.3.2 设置表中字段的显示标题

字段标题用于在表"浏览"窗口和表单上显示出该字段的标识名称，有利于用户理解。

【例 3-25】将"学生.dbf"中的"总分"字段的显示标题设置为"大学录取分数"。

设置"总分"的显示标题的操作步骤如下：

（1）打开数据库"教学管理.dbc"，并显示"数据库设计器"窗口，如图 3-32 所示。

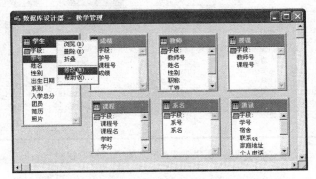

图 3-32 选择数据表，并执行"修改"命令

（2）右击需要设置字段显示标题的数据库表"学生.dbf"，在弹出的快捷菜单中执行"修改"命令，系统进入如图 3-33 所示的"表设计器"对话框。

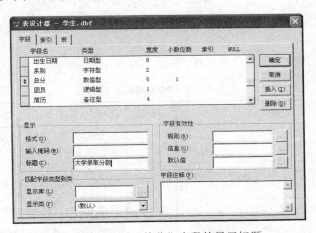

图 3-33 设置"总分"字段的显示标题

（3）在"表设计器"对话框中选择需要设置显示标题的字段名"总分"，然后在"显示"栏的"标题"文本框中输入"总分"字段的显示标题"大学录取分数"。

（4）单击"确定"按钮，出现如图 3-34 所示的确认信息提示框。

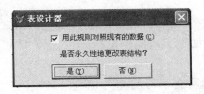

图 3-34 "表设计器"提示信息对话框

（5）单击“是”按钮，数据库表“学生.dbf”中的字段“总分”的显示标题设置完成，回到“数据库设计器”窗口。

（6）双击数据库中的表“学生.dbf”，进入“浏览”窗口。从显示的表中可以看到，表中的“总分”字段的显示标题已变为“大学录取分数”，如图 3-35 所示。

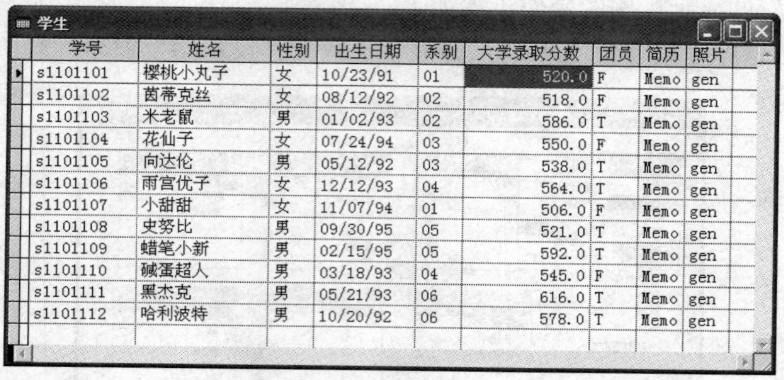

学生

学号	姓名	性别	出生日期	系别	大学录取分数	团员	简历	照片
s1101101	樱桃小丸子	女	10/23/91	01	520.0	F	Memo	gen
s1101102	茵蒂克丝	女	08/12/92	02	518.0	F	Memo	gen
s1101103	米老鼠	男	01/02/93	02	586.0	T	Memo	gen
s1101104	花仙子	女	07/24/94	03	550.0	F	Memo	gen
s1101105	向达伦	男	05/12/92	03	538.0	T	Memo	gen
s1101106	雨宫优子	女	12/12/93	04	564.0	T	Memo	gen
s1101107	小甜甜	女	11/07/94	01	506.0	F	Memo	gen
s1101108	史努比	男	09/30/95	05	521.0	T	Memo	gen
s1101109	蜡笔小新	男	02/15/95	05	592.0	T	Memo	gen
s1101110	碱蛋超人	男	03/18/93	04	545.0	F	Memo	gen
s1101111	黑杰克	男	05/21/93	06	616.0	T	Memo	gen
s1101112	哈利波特	男	10/20/92	06	578.0	T	Memo	gen

图 3-35 表“学生.dbf”的“浏览”窗口

3.3.3 设置表中字段的输入输出掩码

输入掩码（Mark）是数据库表字段的一种属性，它用于控制数据输入的正确性和数据的输入范围。输入掩码是按字段的数据位进行控制的，每个数据位对应一个掩码。例如，为“学号”字段设置的输入掩码为“A9999999”，则表示“学号”字段只能输入以字母开头、其余为数字的 8 个字符。

常用输入掩码及其含义如表 3-4 所示。

表 3-4 常用输入掩码及其含义

符号	功能	符号	功能
!	把小写字母转换成大写字母	9	只允许数字字符；数值型数据可以是数字和正、负号
$	在输出的数值数据前面显示浮动的$符号	A	只允许字母，不允许空格和标点符号
^	用科学计数法显示数值数据	D	使用 SET DATE 设置的日期格式
*	数值型数据的前导零用星号替换	L	在数值型数据输出时给出前导零
.	输出用于指定小数点的位置	N	允许字母和数字
,	用于分隔数值的整数部分	X	任意字符
#	允许数值、空格和正负、负号字符型数据	Y	逻辑型数据，分别以字母 Y、y 和 N、n 给出

输出掩码又称为输出格式码（Format），用于控制显示格式，它决定字段在浏览窗口、报表或表单中的数据显示样式。如果字段的输出掩码设置为“!A”，其中的字符“!”表示将字母转换成大写字母输出。

格式码用来控制字段中的所有字符的输入和输出格式，当格式码和掩码联合使用时，在格式码前加上一个“@”符号，格式码串写完后至少加一个空格，然后再写输入掩码串。例如，可以使用格式字符串　"@L 999999"为一个数值型的值填充一个前导的零来替代空格。

常用输出掩码及其含义如表 3-5 所示。

表 3-5　常用输出掩码及其含义

符号	功能	符号	功能
!	强制文本大写	D	使用当前的 SET DATE 格式设置
^	用科学记数法表示数值数据	K	将光标移至该字段时选择所有内容
$	使用货币符号	L	数值字段显示前导零
(	当数据为负数时用括号括起来	R	显示文本框的格式掩码，但不保存到字段中
A	只允许字母，不允许空格和标点符号	T	删除前导和结尾空格

【例 3-26】对数据库"教学管理.dbc"进行操作，将其中的"学生.dbf"的"学号"字段的输入掩码设置为"A9999999"，输出掩码设置为"!9999999"，显示标题设置为"学生学号"。

操作步骤如下：

（1）打开数据库"教学管理.dbc"，进入"数据库设计器"窗口。

（2）在"数据库设计器"窗口单击学生情况表 xsqk.dbf，激活该表。

（3）在"数据库设计器"窗口打开"数据库"菜单，单击"修改"命令，进入"表设计器"对话框。

（4）在"表设计器"对话框中，选择字段名"学号"，然后在"显示"栏的"格式"文本框内输入"!9999999"，在"输入掩码"文本框内输入"A9999999"，在"标题"文本框内输入"学号"字段的显示标题"学生证号"，如图 3-36 所示。

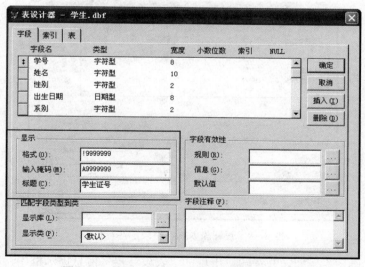

图 3-36　设置"学号"字段的掩码和显示标题

（5）单击"确定"按钮，之后单击出现的信息提示框中的"是"按钮，数据库表"学生.dbf"中的"学号"字段的输入输出掩码和显示标题设置完成，回到"数据库设计器"窗口。

（6）双击数据库中的表 xsqk.dbf，进入"浏览"窗口。从显示的表中可以看到，"学号"字段数据的第 1 个字母显示为大写字母，其显示标题为"学生证号"，如图 3-37 所示。

学生证号	姓名	性别	出生日期	系别	大学录取分数	团员	简历	照片
S1101101	樱桃小丸子	女	10/23/91	01	520.0	F	Memo	gen
S1101102	茵蒂克丝	女	08/12/92	02	518.0	F	Memo	gen
S1101103	米老鼠	男	01/02/93	02	586.0	T	Memo	gen
S1101104	花仙子	女	07/24/94	03	550.0	F	Memo	gen
S1101105	向达伦	男	05/12/92	03	538.0	T	Memo	gen
S1101106	雨宫优子	女	12/12/93	04	564.0	F	Memo	gen
S1101107	小甜甜	女	11/07/94	01	506.0	F	Memo	gen
S1101108	史努比	男	09/30/95	05	521.0	T	Memo	gen
S1101109	蜡笔小新	男	02/15/95	05	592.0	T	Memo	gen
S1101110	碱蛋超人	男	03/18/93	04	545.0	F	Memo	gen
S1101111	黑杰克	男	05/21/93	06	616.0	T	Memo	gen
S1101112	哈利波特	男	10/20/92	06	578.0	T	Memo	gen

图 3-37　表"学生.dbf"的"浏览"窗口

3.3.4　设置表中字段的注释

字段注释具有注释、说明字段的含义的作用。对数据库表的某些字段设置注释，可以提示用户更清楚地了解一些重要字段的属性、意义及用途。

【例 3-27】为"学生.dbf"中的"系别"字段设置注释信息"这是学生所在院系编号"。

操作步骤如下：

（1）打开数据库"教学管理.dbc"，进入"数据库设计器"窗口。

（2）在"数据库设计器"窗口，右击需要设置字段注释信息的"学生.dbf"，执行快捷菜单中的"修改"命令。打开"数据库"菜单，单击"修改"命令，进入"表设计器"对话框。

（3）在"表设计器"对话框首先选择需设置注释信息的"系别"字段，在"字段注释"栏输入"系别"字段的注释信息"这是学生所在院系编号"，如图 3-38 所示。

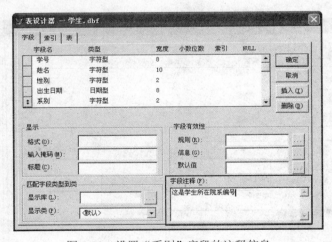

图 3-38　设置"系别"字段的注释信息

（4）单击"确定"按钮，并在随后出现的"表设计器"信息提示框中，单击"是"按钮。完成"学生.dbf"表中"系别"字段的注释信息设置，并回到"数据库设计器"窗口。

3.3.5　设置表中字段的默认值

给数据表的某些字段设置默认值，可以有效地提高表中数据输入的速度。

【例 3-28】为"学生.dbf"中的"团员"字段设置默认值".T."。

操作步骤如下：

（1）在"数据库设计器-教学管理.dbc"窗口中，选择需要设置字段默认值的"学生.dbf"表，并打开"表设计器"对话框。

（2）选择需要设置默认值的"团员"字段，然后在"字段有效性"栏的"默认值"框内输入"团员"字段的默认值".T."，如图 3-39 所示。

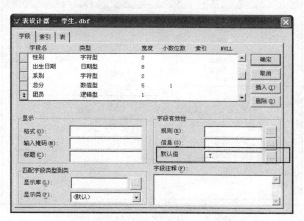

图 3-39　为"团员"字段设置默认值

（3）单击"确定"按钮，之后的操作同例 3-27 一样，即可完成字段默认值的设置。

一旦给"团员"字段设置了默认值".T."，以后再给学生情况表 xsqk.dbf 追加新记录时，该记录中的"团员"字段就会自动出现默认值".T."，如图 3-40 所示。

学生证号	姓名	性别	出生日期	系别	大学录取分数	团员	简历	照片
S1101101	樱桃小丸子	女	10/23/91	01	520.0	F	Memo	gen
S1101102	茵蒂克丝	女	08/12/92	02	518.0	F	Memo	gen
S1101103	米老鼠	男	01/02/93	02	586.0	T	Memo	gen
S1101104	花仙子	女	07/24/94	03	550.0	F	Memo	gen
S1101105	向达伦	男	05/12/92	03	538.0	T	Memo	gen
S1101106	雨宫优子	女	12/12/93	04	564.0	T	Memo	gen
S1101107	小甜甜	女	11/07/94	01	506.0	F	Memo	gen
S1101108	史努比	男	09/30/95	05	521.0	T	Memo	gen
S1101109	蜡笔小新	男	02/15/95	05	592.0	T	Memo	gen
S1101110	碱蛋超人	男	03/18/93	04	545.0	F	Memo	gen
S1101111	黑杰克	男	05/21/93	06	616.0	T	Memo	gen
S1101112	哈利波特	男	10/20/92	06	578.0	T	Memo	gen
			/ /			T	memo	gen

图 3-40　给学生情况表 xsqk.dbf 追加新记录

3.3.6　设置表中字段的有效性规则

给数据表的字段设置有效性规则，主要用于数据输入正确性的检验，可有效提高表中数据输入的准确度，从而避免数据输入错误。

【例 3-29】为"学生.dbf"中的"总分"字段设置有效性规则："总分<=750 .AND. 总分>=500"。当违反了该规则后，系统显示提示信息"输入的总分必须介于 500~750 之间！"，同时设置该字段的默认值为 500。

操作步骤如下：

（1）在"数据库设计器-教学管理.dbc"窗口中，选择需要设置字段有效性规则的"学生.dbf"

表，并打开"表设计器"对话框。

（2）在"表设计器"对话框，首先选择需要设置有效性规则的"总分"字段，然后在"字段有效性"栏的"规则"输入框内输入"入学总分"字段的有效性规则表达式"总分<=750 .AND.总分>=500"，如图 3-41 所示。

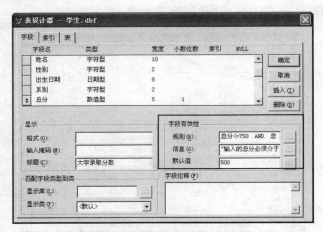

图 3-41   设置字段的有效性规则

在"信息"框处可设置当违反了该规则后，系统显示的提示信息"输入的总分必须介于500~750 之间！"。

同样地，在"默认值"框输入该字段的默认值：500。

单击"规则"框右侧的"表达式生成器"按钮___，打开如图 3-42 所示的"表达式生成器"对话框，用户可在该对话框中设置需要的表达式。

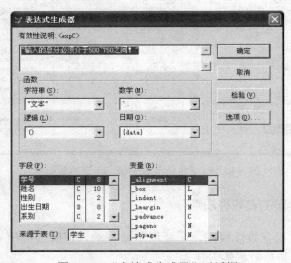

图 3-42   "表达式生成器"对话框

（3）单击"确定"按钮，之后的操作同例 3-27 一样，即可完成字段有效性规则的设置。

一旦对"学生.dbf"中的"总分"字段设置了有效性规则，以后追加或编辑记录时，如果"总分"字段输入的值违反了有效性规则，例如输入的值大于 750，就会出现如图 3-43 所示的警告信息框，提示用户输入的值违反了"总分"字段的有效性规则。

图 3-43　警告信息框

此时，用户可单击"还原"按钮，返回到表"浏览"窗口，以便修正错误。

3.3.7　设置表中记录的有效性规则

记录的有效性规则比字段的有效性规则级别更高。在输入、修改记录的各个字段的过程中，当光标在各字段间切换时，系统将仅进行字段有效性检查，而当要存储该记录（光标由一条记录移向另一条记录）时，则要进行记录有效性检查。只有同时通过字段有效性和记录有效性检查，该记录才能被存储，从而转向下一条记录。

记录有效性规则应在数据库表的"表设计器"的"表"选项卡中进行。记录有效性包含 2 个选项："规则"和"信息"。

- 规则：一般是算术表达式和关系表达式组成的一个混合表达式。返回值为逻辑值：.T. 或.F.。
- 信息：一个字符串，当字段完整性检查出错时给出用户提示。

【例 3-30】为数据库表"学生.dbf"设置记录有效性规则，规则为：学号和姓名都必须输入，不能为空。当违反了该记录的有效性规则时，系统显示警告信息：必须输入学号和姓名，其字段内容不能为空。

操作步骤如下：

（1）在"数据库设计器-教学管理.dbc"窗口中，选择需要设置有效性规则的"学生.dbf"表，并打开"表设计器"对话框。

（2）在"表设计器"对话框，单击"表"选项卡，如图 3-44 所示。在"记录有效性"栏中的"规则"框处输入表达式：.NOT.EMPTY(学号).AND..NOT.EMPTY(姓名)。

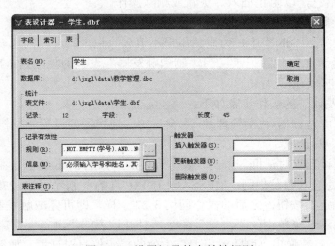

图 3-44　设置记录的有效性规则

在"信息"框处可设置当违反了该规则后，系统显示的提示信息""必须输入学号和姓名，其字段内容不能为空""。

（3）单击"确定"按钮，之后的操作同例 3-27 一样，即可完成记录有效性规则的设置。

一旦对"学生.dbf"设置了记录的有效性规则，以后编辑该表的记录时，若不满足设置的记录有效性规则，当要编辑下一条记录时系统就会给出记录一致性检查的出错信息，从而不允许进入下一条记录，如图 3-45 所示。用户只有在满足记录有效性规则后，才允许编辑下一条记录。

图 3-45   当违反规则时出现的警告信息

此时，用户可单击"还原"按钮，返回到表"浏览"窗口，以便修正错误。

3.3.8   设置触发器

触发器是在发生某些事件时触发执行的一个表达式或一个过程。这些事件包括：在表中插入记录、更新记录和删除记录。当发生了上述事件时，将引发触发器所包含的事件代码。

触发器分为插入触发器、更新触发器和删除触发器：

● 插入触发器。指定每次向表中插入或追加记录时触发的一个规则。该规则检测的结果为真（.T.）时，接受并存储插入的记录，否则拒绝插入记录。

● 更新触发器。指定每次更新表中记录时触发的一个规则。该规则检测的结果为真（.T.）时，接受并保存修改后的记录，否则修改无效，同时还原修改前的记录值。

● 删除触发器。指定每次从表中删除记录时触发的一个规则。该规则检测的结果为真（.T.）时，该记录被删除，否则不能删除。

触发规则可以是一个表达式、一个过程或函数。当它们返回的结果为逻辑假（.F.）时，显示"触发器失败"信息，以阻止插入、更新或删除操作。

1. 利用表设计器设置触发器

【例 3-31】在"学生.dbf"中，为避免用户不慎删除记录，可以创建一个简单的"删除触发器"，用于确定是否允许删除记录。为"删除触发器"设置的规则是：MESSAGEBOX("真的要删除吗? ", 275,"提示信息")=6。

设置"删除触发器"的操作步骤如下：

（1）在"数据库设计器-教学管理.dbc"窗口中，选择需要设置触发器的"学生.dbf"表，并打开"表设计器"对话框。

（2）在"表设计器"对话框，单击"表"选项卡，如图 3-46 所示。在"触发器"栏中的"删除触发器"框处输入触发规则：MESSAGEBOX("真的要删除吗? ", 275,"提示信息")=6。

（3）单击"确定"按钮，之后的操作同例 3-27 一样，即可完成触发器的设置。

（4）执行"显示"菜单中的"浏览"命令，打开该表的"浏览"窗口，对某个记录作删除标记。当存盘时，系统弹出"删除触发器"生效的提示信息对话框，如图 3-47 所示。此时，若单击"是"按钮，则允许对该记录作删除标记并存盘。

（5）如果单击"是"按钮，对记录作删除标记。如果单击"否"按钮，则出现"触发器

"失败"信息提示框,如图 3-48 所示,对记录不作删除标记。

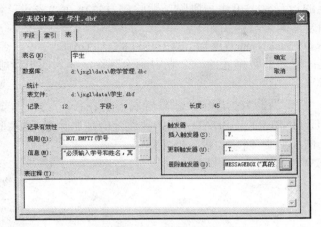

图 3-46　设置"删除触发器"规则

图 3-47　"删除触发器"生效时的提示信息对话框

图 3-48　"触发器失败"信息提示框

2. 利用命令方式设置触发器

创建触发器也可以使用命令方式,创建触发器的命令格式如下:

CREATE TRIGGER ON TableName FOR DELETE | INSERT | UPDATE AS lExpression

该命令的功能是:为数据库表创建一个删除、插入或更新触发器。

说明:

● TableName:指定当前数据库中要创建触发器的表名。

● FOR DELETE | INSERT | UPDATE:指定要创建的是删除型、插入型还是更新型触发器。

● AS lExpression:指定要触发的触发器的逻辑表达式,可以是能够返回一个逻辑值的用户自定义函数或存储过程(将在有关程序设计的章节中讲解)

【例 3-32】在"学生.dbf"中,设置一个更新触发器,检查"总分"字段的值必须大于或等于 500。

OPEN DATABASE 教学管理
CREATE TRIGGER ON 学生 FOR UPDATE AS 总分>=500

之所以选择更新触发器而不是其他两类触发器,原因是每当"总分"字段变动时都会触发更新触发器,从而检查该字段的值是否合理。

3. 删除触发器

在不需要触发器的设置时，可进行删除。删除触发器可在"表设计器"中进行，也可使用命令进行。删除触发器的命令格式如下：

DELETE TRIGGER ON TableName FOR DELETE | INSERT | UPDATE

该命令的功能是：从当前数据库的一个表中删除删除、插入或更新触发器。

说明：

- TableName：指定当前数据库中要删除触发器的表名。
- FOR DELETE | INSERT | UPDATE：指定要删除的是删除型、插入型还是更新型触发器。

【例 3-33】删除例 3-31 中创建的删除触发器。

DELETE TRIGGER ON 学生 FOR DELETE

第4章　数据表的基本操作

本章学习目标

- 掌握工作区的概念与作用。
- 掌握数据表的打开与关闭方法。
- 掌握表中记录录入的方式和添加记录的各种命令方法。
- 熟悉编辑表记录的各种方式和命令；掌握表记录的删除和恢复；学会设置表的过滤方法等。

表的操作主要是指对表中记录的操作。在本章中，我们将学习工作区的概念和使用、记录指针的定位、在任意位置上增加新记录、逻辑删除和物理删除记录、修改记录内容以及记录的计算统计功能。

4.1　表的打开与关闭

表只有打开后方可使用，如对表中的数据进行修改和检索等；操作结束后也应及时关闭以确保数据的安全。对数据库表来说，即使打开了数据库，包含在数据库中的表也不会自动打开，需经过打开步骤。打开表是将表从磁盘调入内存的过程，而关闭表则是将表从内存向磁盘保存的过程。关闭表时，数据会自动存盘，并释放占用的内存空间。

4.1.1　工作区

1. 工作区的概念

在 Visual FoxPro 中，工作区（Work Area）是为当前正在使用的表开辟的一个内存区域。系统提供了 32767 个工作区，每个工作区都有一个工作区号，分别用 1～32767 表示。

正在使用的工作区称为当前工作区。系统启动后，默认 1 号工作区为当前工作区。一个工作区只能打开一个表，如果再打开第二个表，系统将自动关闭第一个表。这种只能对一个表进行的操作称为单表操作。如果需要同时使用多个表，则需在不同的工作区分别打开，这种操作称为多表操作。

正常情况下（除非使用带 Again 子句的 Use 命令，参见 4.1.2 节），一个表文件也不能在一个以上的工作区同时打开，否则将出现如图 4-1 所示的"文件正在使用"的系统提示信息。每个工作区为打开的表文件设置一个记录指针，在一般情况下它们各自独立移动，互不干扰。

图 4-1　系统提示信息

每个表打开后都有两个默认的别名，一个是表名自身，另一个是工作区所对应的别名。

编号为 1～10 的前 10 个工作区的默认别名用 A～J 这 10 个字母表示，工作区 11～32767 指定的别名是 W11 到 W32767。另外，还可以在 USE 命令中使用 ALIAS 子句来指定别名。注意：单个字母 A～J 不能用来作为表的文件名，它是系统的保留字。别名也可作为工作区的标识。

2. 工作区选择命令

当使用一个工作区时，就需要使用 SELECT 命令选择一个工作区，其命令格式如下：

SELECT nWorkArea | cTableAlias | 0

该命令的功能是：选择（激活）指定的工作区作为当前工作区。

说明：

- nWorkArea：指定要激活的工作区，取值范围：1～32767；也可使用 A～J、W11～W32767。
- cTableAlias：此参数是打开表的别名，如果表没有起别名，则可以用表名代替别名。
- 0：激活尚未使用的工作区中编号最小的那一个，作为当前工作区。

说明：

（1）默认情况下，启动 Visual FoxPro 时打开编号为 1 的工作区。

（2）函数 SELECT()可返回当前工作区号；函数 ALIAS([nWorkArea])可返回当前工作区或指定的工作区别名。

```
CLOSE ALL              && 关闭在所有工作区中打开的表
?SELECT ()             && 显示 1
```

（3）当前工作区的表文件的字段名可以被直接引用，但从当前工作区访问非当前工作区中打开表的字段时只能读不能写，且使用如下格式：alias.field 或者 alias -> field。

4.1.2 打开表

打开表的方法有菜单方式和命令方式。菜单方式就是通过 Visual FoxPro 的"文件"菜单的"打开"命令进行，打开表命令为 USE。下面介绍这两种打开表的方式。

1. 使用菜单方式

【例 4-1】用菜单方式打开学生情况表"学生.dbf"。

操作步骤如下：

①打开"文件"菜单，单击"打开"命令，显示"打开"对话框，如图 4-2 所示。

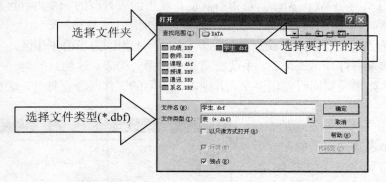

图 4-2   "打开"对话框

②在"打开"对话框中，选择需要打开的表文件名"学生.dbf"，选择"独占"复选框，然后单击"确定"按钮，即可打开选定的表"学生.dbf"。

2．使用命令方式

打开表的最简单直接方式，就是使用 USE 命令。该命令的使用格式如下：

USE [[DatabaseName!]dbf_Name|?] [ALIAS] [IN nWorkArea | cTableAlias]

　　[AGAIN] [EXCLUSIVE] [SHARED] [NOUPDATE]

USE 命令的功能是：在当前或指定的工作区中打开指定的表文件，不带任何子句的 USE 命令可关闭当前工作区中的表。

说明：

（1）[DatabaseName!]dbf_Name|?：指定要打开的表的名称，"？"指定调出文件对话框供用户选择要打开的表。表文件名可以带盘符和路径，扩展名.dbf 可省略。

（2）IN nWorkArea：指定要打开表所在的工作区。带有 IN 子句和工作区编号的 USE 命令，可以关闭指定工作区中的表。

在 IN 子句中 0 可作为工作区号，指定 0 可以在最低可用的工作区中打开表。例如，如果工作区 1 至工作区 10 中都有表打开，那么下面的命令将在工作区 11 中打开 "通讯.dbf" 表：

USE 通讯 IN 0

（3）IN cTableAlias：指定在当前工作区中打开表。打开表的别名用 cTableAlias 指定。如果省略 nWorkArea 和 cTableAlias 参数，则在当前工作区中打开表。

（4）AGAIN：若要同时在多个工作区中打开一个表，可以按以下方法操作：

● 选择另一个工作区，并且执行带有表名和 AGAIN 子句的 USE 命令。

● 执行带有表名和 AGAIN 子句的 USE 命令，并且用 IN 子句指定一个不同的工作区。

当在另一个工作区中再次打开一个表时，在新工作区中的表继承了原工作区中的表的属性。例如，如果一个表以只读或独占访问方式打开，然后又在另一个工作区中打开，那么在新的工作区中该表也以只读或独占访问方式打开。

再次打开的表被赋予工作区的默认别名。在多个工作区中打开一个表时，每次可以包含一个别名，只要这些别名不重复就可以。

（5）EXCLUSIVE：表示用户在网上操作时，表以独占方式打开。当表以独占方式打开时，用户可为表进行任何操作。

（6）SHARED：表示用户在网上操作时，表以共享方式打开。此时，用户对表的操作将受到网络的制约。建议对于初学者，一律使用独占方式打开表。

（7）NOUPDATE：禁止以修改方式打开表，防止修改表结构和表记录。

注意：执行 USE 命令时，Visual FoxPro 首先在当前数据库中查找该表。如果没有找到，Visual FoxPro 接着在此数据库之外查找该表。即，如果数据库中的某个表与数据库之外的一个表具有相同的名称，则首先找到的是数据库中的表。

使用 USE 命令不能打开其他用户以独占方式打开的数据库。

USE 命令还有其他方面的使用方式，以后我们在使用时，再做介绍。

【例 4-2】选择工作区编号为 5 的工作区以独占方式打开学生表，再在编号为 20 的工作区打开学生表。

```
SET DEFAULT TO D:\JXGL\DATA
SELECT 5
USE 学生  EXCLUSIVE
SELECT 20
USE 学生  AGAIN
```

4.1.3　关闭表

当表操作完成后，应及时关闭，以保证更新后的内容能安全地存入表中。要关闭表，可以使用"文件"菜单下的"退出"命令，或单击程序窗口的"关闭"按钮，即通过退出 Visual FoxPro 系统来关闭表。一般情况下，使用 USE 或 CLOSE 命令来关闭打开的表。

上节介绍的 USE 命令既可打开表，也可关闭表。若要关闭当前工作区打开的表，只需在命令窗口中键入 USE 命令即可。

关闭表的其他命令有 CLOSE 和 CLEAR。

1. 使用 CLOSE 命令关闭表

CLOSE 命令的使用格式如下：

CLOSE [ALL | DATABASES [ALL] | TABLES [ALL]]

该命令的功能是：关闭数据库及各种类型的文件。

说明：

（1）ALL：关闭所有工作区中打开的数据库、表、表单设计器、项目管理器、标签设计器、报表设计器、查询设计器和和索引等各类文件，并选择工作区 1 为当前工作区。

（2）CLOSE DATABASES：关闭当前打开的数据库和表。若无打开的数据库，则关闭所有工作区内所有打开的自由表、索引和格式文件，并选择工作区 1 为当前工作区。

（3）CLOSE DATABASES ALL：关闭所有打开的数据库和其中的表、所有打开的自由表、所有工作区内的索引和格式文件，并选择工作区 1 为当前工作区。

（4）CLOSE TABLES [ALL]：关闭当前选中数据库中的所有表。若没有已打开的数据库，则 CLOSE TABLES 关闭所有工作区内的自由表。包含 ALL 时，可以关闭所有数据库中的所有表以及自由表，但所有数据库保持打开。

CLOSE 命令还有其他方面的使用方式，以后我们在使用时，再做介绍。

2. 使用 CLEAR 命令关闭表

CLEAR 命令的使用格式如下：

CLEAR ALL

此命令的功能是：关闭所有表，包括所有相关的索引、格式和备注文件，并且选择工作区 1 作为当前工作区。CLEAR ALL 命令也能从内存中释放所有的内存变量和数组以及所有用户自定义菜单栏、菜单和窗口的定义。

4.2　表的操作

在第 3 章中，我们已经向读者介绍了数据表结构的创建和修改方法，在本节我们将介绍数据表结构的显示和复制等操作。

在 Visual FoxPro 中，对数据库等对象的操作可以使用交互方式，如菜单方式、设计器方式、项目管理器方式等，也可使用命令方式。在本节以及陆续的章节中，我们将主要使用命令或程序方式操作数据库、表等对象。

4.2.1　表结构的显示

表结构显示的方法有菜单方式和命令方式两种。当表处于显示状态时，利用 Visual FoxPro

"显示"菜单的"表设计器"选项进行。这里介绍显示表结构的命令。显示表结构的命令使用格式如下：

DISPLAY | LIST STRUCTURE [IN nWorkArea | cTableAlias]
[TO PRINTER | TO FILE FileName]

该命令的功能是：显示一个表文件的结构。

说明：

（1）IN nWorkArea | cTableAlias：显示非当前工作区中的表的结构。nWorkArea 指定工作区号，cTableAlias 指定表别名。

（2）TO PRINTER：将 DISPLAY STRUCTURE 的结果定向输出到打印机。

（3）TO FILE FileName：将显示的结果定向输出到 FileName 指定的文件中。如果此文件已经存在，且 SET SAFETY 设为 ON，Visual FoxPro 将提示是否要改写此文件。

（4）DISPLAY STRUCTURE 所显示的内容包括表的路径和表名、记录数、最近更新日期、备注字段块的大小和每个字段的名称、类型、宽度和小数位。如果结构复合索引中的标识与表中的一个字段同名，标识的顺序（升序或降序）和标识的排序序列就显示在字段名旁边。

（5）如果用 SET FIELDS 限制了对表中字段的访问，一个尖括号就会出现在可以被访问的字段名旁边。

（6）LIST STRUCTURE 和 DISPLAY STRUCTURE 的区别，前者以滚屏，后者以分屏的方式对表结构进行显示。

【例 4-3】显示表"学生.dbf"的结构。

USE 学生   && 打开表"学生.dbf"
DISPLAY STRUCTURE   && 显示表"学生.dbf"的结构

显示结果如图 4-3 所示。

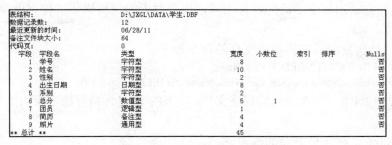

图 4-3 表"学生.dbf"的结构

4.2.2 表结构的复制

当复制的对象仅为表的结构而不涉及表的记录时，称为表结构的复制。结构的复制有两种操作，第一种操作是将当前表的结构复制成一个新表的结构；第二种操作是将表的结构复制成表的结构描述文件。

1. 将当前表的结构复制成一个新表的结构

将当前表的结构复制成一个新表的结构，是指所利用的表结构必须是当前工作区中已打开的表。复制表结构的命令使用格式如下：

COPY STRUCTURE TO FileName [FIELDS FieldList]

此命令的功能是：用当前选择的表结构创建一个新的自由表结构。

说明：

（1）FileName：指定要创建的自由表的名称，新表中每一个字段的默认值和 null 值支持与当前选定表的设置是相同的。

（2）FIELDS FieldList：只将 FieldList 指定的字段复制到新表。若省略 FIELDS FieldList，则把所有字段复制到新表。

【例 4-4】利用"学生.dbf"数据表，生成一个名为"xs1.dbf"的表，字段含有：学号、姓名、性别，出生日期。

在命令窗口中依次输入如下命令：

USE 学生
COPY STRUCTURE TO xs1 FIELDS 学号,姓名,性别,出生日期
USE xs1
DISPLAY STRUCTURE

结果如图 4-4 所示。可以看出，"xs1.dbf"表有 4 个字段。

```
表结构：                    D:\JXGL\XS1.DBF
数据记录数：                 0
最近更新的时间：             06/28/11
代码页：                     936
字段  字段名    类型              宽度   小数位  索引  排序      Nulls
  1   学号     字符型              8                              否
  2   姓名     字符型             10                              否
  3   性别     字符型              2                              否
  4   出生日期  日期型              8                              否
** 总计 **                        29
```

图 4-4　表"xs1.dbf"的结构

2. 将当前表的结构复制成结构描述文件

结构描述文件（也称为表的结构延伸文件）是一个特殊的表文件，它的结构固定，由 16 个字段组成，各字段名字分别是：Field_Name、Field_Type、Field_Len、Field_Dec、Field_Null、…、Table_Cmt。它的记录由每个字段的特性组成。用户对表的结构描述文件可以像对表记录一样方便地进行修改。

将当前表的结构复制成结构描述文件的命令如下。

COPY STRUCTURE EXTENDED TO FileName
[DATABASE DatabaseName [NAME LongTableName]] [FIELDS FieldList]

利用当前表，创建一个表的结构描述文件，它的字段包含当前选定表的结构信息。

说明：

（1）FileName：指定要创建的新表。

（2）DATABASE DatabaseName：指定要添加新表的数据库。

（3）NAME LongTableName：指定新表的长名称。长名称最多可以包含 128 个字符并且可以在数据库中使用短文件名的地方使用它。

（4）FIELDS FieldList：指定在新表的记录中只包含由 FieldList 指定的字段。若省略 FIELDS FieldList，则所有字段在新表中都有一个记录。

（5）当前选定表内每个字段的信息被复制到新表的一条记录中。新表的结构在格式上固定，由 16 个字段组成。表 4-1 列出了这 16 个字段的名称和内容。

【例 4-5】利用"学生.dbf"数据表，生成一个名为"Ext_学生.dbf"的表，然后打开并显示它的结构和记录。

USE 学生
COPY STRUCTURE EXTENDED TO Ext_学生 database 教学管理 NAME 学生表的结构描述文件

USE ext_学生
BROWSE　&&浏览表

显示结果如图 4-5 所示。可以看出，表"Ext_学生.dbf"的记录刚好是表"学生.dbf"的 9 个字段。

表 4-1　结构描述文件中 16 个字段的名称和内容

字段	字段类型	内容
Field_Name	字符型	当前选定表的字段名
Field_Type	字符型	字段类型，其中：C（字符型）、Y（货币型）、N（数值型）、F（浮点型）、I（整型）、B（双精度型）、D（日期型）、T（日期时间型）、L（逻辑值）、M（备注型）、G（通用型）
Field_Len	数值型	字段宽度
Field_Dec	数值型	数值字段中的小数位数
Field_Null	逻辑型	字段支持 null 值
Field_Nocp	逻辑型	不允许代码页转换（只用于字符型字段和备注型字段）
Field_Defa	备注型	字段默认值
Field_Rule	备注型	字段有效性规则
Field_Err	备注型	字段有效性文本
Table_Rule	备注型	记录有效性规则
Table_Err	备注型	记录有效性文本
Table_Name	字符型	长表名（只用于第一个记录）
Ins_Trig	备注型	插入触发器表达式（只有第一个记录）
Upd_Trig	备注型	更新触发器表达式（只有第一个记录）
Del_Trig	备注型	删除触发器表达式（只有第一个记录）
Table_Cmt	备注型	表注释（只有第一个记录）

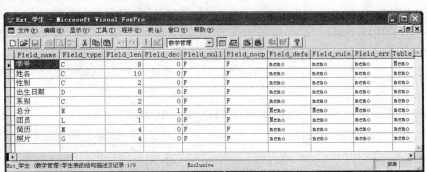

图 4-5　表的结构描述文件

用户可对"Ext_学生.dbf"表进行修改，然后使用 CREATE FROM 创建一个不同结构的新表。具体的例子，请参见《Visual FoxPro 程序设计教程（第二版）习题集与解答》中习题四上机题第 8 题。

4.2.3　复制表

表复制是保证数据安全的措施之一，Visual FoxPro 中提供了菜单方式和命令方式。菜单方式的操作方法是：当表被打开后，利用"文件"菜单的"导出"命令进行。这里介绍命令法复制表。

命令法复制表的命令格式如下：

COPY TO FileName [DATABASE DatabaseName [NAME LongTableName]]
[FIELDS FieldList | FIELDS LIKE Skeleton | FIELDS EXCEPT Skeleton]
[Scope] [FOR lExpression1] [WHILE lExpression2]
[[WITH] CDX] | [[WITH] PRODUCTION]
[[TYPE] [SDF | XL5 | DELIMITED [WITH Delimiter | WITH BLANK | WITH TAB]]]

此命令的功能是：把当前表文件复制成一个新表（或指定类型的）文件。

说明：

（1）FileName：指定要创建的新文件名。若不指定文件类型，则创建一个扩展名为.dbf的新表，系统在复制.dbf 文件时，自动复制.fpt 文件；在指定文件类型时，若文件名中不包含扩展名，系统自动添加一个该文件类型的默认扩展名。

（2）DATABASE DatabaseName 和 NAME LongTableName：含义前面已叙述，这里不再重复。

（3）FIELDS FieldList：指定要复制到新文件的字段。若省略 FIELDS FieldLsit，则将所有字段复制到新文件。若要创建的文件不是表，则即使备注字段名包含在字段列表中，也不把备注字段复制到新文件。

（4）FIELDS LIKE Skeleton：复制 Skeleton 框架相匹配的表字段。

（5）FIELDS EXCEPT Skeleton：复制时，排除 Skeleton 框架相匹配的表字段。

例如，命令"COPY TO mytable FIELDS LIKE A*,P*"，表示在新文件中包含以字母 A 和 P 开头的所有字段。

又如，命令"COPY TO mytable FIELDS LIKE A*,P* EXCEPT PARTNO*"表示在新文件中包含以字母 A 和 P 开头，但不包含 PARTNO 开头的所有字段。

（6）Scope：指定要复制到新文件的记录范围。

（7）FOR lExpression1：复制逻辑条件 lExpression1 为"真"（.T.）的记录到文件中。

（8）WHILE lExpression2：当逻辑表达式 lExpression2 为"真"（.T.）时才复制记录。

（9）[WITH] CDX | [WITH] PRODUCTION：创建一个与已有表的结构索引文件相同的新表结构索引文件。原始结构索引文件的标识和索引表达式被复制到新结构索引文件。CDX 等同于 PRODUCTION 子句。

若创建的文件不是数据表，则不要包含 CDX 或 PRODUCTION。

（10）TYPE：若要创建的文件不是表，则指定该文件类型。指定文件类型时不必包含 TYPE 关键字。

（11）SDF | XL5：SDF 表示创建的文件是 ASCII 文本文件，其中记录都有固定长度，并以回车和换行符结尾。字段不分隔。若不包含扩展名，则指定 SDF 文件的扩展名为.TXT。

XL5 表示创建一个 Microsoft Excel 5.0 版的电子表格文件。当前选定表中的每个字段变为电子表格中的一列，每条记录变为一行。若不包含文件扩展名，则新建电子表格的扩展名指定为.XLS。

（12）DELIMITED：创建分隔文件。分隔文件是 ASCII 文本文件，其中每条记录以一个回车和换行符结尾。默认的字段分隔符是逗号。因为字符型数据可能包含逗号，所以另外用双引号分隔字符型字段。

除非另外指定，否则所有新建 DELIMITED 文件的扩展名都指定为.TXT。

（13）DELIMITED WITH Delimiter：创建用字符代替引号分隔字符型字段的分隔文件。分隔字符型字段的字符用 Delimiter 指定。

（14）DELIMITED WITH BLANK：创建用空格代替逗号分隔字符型字段的分隔文件。

（15）DELIMITED WITH TAB：创建用制表符代替逗号分隔字符型字段的分隔文件。

（16）若已设置了索引排序方式，则按主索引顺序复制记录。

【例 4-6】从表"学生.dbf"复制生成文件"xs2.dbf"和"xs2.fpt"。生成的新表"xs2.dbf"和原表"学生.dbf"的结构及内容完全相同。

```
USE 学生 Exclusive
COPY TO xs2
USE xs2
DISPLAY STRUCTURE                    && 显示表"xs2.dbf"的结构
```

【例 4-7】利用"学生.dbf"表，复制生成一张新表"xs3.dbf"，新表中只含有"学号"、"姓名"和"性别"3 个字段，且性别为"男"的记录。

```
USE 学生 Exclusive
COPY TO xs3 FIELDS 学号,姓名,性别 FOR 性别="男"
USE xs3 Exclusive
BROWSE
```

新表"xs3.dbf"的浏览界面，如图 4-6 所示。

【例 4-8】利用"学生.dbf"表，复制生成一个"xs.txt"，文件中数据项用空格分隔。新文件中含有"学号"、"姓名"和"性别"3 个字段，且性别为"男"的记录。

```
USE 学生 Exclusive
COPY TO xs.txt FIELDS 学号,姓名,性别 FOR 性别="男" DELIMITED WITH BLANK
RUN notepad xs.txt
```

文件 xs.txt 内容的显示结果如图 4-7 所示。

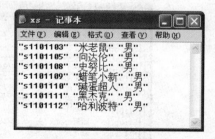

图 4-6 "xs3.dbf"表的浏览界面　　　图 4-7 文件"xs.txt"的显示结果

4.3 记录的操作

表记录的操作，主要是指数据表记录的添加、记录的定位、记录的显示、记录的修改、记录的删除与恢复等有关操作。

4.3.1 输入记录

数据表结构创建完毕后，如果有必要，需要录入数据。录入数据时，可利用如下几种方式：立即输入数据、菜单方式和命令方式。

1．立即输入数据

当数据表的结构建立后，在出现的"现在输入数据记录吗？"系统提示对话框中，若要立即输入数据，单击"是"按钮，出现记录编辑窗口，参见图 3-13，即可开始输入数据。

2．在"浏览"方式下追加数据

在"浏览"方式下给表中追加记录的操作步骤如下：

①打开表文件。

②打开 Visual FoxPro 系统的"显示"菜单，单击"浏览"命令。

③再次打开"显示"菜单，单击"追加方式"命令，即可在当前表的末尾追加新记录。

如果在表的末尾只添加一条记录，用户也可按下快捷键 Ctrl+Y，或执行 Visual FoxPro"表"菜单中的"追加新记录"命令。

3．执行 APPEND 命令追加数据

在关闭了表"浏览"或"编辑"窗口后，用户也可使用命令 APPEND 来给数据表追加数据。APPEND 命令的使用语法如下：

APPEND [BLANK]

该命令的功能是：在已打开的当前表的尾部追加一条或多条记录。

说明：当命令带有选项 BLANK 时，则在表的尾部追加一条空白记录，但不进入编辑窗口。以后可用 EDIT、BROWSE 等命令修改空白记录的值，或用 REPLACE 命令直接修改空白记录的值。APPEND 可在任何时候给表追加记录。

【例 4-9】使用 APPEND BLANK 命令为表"学生.dbf"追加一条空白记录，追加空白记录成功后，浏览界面如图 4-8 所示。

```
USE 学生 EXCLUSIVE
APPEND BLANK
BROWSE                    && 浏览记录（如图 4-8 所示）
```

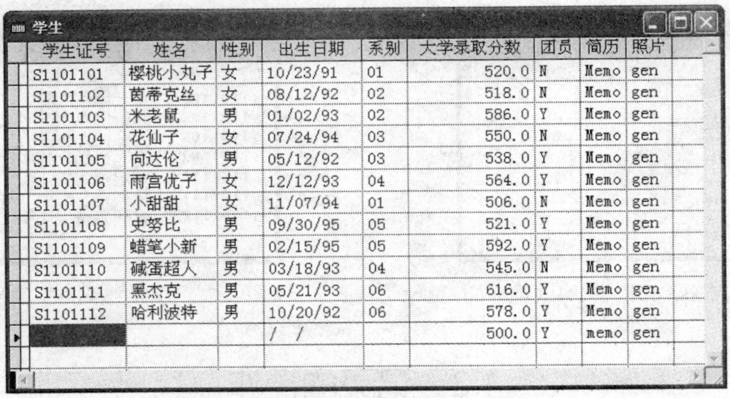

图 4-8　追加一条空白记录

显示结果表明，在"学生.dbf"表将有一条空白记录出现。注意，该记录应及时删除，以确保后面的操作能正常执行。

4．用 INSERT-SQL 命令逐条追加记录

要在数据表的末尾添加一条新记录，用户也可使用 INSERT-SQL 命令，该命令属于数据操纵语言（DML）的范畴，利用它可以方便快捷地向表中逐条追加记录，且并非一定要事先将表打开。命令的使用格式如下。

INSERT INTO dbf_name [(FieldName1 [, FieldName2, ...])]
　　　VALUES (eExpression1 [, eExpression2, ...])
或
INSERT INTO dbf_name FROM ARRAY ArrayName | FROM MEMVAR
该命令的功能是：在表尾追加一个包含指定字段值的记录。
说明：
（1）dbf_name：表名。
（2）FieldName1 [, FieldName2, ...]：要追加新记录数据的各个字段名，如果缺省指全部字段。
（3）VALUES (eExpression1 [, eExpression2, ...])：要追加新记录的各个字段的值。如果命令中缺省了字段列表 FieldName1 [, FieldName2, ...]，则 VALUES 子句中的表达式列表 eExpression1 [, eExpression2, ...]必须依次和表结构中的各字段的类型相同、宽度相容，以及个数相等。
（4）FROM ARRAY ArrayName：将一个数组中的数据插入到新记录中。从第一个数组元素开始，数组中的每个元素的内容依次插入到记录的对应字段中。第一个数组元素的内容插入到新记录的第一个字段，第二个元素的内容插入到第二个字段，……，依次类推。
（5）FROM MEMVAR：把内存变量的内容插入到与它同名的字段中。如果某一字段不存在同名的内存变量，则该字段为空。
s1101113　多啦 A 梦　男　1991.5.25　1　600　T　（略）　（略）
【例 4-10】利用 INSERT-SQL 命令向"学生.dbf"中追加一条新记录，使该记录的学号、姓名、性别、总分等四个字段值如下：s1101113、多啦 A 梦、男、600。
利用 INSERT-SQL 命令向"学生.dbf"中追加一条新记录的方法如下：
INSERT INTO 学生 (学号,姓名,性别,总分) VALUES ("s1101113","多啦 A 梦","男",600)
BROWSE 　　&&结果如图 4-9 所示

学生证号	姓名	性别	出生日期	系别	大学录取分数	团员	简历	照片
S1101102	茵蒂克丝	女	08/12/92	02	518.0	N	Memo	gen
S1101103	米老鼠	男	01/02/93	02	586.0	Y	Memo	gen
S1101104	花仙子	女	07/24/94	03	550.0	N	Memo	gen
S1101105	向达伦	男	05/12/92	03	538.0	Y	Memo	gen
S1101106	雨宫优子	女	12/12/93	04	564.0	N	Memo	gen
S1101107	小甜甜	女	11/07/94	01	506.0	N	Memo	gen
S1101108	史努比	男	09/30/95	05	521.0	Y	Memo	gen
S1101109	蜡笔小新	男	02/15/95	05	592.0	N	Memo	gen
S1101110	碱蛋超人	男	03/18/93	04	545.0	N	Memo	gen
S1101111	黑杰克	男	05/21/93	06	616.0	Y	Memo	gen
S1101112	哈利波特	男	10/20/92	06	578.0	Y	Memo	gen
S1101113	多啦A梦	男	/ /		600.0	Y	memo	gen

图 4-9　单条记录追加显示结果

5．利用数组追加记录
数组的一个重要应用是与表中的记录交换数据。记录中不同字段具有不同的数据类型，而定义好的数据元素的值同样允许具有不同数据类型。因此，数组和记录之间可以实现数据交换。
（1）将表中数据传送给数组
将表中数据传送给数组时，可以使用 SCATTER 命令，该命令的格式如下：

SCATTER [FIELDS FieldNameList
| FIELDS LIKE Skeleton | FIELDS EXCEPT Skeleton] [MEMO]
TO ArrayName | TO ArrayName BLANK | MEMVAR | MEMVAR BLANK

此命令的功能是：从当前记录中把数据复制到一组内存变量或数组中。

说明：

①FIELDS FieldNameList：把指定的字段列表所对应的字段内容依次传送给数组 ArrayName。如果省略此子句，则传送所有字段。如果在字段列表后放一个关键字 MEMO，则字段列表中可以包含备注字段。SCATTER 总是忽略通用和图片字段，

②FIELDS LIKE Skeleton | FIELDS EXCEPT Skeleton：用于指定需要传送或排除的字段，如果包括 LIKE 子句，那么与 Skeleton 相匹配的字段被传送到内存变量或数组中；如果包括 EXCEPT Skeleton，那么除了与 Skeleton 相匹配的字段外，其他所有字段都传送到内存变量或数组中。可以同时使用 LIKE 和 EXCEPT 子句。

③TO ArrayName：指定接受记录内容的数组。从第一个字段起，SCATTER 按顺序将每个字段的内容复制到数组的每个元素中。

如果指定数组的元素比字段数多，则多余数组元素的内容不发生变化。如果指定数组不存在，或者它的元素个数比字段数少，则系统自动创建一个新数组，数组元素与对应字段具有相同的大小和数据类型。

④TO ArrayName BLANK：创建一个空的数组，它的元素与表中字段具有相同大小和数据类型，但没有内容。

⑤MEMVAR：把数据传送到一组内存变量而不是数组中。SCATTER 为表中每个字段创建一个内存变量，并把当前记录中各个字段的内容复制到对应的内存变量中。新创建的内存变量与对应字段具有相同的名称、大小和数据类型。

如果 SCATTER 命令中包括字段列表，则为字段列表中每个字段都创建一个内存变量。

注意：不要在使用 MEMVAR 时加入 TO。如果加入了 TO，Visual FoxPro 会创建一个名为 MEMVAR 的数组。

⑥MEMVAR BLANK：创建一组空内存变量，每个内存变量与相应的字段有相同的名称、数据类型以及相同的大小。如果 SCATTER 中包含一字段列表，则为字段列表中的每一个字段创建一个内存变量。

【例 4-11】定义一个数组 xs(5)，然后再打开"学生.dbf"，并将当前记录传送给数组。
在命令窗口中依次键入如下命令：

```
DIMENSION xs(5)
USE 学生
SCATTER TO xs MEMO
DISPLAY MEMO
```

命令执行的结果是，将数组 xs 的元素个数自动增加为 8，结果如图 4-10 所示。

```
XS              Pub       A
(    1)                   C    "s1101101"
(    2)                   C    "樱桃小丸子"
(    3)                   C    "女"
(    4)                   D    10/23/91
(    5)                   C    "01"
(    6)                   N    520.0              (          520.00000000)
(    7)                   L    .F.
(    8)                   C    " (略)   "
```

图 4-10   将当前记录传送到数组中

（2）将数组数据传送给当前记录

将数组数据传送给当前记录，可以使用 GATHER 命令，该命令的格式如下：

GATHER FROM ArrayName | MEMVAR | NAME ObjectName

[FIELDS FieldList | FIELDS LIKE Skeleton | FIELDS EXCEPT Skeleton] [MEMO]

此命令的功能为：将当前选定表中当前记录的数据替换为某个数组、内存变量组或对象中的数据。

说明：

①FROM ArrayName：指定一个数组，用它的数据替换当前记录中的数据。从数组的第一个元素起，各元素的内容依次替换记录中相应字段的内容。第一个数组元素的内容替换记录第一个字段的内容，第二个数组元素的内容替换记录第二个字段的内容，依此类推。

如果数组的元素少于表的字段数目，则忽略多余的字段。如果数组的元素多于表的字段数目，则忽略多余的数组元素。

②MEMVAR：指定一组内存变量或数组，把其中的数据复制到当前记录中。内存变量的数据将传送给与此内存变量同名的字段。如果没有与某个字段同名的内存变量，则不替换此字段。注意：使用 MEMVAR 子句时，GATHER 不能带 FROM。

③NAME ObjectName：指定某个对象，其属性与表的字段同名。每个字段的内容分别替换为与字段同名的属性的值。如果没有与某个字段同名的属性，则此字段的内容不做替换。

④FIELDS FieldList：指定用数组元素或内存变量的内容替换字段的内容。只替换在 FieldList 中指定的字段的内容。

⑤FIELDS LIKE Skeleton | FIELDS EXCEPT Skeleton：使用 LIKE 或 EXCEPT 子句，或者同时包含以上两个子句，可以有选择地将字段内容替换为数组元素或内存变量的内容。

⑥MEMO：指定用数组元素或内存变量的内容替换备注字段的内容。如果省略 MEMO 子句，GATHER 命令将跳过备注字段。

【例 4-12】创建一个含有 5 个数组元素的数组 S，并令 S(1)="s1101113"，S(2)="夏日奈雪"，S(3)="女"，S(4)={^1992-12-26}，S(5)=600。将数组 S 中各元素值复制到当前记录对应的字段中。

```
use 学生
MODIFY DATABASE
append blank
dimension S(5)
S(1)="s1101113"
S(2)= "夏日奈雪"
S(3)="女"
S(4)={^1992-12-26}
S(5)=600
gather from S fields 学号,姓名,性别,出生日期,总分
```

6．成批追加记录

在实际工作中，一个表文件可能包括成千上万条记录，如果由一个人来录入数据，那将需要很长时间，有时甚至不可能完成。但若由多个人分别向结构相同的不同表中录入数据，最后再将各个表汇聚到一个表文件中，就可大大缩短记录的录入时间。

将一个表或一个指定格式文件的记录数据一次操作就部分或全部添加到当前表文件的末尾，称为成批追加记录。

　　成批追加记录的方法有两个，一是菜单方式，即利用 Visual FoxPro "表"菜单中的"追加记录"命令可实现记录的成批追加；二是命令方式，这里介绍命令方式。

　　成批追加的命令格式如下：

APPEND FROM FileName | ?

[FIELDS FieldList] [FOR lExpression]

[[TYPE] [DELIMITED [WITH Delimiter | WITH BLANK | WITH TAB

| WITH CHARACTER Delimiter]

| SDF | XL5 [SHEET cSheetName] | XL8 [SHEET cSheetName]]]

　　此命令的功能是：从一个文件中读入记录，追加到当前表的尾部。

　　说明：

　　①FileName：指定追加数据的源文件名，如果给出的文件名不包含扩展名，则将文件默认为.DBF。源数据表中标记为删除的记录也将添加到当前表中。

　　②FIELDS FieldList：要追加的字段列表，缺省时为全部字段。

　　③FOR lExpression：要追加记录应满足的条件，缺省时为全部记录。

　　④TYPE：如果指定的源文件类型不是表，则必须指定文件类型。

　　⑤DELIMITED：指定源文件为分隔数据文件（.TXT 数据的格式）。

　　⑥DELIMITED WITH Delimiter：字符字段由 Delimiter 标识，而非引号。

　　⑦DELIMITED WITH BLANK：由空格符（BLANK）分隔字段，而不是用逗号分隔字段。

　　⑧DELIMITED WITH TAB：各字段由制表符（TAB）来分隔，而非逗号。

　　⑨DELIMITED WITH CHARACTER Delimiter：字段之间由给定的 Delimiter 分隔。如果 Delimite 是分号，应用引号括起来。

　　⑩SDF | XL5 | XL8：选用 XL5 或 XL8 时，可从一个标准 ASCII 文本文件或 Microsoft Excel 5.0 或 97 版文件中导入数据。工作表的每列为表的一个字段，每行为表的一条记录。工作表文件的扩展名为.XLS。

　　注意：

- APPEND FROM 命令可用于结构不完全相同的表文件间的记录添加，但只能处理同名字段同类型的数据追加。若两个表文件同名字段的宽度不同，则以当前表文件的字段宽度为基准。
- 使用 DBF()函数可以从一个只读的临时表追加数据，该临时表是使用 SELECT-SQL 命令创建的。使用方法如下：APPEND FROM DBF('<Cursor Name>')。

　　【例 4-13】完成以下两项操作。

　　①首先利用"学生.dbf"数据表的结构，创建一个名为"app_学生.dbf"表，然后再使用成批追加命令为该表添加性别为"男"的同学记录。

　　②使用例 4-8 中建立的 xs.txt 为 xs1.dbf 追加数据。

　　在命令窗口中依次键入如下命令：

USE 学生

COPY STRUCTURE TO app_学生

USE app_学生

APPEND FROM 学生 FOR 性别="男"

USE xs1

APPEND FROM xs DELIMITED WITH BLANK

4.3.2　记录的定位

表中每个记录都有一个编号，称为记录号，记录号是根据输入的先后次序自动编号的。对于打开的表，系统会分配一个指针，称为记录指针。记录指针指向的记录称为当前记录。记录的定位就是移动记录指针，使指针指向符合条件的记录的过程。使用 RECNO()函数可以获得当前记录的记录号。

很多时候需要移动记录指针，例如，想修改某个记录时就需要将指针指向此记录。

表文件有两个特殊的位置：文件头（表起始标记）和文件尾（表结束标记）。文件头在表中第一个记录之前，当记录指针指向文件头时，函数 BOF()的值为.T.；文件尾在最后一个记录之后，当记录指针指向文件尾时，函数 EOF()的值为.T.，如图 4-11 所示。

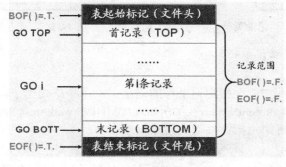

图 4-11　表的结构

当表以物理顺序（无索引，参阅第 5 章）打开时，记录指针指向第一条记录，RECNO()返回 1，BOF()返回.F.；当表为空表时，BOF()和 EOF()都为.T.，函数 RECNO()与 RECCOUNT()分别为 1 和 0。

按指针的移动是否以当前记录为准和是否与记录的索引有关，可以把指针定位分为绝对定位、相对定位、移动记录指针到表的首/末记录三种；按指针操作方式又可以把记录的定位分为菜单定位法、命令定位法和条件定位法等几种方法。

1. 使用菜单方式移动记录指针

使用菜单移动记录指针的操作步骤如下：

①打开需要浏览或编辑的数据表。

②打开"显示"菜单，单击"浏览"命令，显示表的"浏览"窗口。

③打开"表"菜单，单击"转到记录"命令，选择移动记录指针的方式，如图 4-12 所示。

在"转到记录"子菜单中，包含以下 6 种选择：

- 第一个——将记录指针指向表的第一个记录。
- 最后一个——将记录指针指向表的最后一个记录。
- 下一个——将记录指针移向下一个记录。
- 上一个——将记录指针移向上一个记录。
- 记录号——移动记录到指定的记录号上。
- 定位——将指针指向满足条件的记录。

当单击"定位"命令后，打开"定位记录"对话框，如图 4-13 所示。在"作用范围"下拉列表框中定位记录的范围，在 For 和 While 中输入定位的条件。然后单击"定位"按钮，系统在给定的范围内查找第一条符合条件的记录，并将指针定位到该记录。

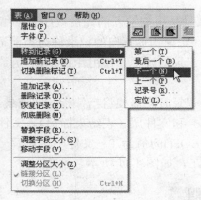

图 4-12　转到记录菜单　　　　　　　　　图 4-13　"定位记录"对话框

2．使用命令方式移动记录指针

（1）绝对定位

绝对定位是指将指针定位在指定记录号的记录上，命令格式如下：

GO | GOTO [RECORD] nRecordNumber [| TOP | BOTTOM] [IN nWorkArea | IN cTableAlias]

该命令的功能是：将记录指针移动到指定记录上。

说明：

①RECORD nRecordNumber：指定一个物理记录号，记录指针将移至该记录。也可以省略 GO|GOTO 命令而只指定记录号，但如果仅指定记录号，则只能在当前工作区中移动记录指针。

②IN nWorkArea | IN cTableAlias：记录指针在指定表所在的工作区或表的别名中移动，无此子句，表示在当前表中定位。

③TOP | BOTTOM：将记录指针定位在表的第一个记录上或最后一个记录上。如果此表使用升序索引，则第一个记录是关键字值最小的记录；如果使用降序索引，则第一个记录是关键字值最大的记录。

【例 4-14】用 GO 或 GOTO 命令定位记录的示例。

```
USE  学生                    && 打开表"学生.dbf"
?RECNO()                     && 显示当前记录号 1
GO BOTTOM                    && 指针指向最后 1 条记录，当前的记录为第 10 条记录
?RECNO()                     && 显示记录号 12
?EOF()                       && 因没有到文件末尾，显示.F.
GO 8                         && 记录指针指向第 8 条记录
?RECNO()                     && 显示记录号 8
GOTO 6                       && 记录指针指向第 6 条记录
?RECNO()                     && 显示记录号 6
GO TOP                       && 当前记录为第 1 条记录
?RECNO()                     && 显示 1
```

（2）相对定位

记录的定位可以使用 SKIP 命令进行相对的定位，命令的使用格式如下：

SKIP [nRecords] [IN nWorkArea | cTableAlias]

此命令的功能是：使记录指针在表中当前记录的位置上向前移动或向后移动。如果表有

一个主控索引名或索引文件，使用该命令将使记录指针移动到索引序列决定的记录上。

说明：

①nRecords：指定记录指针需要移动的记录数。如果无 nRecords 子句，则 SKIP 命令将使记录指针指向下一个记录。如果 nRecords 为正数，记录指针向文件尾移动 nRecords 个记录；如果 nRecords 为负数，记录指针向文件头移动 nRecords 个记录。

如果记录指针指向表的最后一个记录，执行不带 nRecords 子句的 SKIP 命令时，RECNO( ) 函数返回值比表中记录总数大 1，EOF( ) 函数返回"真"（.T.）；如果记录指针指向表的第一个记录，并且执行 SKIP -1 命令，则 RECNO( ) 函数返回 1，BOF( ) 函数返回"真"（.T.）。

②IN nWorkArea | cTableAlias：意义同上，不再细述。

【例 4-15】用 SKIP 命令定位记录的示例。

```
USE 学生                    && 以独占方式打开表 xsqk.dbf
?RECNO(), BOF()              && 显示 1、.F.。表打开时，当前记录是第 1 条记录
SKIP -1                     && 记录指针向文件头移动一个位置
?RECNO(), BOF()              && 显示 1、.T.
SKIP 5                      && 指针从第 1 个记录开始向后移动 5 个记录
?RECNO(), EOF()             && 显示 6、.F.
SKIP                        && 记录指针向文件尾方向移动一个位置
?RECNO(),EOF()              && 显示 7、.F.
SKIP -2                     && 记录指针向文件头移动 2 个位置
?RECNO()                    && 显示记录号 5
GO BOTTOM                   && 指针指向最后 1 条记录，当前的记录为第 12 个记录
SKIP
?RECNO()                    && 显示记录号 13
```

3. 使用 LOCATE-CONTINUE 命令进行查找定位

所谓查找定位，是指对表记录根据物理顺序或逻辑顺序从第 1 条记录开始向下逐条查找，将记录指针定位在满足条件的所有记录的第 1 条记录上，或确定无满足条件的记录。记录查找定位的命令如下：

LOCATE FOR lExpression1 [Scope] [WHILE lExpression2]

该命令的功能是：按顺序查找表（也可查找索引表）从而找到满足指定逻辑表达式的第 1 条记录。

说明：

①FOR lExpression1：LOCATE 命令按顺序查找当前表以找到满足逻辑表达式 lExpression1 的第 1 条记录。

②Scope：指定要定位的记录范围，只有范围内的记录才被定位。Scope 子句可以是 ALL、NEXT nRecords、RECORD nRecordNumber 和 REST。Scope 的默认范围是 ALL。

③WHILE lExpression2：指定一个条件，只要逻辑表达式 lExpression2 计算值为"真"（.T.），就继续查找记录。

④若 LOCATE 发现一个满足条件的记录，则 RECNO( ) 函数返回该记录号。若发现满足条件的记录，则 FOUND( ) 函数为"真"（.T.），EOF( ) 函数为"假"（.F.）。SET TALK 为 ON 时，则显示满足条件的记录号。

LOCATE 发现一个满足条件的记录之后，再执行 CONTINUE，从而在表的剩余部分寻找其他满足条件的记录。当执行 CONTINUE 时，搜索操作从满足条件的记录的下一条记录开始

继续执行。可重复执行 CONTINUE，直到到达范围边界或表尾。

若找不到满足条件的记录，则 RECNO( )的值为表中记录数加 1，FOUND( )为"假"（.F.），EOF( )为"真"（.T.）。

LOCATE 和 CONTINUE 只能用于当前工作区。若选择了另一工作区，则当重选原来的工作区时可继续原来的搜索过程。

【例 4-16】按顺序查询并显示表"学生.dbf"中前两位团员。

```
USE 学生 Exclusive
    LOCATE FOR  团员=.T    .       && 按顺序查找第 1 个团员记录
    ?EOF(), FOUND()               && 分别显示.F.和.T.
    ?学号,姓名,性别,总分,团员      && 显示当前记录，结果为"s1101103 米老鼠    男 586.0 .T."
    CONTINUE                      && 继续查找下一个团员记录
    ?EOF(), FOUND()               && 分别显示.F.和.T.
    ?学号,姓名,性别,总分,团员      && 显示当前记录，结果为"s1101105 向达伦    男 538.0 .T."
```

4.3.3 记录的显示

记录的显示方法有菜单法和命令法，其中，菜单法显示表记录的操作方法是，表打开后，通过"显示"菜单的"浏览"命令即可以实现。一般情况下，我们使用 LIST|DISPLAY 命令来显示记录信息。LIST|DISPLAY 命令的使用格式如下：

DISPLAY | LIST [[FIELDS] FieldList] [Scope] [FOR lExpression1] [WHILE lExpression2]
[OFF] [TO PRINTER | TO FILE FileName]

该命令的功能是：在 Visual FoxPro 主窗口或用户自定义窗口中显示与当前表有关的信息。DISPLAY 分屏显示，而 LIST 则是以滚屏（连续）显示信息。

说明：

（1）FIELDS FieldList：指定要显示的字段。省略该子句，默认显示表中所有的字段。除非明确地将备注字段名包含在字段列表中，否则不显示备注字段的内容。备注字段的显示宽度由 SET MEMOWIDTH 决定。

（2）Scope：指定要显示的记录范围。DISPLAY 默认的范围是当前记录（NEXT 1），而 LIST 默认的范围是全部记录（ALL）。当使用 Scope 子句时，要注意记录指针移动的位置。使用 DISPLAY ALL 或 LIST 时，记录指针将指向表的末尾。

（3）FOR lExpression1：指定只显示满足逻辑条件 lExpression1 的记录。

（4）WHILE lExpression2：逻辑表达式 lExpression2 求值为"真"（.T.）时，才显示记录。

（5）OFF：不显示记录号，否则，在每个记录前都显示记录号。

（6）TO PRINTER：在屏幕或自定义窗口显示信息的同时，通过打印机输出。

（7）TO FILE FileName：在屏幕或自定义窗口显示信息的同时，将显示信息保存到指定的文件 FileName 中。

（8）DISPLAY 也可用来显示表达式的结果，它可以包括字母和数字的组合、变量、数组元素、字段和备注字段。如果 SET HEADINGS 为 ON，字段名和表达式也将显示出来。

【例 4-17】在命令窗口中依次键入如下命令，观察在 Vsual Foxpro 主窗口中显示表"学生.dbf"记录信息。

```
USE 学生 Exclusive     && 以独占方式打开表 xsqk.dbf
CLEAR                  && 清除工作区窗口
DISPLAY ALL            && 或 LIST，显示所有记录的所有字段信息后，指针指向文件尾
```

结果显示如下：

记录号	学号	姓名	性别	出生日期	系别	总分	团员	简历	照片
1	s1101101	樱桃小丸子	女	10/23/91	01	520.0	.F.	Memo	gen
2	s1101102	茵蒂克丝	女	08/12/92	02	518.0	.F.	Memo	gen
3	s1101103	米老鼠	男	01/02/93	02	586.0	.T.	Memo	gen
4	s1101104	花仙子	女	07/24/94	03	550.0	.F.	Memo	gen
5	s1101105	向达伦	男	05/12/92	03	538.0	.T.	Memo	gen
6	s1101106	雨宫优子	女	12/12/93	04	564.0	.T.	Memo	gen
7	s1101107	小甜甜	女	11/07/94	01	506.0	.T.	Memo	gen
8	s1101108	史努比	男	09/30/95	05	521.0	.T.	Memo	gen
9	s1101109	蜡笔小新	男	02/15/95	05	592.0	.T.	Memo	gen
10	s1101110	碱蛋超人	男	03/18/93	04	545.0	.F.	Memo	gen
11	s1101111	黑杰克	男	05/21/93	06	616.0	.T.	Memo	gen
12	s1101112	哈利波特	男	10/20/92	06	578.0	.T.	Memo	gen

```
?RECNO(),EOF()                         && 显示结果为 13、.T.
GO 2                                   && 将记录指针指向第 2 条记录
DISPLAY                                && 显示第 2 条记录的信息
```

记录号	学号	姓名	性别	出生日期	系别	总分	团员	简历	照片
2	s1101102	茵蒂克丝	女	08/12/92	02	518.0	.F.	Memo	gen

```
LIST RECORD 1 FIELDS 学号,姓名,性别      && 显示第 1 条记录的学号、姓名和性别
```

记录号	学号	姓名	性别
1	s1101101	樱桃小丸子	女

```
?RECNO(),EOF()                         && 显示结果为 1、.F.
LIST 姓名,系别,总分 FOR 系别="01"         && 显示专业号为 "01" 的姓名、系别和总分
```

记录号	姓名	系别	总分
1	樱桃小丸子	01	520.0
7	小甜甜	01	506.0

```
DISPLAY RECORD 5                       && 显示第 5 条记录
```

记录号	学号	姓名	性别	出生日期	系别	总分	团员	简历	照片
5	s1101105	向达伦	男	05/12/92	03	538.0	.T.	Memo	gen

```
LIST FOR 性别="女" AND 总分>=550         && 显示总分大于 550 分以上的女生
```

记录号	学号	姓名	性别	出生日期	系别	总分	团员	简历	照片
4	s1101104	花仙子	女	07/24/94	03	550.0	.F.	Memo	gen
6	s1101106	雨宫优子	女	12/12/93	04	564.0	.T.	Memo	gen

```
DISPLAY ALL 姓名,性别,出生日期,总分 FOR 出生日期>{^1992-01-01} AND 团员
```

记录号	姓名	性别	出生日期	总分
3	米老鼠	男	01/02/93	586.0
5	向达伦	男	05/12/92	538.0
6	雨宫优子	女	12/12/93	564.0
8	史努比	男	09/30/95	521.0
9	蜡笔小新	男	02/15/95	592.0
11	黑杰克	男	05/21/93	616.0
12	哈利波特	男	10/20/92	578.0

4.3.4 记录的浏览窗口

记录的浏览窗口采用二维表形式每行显示一条记录，使用非常方便。在浏览过程中，用户可对记录进行追加、编辑、修改和删除等操作。只有当前表，才能使用浏览窗口。

有多种方法打开记录的浏览窗口，如项目管理器方式、菜单方式、数据库设计器方式和命令方式等。

①项目管理器方式：选择要操作的表，单击"浏览"按钮。

②菜单方式：打开表后，执行 Visual FoxPro 系统"显示"菜单中的"浏览"命令。

③数据库设计器方式：在数据库设计器中选择要操作的表，右击鼠标，执行快捷菜单中的"浏览"命令。

打开的浏览窗口如图 4-14 所示。

在浏览窗口中，字段名被放在表的第一行，每一条记录占一行，记录与记录之间、字段

与字段之间有网格隔开。其中，行和列意义如下：

- 第一行——标题：默认为数据表名。
- 第二行——字段标题：默认为字段名。
- 其他各行——记录值。
- 第一列（灰色）——记录指针：黑色小三角形▶指出当前记录的位置。
- 第二列（白色）——删除标记栏：设置、取消、显示记录的逻辑删除标识，显示黑方框▌表示该记录已加了删除标记。
- 其他各列——字段值。
- 水平（垂直）滚动条：当表的内容在窗口中显示不下时，会出现相应的滚动条。

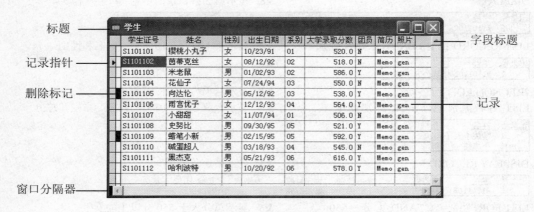

图 4-14   浏览窗口

在浏览窗口中，如果记录或字段个数较多不能全部显示出所有信息时，该窗口就会自动出现水平或垂直滚动条。查看记录时可单击滚动条两端的箭头或拖曳其中的滑块使数据在窗口中滚动，也可使用键盘上的"←"、"→"、"↑"和"↓"4 个光标移动键上下选择记录或左右选择字段，或使用 PgUp 和 PgDn 键上下翻页查看记录。

用户可以定制自己所希望的浏览窗口。所谓定制浏览窗口是指设置浏览窗口的有关显示参数，如调整字段的显示宽度、高度、顺序等。

1. 调整字段显示宽度

将鼠标指向两字段之间的调节线，当变成左右双向箭头↔时，按下鼠标左键进行左右拖动，即可调节字段的显示宽度。

2. 调整字段显示高度

将鼠标指向两记录之间的调节线，当变成上下双向箭头↕时，按下鼠标左键进行上下拖动，即可调节字段的显示高度。

3. 调整字段显示顺序

将鼠标悬停在要调整显示顺序的字段名上，当变成向下的粗黑箭头↓时，按下鼠标左键进行左右拖动，到合适位置时释放即可。

4. 拆分浏览窗口

当表的字段较多，一个屏幕显示困难或左右移动极不方便时，可将浏览窗口划分为两个称为"窗格"的小窗口，同时显示表的左右两端的部分字段。

具体拆分步骤如下：

①将鼠标指向位于浏览窗口左下角的水平滚动条左边的拆分条，即矩形黑框▌上，使光标变成带有两条竖线的双向箭头◂‖▸。

②按下鼠标左键，向右拖动到适当位置，释放鼠标即可将浏览窗口拆分成左右两个窗格区。拆分结果如图 4-15 所示。

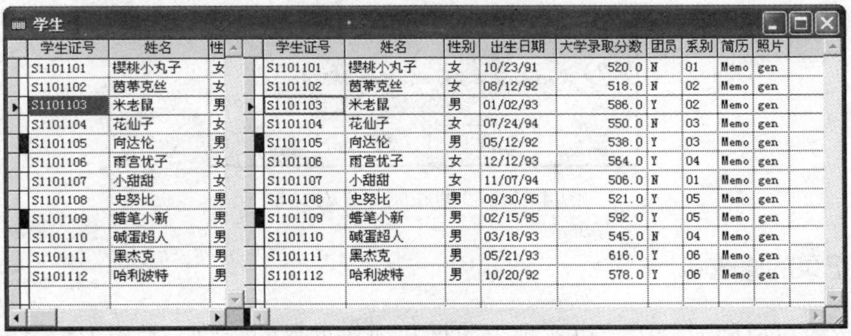

学生证号	姓名	性
S1101101	樱桃小丸子	女
S1101102	茵蒂克丝	女
S1101103	米老鼠	男
S1101104	花仙子	女
S1101105	向达伦	男
S1101106	雨宫忧子	女
S1101107	小甜甜	女
S1101108	史努比	男
S1101109	蜡笔小新	男
S1101110	碱蛋超人	男
S1101111	黑杰克	男
S1101112	哈利波特	男

学生证号	姓名	性别	出生日期	大学录取分数	团员	系别	简历	照片
S1101101	樱桃小丸子	女	10/23/91	520.0	N	01	Memo	gen
S1101102	茵蒂克丝	女	08/12/92	518.0	N	02	Memo	gen
S1101103	米老鼠	男	01/02/93	586.0	Y	02	Memo	gen
S1101104	花仙子	女	07/24/94	550.0	N	03	Memo	gen
S1101105	向达伦	男	05/12/92	538.0	Y	03	Memo	gen
S1101106	雨宫忧子	女	12/12/93	564.0	Y	04	Memo	gen
S1101107	小甜甜	女	11/07/94	506.0	N	01	Memo	gen
S1101108	史努比	男	09/30/95	521.0	Y	05	Memo	gen
S1101109	蜡笔小新	男	02/15/95	592.0	Y	05	Memo	gen
S1101110	碱蛋超人	男	03/18/93	545.0	N	04	Memo	gen
S1101111	黑杰克	男	05/21/93	616.0	Y	06	Memo	gen
S1101112	哈利波特	男	10/20/92	578.0	Y	06	Memo	gen

图 4-15　浏览窗口的拆分

将右窗格中的拆分条，拖动到左侧窗格中的最左边，可取消浏览窗口的拆分。

在左右分区的浏览窗口中，任意单击其中的一个区，有光标▌所在窗格称为活动窗格。对于活动窗格，选择“显示”菜单中的“浏览”或“编辑”命令，可将活动窗格设置为浏览格式或编辑格式，如图 4-16 所示，其中左窗格为浏览格式，右窗格为编辑格式。

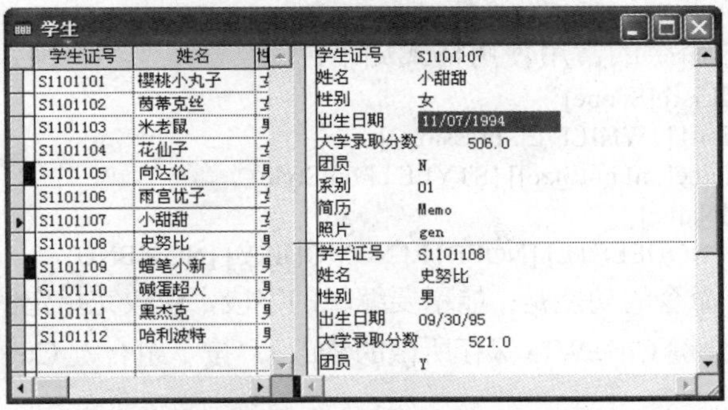

图 4-16　具有不同格式的浏览窗口

在默认情况下，这两个窗格是相互关联的，当一个窗格的记录指针移动时，另一个窗格的记录指针也会同步移动到同一记录上。当浏览窗口被分为两个窗格后，每个窗格的宽度可自由调节，并可在浏览和编辑窗格间相互切换。

窗格间的关联可以通过取消“表”菜单中的“链接分区”命令的选中状态来中断，从而变成两个相对独立的窗格。

5. 在浏览窗口中修改记录

只需将光标定位在需要修改的字段上直接修改即可。编辑备注型字段和通用型字段的内容时，双击字段，在分别激活的备注型字段编辑窗口和通用型字段编辑窗口中编辑即可。

6. 在浏览窗口中删除记录

表中无用的记录可删除。删除分为逻辑删除和物理删除。前者仅在被删除的记录前做一个删除标记，必要时可以恢复；后者是真正从表中删除，且不可恢复。

（1）逻辑删除和恢复：在浏览窗口中单击记录左侧的"删除标记栏"，此时矩形块变为黑色▌，即为删除标记；再次单击则恢复原状，即为恢复记录。也可通过"表"菜单中的"删除记录"和"恢复记录"命令实现记录的逻辑删除和恢复。

（2）物理删除：对做了删除标记的记录，执行"表"菜单中的"彻底删除"命令，从弹出的如图 4-17 所示的对话框中单击"是"按钮，即可完成记录的物理删除。

图 4-17　"彻底删除"对话框

4.3.5　记录的修改

表中的记录可以随时修改，以实现表数据和现实世界的一致。常用表记录的修改可分为编辑修改、浏览修改、替换修改、SQL 修改四种方式。

1．EDIT/CHANGE 编辑命令

编辑修改的命令为 EDIT 和 CHANGE，是一种全屏幕的修改，在表记录的录入和修改中都广泛用到。在编辑修改窗口中，每个记录的每一个字段占一行。在菜单方式下表数据的编辑修改方法是，当表处于显示状态时，利用 Visual FoxPro 系统中"显示"菜单的"编辑"命令来进行。

EDIT 和 CHANGE 命令的常用使用格式如下：

EDIT　[FIELDS FieldList] [Scope]
　　　[FOR lExpression1] [WHILE lExpression2]
　　　[FONT cFontName[, nFontSize]] [STYLE cFontStyle]
　　　[FREEZE FieldName]
　　　[NOAPPEND] [NODELETE] [NOEDIT | NOMODIFY] [NOMENU]

EDIT 和 CHANGE 命令的功能是：显示要编辑的字段，修改完指定的记录后，自动保存并关闭编辑窗口（也可按组合键 Ctrl+W，保存所做的修改）。按下组合键 Ctrl+Q 放弃修改退出。

说明：

（1）FIELDS FieldList：要显示和修改的字段列表，缺省时为全部字段。

（2）Scope：EDIT 命令默认的作用范围是所有记录（ALL）。全部缺省时，表示从当前记录开始进行显示并修改。可使用光标移动或用鼠标移动光标到指定的字段修改字段值；用 PgDn 和 PgUp 键可在记录之间移动。

（3）FOR lExpression1、WHILE lExpression2：意义与前面相同。

（4）FREEZE FieldName：在编辑窗口中只允许更改 FieldName 中指定的一个字段。其余字段只能够显示，但不能编辑。

（5）FONT cFontName[, nFontSize]：指定编辑时，数据的显示字体和大小。

（6）STYLE cFontStyle：指定编辑时，数据的显示样式。如："B"代表粗体、"I"代表斜体等。

（7）NOAPPEND：禁止用户通过按 Ctrl+Y 组合键或从"查看"菜单中选择"追加方式"命令向表中添加记录。

（8）NODELETE：禁止在编辑窗口中为记录作删除标记。

（9）NOEDIT | NOMODIFY：禁止用户修改表。

（10）NOMENU：Visual FoxPro 系统菜单栏将不出现"表"菜单。

【例 4-18】用 EDIT 命令对"学生.dbf"表从第 3 条记录开始以 10 号、楷体、加粗的形式显示编辑其"出生日期"。

```
USE 学生 EXCLUSIVE
GO 3
EDIT FREEZE 出生日期 FONT "楷体",10 STYLE "B"
```

结果如图 4-18 所示。可以看出，此时"出生日期"字段被锁定。由工作区下面的提示栏信息可以看出光标此时正指向第 3 条记录。

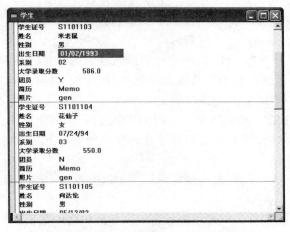

图 4-18　使用 EDIT/CHANGE 编辑记录

2. BROWSE 浏览命令

BROWSE 命令的功能非常齐全。它和 EDIT 命令一样，集显示、修改、查询、删除、添加记录等功能于一体。但又和 EDIT 窗口不同，在 BROWSE 窗口每条记录各占一行，因此窗口可显示的记录更多，光标移动更方便，并且它的窗口功能比 EDIT 更强大，是 Visual FoxPro 交互式命令中最常用的命令之一。

由于 BROWSE 命令的子句非常多，我们这里只给出一些常用选项。常用的浏览命令格式如下：

```
BROWSE [FIELDS FieldList]
[FONT cFontName [, nFontSize]] [STYLE cFontStyle]
[FOR lExpression1 [REST]]
[FREEZE FieldName]
[LAST | NOINIT]
[LOCK nNumberOfFields]
[NOAPPEND] [NODELETE] [NOEDIT | NOMODIFY] [NOMENU]
[TITLE cTitleText]
[VALID [:F] lExpression2 [ERROR cMessageText]]
[WHEN lExpression3]
```

该命令的功能是：打开浏览窗口，对当前表从当前记录位置开始进行浏览。

说明：

（1）LOCK nNumberOfFields：锁定一个在浏览窗口左边总能看到的字段的编号。

（2）TITLE cTitleText：表示以 cTitleText 的内容作为标题在浏览窗口标题栏显示，否则显示表文件名。

（3）VALID [:F] lExpression [ERROR cMessageText]：在浏览窗口进行记录级有效性检验。

每当对当前记录进行了修改而且想将光标移动到另一条记录时，VALID 子句才执行一次。但如果仅修改了备注型字段，VALID 子句却不执行。

如果 VALID 返回值为真（.T.），光标可以移向其他记录；否则保持在当前字段上，并且给出一个出错信息提示（此时若有 ERROR cMessageText 短语，则显示用户指定的出错信息；若无，则显示系统出错信息“Invalid Input”）。

如果 VALID 返回 0，光标将保持在当前字段上，但并不显示错误信息。使用 :V 检验选择，可以消除 VALID 子句的烦恼，这是一个字段级有效性检验。

若有:F 可选项，则指定即使记录未被修改，当光标移向其他记录时，也要进行有效性验证。

（4）WHEN lExpression：当光标要移向其他记录时计算出一个移动条件。系统自动判断 lExpression 是否为真。若为真（.T.），用户可以修改移到的记录；若为假（.F.）或 0，则移向的记录将变为只读而不允许修改。当其他窗口被激活时，WHEN 子句将不执行。

（5）REST：若有 FOR 子句，BROWSE 命令在打开浏览窗口时，记录指针从当前位置移向表顶部。若不包含 REST，默认情况下，BROWSE 将记录指针放置在表顶部。

（6）LAST | NOINIT：保存浏览窗口外观的任何变更，下次使用时，浏览窗口和上次窗口的样式相同。

（7）FIELDS 子句的字段列表还包含对显示于浏览窗口中的字段进行特殊处理的选项，常用的处理参数有：

:R：指定字段为只读字段，可显示但不可编辑字段包含的数据。

:H = cHeadingText：用 cHeadingText 指定的自定义标头替换默认字段名。默认情况下，在浏览窗口中用字段名作列标头。

（8）对于 BROWSE 中的其他子句，同 EDIT/CHANGE 命令。

【例 4-19】用 BROWSE 命令浏览表“学生.dbf”中的记录。

```
USE 学生 Exclusive
BROWSE
```

显示结果如图 4-19 所示。

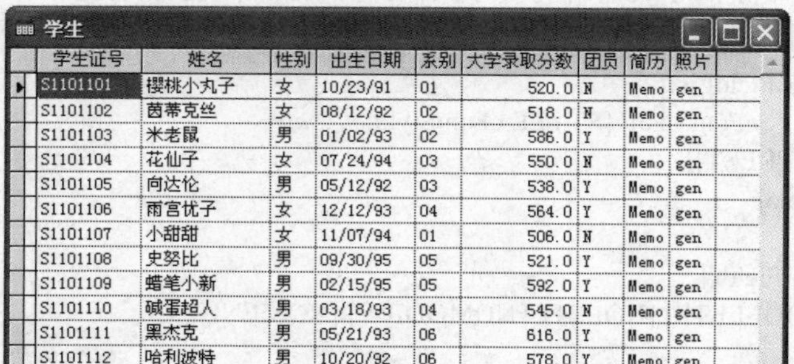

学生证号	姓名	性别	出生日期	系别	大学录取分数	团员	简历	照片
S1101101	樱桃小丸子	女	10/23/91	01	520.0	N	Memo	gen
S1101102	茵蒂克丝	女	08/12/92	02	518.0	N	Memo	gen
S1101103	米老鼠	男	01/02/93	02	586.0	Y	Memo	gen
S1101104	花仙子	女	07/24/94	03	550.0	N	Memo	gen
S1101105	向达伦	男	05/12/92	03	538.0	Y	Memo	gen
S1101106	雨宫优子	女	12/12/93	04	564.0	Y	Memo	gen
S1101107	小甜甜	女	11/07/94	01	506.0	N	Memo	gen
S1101108	史努比	男	09/30/95	05	521.0	Y	Memo	gen
S1101109	蜡笔小新	男	02/15/95	05	592.0	Y	Memo	gen
S1101110	碱蛋超人	男	03/18/93	04	545.0	N	Memo	gen
S1101111	黑杰克	男	05/21/93	06	616.0	Y	Memo	gen
S1101112	哈利波特	男	10/20/92	06	578.0	Y	Memo	gen

图 4-19　BROWSE 命令浏览结果

【例 4-20】接上题，从第 3 条记录开始，用 BROWSE 命令浏览表“学生.dbf”中所有非团员的记录，记录指针不移动。

BROWSE REST FOR NOT 团员　　　　&&浏览第 3 条记录以下所有非团员的记录

显示结果如图 4-20 所示。

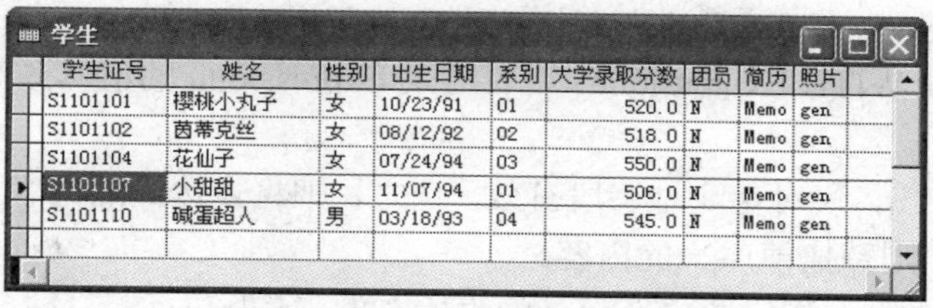

图 4-20　用 BROWSE 命令浏览所有非团员的记录

【例 4-21】接上题，使用 BROWSE 命令浏览表"学生.dbf"，以 10 号、楷体、加粗的形式显示浏览窗口。要求如下：

①显示的字段有：学号，姓名，性别，出生日期和总分。

②只编辑其"出生日期"，并用"出生年月"替换标题字段名。

③同时锁定学号和姓名这 2 个字段。

BROWSE LOCK 2 Fields 学号,姓名,性别,出生日期 :H="出生年月",总分 FREEZE 出生日期 FONT "楷体",10 STYLE "B"

显示的结果如图 4-21 所示。

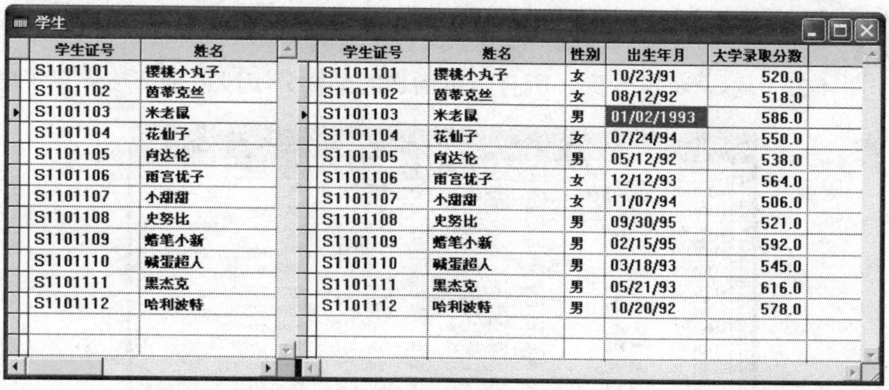

图 4-21　BROWSE 的一个较复杂的使用

3．REPLACE 成批替换命令

在对表的操作中，经常会遇到规律性很强的修改，例如求学生成绩的总和或平均分，职工工资扣税，其税额和工资总收入有一定比例。此时再在表中逐条进行修改就显得非常慢且麻烦，最有效的方法是使用替换修改方式进行修改。

替换修改有菜单方式和 REPLACE 替换命令方式。

菜单操作的方法是：当表处于显示状态时，利用 Visual FoxPro 系统的"表"菜单中的"替换字段"命令进行。

REPLACE 替换命令使用起来更加快捷方便，该命令的格式如下：

REPLACE FieldName1 WITH eExpression1 [ADDITIVE]

[, FieldName2 WITH eExpression2 [ADDITIVE]] ...

[Scope] [FOR lExpression1] [WHILE lExpression2]

[IN nWorkArea | cTableAlias]

此命令的功能是：在指定"范围"内对指定字段用"表达式"的值成批地进行修改。

说明：

（1）Scope、FOR lExpression1、WHILE lExpression2：当它们全部缺省时，表示仅修改当前一条记录。

（2）FieldNamen WITH Expressionn：用表达式 Expressionn 的值修改对应字段 FieldNamen 的值（n=1,2…,N）。

（3）[ADDITIVE]，仅对备注型字段有效，选之，则将表达式的内容追加到备注字段的原内容之后，如不选，则替换掉原来的内容。

（4）IN nWorkArea：指定要更新记录的表所在的工作区。

（5）IN cTableAlias：指定要更新记录的表的别名。如果同时省略 nWorkArea 和 cTableAlias，则更新当前选定工作区中表的记录。

（6）REPLACE 命令用表达式的值替换字段中的数据。在替换未选定工作区中的字段时，字段前面必须加上表的别名。

（7）如果记录指针已在当前工作区中文件的末端，而指定的字段在另一个工作区中，则不发生任何替换。

【例 4-22】在“学生.dbf”表中，增加一个“奖励分”，数据类型为“N(4.1)”。然后，根据条件计算奖励分，条件是：总分大于 585 分，奖励分=总分×10%。

```
ALTER TABLE jl_学生  ADD   奖励分  N (4,1)
REPLACE ALL  奖励分  WITH   总分*0.10 FOR  总分>=585
BROWSE
```

结果如图 4-22 所示。可以看到，所有学生增加的奖励分字段值全部被计算了出来。

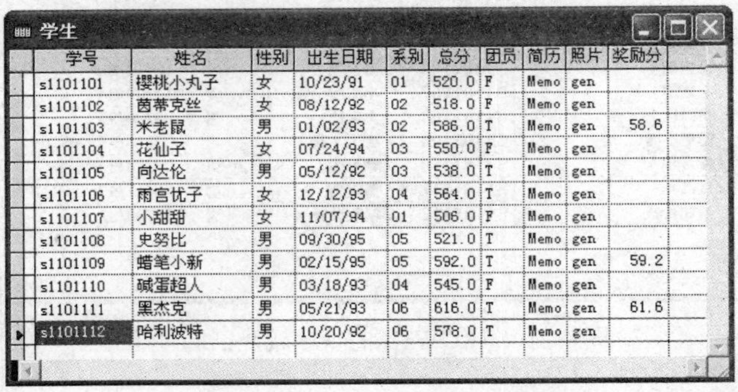

学号	姓名	性别	出生日期	系别	总分	团员	简历	照片	奖励分
s1101101	樱桃小丸子	女	10/23/91	01	520.0	F	Memo	gen	
s1101102	茵蒂克丝	女	08/12/92	02	518.0	F	Memo	gen	
s1101103	米老鼠	男	01/02/93	02	586.0	T	Memo	gen	58.6
s1101104	花仙子	女	07/24/94	03	550.0	F	Memo	gen	
s1101105	向达伦	男	05/12/92	03	538.0	T	Memo	gen	
s1101106	雨宫优子	女	12/12/93	04	564.0	T	Memo	gen	
s1101107	小甜甜	女	11/07/94	01	506.0	F	Memo	gen	
s1101108	史努比	男	09/30/95	05	521.0	T	Memo	gen	
s1101109	蜡笔小新	男	02/15/95	05	592.0	T	Memo	gen	59.2
s1101110	碱蛋超人	男	03/18/93	04	545.0	F	Memo	gen	
s1101111	黑杰克	男	05/21/93	06	616.0	T	Memo	gen	61.6
s1101112	哈利波特	男	10/20/92	06	578.0	T	Memo	gen	

图 4-22　替换结果浏览

4．UPDATE-SQL 更新命令

与 REPLACE 功能相类似，UPDATE-SQL 也能实现表记录的成批规律修改，其命令格式如下：

```
UPDATE [DatabaseName1!]TableName1
SET Column_Name1 = eExpression1 [, Column_Name2 = eExpression2 ...]
WHERE FilterCondition1 [AND | OR FilterCondition2 ...]]
```

该命令的功能是：以新值更新表中的记录。

说明：

（1）TableName1：指定要更新记录的表。

（2）DatabaseName1：如果指定更新表的数据库不是当前数据库，则应包含这个数据库名。在数据库名称与表名之间有一个感叹号“!”。

（3）SET Column_Name1 = eExpression1 [, Column_Name2 = eExpression2]：指定要更新的列以及这些列的新值。如果省略了 WHERE 子句，在列中的每一行都用相同的值更新。

（4）WHERE FilterCondition1 [AND | OR FilterCondition2 ...]：记录替换条件。如果缺省该子句，则表示更新表的所有记录。可以根据需要加入多个条件，条件之间用 AND 等连接。

（5）UPDATE-SQL 命令只能用来更新单个表中的记录。

【例 4-23】在"学生.dbf"表中，将所有总分大于 580 的男性学生的性别用"01"替换。

UPDATE 学生 SET 性别='01' WHERE 总分>580 and 性别='男'

5. INSERT 插入命令

在 Visual FoxPro 中，INSERT 命令可以在当前记录处插入一条新记录，其命令语法格式如下：

INSERT [<BEFORE>] [<BLANK>]

该命令的功能是：在当前记录之后（前）插入一条记录（或空白记录）。

说明：

（1）必须事先打开表，移动记录指针到要插入的位置。记录插入成功后，打开编辑窗口，如图 4-23 所示。

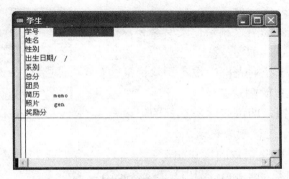

图 4-23　使用 INSERT 命令时的编辑窗口

（2）BEFORE：把新记录插入到当前记录之前，省略该子句，插入到当前记录之后。

（3）BLANK：插入一条空记录，但不会出现记录编辑窗口，需要其他命令填入数据。

【例 4-24】在"学生.dbf"表中的第 5 条记录之前插入一条空白记录。

GO 5
INSERT BEFORE BLANK

4.4　删除与恢复记录

前面提到，在 Visual FoxPro 中，删除记录的方法是：先逻辑删除记录，当用户确定后，再物理删除记录。若表中有逻辑删除的记录，用 DISPLAY 或 LIST 命令显示时，在第一个字段名前有一个逻辑删除标记（*）。

逻辑删除并没有从文件中真正删除。当用户发现删除有误时，还可以将之恢复成正式的记录。物理删除则指删除的记录不能恢复。

4.4.1　逻辑删除表中的记录

逻辑删除记录就是给要删除的记录加上一个删除标记，但这些记录并没有真正从表中删除。给记录加删除标记可通过菜单方式或命令方式来实现。被加上删除标记的记录，就是已完成逻辑删除操作的记录。在对表进行操作时，如果系统环境设置为 SET DELETE ON 状态，则有删除标记的记录可视为已不存在。

1. 用菜单方式逻辑删除记录

（1）逻辑删除一条记录

【例 4-25】在表"学生.dbf"中的第 2 条记录上做删除标记。

操作步骤如下：

①打开表"学生.dbf"。

②打开"显示"菜单，单击"浏览"命令，打开浏览窗口。

③单击第 2 条记录前"删除标记栏"处的白色方框，使该框变为黑色，表示逻辑删除，参见图 4-14。

（2）逻辑删除多条记录

如果要同时删除多条记录，可使用 Visual FoxPro 的"表"菜单中的"删除记录"命令来完成。其操作步骤如下：

①通过浏览方式打开表文件。

②打开"表"菜单，单击"删除记录"命令，打开"删除"对话框，如图 4-24 所示。

③在"作用范围"下拉列表框中设定删除记录的范围，输入 FOR 或 WHILE 的删除条件。

④单击"删除"按钮，即可删除所选择的记录。

图 4-24　"删除"对话框

2. 用 DELETE 命令逻辑删除记录

使用 DELETE 命令删除记录的格式如下：

DELETE [Scope] [FOR lExpression1] [WHILE lExpression2]

该命令的功能是：为表中指定范围内满足条件的记录加上删除标记。

说明：

（1）当 Scope、FOR lExpression1、WHILE lExpression2 全都缺省时，仅逻辑删除当前一条记录。

（2）逻辑删除成功后，如果使用 LIST 或 DISPLAY 命令显示表记录时，则以"*"作为记录的删除标记；在 BROWSE 窗口，则在"删除标记栏"处以一个小黑方框作为删除标记。

（3）逻辑删除成功后，若要判断某条记录是否做了删除标记，可使用 DELETED()函数进行测试，如果当前记录逻辑删除，则该函数值为真（.T.），否则为假（.F.）。DELETED()函数使用格式是：

DELETED([cTableAlias | nWorkArea])。

其中：cTableAlias | nWorkArea 意义参见前面有关章节。

【例 4-26】用 DISPLAY 或 LIST 显示逻辑删除性别为"女"的记录信息。

DELETE ALL FOR 性别='女'

DISPLAY ALL

显示结构如图 4-25 所示，在图中记录的第一个字段前有"*"号标记的，表示此记录被逻辑删除。

记录号	学号	姓名	性别	出生日期	系别	总分	团员	简历	照片
1	*s1101101	樱桃小丸子	女	10/23/91	01	520.0	.F.	Memo	gen
2	*s1101102	茵蒂克丝	女	08/12/92	02	518.0	.F.	Memo	gen
3	s1101103	米老鼠	男	01/02/93	02	586.0	.T.	Memo	gen
4	*s1101104	花仙子	女	07/24/94	03	550.0	.F.	Memo	gen
5	s1101105	向达伦	男	05/12/92	03	538.0	.T.	Memo	gen
6	*s1101106	雨宫优子	女	12/12/93	04	564.0	.T.	Memo	gen
7	*s1101107	小甜甜	女	11/07/94	01	506.0	.F.	Memo	gen
8	s1101108	史努比	男	09/30/95	05	521.0	.T.	Memo	gen
9	s1101109	蜡笔小新	男	02/15/95	05	592.0	.T.	Memo	gen
10	s1101110	碱蛋超人	男	03/18/93	04	545.0	.F.	Memo	gen
11	s1101111	黑杰克	男	05/21/93	06	616.0	.T.	Memo	gen
12	s1101112	哈利波特	男	10/20/92	06	578.0	.T.	Memo	gen

图 4-25　用 DISPLAY 或 LIST 显示逻辑删除的记录

3. 用 SET DELETE 命令隐藏逻辑删除的记录

做了删除标记的记录能否继续参与表的操作，这取决于 SET DELETED 命令的状态。该命令的格式如下：

SET DELETE OFF|ON

功能：指定 Visual FoxPro 以及有关命令是否处理标有删除标记的记录。

说明：

（1）ON：表示将加了删除标记的记录视为"无效记录"。对记录进行操作时，包括关联表中的记录，"无效记录"一律不参与操作。

（2）OFF：表示对于加了删除标记的记录可同其他记录一样被操作。OFF 是系统给出的缺省状态。

【例 4-27】接上题，分析 SET DELETE OFF|ON 的作用。

```
USE 学生
BROWSE                    &&包含加了删除标记的记录全部被显示出来，如图 4-26 所示
SET DELETE ON
BROWSE                    &&仅显示无删除标记的记录，结果如图 4-27 所示
```

图 4-26　SET DELETE OFF 状态显示结果

图 4-27　SET DELETE ON 状态显示结果

4. 使用 DELETE-SQL 命令逻辑删除记录

与 Visual FoxPro 的 DELETE 命令类似，SQL 中的 DELETE 命令也可实现记录的逻辑删除。此命令的使用格式如下：

DELETE FROM TableName [WHERE FilterCondition1 [AND | OR FilterCondition2 ...]]

该命令的功能是：对指定的表 TableName，逻辑删除符合条件的记录。

其中，WHERE FilterCondition1 [AND | OR FilterCondition2 ...]是指删除条件，缺省时为全部记录。

【例 4-28】利用 DELETE-SQL 命令将"学生.dbf"表中所有 1993 年前出生的男同学逻辑删除。

DELETE FROM 学生 WHERE 性别='男' AND YEAR(出生日期)<1993

4.4.2 恢复表中逻辑删除的记录

恢复逻辑删除的记录，实际上就是取消记录前面的逻辑删除标记，使它重新变为正常"有效"记录。

恢复逻辑删除的记录的方法有菜单方式、BROWSE 窗口方式和命令方式等。其中 BROWSE 窗口方式的使用方法，前面已经提及，这里不再细述。

1. 用菜单方式恢复记录

使用菜单方式恢复逻辑删除记录的操作步骤如下：

（1）打开表的浏览窗口。

（2）打开"表"菜单，单击"恢复记录"命令，打开"恢复记录"对话框，如图 4-28 所示。

（3）选择作用范围，并输入恢复记录条件表达式。

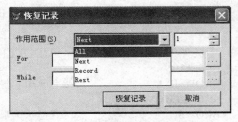

图 4-28 "恢复记录"对话框

（4）单击"恢复记录"按钮，即可恢复记录。

2. 用命令方式恢复记录

常常使用命令 RECALL 来快速恢复逻辑删除的记录。其命令格式如下：

RECALL [Scope] [FOR lExpression1] [WHILE lExpression2]

该命令的功能是：恢复当前表中符合条件的带有删除标记的记录。

说明：

（1）Scope：指定要恢复记录的范围，RECALL 命令默认的范围是当前记录（NEXT 1）。

（2）FOR lExpression1：只有条件 lExpression1 为"真"（.T.）的记录，才能恢复。

（3）WHILE lExpression2：只有符合 lExpression2 为"真"（.T.）的记录，才能恢复。当 FOR 和 WHILE 同时存在时，优先选择 WHILE 所设定的条件。

注意：用户一旦对文件使用了 PACK 或 ZAP 命令，那么所有带删除标记的记录将不可恢复。

【例 4-29】对例 4-25 逻辑删除的记录，要求只恢复记录号 6 之前的记录。
RECALL ALL FOR RECNO()<=6

4.4.3 物理删除表中的记录

物理删除记录是指将加了删除标记的记录，真正从表文件中剔除。一旦进行了物理删除，则删除了的记录将不可再恢复，因此物理删除又称为永久删除。在物理删除记录之前，一般要求先逻辑删除记录，即给需要删除的记录加上删除标记。

物理删除记录的菜单操作方式是执行"表"菜单中的"彻底删除"命令。物理删除记录的命令有 PACK 和 ZAP 两个。

1. 用菜单方式物理删除记录

操作步骤如下：

①打开表浏览窗口。

②打开"表"菜单，单击"彻底删除"命令，打开提示信息框，如图 4-29 所示。

图 4-29　"删除"提示信息对话框

③单击"是"按钮，即可将逻辑删除的记录进行物理删除。

2. 用命令方式物理删除记录

（1）PACK 命令

记录的物理删除命令 PACK 的使用格式如下：

PACK [MEMO] [DBF]

该命令的功能是：对以独占方式打开的当前表中标有删除标记的记录进行永久删除，减少与该表相关的备注文件（.fpt）所占用的空间。

说明：

①MEMO：从备注文件中删除未使用的空间，但并不删除加了删除标记的记录。缺省时删除加了删除标记的记录。

②DBF：从表中删除标有删除标记的记录，但不影响备注文件。当 DBF 和 MEMO 都缺省时，PACK 命令将同时作用于表和备注文件。

③如果当前表有一个或更多打开的索引，PACK 命令将重建索引文件。如果无删除的记录存在，PACK 命令将不改变表或它的索引文件。

【例 4-30】利用例 4-27 先复制一个和"学生.dbf"相同的表文件"学生 1.dbf"，然后物理删除"学生 1.dbf"被做了删除标记的记录。

```
USE 学生
COPY TO 学生 1
SELECT 2
USE 学生 1
PACK
BROWSE
```

最后命令序列执行的结果如图 4-30 所示。

（2）ZAP 命令

ZAP 命令也是一条物理删除命令，与 PACK 命令不一样的是，ZAP 命令清空表中的全部记录，仅留表的结构。ZAP 命令格式如下：

ZAP [IN nWorkArea | cTableAlias]

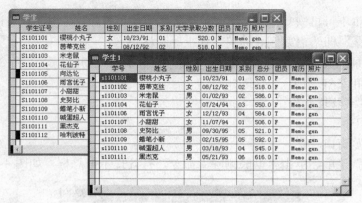

图 4-30   使用 PACK 命令物理删除记录

该命令的功能是：从表中删除所有记录，只保留表的结构。

说明：

IN nWorkArea | IN cTableAlias：指定要删除所有记录的表所在的工作区或表别名。如果省略 nWorkArea 和 cTableAlias，则删除当前所选的工作区中表的所有记录。

ZAP 命令等价于 DELETE ALL 和 PACK 联用，但 ZAP 速度更快。

如果 SET SAFETY 设置为 ON，执行 ZAP 命令时系统会提示是否要从当前表中删除记录。

执行 ZAP 命令，不会引发 DELETE 触发器。

【例 4-31】在例 4-29 的基础上清空"学生 1.dbf"中的全部记录，然后浏览该表。

```
USE 学生 1
SET SAFETY OFF           &&执行 ZAP 命令不再出现信息提示对话框
ZAP
BROWSE
```

命令执行后的结果，如图 4-31 所示。从图中可以看出，"学生 1.dbf"已成一个空表。

图 4-31   xs1.dbf 表的浏览窗口

4.5   表的过滤

在实际应用时，表的记录或字段数目通常非常大，处理起来很不方便。Visual FoxPro 提供了表的过滤（Filter）功能，可以只对部分满足条件的记录和部分字段进行操作。

本节将为读者介绍数据表的字段过滤和记录过滤的使用方法。

4.5.1   字段过滤

所谓字段过滤，是指将表中满足条件的字段筛选出来，使得后面对表的操作只对这些字段进行，好像并不存在那些被过滤掉了的字段一样，直到表被重新打开或使用了一个新的 SET FIELDS TO 命令。

设置字段过滤的方式有菜单方式和命令方式两种。

1. 用菜单方式设置字段过滤

在菜单方式下，设置字段过滤的操作方法是，打开表的浏览窗口，执行 Visual FoxPro 系统"表"菜单中的"属性"命令（或在表打开后，执行 Visual FoxPro 系统"窗口"菜单中的"数据工作期"命令，在弹出的"数据工作期"窗口中，单击"属性"按钮）。下面以举例形式讲解其具体操作过程。

【例 4-32】只显示表"学生.dbf"中的"学号"、"姓名"、"性别"、"总分" 4 个字段的内容，其余的字段屏蔽掉。

操作步骤如下：

（1）打开表"学生.dbf"。

（2）执行"显示"菜单中的"浏览"命令，进入表的浏览窗口。

（3）执行"表"菜单中的"属性"命令，出现"工作区属性"对话框，选择"字段筛选指定的字段"单选按钮，如图 4-32 所示。

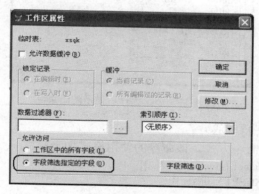

图 4-32　"工作区属性"对话框

在"工作区属性"对话框的"允许访问"选项组下面包含两个单选按钮：

● 工作区中的所有字段：可对所有的字段进行操作。

● 字段筛选指定的字段：显示"字段筛选"中选定的字段。

（4）单击"字段筛选"按钮，打开"字段选择器"对话框，如图 4-33 所示。

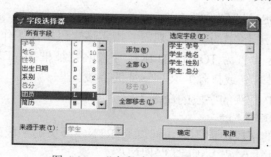

图 4-33　"字段选择器"对话框

在"字段选择器"对话框中，左边列表框列出表中的所有字段，右边列表框里显示选定的字段，即过滤后能显示的字段。利用中间 4 个功能按钮，可以将"所有字段"列表框的字段"添加"或"全部"添加到"选定字段"列表框，也可以将"选定字段"列表框的字段移去。

（5）在左侧的“所有字段”列表框中选中需要的字段，单击“添加”按钮，将选中的字段添加到右侧的“选定字段”列表框中。具体操作是：分别选中字段“学号”、“姓名”、“性别”和“总分”，单击“添加”按钮，将这 4 个字段添加到“选定字段”列表框中。

（6）单击“确定”按钮，退出“字段选择器”对话框，回到“工作区属性”对话框。

（7）单击“确定”按钮，回到表浏览窗口。

（8）屏幕上显示的仍然是原来的浏览窗口的内容，所以应关闭该浏览窗口。

（9）再次执行“显示”菜单中的“浏览”命令，此时显示的就只有“学号”、“姓名”、“性别”和“总分”4 个字段的值，如图 4-34 所示。

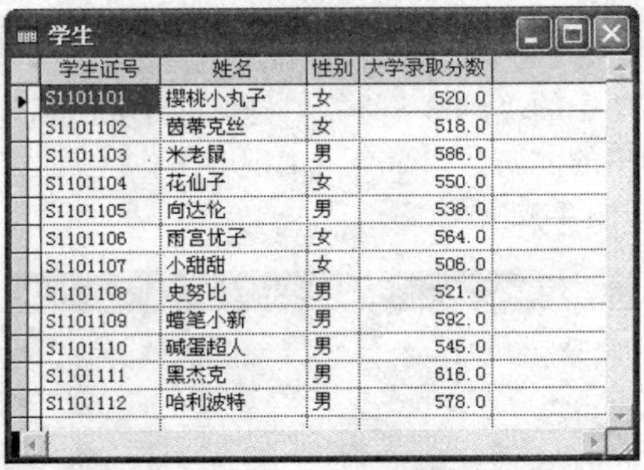
学生

学生证号	姓名	性别	大学录取分数
S1101101	樱桃小丸子	女	520.0
S1101102	茵蒂克丝	女	518.0
S1101103	米老鼠	男	586.0
S1101104	花仙子	女	550.0
S1101105	向达伦	男	538.0
S1101106	雨宫优子	女	564.0
S1101107	小甜甜	女	506.0
S1101108	史努比	男	521.0
S1101109	蜡笔小新	男	592.0
S1101110	威蛋超人	男	545.0
S1101111	黑杰克	男	616.0
S1101112	哈利波特	男	578.0

图 4-34　字段选择后显示的结果

2. 用命令方式设置字段过滤

字段的过滤也可使用命令方式，该命令的使用格式如下：

```
SET FIELDS TO [[FieldName1 [, FieldName2 ...]]
| ALL [LIKE Skeleton | EXCEPT Skeleton]]
```

以及

```
SET FIELDS ON | OFF | LOCAL | GLOBAL
```

命令的功能是：在当前数据工作期期间为当前表设置字段过滤器，并限制字段的访问。

说明：

（1）其中 FieldName 是希望访问的字段名称列表，各字段之间用“,”分开。ALL 选项表示所有字段都在字段表中。

（2）将 SET FIELDS 设置为 TO [字段名列表]，表示能访问指定字段名列表中的字段。如果某字段名不是当前工作区中的字段，则需要指定该字段所在工作区或数据表的别名。

（3）将 SET FIELDS 设置为 TO ALL [LIKE 字段名特征框架 | EXCEPT 字段名特征框架] 时，表示访问的字段为具有（或排除）某种特征的字段。

例如，访问以 A 和 P 开头的字段的命令为：

```
SET FIELDS TO ALL LIKE A*,P*
```

访问以 A 和 P 开头的字段，但不能访问以 PARTNO 开头的字段的命令为：

```
SET FIELDS TO ALL LIKE A*,P* EXCEPT PARTNO*
```

（4）SET FIELDS ON | OFF | LOCAL | GLOBAL 决定字段表是否有效。当设置字段过滤器时，SET FIELDS 自动置为 ON，表示只能访问字段名表指定的字段；将 SET FIELDS 设置为 OFF，表示取消字段过滤器，恢复原来状态；将 SET FIELDS 设置为 LOCAL，表示在字段名列表中，仅当前工作区中的字段才能访问；将 SET FIELDS 设置为 GLOBAL，表示在字段

名列表中，所有工作区中的字段都能访问。

（5）SET FIELDS 的作用域是当前数据工作期。

注意：

（1）SET FIELDS TO 是可添加的。使用带有字段列表的 SET FIELDS TO 命令，将给出的字段添加为可以被访问的字段。

（2）SET FIELDS TO 隐含执行了 SET FIELDS ON 命令。如果执行不包含字段列表子句或 ALL 的 SET FIELDS TO 命令，则从当前表中移去字段列表中列出的所有字段，从而使每个字段都不能被访问。

（3）要恢复表中字段的显示，最常用的方法是将表用 USE 命令重新打开，或执行含 ALL 的 SET FIELDS TO 命令。

【例 4-33】观察下面命令序列，分析各 SET FIELDS TO 命令执行的结果。

```
USE  学生
LIST                        &&显示各记录全部字段的值
SET FIELDS TO  学号,姓名     &&执行含字段列表的 SET FIELDS TO 命令
LIST                        &&仅显示各记录的学号、姓名两个字段的值
SET FIELDS TO  性别,总分     &&添加性别和总分为过滤字段
SET FIELDS TO               &&执行不含字段列表的 SET FIELDS TO 命令
LIST                        &&仅显示出记录号 1~12，却并不显示任何一个字段的值
SET FIELDS TO ALL           &&执行含 ALL 关键字的 SET FIELDS TO 命令
LIST                        &&显示各记录全部字段的值
```

4.5.2　记录过滤

所谓记录过滤，是指将当前表中满足记录筛选条件的记录筛选出来，使得在后面对表的操作仅限于这些记录，似乎其他的记录都不存在。直到将表重新打开，或碰见了不含筛选条件的记录过滤命令。

设置记录过滤的方式有菜单方式和命令方式两种。

1.　用菜单方式实现记录的过滤

它的菜单操作与字段过滤类似，执行 Visual FoxPro 系统"表"菜单中的"属性"命令，在打开的"工作区属性"对话框中，通过设置"数据过滤器"栏处的条件来实现，参见图 4-32。

【例 4-34】显示表"学生.dbf"中所有男生的记录内容。

操作步骤如下：

（1）打开表"学生.dbf"。

（2）执行"显示"菜单中的"浏览"命令，进入表的浏览窗口。

（3）执行"表"菜单中的"属性"命令，出现"工作区属性"对话框，如图 4-32 所示。

（4）在"数据过滤器"框中输入记录过滤条件：性别="男"，如图 4-35 所示。

（5）单击"确定"按钮，返回浏览窗口，即可看到浏览结果，如图 4-36 所示。

2.　用命令方式实现记录的过滤

记录的过滤也可使用命令方式，该命令的使用格式如下：

SET FILTER TO [lExpression]

该命令的功能是：从当前表中过滤出符合条件的记录。

说明：命令中无[lExpression]时，表示取消所设置的过滤器。如例 4-33 所对应的命令方式为：SET FILTER TO 性别='男'。

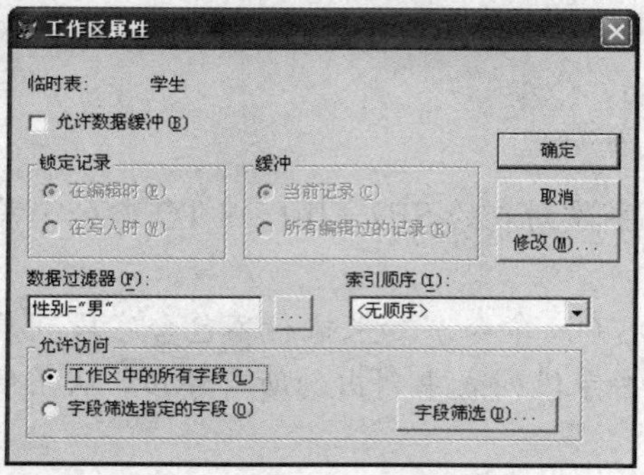

图 4-35　设定记录过滤条件

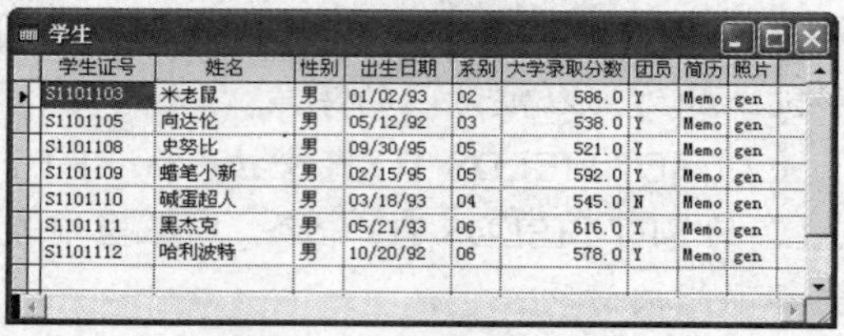

图 4-36　过滤记录显示结果

注意： 如果先使用了 SET FILTER TO 命令，则 SET FIELDS TO 命令将对字段过滤不起作用。但如果先使用了 SET FIELDS TO 命令，SET FILTER TO 命令却可起到对记录的筛选作用。

【例 4-35】观察下面命令序列，分析各 SET FILTER TO 命令执行的结果。

```
USE  学生  EXCLUSIVE
SET FILTER TO  出生日期<{^1993/01/01}        &&对表记录进行过滤
LIST                                        &&仅显示 1993 年前出生的学生的信息
?RECCOUNT()                                 &&显示表的物理记录条数：12
COPY TO filter_学生
SET FIELDS TO                               &&停止对记录的过滤
LIST                                        &&仅显示全部学生的信息
USE filter_学生
?RECCOUNT()                                 &&显示表的物理记录条数：4
```

第 5 章　数据库（表）的使用

- 了解排序和索引的概念、建立方法和使用。
- 掌握数据统计和查询（检索）的方法。
- 熟悉多表的临时关系和永久关系的设计与使用。
- 了解参照完整性的设置。

在本章中，我们将向读者介绍数据库（表）的最常见的使用方法，主要有数据表的排序（Sorting）和索引（Indexing）、查询或检索（Query）和统计（Statistics）、设置表间的临时和永久关系（Relation）、设置表间的参照完整性（Referential Integrity）。

表的排序和统计是数据库应用中最常见的操作。排序一般有物理排序和索引排序两种。物理排序是重新组织表中记录的一种方法，可使表中的记录按某些字段值重新排序并生成新的文件。索引排序是对索引关键字排序后，建立关键字和记录号之间的对应关系，根据对应关系对表进行逻辑排序。

Visual FoxPro 传统的查询方法有顺序检索和索引检索两种，索引检索的检索效率比顺序检索的效率高。统计操作有计数、求和、求平均值和计算，也可进行分类汇总等计算处理。

表的关联是指当一个表的记录指针移动时，与之关联的另一个表的记录指针也做相应的移动。表间的参照完整性则是一组规则，当用户插入、更新或删除一个表的记录时，通过参照引用另一个与之有关系的数据库表中的记录来检查对当前表的数据操作是否正确。

5.1　排序

排序，又称数据表的物理排序，就是把数据表中的记录按照某个字段值的大小物理地按顺序进行重新排列，作为排序依据的字段称为关键字。排序操作后将生成一个新的表文件。新文件的结构和数据可以与源文件完全相同，也可以只取源文件的部分字段。排序可以按照关键字值从小到大的顺序进行——升序，也可以按照关键字值由大到小的顺序进行——降序。

在 Visual FoxPro 中，数据表的排序可用 SORT 命令实现，SORT 命令的使用方法如下：
SORT TO TableName ON FieldName1 [/A | /D] [/C] [, FjeldName2 [/A | /D] [/C] ...]
[ASCENDING | DESCENDING]
[Scope] [FOR lExpression1] [WHILE lExpression2]
[FIELDS FieldNameList | FIELDS LIKE Skeleton | FIELDS EXCEPT Skeleton]

SORT 命令的功能是：对当前表中指定范围内满足条件的记录按指定字段进行升序或降序重新排序，并将排序结果存入到新文件中，其记录按新的物理顺序排列，但原文件不变。

说明：

（1）TO TableName：指定排序结果存入的新表文件，系统默认文件扩展名为.DBF。

（2）ON FieldName1：在 ON 子句中的字段名表示排序的关键字段。使用一个关键字时，叫单排序；使用多个关键字时，叫复合排序。在复合排序中，关键字有主次之分。主关键字是指能够唯一标识某个记录的关键字；次关键字是指标识具有某种相同属性的某些记录的关键字。在关键字表达式中，主关键字排在前面，次关键字排在后面。执行排序操作时，先按主关键字排序，当主关键字出现相同字段值时，再按次关键字排序。

（3）/A 或 ASCENDING 表示升序排序；/D 或 DESCENDING 表示降序排序，但/A、/D、/C 比 ASCENDING 或 DESCENDING 优先级高。省略时，表示升序；/C 表示按指定的字符型字段排序时，不区分字母的大小写。/C 可以与/A 或/D 合用，如/AC 或/DC。

（4）排序时大小比较的方法：数值型按数值大小比较；日期型按年月日先后比较；字符按 ASCII 值比较，字符型中的汉字按拼音顺序比较。

（5）[Scope][FOR lExpression1] [WHILE lExpression2]：全部省略时，则对所有记录排序。

（6）[FIELDS FieldNameList | FIELDS LIKE Skeleton | FIELDS EXCEPT Skeleton]：指新表中包含的字段，省略时，默认新表包含源表中所有字段。字段名表可以包含其他工作区中的表文件字段，但必须使用别名调用格式：

工作区名->字段名　或　别名->字段名　或 别名.字段名

【例 5-1】对表文件"学生.DBF"中的学生按"总分"降序排序，生成新文件"xs_总分.DBF"，新表中只包含学号、姓名、总分 3 个字段。

```
USE 学生
SORT TO xs_总分 ON 总分/D FIELDS 学号,姓名,总分
USE xs_总分
LIST
```

显示结果如图 5-1 所示。

【例 5-2】对表"教师.DBF"中工资大于 2000 的记录按职称升序排列；职称相同的按性别降序排序，并生成新文件"zc_教师.DBF"。

```
USE 教师
SORT TO zc_教师 ON 职称,性别/D FOR 工资>=2000
USE zc_教师
LIST
```

显示结果如图 5-2 所示。

记录号	学号	姓名	总分
1	s1101111	黑杰克	616.0
2	s1101109	蜡笔小新	592.0
3	s1101103	米老鼠	586.0
4	s1101112	哈利波特	578.0
5	s1101106	雨宫优子	564.0
6	s1101104	花仙子	550.0
7	s1101110	碱蛋超人	545.0
8	s1101105	向达伦	538.0
9	s1101108	史努比	521.0
10	s1101101	樱桃小丸子	520.0
11	s1101102	茵蒂克丝	518.0
12	s1101107	小甜甜	506.0

图 5-1　"xs_总分.DBF"的显示结果

记录号	教师号	姓名	性别	系别	职称	工资	津贴
1	T1103	陈宏	男	03	副教授	1050.00	.F.
2	T1104	张雯	女	04	教授	1680.00	.T.
3	T1101	邹涛	男	01	教授	1450.00	.T.

图 5-2　"zc_教师.DBF"的显示结果

5.2　索引

索引，又称为逻辑排序。与排序相比，索引是一种逻辑排序方法，它不改变记录在物理

上的排列顺序，而是建立一个与原文件相对应的索引文件，索引文件中存储了一组记录指针，它指向原文件的记录。

　　索引与排序两者都能改变记录的输出顺序。但排序需要临时文件中转，排序后的文件要占据与原文件同样大小的空间，花费时间长，特别是原文件发生变化时，排序文件不会自动同步修改，可能导致数据不一致，排序后，新的表文件和原表文件没有任何依附关系，两者是彼此独立的；而索引则依附于原表文件增加一个索引文件，存储的是指定的逻辑顺序，当原文件发生变化时，索引文件会自动同步修改，不会产生数据不一致的现象。

5.2.1　索引的概念

　　Visual FoxPro 中的索引文件是由指向.DBF 文件记录的指针和索引关键字所在的字段值两部分构成，指针指向表文件中的记录，在逻辑上按照指定索引关键字的值进行排序。索引并不改变表记录的物理顺序，只是与表记录建立一种逻辑关系。

　　索引和表（.DBF）分别存储在两个文件中。在索引文件中，只包含索引关键字和记录号两部分内容。每个关键字值和该值对应表文件中的一个记录号，利用记录指针的移动确定记录的逻辑顺序，类似于一本书的目录结构。书的目录结构文件中只有"章节标题"及其所在"页码"两项，根据"章节标题"所对应的页码，可直接翻到章节所在页码，而不必逐页地去翻阅。类似地，索引文件则有索引关键字的内容以及对应的各记录的记录号两项内容。索引是一种不可显示文件。

　　记录存储在表文件中的实际排列顺序，称为物理顺序。执行排序操作后，记录在排序文件中形成的顺序就是一种物理顺序。而按照某个关键字或关键字表达式在关键字与记录号之间建立的一种逻辑上的顺序，称为逻辑顺序。索引操作后，索引关键字与记录号建立的顺序就是一种逻辑顺序。

　　实际操作的记录顺序，称为使用顺序。使用顺序可以是物理顺序，也可以是逻辑顺序。记录指针在表记录中的移动是按使用顺序进行的。

　　一个表可建立多个索引，在操作中可以同时打开多个索引，但任何时候只有一个索引起作用，这个索引称为主控索引。

　　索引文件依赖于表文件而存在，因此索引文件必须与表文件一起才能使用。

　　1. 索引的类型

　　从索引的组织方式上分，Visual FoxPro 的索引分为单索引和复合索引。

　　（1）单索引——只包含一个索引项的索引文件，称为单索引文件或独立索引文件。单索引文件扩展名为.IDX。

　　（2）结构复合索引——含有多个索引项的索引文件。每个索引项称为索引标识（Index Tag），代表索引的名称。索引标识必须以字母或下划线开头，可以包含字母、数字、下划线，且长度不能超过 10 个字符。结构复合索引文件的扩展名为.CDX，它具有以下几个特点：

　　● 结构复合索引的文件名与数据表文件名相同。

　　● 在同一索引文件中包含多个索引关键字。

　　● 在打开数据表时自动打开，如对数据表进行添加、修改、更新、删除等操作自动更新索引内容。

　　（3）非结构复合索引——扩展名为.CDX，但文件名与数据表文件名不相同，它不会随数据表文件的打开而打开，需要时使用单独的打开命令。

复合索引文件全部被自动压缩。

2. 索引关键字和索引类型

（1）索引关键字——指在数据表中建立索引用的字段或字段表达式，它可以是表中的单个字段，也可以是表中几个字段组成的表达式。

（2）索引类型——根据功能不同，复合索引可以分为主索引、候选索引、普通索引和唯一索引 4 种类型。

①主索引（Primary Indexes）：主索引是设定有主关键字的索引，主关键字能唯一确定记录的顺序，它不允许在指定字段中出现重复值。如果在任何已经包含了重复数据的字段中指定主索引，Visual FoxPro 将返回一个错误信息。例如，将姓名字段作为主索引关键字，若出现同名同姓人员，也即出现了关键字重复值，这样的关键字就不是主关键字。主索引仅适用于数据库表，一个数据表只能创建一个主索引，且只能存储于结构复合索引文件中。自由表不能创建主索引。

②候选索引（Candidate Indexes）：候选索引和主索引一样要求字段值的唯一性。一个数据表或自由表中都可以建立多个候选索引。在数据库表中，若有多个候选索引，可将其中一个指定为主索引。候选索引只能存储于结构复合索引文件中。

③唯一索引（Unique Indexes）：指索引文件中对每一个特定的关键字值只存储一次，而忽略后面出现重复的记录。一个数据表或自由表中可以有多个唯一索引。

④普通索引（Regular Indexes）：普通索引不要求字段值具有唯一性，即允许字段中出现重复值，并且索引项中也允许出现重复值。一个数据表可以有多个普通索引。

5.2.2 索引文件的建立

建立索引文件的方法既有命令法，又有"表设计器"设置法。对单索引文件来讲，只能使用命令法来建立。

1. 命令方式建立索引文件

建立索引文件的命令是 INDEX，用 INDEX 命令既可创建复合索引，又可创建单索引。命令的使用格式如下：

INDEX ON eExpression TO IDXFileName | TAG TagName [OF CDXFileName]
[FOR lExpression]
[COMPACT]
[ASCENDING | DESCENDING]
[UNIQUE | CANDIDATE] [ADDITIVE]

该命令的功能是：创建一个索引文件，利用该文件可以按某种逻辑顺序显示和访问表记录。

说明：

（1）eExpression：指定的索引表达式，该表达式中可以包含当前表中的字段名。在索引文件中，按索引表达式给每一个表记录都创建一个索引关键字，Visual FoxPro 使用这些关键字来显示和访问表中的记录。备注字段不能单独用于索引文件表达式中，它们必须与其他的字符表达式结合起来。

当索引表达式为多字段时，必须将多个字段组成合理的有效表达式。一般组成字符串表达式。对于数值型字段，需用 STR() 函数将数值型数据转换成字符串，对于日期型数据，需用 DTOC() 函数将其转换成字符串，然后将它们用运算符"+"连接起来。

索引表达式的类型可以是 N 型、C 型、D 型或 L 型。

（2）TO IDXFileName：指定要建立单索引文件的文件名，扩展名为.IDX。

（3）TAG TagName：指定建立复合索引文件的索引标记，或增加索引标记。

（4）OF CDXFileName：指定索引标记所隶属的非结构复合索引文件的名称。若缺省则表示创建或在结构复合索引文件中添加新的索引标记。

（5）FOR lExpression：记录的筛选条件，缺省时为全部记录。

（6）COMPACT：指定生成一个压缩的单索引文件，缺省表示不压缩。

（7）ASCENDING|DESCENDING：指定升序或降序索引，仅对复合索引有效。缺省为升序。

（8）UNIQUE|CANDIDATE：用于指定索引类型。前者表示唯一索引；后者表示候选索引，缺省为普通索引。

（9）ADDITIVE：建立索引的同时不关闭先前已打开的索引。缺省时表示在创建本索引的同时关闭除结构复合索引之外的其他所有索引。

【例 5-3】利用表"学生.DBF"建立单索引文件。①按"出生日期"建立单索引文件 csrq.idx；②按"总分"的降序建立单索引文件 zf_d.idx；③按"性别"和"总分"建立单索引文件 xb_zf.idx，要求性别相同者，再按总分的降序索引。

```
USE 学生
INDEX ON 出生日期 TO csrq
LIST
INDEX ON -总分 TO zf_d.idx ADDITIVE
LIST
INDEX ON 性别+STR(750-总分) TO xb_zf.idx ADDITIVE
LIST
```

索引结果分别如图 5-3、图 5-4 和图 5-5 所示。

记录号	学号	姓名	性别	出生日期	系别	总分	团员	简历	照片
1	s1101101	樱桃小丸子	女	10/23/91	01	520.0	.F.	Memo	gen
5	s1101105	向达伦	男	05/12/92	03	538.0	.F.	Memo	gen
2	s1101102	茵蒂克丝	女	08/12/92	02	518.0	.T.	Memo	gen
12	s1101112	哈利波特	男	10/20/92	06	578.0	.F.	Memo	gen
3	s1101103	米老鼠	男	01/02/93	02	586.0	.T.	Memo	gen
10	s1101110	碱蛋超人	男	03/18/93	04	545.0	.F.	Memo	gen
11	s1101111	黑杰克	男	05/21/93	06	616.0	.T.	Memo	gen
6	s1101106	雨宫优子	女	12/12/93	04	564.0	.T.	Memo	gen
4	s1101104	花仙子	女	07/24/94	03	550.0	.F.	Memo	gen
7	s1101107	小甜甜	女	11/07/94	01	506.0	.F.	Memo	gen
9	s1101109	蜡笔小新	男	02/15/95	05	592.0	.T.	Memo	gen
8	s1101108	史努比	男	09/30/95	05	521.0	.F.	Memo	gen

图 5-3 按"出生日期"单索引后的显示结果

记录号	学号	姓名	性别	出生日期	系别	总分	团员	简历	照片
11	s1101111	黑杰克	男	05/21/93	06	616.0	.T.	Memo	gen
9	s1101109	蜡笔小新	男	02/15/95	05	592.0	.T.	Memo	gen
3	s1101103	米老鼠	男	01/02/93	02	586.0	.T.	Memo	gen
12	s1101112	哈利波特	男	10/20/92	06	578.0	.F.	Memo	gen
6	s1101106	雨宫优子	女	12/12/93	04	564.0	.T.	Memo	gen
4	s1101104	花仙子	女	07/24/94	03	550.0	.F.	Memo	gen
10	s1101110	碱蛋超人	男	03/18/93	04	545.0	.F.	Memo	gen
5	s1101105	向达伦	男	05/12/92	03	538.0	.T.	Memo	gen
8	s1101108	史努比	男	09/30/95	05	521.0	.F.	Memo	gen
1	s1101101	樱桃小丸子	女	10/23/91	01	520.0	.F.	Memo	gen
2	s1101102	茵蒂克丝	女	08/12/92	02	518.0	.T.	Memo	gen
7	s1101107	小甜甜	女	11/07/94	01	506.0	.F.	Memo	gen

图 5-4 按"总分"降序索引后的显示结果

记录号	学号	姓名	性别	出生日期	系别	总分	团员	简历	照片
11	s1101111	黑杰克	男	05/21/93	06	616.0	.T.	Memo	gen
9	s1101109	蜡笔小新	男	02/15/95	05	592.0	.T.	Memo	gen
3	s1101103	米老鼠	男	01/02/93	02	586.0	.T.	Memo	gen
12	s1101112	哈利波特	男	10/20/92	06	578.0	.T.	Memo	gen
10	s1101110	碱蛋超人	男	03/18/93	04	545.0	.F.	Memo	gen
5	s1101105	向达伦	男	05/12/92	03	538.0	.T.	Memo	gen
8	s1101108	史努比	男	09/30/95	05	521.0	.T.	Memo	gen
6	s1101106	雨宫优子	女	12/12/93	04	564.0	.T.	Memo	gen
4	s1101104	花仙子	女	07/24/94	03	550.0	.F.	Memo	gen
1	s1101101	樱桃小丸子	女	10/23/91	01	520.0	.F.	Memo	gen
2	s1101102	茵蒂克丝	女	08/12/92	02	518.0	.F.	Memo	gen
7	s1101107	小甜甜	女	11/07/94	01	506.0	.F.	Memo	gen

图 5-5　按"性别"和"总分"降序索引后的显示结果

【例 5-4】对表"学生.DBF"建立复合索引，其中包含 3 个索引：

①以"姓名"降序排列，索引标识为 xm，索引类型为普通索引。

USE 学生

INDEX ON 姓名 TAG xm DESCENDING

LIST

显示结果如图 5-6 所示。

记录号	学号	姓名	性别	出生日期	系别	总分	团员	简历	照片
6	s1101106	雨宫优子	女	12/12/93	04	564.0	.T.	Memo	gen
1	s1101101	樱桃小丸子	女	10/23/91	01	520.0	.F.	Memo	gen
2	s1101102	茵蒂克丝	女	08/12/92	02	518.0	.F.	Memo	gen
7	s1101107	小甜甜	女	11/07/94	01	506.0	.T.	Memo	gen
5	s1101105	向达伦	男	05/12/92	03	538.0	.T.	Memo	gen
8	s1101108	史努比	男	09/30/95	05	521.0	.T.	Memo	gen
3	s1101103	米老鼠	男	01/02/93	02	586.0	.T.	Memo	gen
9	s1101109	蜡笔小新	男	02/15/95	05	592.0	.T.	Memo	gen
10	s1101110	碱蛋超人	男	03/18/93	04	545.0	.F.	Memo	gen
4	s1101104	花仙子	女	07/24/94	03	550.0	.T.	Memo	gen
11	s1101111	黑杰克	男	05/21/93	06	616.0	.T.	Memo	gen
12	s1101112	哈利波特	男	10/20/92	06	578.0	.T.	Memo	gen

图 5-6　"学生.dbf"表以"姓名"降序索引后的显示结果

②以"性别"升序排列，性别相同时以"总分"升序排列，索引标识为 xb_zfa，索引类型为普通索引。

INDEX ON 性别+STR(总分,3) TAG xb_zfa

LIST

显示结果如图 5-7 所示。

记录号	学号	姓名	性别	出生日期	系别	总分	团员	简历	照片
8	s1101108	史努比	男	09/30/95	05	521.0	.T.	Memo	gen
5	s1101105	向达伦	男	05/12/92	03	538.0	.T.	Memo	gen
10	s1101110	碱蛋超人	男	03/18/93	04	545.0	.F.	Memo	gen
12	s1101112	哈利波特	男	10/20/92	06	578.0	.T.	Memo	gen
3	s1101103	米老鼠	男	01/02/93	02	586.0	.T.	Memo	gen
9	s1101109	蜡笔小新	男	02/15/95	05	592.0	.T.	Memo	gen
11	s1101111	黑杰克	男	05/21/93	06	616.0	.T.	Memo	gen
7	s1101107	小甜甜	女	11/07/94	01	506.0	.T.	Memo	gen
2	s1101102	茵蒂克丝	女	08/12/92	02	518.0	.F.	Memo	gen
1	s1101101	樱桃小丸子	女	10/23/91	01	520.0	.F.	Memo	gen
4	s1101104	花仙子	女	07/24/94	03	550.0	.T.	Memo	gen
6	s1101106	雨宫优子	女	12/12/93	04	564.0	.T.	Memo	gen

图 5-7　"学生.dbf"表以性别+STR(总分,3)为索引的显示效果

③以"性别"升序排列，性别相同时以"出生日期"降序排列，索引标识 xb_csrq，索引类型为候选索引。

INDEX ON 性别+STR(DATE()-出生日期) TAG xb_csrq CANDIDATE

LIST

显示结果如图 5-8 所示。

记录号	学号	姓名	性别	出生日期	系别	总分	团员	简历	照片
8	s1101108	史努比	男	09/30/95	05	521.0	.T.	Memo	gen
9	s1101109	蜡笔小新	男	02/15/95	05	592.0	.T.	Memo	gen
11	s1101111	黑杰克	男	05/21/93	06	616.0	.T.	Memo	gen
10	s1101110	碱蛋超人	男	03/18/93	04	545.0	.F.	Memo	gen
3	s1101103	米老鼠	男	01/02/93	02	586.0	.T.	Memo	gen
12	s1101112	哈利波特	男	10/20/92	06	578.0	.T.	Memo	gen
5	s1101105	向达伦	男	05/12/92	03	538.0	.T.	Memo	gen
7	s1101107	小甜甜	女	11/07/94	01	506.0	.F.	Memo	gen
4	s1101104	花仙子	女	07/24/94	03	550.0	.F.	Memo	gen
6	s1101106	雨宫优子	女	12/12/93	04	564.0	.T.	Memo	gen
2	s1101102	茵蒂克丝	女	08/12/92	02	518.0	.F.	Memo	gen
1	s1101101	樱桃小丸子	女	10/23/91	01	520.0	.F.	Memo	gen

图 5-8　"学生.dbf"表以性别+STR(DATE()-出生日期)为候选索引的显示效果

【例 5-5】对表"学生.DBF"的团员学生建立非结构复合索引 non_学生.cdx，以"性别"升序排列，性别相同者，再以"总分"降序排列，索引标识 depart_zfd，索引类型为普通索引。

```
USE 学生
INDEX ON  性别+STR(750-总分) TAG depart_zfd OF non_学生  For  团员
LIST
```

显示结果如图 5-9 所示。

记录号	学号	姓名	性别	出生日期	系别	总分	团员	简历	照片
11	s1101111	黑杰克	男	05/21/93	06	616.0	.T.	Memo	gen
9	s1101109	蜡笔小新	男	02/15/95	05	592.0	.T.	Memo	gen
3	s1101103	米老鼠	男	01/02/93	02	586.0	.T.	Memo	gen
12	s1101112	哈利波特	男	10/20/92	06	578.0	.T.	Memo	gen
5	s1101105	向达伦	男	05/12/92	03	538.0	.T.	Memo	gen
8	s1101108	史努比	男	09/30/95	05	521.0	.T.	Memo	gen
6	s1101106	雨宫优子	女	12/12/93	04	564.0	.T.	Memo	gen

图 5-9　"学生.dbf"表以性别+STR(750-总分)为普通索引的非结构复合索引的显示效果

2. 利用表设计器建立索引文件

在确保当前表已打开的情况下，执行 Visual FoxPro 系统"显示"菜单中的"表设计器"命令（也可使用命令 MODIFY STRUCTURE），在弹出的"表设计器"对话框中单击"索引"选项卡，显示或直接在该界面中建立或修改索引，如图 5-10 所示。

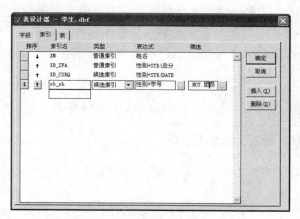

图 5-10　表设计器中"索引"选项卡

【例 5-6】利用表设计器对表"学生.DBF"的非团员学生，建立以"性别+学号"为索引表达式，索引标识为 xb_xh 的候选索引。

操作步骤如下：

①选择"文件"菜单中的"打开"命令，选择表文件"学生.DBF"。

②选择"显示"菜单中的"表设计器"命令，单击"索引"选项卡，将"索引名"设为 xb_xh，单击该表达式右侧的"表达式生成器"按钮，弹出"表达式生成器"对话框，如图 5-11 所示。在"字段"列表框中双击"性别"，在"数学"组合框中选定"+"号，在"字段"列表框中双击"学号"，这时，"表达式"列表框中显示"性别+学号"。也可以在"表达式"列表框中直接输入表达式"性别+学号"。

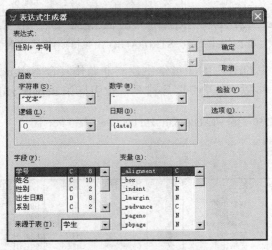

图 5-11　"表达式"生成器

③单击"确定"按钮，返回"表设计器"对话框。在"筛选"框处输入排序条件（或单击"筛选"框右侧的"表达式生成器"按钮，打开图 5-11 所示的"表达式生成器"对话框）：NOT 团员。

④单击"确定"按钮，完成索引的建立。

注意：

（1）一个表文件可以设置个数不受限制的索引，每个索引用一个标识符来表示，在表设计器中可以用索引名来表示。意思是索引名和索引表达式是两个完全不同的概念。索引名是为每个索引起的独一无二的名字，可以根据用户的意愿自己设置，而表达式是和表中现有的字段有关的。

（2）在"表设计器"对话框的"索引"选项卡上，单击"插入"按钮 插入(I) 在当前行前插入一个空行，可以建立新索引；单击"删除"按钮 删除(D) 可以删除选定的索引。

5.2.3　索引的打开、更新、删除与关闭

使用索引时必须满足以下条件：①打开表；②打开索引文件；③确定主控索引文件；④对于复合索引文件还需确定主控索引。

索引文件的类型不同，打开与关闭的方法也不尽相同。结构复合索引文件始终自动与表同时打开和关闭。单索引和非结构复合索引既可以与表同时打开和关闭，也可以在表文件打开之后单独打开和关闭。

1. 打开索引文件

使用索引时，必须同时打开表文件和索引文件。打开一个表文件时，结构复合索引文件随表文件的打开而打开，如果要使用其他索引文件，则要使用命令来打开。

一个表文件可以打开多个索引文件，但任何时刻只有一个索引文件起作用，当前起作用的索引文件称为主控索引文件。只有主控索引文件才对表文件起控制作用，记录指针总是指向满足条件的主控索引文件关键字值的第一个记录上。同一个复合索引文件可能包含多个索引标识，但任何时刻只有一个索引标识起作用，当前起作用的索引标识称为主控索引。

打开索引文件有 3 种方法：①在建立索引文件的同时，就打开索引文件；②打开表文件的同时打开索引文件；③打开表文件后再打开索引文件。下面介绍后两种方法。

（1）索引文件与表同时打开

由于结构复合索引可随着表的打开而打开，对此用户不必关心它的打开方式。而对于单索引和非结构复合索引，可使用 USE 命令中的 INDEX 子句来实现与表文件的同时打开。下面给出 USE 命令的完整格式。

USE [[DatabaseName!]Table | SQLViewName | ?] [IN nWorkArea | cTableAlias] [AGAIN]
[INDEX IndexFileList | ?]
[ORDER [nIndexNumber | IDXFileName | [TAG] TagName [OF CDXFileName]
[ASCENDING | DESCENDING]]]]
[ALIAS cTableAlias] [EXCLUSIVE] [SHARED] [NOUPDATE]

命令的功能是：在打开表或关闭表的同时打开或关闭索引文件。

说明：

①INDEX IndexFileList：指明要和表同时打开的非结构复合索引和单索引文件的名称。缺省时指将表按普通方式打开。IndexFileList 可以包含任何.IDX 单索引文件和.CDX 复合索引文件的文件名。

在索引文件列表中的第一个单索引文件是主控索引文件，该文件控制着表中的记录如何访问和显示。但如果第一个索引文件是一个.CDX 复合索引文件，则表中的记录按记录的物理顺序显示和访问。

②INDEX ?：显示"打开"对话框，列出所有可供选择的索引文件。

③ORDER [nIndexNumber | IDXFileName | [TAG] TagName [OF CDXFileName]：指定主控索引。nIndexNumber 为索引的编号，IDXFileName 为单索引的名字，TagName 为结构复合索引的标记名称，CDXFileName 为非结构复合索引文件的名称。

索引编号按如下方式进行：首先编号.IDX 索引文件，编号顺序是其出现在索引文件列表（IndexFileList）中的顺序；然后对结构复合索引文件（如果存在）中的标识按其创建顺序编号；最后，对任何独立的复合索引文件的标识按其创建顺序编号，如表 5-1 所示。

表 5-1　索引的编号次序

文件类型	索引个数	索引编号
单索引文件	M	1、2、…、M
结构复合索引文件	N	M+1、M+2、…、M+N
非结构复合索引文件	K	(M+N)+1、(M+N)+2、…、(M+N)+K

④ASCENDING | DESCENDING：指明不管表的索引创建时是升序还是降序，这里都临时以升序或降序显示和操作。缺省时以创建索引时的次序为准。

⑤其他子句，含义请参阅 4.1.2 节介绍的 USE 命令。

【例 5-7】在上节中，我们已经为"学生.dbf"创建了单索引文件 csrq.idx、zf_d.idx、xb_zf.idx，

非结构复合索引文件 non_学生.cdx，以及在结构复合索引文件中创建的索引名为 xm、xb_zfa、xb_csrq、xb_xh 的索引，请将它们和表一起同时打开，并将索引名"xm"设置为主控索引。

　　USE　学生　INDEX　　csrq,zf_d,xb_zf,non_学生　ORDER xm

　　在许多时候，用户可能很难记清楚究竟有多少单索引被打开、复合索引中有多少个索引标记、各标记创建的次序，这就为使用索引编号确定主控索引带来麻烦。下面我们向读者介绍能够显示 Visual FoxPro 环境参数的命令 DISPLAY STATUS，来查看索引的打开信息。

　　DISPLAY STATUS 命令格式如下：

DISPLAY STATUS [NOCONSOLE] [TO PRINTER [PROMPT] | TO FILE FileName]

　　该命令的功能是：显示 Visual FoxPro 环境的状态，命令中的各子句意义同前所述。

　　【例 5-8】在例 5-7 的基础上，使用 DISPLAY STATUS 查看"学生.dbf"当前使用索引的状态。

　　DISPLAY STATUS

　　屏幕上显示"学生.dbf"表的索引使用状态，如图 5-12 所示。

```
处理器Pentium
当前选定表:
选定工作区:  1, 正在使用的表:D:\JXGL\DATA\学生.DBF      别名:学生
            代码页:     0
            索引文件:   D:\JXGL\CSRQ.IDX     键: 出生日期    排序: Machine
            索引文件:   D:\JXGL\ZF_D.IDX     键: -总分       排序: Machine
            索引文件:   D:\JXGL\XB_ZF.IDX    键: 性别+STR(750-总分)  排序: Machine
     结构 CDX 文件:      D:\JXGL\DATA\学生.CDX
            主索引标识:  XM              排序: Machine       键: 姓名 (递减)
            索引标识:   XB_ZFA          排序: Machine       键: 性别+STR(总分,3)
            索引标识:   XB_CSRQ         排序: Machine       键: 性别+STR(DATE()-出生日期) Candidate
            索引标识:   XB_XH           排序: Machine       键: 性别+学号 Candidate       For: .NOT.团员
     CDX 文件:          D:\JXGL\NON_学生.CDX
            索引标识:   DEPART_ZFD      排序: Machine       键: 性别+STR(750-总分)      For: 团员
            备注文件:   D:\JXGL\DATA\学生.FPT
            锁: 独占使用

文件搜索路径:D:\JXGL\DATA;D:\JXGL
默认目录:D:\TXGL
(以下略去)
```

图 5-12　"学生.dbf"的索引使用状态

　　从图 5-12 中可以看出，"学生.dbf"可以使用的索引有 9 个，当前主控索引为"XM"。

　　（2）索引文件的单独打开

　　在有些情况下，当表打开后还需要打开一些尚未与表同时打开的单索引文件或非结构复合索引文件。此时，应使用单独打开索引的命令 SET INDEX TO。命令格式如下：

SET INDEX TO [IndexFileList | ?]

[ORDER [nIndexNumber | IDXFileName | [TAG] TagName [OF CDXFileName]

[ASCENDING | DESCENDING]]

[ADDITIVE]

　　该命令的功能是：打开一个或多个与当前表有关的索引。

　　说明：

　　①ADDITIVE：指定在打开新的索引文件时，是否关闭除结构复合索引之外的其他已打开的索引。有此关键字，表示不关闭原来打开的索引，从而使新老索引同时起作用，否则表示关闭原来打开的索引。

　　②本命令中的其他子句，与 USE 命令中的意义相同。

　　【例 5-9】打开"学生.dbf"之后，再打开与之相关的单索引文件 csrq.idx、zf_d.idx 和非结构复合索引文件 non_学生.cdx，并将索引名"zf_d.idx"设置为主控索引。

USE　学生

SET INDEX TO csrq,zf_d,non_学生　ORDER zf_d

2．确定主控索引

当为一个表创建了多个索引后，对于每个索引，记录的逻辑排序次序不同，但在某一时刻，只能由一个索引控制表的显示和操作次序，这个索引叫主控索引或当前索引。如果只打开一个单索引文件，则该索引文件就是主控索引文件。

设置主控索引的方法有命令法和菜单法。菜单法的操作方法是：在表的"浏览"状态下，执行"表"菜单中的"属性"命令（或单击"数据工作期"对话框中的"属性"按钮），弹出如图 5-13 所示的"工作区属性"对话框。在"索引顺序"下拉列表框中选择索引排序的标识名，如：学生.Xb_csrq。

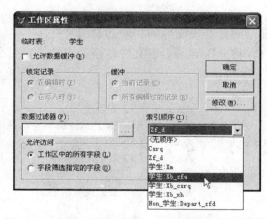

图 5-13　在"工作区属性"对话框中设置索引顺序

在命令方式下，USE 或 SET INDEX 命令中均含有设置主控索引的短语。这里介绍单独设置主控索引的命令，其命令格式如下：

SET ORDER TO

[nIndexNumber | IDXIndexFileName | [TAG] TagName [OF CDXFileName]

[IN nWorkArea | cTableAlias]

[ASCENDING | DESCENDING]]

命令的功能是：将单索引或复合索引文件中指定索引标记设为主控索引或取消先前已设置的主控索引。

说明：命令中的子句均与 USE 命令中的意义相同。如果在 SET ORDER TO 之后无子句或使用 SET ORDER TO 0，则表示取消先前的主控索引而改按物理顺序方式进行操作。

【例 5-10】设置"学生.dbf"表的主控索引为复合索引文件"学生.CDX"的第 2 个，即以"Xb_zfa"为主控索引。

USE　学生

SET ORDER TO 2　　　　　　　　&&指定"学生.CDX"中的索引序号 2（即 Xb_zfa）为主控索引

LIST

浏览结果如图 5-14 所示。

3．更新索引

当对表文件进行插入、删除、添加或更新等操作后，所有当时已打开的索引文件系统会自动将其更新，但未打开的索引文件系统则不能将其进行更新。为了使这些索引文件仍然有效，可以利用重新索引命令 REINDEX，使其与修改后的表文件保持一致。REINDEX 命令语法如下：

记录号	学号	姓名	性别	出生日期	系别	总分	团员	简历	照片
8	s1101108	史努比	男	09/30/95	05	521.0	.T.	Memo	gen
5	s1101105	向达伦	男	05/12/92	03	538.0	.T.	Memo	gen
10	s1101110	碱蛋超人	男	03/18/93	04	545.0	.F.	Memo	gen
12	s1101112	哈利波特	男	10/20/92	06	578.0	.T.	Memo	gen
3	s1101103	米老鼠	男	01/02/93	02	586.0	.T.	Memo	gen
9	s1101109	蜡笔小新	男	02/15/95	05	592.0	.T.	Memo	gen
11	s1101111	黑杰克	男	05/21/93	06	616.0	.T.	Memo	gen
7	s1101107	小甜甜	女	11/07/94	01	506.0	.F.	Memo	gen
2	s1101102	茵蒂克丝	女	08/12/92	02	518.0	.F.	Memo	gen
1	s1101101	樱桃小丸子	女	10/23/91	01	520.0	.F.	Memo	gen
4	s1101104	花仙子	女	07/24/94	03	550.0	.F.	Memo	gen
6	s1101106	雨宫优子	女	12/12/93	04	564.0	.T.	Memo	gen

图 5-14　以复合索引文件"学生.CDX"中的"Xb_zfa"为主索引

REINDEX [COMPACT]

命令的功能是：重新建立打开的索引文件。

说明：

（1）在更新索引之前，应打开表文件和相应的索引文件。

（2）选择 COMPACT，将非压缩单索引文件转换为压缩单索引文件。

【例 5-11】更新索引命令的应用。

```
USE  学生
LIST                            &&显示有 12 条记录
APPEND                          &&追加一条记录，进入编辑窗口并录入有关数据
SET INDEX TO csrq,zf_d,non_学生   &&打开有关的索引文件
LIST                            &&显示有 12 条记录被索引
REINDEX
LIST                            &&显示有 13 条记录被索引
```

4．删除索引

可以对不再使用的索引文件或索引标识进行删除。若删除索引文件，可使用命令 DELETE FILE。若删除复合索引文件的索引标识，可采用删除索引标识的方法。

（1）删除索引文件

删除索引文件的命令 DELETE FILE 使用格式如下：

DELETE FILE [FileName | ?] [RECYCLE]

该命令的功能是：从磁盘上删除任何指定的文件。例如，DELETE FILE xm.idx，可删除 xm.idx 索引文件。

说明：

①FileName：指定要删除的文件，文件名中可以包含如"*"和"?"通配符。如果文件所在的驱动器或路径与默认不同，文件名必须包含路径和扩展名，此时文件名中不能包含通配符。

②?：显示"删除"对话框，可以从中选择要删除的文件。

③RECYCLE：指定将删除的文件放入到 Windows 回收站。

注意：

● 使用此命令删除文件时不做任何提示警告，且不能恢复。

● 当执行 DELETE FILE 命令时，想删除的文件不能是打开状态。

● 在删除数据库表之前，应执行 REMOVE TABLE 命令从数据库中删除对表的引用。如果删除的表带有.fpt 备注文件，还要确保删除此备注文件。

（2）删除索引标识

使用命令 DELETE TAG 可删除复合索引文件中的索引标识，命令使用格式如下：

DELETE TAG TagName1 [OF CDXFileName1][, TagName2 [OF CDXFileName2]] ...

或

DELETE TAG ALL [OF CDXFileName]

或者使用"表设计器"对话框，在"索引"选项卡中删除指定的"索引名"。

命令的功能是：从指定复合索引文件中删除指定索引标识，当删除指定复合索引文件中的全部标识后，该复合索引文件将自动被删除。

5. 关闭索引文件

关闭索引文件，就是取消索引文件对表文件的控制作用。关闭索引文件可以使用命令：

SET INDEX TO

功能是：关闭当前打开的所有索引文件（结构复合索引文件除外）。

CLOSE INDEXES

功能是：关闭当前工作区内所有打开的索引文件（只有单索引.IDX 和独立复合.CDX 文件），不关闭结构复合索引文件。

USE 或 CLOSE ALL

功能是：关闭表文件的同时，关闭索引文件。

【例 5-12】关闭表"学生.dbf"及其打开的全部索引。

USE 或 CLOSE ALL

5.3　数据检索

数据检索，就是按指定的检索（查询）条件查找到符合条件的记录。数据检索的命令和方法有很多，有在 4.3.2 节中介绍的 LOCATE-CONTINUE 命令，有使用查询设计器进行查询，另外还有第 6 章中将要介绍的 SELECT-SQL 查询命令。此外，还有索引查询命令 FIND 和 SEEK。

在本节里，我们将介绍两条传统的检索命令，即索引查询所使用的 FIND 和 SEEK 命令，以及通过查询设计器进行查询设计。

5.3.1　数据检索

在使用数据时，常常需要查找需要的数据记录，这称为记录的检索。记录检索时可以使用 3.2.1 节中介绍的 LOCATE 命令。为克服顺序查询速度较慢的问题，Visual FoxPro 中还专门提供了检索命令 FIND 和快速检索命令 SEEK。

1. 检索命令 FIND

FIND 检索命令在 Visual FoxPro 中已很少用了，它主要考虑了向后兼容性。FIND 命令的使用格式如下：

FIND cExpression | Numeral

该命令的功能是：在 cExpression | Numeral 相对应的索引文件（或索引标识）中检索符合条件的第一条记录，如没有查到，系统将显示：没有找到；如找到函数 FOUND()的值为"真"（.T.），反之，函数 FOUND()的值为"假"（.F.）。

说明：

● FIND 命令移动记录指针，指向表中索引关键字与 cExpression | Numeral 相匹配的第

一条记录。FIND 命令要求当前选定表已经建立了索引。检索时，要求检索表达式与索引表达式的精确匹配，除非 SET EXACT 设置为 OFF。

● 字符串可不用界限符。

【例 5-13】在"学生.dbf"中，要求：①检索显示所有男生的信息；②另外检索显示出姓名为"花仙子"的学生信息；③检索出成绩为 578 分的学生信息。

操作中使用的命令如下：

```
USE 学生
INDEX ON 性别  TAG XB descending
FIND 男
DISP REST for 团员         &&屏幕显示
```

记录号	学号	姓名	性别	出生日期	系别	总分	团员	简历	照片
12	s1101112	哈利波特	男	10/20/1992	06	598.0	.T.	Memo	gen
11	s1101111	黑杰克	男	05/21/1993	06	636.0	.T.	Memo	gen
9	s1101109	蜡笔小新	男	02/15/1995	05	612.0	.T.	Memo	Gen
8	s1101108	史努比	男	09/30/1995	05	541.0	.T.	Memo	Gen
5	s1101105	向达伦	男	05/12/1992	03	558.0	.T.	Memo	Gen
3	s1101103	米老鼠	男	01/02/1993	02	606.0	.T.	Memo	Gen

```
INDEX ON 姓名  TAG XM
FIND 花仙子
?FOUND()                  &&屏幕显示 .T.
DISPLAY                   &&屏幕显示
```

记录号	学号	姓名	性别	出生日期	系别	总分	团员	简历	照片
4	s1101104	花仙子	女	07/24/94	03	550.0	.F.	Memo	gen

```
INDEX ON 总分  TAG ZF
FIND 578
DISPLAY                   &&屏幕显示
```

记录号	学号	姓名	性别	出生日期	系别	总分	团员	简历	照片
12	s1101112	哈利波特	男	10/20/92	06	578.0	.T.	Memo	gen

```
USE
```

2. 快速查询 SEEK

（1）SEEK 命令

由于 FIND 命令只能在索引文件中进行字符串和数字的查询，查询限制较大，因而 Visual FoxPro 系统提供了一个限制条件较小的快速查询命令 SEEK。该命令的使用格式如下：

```
SEEK eExpression
[ORDER nIndexNumber | IDXIndexFileName | [TAG] TagName [OF CDXFileName]
[ASCENDING | DESCENDING]] [IN nWorkArea | cTableAlias]
```

该命令的功能是：在一个表中搜索首次出现的一个记录，这个记录的索引关键字必须与指定的表达式匹配。

说明：

①eExpression：是指定搜索的索引关键字，可以是空字符串。

②ORDER nIndexNumber | IDXIndexFileName：指定用来搜索关键字的索引文件或索引标识编号。

③ORDER [TAG] TagName [OF CDXFileName]：指定用来搜索索引关键字的.CDX 文件中的标识。标识名称可能在一个.CDX 结构文件中，也可能在任何其他打开的独立.CDX 文件中。

如果在几个打开的独立.CDX 文件中存在相同标识名称，则应使用 OF CDXFileName 指出包含所用标识的.CDX 文件。如果存在相同的.IDX 文件和标识名称时，.IDX 文件具有优先权。

④ASCENDING | DESCENDING：指定按升序或降序搜索表。

⑤IN nWorkArea | IN cTableAlias：指定要搜索的表所在的工作区编号或别名。如果省略了

该子句，则在当前选定的工作区中搜索。

【例 5-14】使用命令 SEEK，在"学生.dbf"表中查询系别为"05"的所有记录。

```
USE 学生
INDEX ON  系别  TAG XB_DEPA
SEEK "05"
DISPLAY REST
```

（2）SEEK 函数

SEEK 函数可以起到 SEEK 命令和 FOUND()函数二者的联合作用。既查找到希望的第一条记录或确定无希望的记录，又返回是否找到的逻辑值。

SEEK 函数的使用格式如下：

```
SEEK(eExpression
[, nWorkArea | cTableAlias [, nIndexNumber | cIDXIndexFileName | cTagName]])
```

该函数的功能是：在指定的工作区中快速查询索引关键字与查询表达式相匹配的第一条记录，如查到则返回"真"（.T.），并将记录指针指向该记录；否则返回"假"（.F.），并将记录指针指向表文件的尾部。

说明：

①eExpression：要查询的表达式。

②nWorkArea | cTableAlias：指定查询的工作区或别名，缺省时为当前表。

③nIndexNumber | cIDXIndexFileName | cTagName：指定被查询的索引的编号、单索引文件名或复合索引的标记名。

【例 5-15】使用 SEEK()函数在"学生.dbf"中查询有关记录。

```
USE 学生
?SEEK('女',"学生","XB"),RECNO(),FOUND()
```

5.3.2　查询设计器

在 Visual FoxPro 中，系统还提供了更直观的数据查询方法，使用"查询设计器"设计查询。"查询设计器"产生的查询结果除了当时可以浏览外，还可以有多种输出方式，如输出到屏幕、浏览窗口、表、临时表等。查询的实质是定义一个 SELECT-SQL 语句，并把它存放在一个指定的查询文件中。

1．进入查询设计器

可以使用菜单方式进入查询设计器，选择"文件"菜单下的"新建"命令，激活"新建"对话框，选择查询文件类型，即可进入查询设计器。使用命令 CREATE QUERY 也可进入查询设计器。查询设计器的界面如图 5-15 所示。

进入"查询设计器"后，Visual FoxPro 系统菜单中将添加一个"查询"菜单并显示"查询设计器"工具栏，同时"显示"菜单的命令也有所改变。

在"查询设计器"的上部显示的是在查询中用到的数据表，如果数据表间存在关联关系，将显示关联的直线。在设计器的下部有几个选项卡，可以分别对查询的字段、联接、筛选、排序依据、分组依据、杂项等进行设置。

（1）表和视图选取

进入查询设计器后，首先要在图 5-16 所示的"添加表或视图"对话框（如果此对话框没有出现，则可单击"查询设计器"工具栏中的"添加表"按钮 来打开该对话框）中选择查询中要使用的数据库及数据库表或视图（有关视图，我们将在 5.8 节进行介绍）。

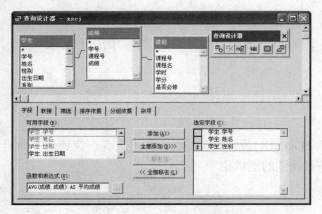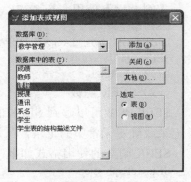

图 5-15　"查询设计器"窗口　　　　　　　图 5-16　"添加表或视图"对话框

（2）字段选取

通过"查询设计器"的"字段"选项卡可以指定查询的字段及函数和表达式。它提供的选项有：

①可用字段：在列表框中给出建立查询时所有可用的字段。

②函数和表达式：指定一个函数或表达式。可在文本框中直接输入，也可单击文本框右边的"表达式生成器"按钮，在出现的"表达式生成器"对话框中对函数和表达式进行设定，如图 5-17 所示。

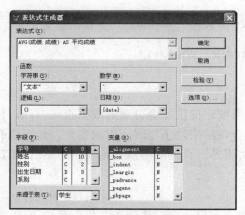

图 5-17　"表达式生成器"对话框

③选定字段：列出在查询结果中出现的字段、函数和表达式，可以拖动字段左边的垂直双向箭头 ↕ 来调整字段的输出顺序。

④"添加"按钮 ＜添加(A)＞ ：从"可用字段"框或"函数和表达式"框中把选定项添加到"选定字段"框中。

⑤"全部添加"按钮 全部添加(D)＞＞ ：把"可用字段"框中的所有字段添加到"选定字段"框中。

⑥"移去"按钮 ＜移去(R) ：从"选定字段"框中移去所选项。

⑦"全部移去"按钮 ＜＜全部移去(L) ：从"选定字段"框中移去所有选项。

（3）联接条件

"联接"选项卡用来指定联接表达式，如果表之间已设置了联接，则不需要进行此项的

设置。如果表之间没有建立联接，将会出现"联接条件"对话框（或双击已存在的联接线），
如图 5-18 所示。

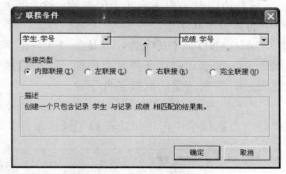

图 5-18　"联接条件"对话框

在"联接条件"对话框中，可以指定联接条件的左边字段和右边字段，也可以指定联接
的类型（见"联接"选项卡中的类型说明）。

如图 5-19 所示，在"联接"选项卡中提供以下选项：

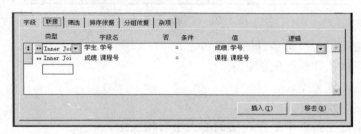

图 5-19　"联接"选项卡

①条件按钮↔：如果有多个表联接在一起，则会显示此按钮。单击此按钮可以编辑已选
条件和查询规则。

②类型：指定联接的类型。默认联接类型是"内部联接"。

- Inner Join（内部联接）：只返回完全满足条件的记录，是最常用的联接类型。
- Right Outer Join（右外联接）：返回右侧表中的所有记录以及左侧表中匹配的记录。
- Left Outer Join（左外联接）：返回左侧表中的所有记录以及右侧表中匹配的记录。
- Full Join（完全联接）：返回两个表中所有记录。

③字段名：指定联接条件的第一个字段，可在下拉列表中进行选择。

④否：排除与该条件相反的记录。

⑤条件：指定比较类型。在下拉列表框中进行选择。

- Equal（=）：指定字段与右边的值相等。
- Like：指定字段包含与右边的值相匹配的记录。
- Exactly Like（==）：指定字段必须与右边的值逐字符完全匹配。
- Great Than（>）：指定字段大于右边的值。
- Great Than or Equal To（>=）：指定字段大于或等于右边的值。
- Less Than（<）：指定字段小于右边的值。
- Less Than or Equal To（<=）：指定字段小于或等于右边的值。

- Is NULL：指定字段包含 NULL 值。
- Between：指定字段大于等于左边的低值并小于等于右边的高值。
- In：指定字段必须与右边用逗号相隔的几个值中的一个相匹配。

⑥值：指定联接条件中的其他表和字段。

⑦逻辑：在联接条件中添加 AND 或 OR 条件，默认为"无"即 AND。

⑧"插入"按钮 插入(I)：在选定联接条件之上添加一个空联接条件。

⑨"移去"按钮 移去(R)：将所选定的联接条件删除。

（4）筛选记录

如图 5-20 所示，在"筛选"选项卡中可以指定选择记录的条件。它提供如下选项：

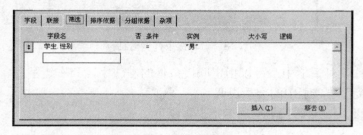

图 5-20　"筛选"选项卡

①字段名：指定用于筛选条件的字段名。

②否：排除与该条件相匹配的记录。

③条件：指定比较类型。

④实例：指定比较条件。

⑤大小写：指定在条件中是否与实例的大小写相匹配。

⑥逻辑：在筛选条件中添加 AND 或 OR 条件。

⑦"插入"按钮 插入(I)：在选定筛选条件之上添加一个空的筛选条件。

⑧"移去"按钮 移去(R)：将所选定的筛选条件删除。

（5）排序

如图 5-21 所示，在"排序依据"选项卡中可以为输出的记录进行排序。

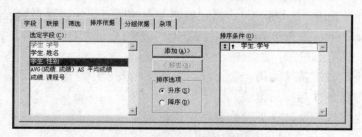

图 5-21　"排序依据"选项卡

①选定字段：在列表框中显示输出结果将出现的字段。

②排序条件：指定用于排序的字段和表达式，显示在每个字段左侧的箭头指定升序（箭头向上）或降序（箭头向下）。移动垂直双向箭头可以更改字段的排序顺序。

③升序：按选定项的值由小到大进行排序。

④降序：按选定项的值由大到小进行排序。

⑤"添加"按钮 添加(A)> ：将"选定字段"列表框选定的字段添加到"排序条件"列表框中。

⑥"移去"按钮 <移去(R) ：从"排序条件"列表框中移去选定项。

（6）分组

如图 5-22 所示，在"分组依据"选项卡可以控制记录的分组。它提供的选项有：

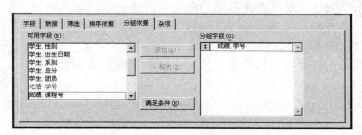

图 5-22 "分组依据"选项卡

①可用字段：列出查询表中全部可用的字段和表达式。

②分组字段：列出对查询结果进行分组的字段或表达式。可以拖动字段左边的垂直双向箭头，更改字段的顺序和分组的层次。

③"添加"按钮 添加(A)> ：向"分组字段"框中添加选定项。

④"移去"按钮 <移去(R) ：从"分组字段"框中移去选定项。

⑤"满足条件"按钮 满足条件(H)... ：显示"满足条件"对话框，指定查询结果中各组应满足的条件。

（7）记录输出限制

如图 5-23 所示，在"杂项"选项卡指定是否要对重复的记录进行检索，同时是否对记录的数量做限制。它提供的选项有：

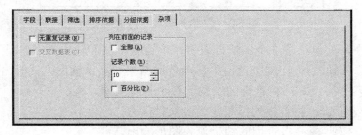

图 5-23 "杂项"选项卡

①无重复记录：是否允许有重复记录输出。

②交叉数据表：将查询结果送往 Microsoft Graph、报表或一个交叉表格式的数据表中。

③列在前面的记录：用于指定查询结果中出现的记录，可指定记录数或百分比。

2. 创建查询

创建一个查询可以使用"查询向导"和"查询设计器"两种方法，在 Visual FoxPro 中数据表的查询大部分都是通过查询设计器来完成的。

要打开如图 5-15 所示"查询设计器"窗口，既可使用菜单法也可使用命令法，这里介绍命令法。

如果创建一个新查询，其命令如下：

CREATE QUERY [FileName | ?]

该命令的功能是：打开查询设计器。

说明：

（1）FileName：指定查询的文件名。如果没有为文件指定一个扩展名，Visual FoxPro 自动指定.QPR 为扩展名。

（2）?：显示"创建"对话框，提示用户为要创建的查询命名。

如果要修改一个查询，其命令如下：

MODIFY QUERY [FileName | ?]

该命令的功能是：打开查询设计器，从中可以修改或创建一个查询。

说明：

（1）FileName：指定查询的文件名。如果未指定扩展名，Visual FoxPro 自动指定扩展名为.QPR。

（2）?：显示"打开"对话框，从中可以选择一个已存在的查询，或者输入要创建的新查询的名称。

3. 指定查询去向

在查询设计完成后，在"查询设计器"中点击右键，选择"输出设置"（或单击"查询设计器"工具栏中的"查询去向"按钮），可进行"查询去向"的选择，如图 5-24 所示。

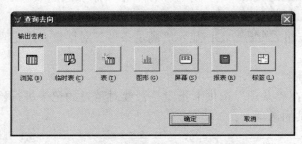

图 5-24 "查询去向"对话框

在该对话框中，共包括了 7 个按钮，表示查询结果不同的输出类型。

（1）"浏览"按钮：在浏览窗口中显示查询结果（默认输出方式）。

（2）"临时表"按钮：将查询的结果保存于临时表中。

（3）"表"按钮：将查询的结果作为表文件保存。

（4）"图形"按钮：将查询的结果作为图形输出。

（5）"屏幕"按钮：将查询的结果在当前的窗口中显示。

（6）"报表"按钮：将查询的结果发送到报表文件。

（7）"标签"按钮：将查询的结果发送到标签文件。

4. 查看 SQL

在"查询设计器"中点击右键，选择"查看 SQL"（或单击"查询设计器"工具栏中的"显示 SQL 窗口"按钮），可以显示由查询操作所产生的 SQL 命令，显示出来的命令只能阅读，不能修改，如图 5-25 所示。

利用 SQL 窗口，会对读者学习第 6 章起到很大的帮助。

5. 运行、保存和修改查询

查询建立完成后，可以马上运行，也可以保存起来以后运行。在"查询设计器"中点击右键，选择快捷菜单中的"运行查询"命令（或单击 Visual FoxPro "常用"工具栏中的"运行"按钮 ❗，也可执行"查询"菜单中的"运行查询"命令）可得到查询的结果。运行查询的默认输出方式为"浏览"，如图 5-26 所示。

图 5-25　SQL 窗口　　　　　　　　图 5-26　查询结果

要运行一个存在的查询文件，用户也可在命令窗口输入以下命令：
DO FileName.QPR
其中，FileName 为查询文件名，值得注意的是查询的扩展名.QPR 不能少。
关闭"查询设计器"窗口或按组合键 Ctrl+W 就可以保存查询，查询文件的扩展名为.QPR。
上面详细介绍了"查询设计器"的功能和使用方法。使用"查询设计器"创建查询需要经过以下几个步骤：
①选择需要从中获取信息的表和视图。
②决定要在查询中出现的字段或字段表达式。
③如果是多表查询，需要给出表之间联接的表达式。
④指定查询记录的选择条件。
⑤设置排序和分组的选项。
⑥选择查询结果的输出方式。
【例 5-16】查询男生所修课程的平均成绩，并将平均成绩按学号由高到低进行排序，查询文件以 xscj.qpr 进行保存。
操作步骤如下：
①在命令窗口中键入如下命令：
CREATE QUERY
②此时打开"查询设计器"窗口，并弹出"添加表或视图"对话框，如图 5-16 所示。
③在"添加表或视图"对话框中，将"教学管理"数据库中的"学生"和"成绩"表添加到"查询设计器"窗口。
④添加数据表的同时，将会出现如图 5-18 所示"联接条件"对话框，建立各表之间的联接关系。这里选择内部联接方式是：学生.学号=成绩.学号。
⑤在"查询设计器"窗口的"字段"选项卡中，选出"学生.学号"、"学生.姓名"、"学生.性别"等字段；在"函数和表达式"框处输入：AVG(成绩.成绩) AS 平均成绩。单击"添加"按钮，完成字段和函数的选定。
⑥由于已建联接，不需要在"联接"选项卡中进行设置。
⑦在"筛选"选项卡中，输入筛选条件：学生.性别="男"。
⑧在"排序依据"选项卡中，选择"学生.学号"作为排序的条件。
⑨在"分组依据"选项卡中，选择按"成绩.学号"进行分组，这对于求每人平均成绩很重要。

⑩本例不需要在"杂项"选项卡中设置。

按下 Ctrl+W 组合键（或单击"常用"工具栏中的"保存"按钮 ），将查询以文件名 xscj.qpr 进行保存。最后，单击单击"常用"工具栏中的"运行"按钮，显示查询结果。

5.4　统计与汇总

在 Visual FoxPro 中，不仅可以对数据表中的记录进行查询，还可以对表中相应的记录进行统计计算，包括计数、求和、求平均值等，也可进行分类汇总等计算处理。

统计是数据库应用的一个重要内容，下面介绍 Visual FoxPro 的统计操作。

5.4.1　计数命令 COUNT

计数命令 COUNT 的使用语法如下：

COUNT [Scope] [FOR lExpression1] [WHILE lExpression2] [TO MemVarName]

该命令的功能是：统计当前表文件中指定范围内符合条件的记录个数。

说明：

（1）Scope、FOR lExpression1、WHILE lExpression2：省略以上全部选择项，则统计表文件中的所有记录。

（2）TO MemVarName：指定把统计结果写入的内存变量名；否则，不保存统计结果，仅在屏幕上显示。

【例 5-17】统计表"学生.DBF"中学生的总人数和男生人数。

```
USE 学生
COUNT TO xszrs
COUNT FOR 性别="男" TO nsrs
?xszrs,nsrs        &&屏幕显示：12    7
```

注意：COUNT 命令和 RECCOUNT()函数的功能不同。COUNT 命令统计的是满足某条件的记录，而 RECCOUNT()函数则是返回表中的物理记录条数，因此在以下三种情况下两者的结果不同。

● 存在不满足统计条件的记录时。

● 在 SET DELETE ON 状态下表中又有加了删除标记的记录（无效记录）。

● 表中用 SET FILTER TO 命令进行了筛选，有些记录已被过滤掉。

5.4.2　求和命令 SUM

求和命令 SUM 的使用语法如下：

SUM [eExpressionList] [Scope] [FOR lExpression1] [WHILE lExpression2]
[TO MemVarNameList | TO ARRAY ArrayName]

该命令的功能是：对当前选定表的指定数值字段或全部数值字段进行求和。

说明：

（1）eExpressionList：指定要总计的一个或多个字段或者字段表达式。如果省略字段表达式列表，则总计所有数值型字段。

（2）Scope：指定要总计的记录范围，省略时，默认的范围是所有记录（ALL）。

（3）FOR lExpression1 和 WHILE lExpression2：指定总计记录的条件。

（4）TO MemVarNameList：将每个总计值存入一个内存变量。如果 MemVarNameList 中指定的内存变量不存在，则 Visual FoxPro 自动创建，列表中的内存变量名用逗号分隔。

（5）TO ARRAY ArrayName：将总计值存入内存变量数组中，如果该数组不存在，则系统自动创建；如果数组太小，不能包含所有的总计值，那么自动增加数组的大小以存放总计值。若数组比需要的大，多余元素的内容保持不变。

（6）如果 SET TALK 为 ON，则结果显示在屏幕上。如果 SET HEADINGS 为 ON，则字段名或包括字段名的表达式将显示在结果的上面。

【例 5-18】对表"教师.DBF"中的教师工资求和。

```
USE 教师
SUM 工资 TO gzze
? gzze                    &&屏幕显示：
```

工资
6570.00

求和操作是指对表中的数值型字段或数值型表达式进行纵向求和。

【例 5-19】统计"成绩.dbf"中选修课程"K01"的所有学生的成绩和。

```
SET TALK OFF          &&关闭对话方式
USE 成绩
SUM  成绩 TO K01_Sum
SET TALK ON
?"选修课程 K01 所有学生的成绩和是："+STR(K01_Sum,6,1)
```

执行后，屏幕的显示结果是：

选修课程K01所有学生的成绩和是：1984.0

5.4.3　求平均命令 AVERAGE

求平均命令 AVERAGE 的使用语法如下：

AVERAGE [ExpressionList] [Scope] [FOR lExpression1] [WHILE lExpression2]
[TO MemVarList | TO ARRAY ArrayName]

该命令的功能是：计算当前表中数值型表达式或字段的算术平均值。

说明：

（1）ExpressionList：指定求平均值的表达式。ExpressionList 可以是用逗号分隔的表字段或包含表字段的数值表达式。

（2）其他子句含义同 SUM 命令。

【例 5-20】在表"学生.dbf"中求出学生的平均年龄。

```
USE 学生
AVERAGE year(date())-year(出生年月) to pjnl
?pjnl                    &&屏幕显示：17.92
```

5.4.4　计算命令 CALCULATE

计算命令 CALCULATE 的使用语法如下：

CALCULATE eExpressionList
[Scope] [FOR lExpression1] [WHILE lExpression2]
[TO MemVarList | TO ARRAY ArrayName]

该命令的功能是：对当前表中符合条件和范围的字段或包含字段的表达式进行财务和统计操作。含有 Null 值的记录不包含在 CALCULATE 的操作中。

说明：

（1）eExpressionList：指定表达式，表达式可以包含如表 5-2 所示的函数的任意组合。

表 5-2　计算命令 CALCULATE 中的常用函数

计算函数	含义
AVG(nExpression)	计算 nExpression 的算术平均值，如：CALCULATE AVG(数学) FOR 性别='男'
CNT( )	返回表中记录的数目，如：CALCULATE CNT() FOR RECNO()>=3
MAX(eExpression)	计算 eExpression 的最大值或最新值，如：CALCULATE MAX(金牌)
MIN(eExpression)	计算 eExpression 的最小值或最早值，如：CALCULATE MIN(金牌)
SUM(nExpression)	对 nExpression 的值求和，如：CALCULATE SUM(总数) FOR RECNO()<=3

注意： 在 CALCULATE 命令中，eExpressionList 的函数中要用逗号 "," 分隔各表达式。这些函数仅用于 CALCULATE 命令，不要与有相似名称的独立函数相混淆。例如，CALCULATE MIN( ) 与 MIN( ) 不同。

（2）其他子句含义同 SUM 命令。

【例 5-21】求表 "学生.DBF" 中的 "总分" 字段中的最高分、最低分、平均分以及学生的平均年龄。

```
USE 学生
CALCULATE MAX(总分),MIN(总分),AVG(总分),AVG((DATE()-出生日期)/365)
```

屏幕显示：

MAX(总分)	MIN(总分)	AVG(总分)	AVG((DATE()-出生日期)/365)
616.00	506.00	552.83	17.91

5.4.5　汇总命令 TOTAL

汇总命令 TOTAL 可对数据进行分类求和，如对教师表可按职称进行工资汇总。该命令使用的语法为：

```
TOTAL TO TableName ON FieldName [FIELDS FieldNameList]
[Scope] [FOR lExpression1] [WHILE lExpression2]
```

TOTAL 命令的功能为：计算当前表中数值型字段的总和，并保存到汇总表中。

说明：

（1）TableName：指定存放计算结果的表的名称。如果指定的表不存在，Visual FoxPro 将创建它；如果表存在，并且 SET SAFETY 为 ON，则 Visual FoxPro 将询问是否要改写这个已存在的表；否则，不做任何提示直接改写该表。

（2）ON FieldName：指定总计时作为分组依据的字段。表必须以该字段排序，或者打开的索引或索引标识以该字段作为其关键字表达式。

（3）FIELDS FieldNameList：指定要总计的字段，如果省略了 FIELDS 子句，默认总计所有的数值型字段。

（4）Scope：含义同前，TOTAL 命令默认的范围是全部（ALL）记录。

（5）其他子句含义同 SUM 命令。

（6）使用 TOTAL 命令时，当前工作区中的表必须经过排序或索引。对于具有相同字段值或索引关键字值的各组记录，将分别计算其总计值。总计结果放入另一个表的记录中，同时在此表中还将对这些字段值或索引关键字值创建一条记录。

（7）如果输出的汇总表中数值字段的宽度不足以放置总计值，将会发生数值溢出错误。当发生数值溢出错误时，Visual FoxPro 系统保存总计值最主要的部分。

● 小数位被截断，即对总计值余下小数位进行圆整。

● 如果总计值仍然不能放下，例如包含七位以上的数字，这时将采用科学计数法表示。

● 最后，用星号代替字段的内容。

【例 5-22】对表文件"教师.DBF"分别按性别统计工资情况，按职称统计工资情况。

```
USE 教师
INDEX ON 性别 TAG xb
TOTAL ON 性别 TO xb_gz FIELDS 工资
INDEX ON 职称 TAG zc
TOTAL ON 职称 TO zc_gz FIELDS 工资
USE xb_gz
LIST        &&如图 5-27 所示
USE zc_gz
LIST        &&如图 5-28 所示
```

记录号	教师号	姓名	性别	系别	职称	工资	津贴
1	T1101	邹涛	男	01	教授	3960.00	.T.
2	T1102	李丽	女	02	讲师	2610.00	.F.

图 5-27 按性别汇总后的结果

记录号	教师号	姓名	性别	系别	职称	工资	津贴
1	T1103	陈宏	男	03	副教授	1050.00	.F.
2	T1102	李丽	女	02	讲师	2390.00	.F.
3	T1101	邹涛	男	01	教授	3130.00	.T.

图 5-28 按职称汇总后的结果

5.4.6 记录的更新命令 UPDATE*

用户在日常工作中，可能经常会对两个或多个数据库进行对比分析，这些数据库之间相互交叉、重复，如果用手工区分，工作量可想而知。

为此，利用 Visual FoxPro 提供的 UPDATE 命令可以实现各数据库之间的数据更新。UPDATE 命令的使用格式如下：

```
UPDATE ON FieldName1 FROM FileName | cTableAlias
REPLACE FieldName2 WITH eExpression1 [,FieldName3 WITH eExpression2 …]
[RANDOM]
```

该命令的功能是：用其他工作区中的表数据来更新当前工作区中打开的表。此命令可用 UPDATE-SQL 命令替代。

说明：

（1）ON FieldName1：指定控制更新的关键（公共）字段。若要使用 UPDATE 命令，当前表和作为更新数据来源的表必须有公共字段，当前表必须按公共字段进行索引或排序。如果数据来源表也已经排序或索引，则可提高更新速度。

（2）FROM FileName | cTableAlias：指定在别的工作区打开的表名或别名，该表中包含更新数据。在当前工作区中打开的表将被 FileName 指定的表中的数据更新。

（3）REPLACE FieldName2 WITH eExpression1 …：用一个更新表达式（eExpression1）

替换当前选定的字段（FieldName2）。可以更新当前表中的多个字段。

（4）RANDOM：如果更新表没有按升序索引或排序，就必须包含 RANDOM 子句，否则，可能会得到一个不想要的结果。

【例 5-23】有 zgda.dbf 数据表，其结构和部分数据如下：

zgda.dbf（编号 C4，姓名 C6，性别 C2，出生日期 D，职务 C8，退休 L，基本工资 N7.2，简历 M，家庭成员数 N1，子女数 N1）

0212	A	女	1968-05-14	科长	F	650.00
0216	B	男	1955-11-08	会计师	F	850.00
0110	C	男	1971-03-20	工程师	F	650.00
0304	D	男	1936-08-22	处长	T	1388.00
0106	E	男	1955-12-25	高工	F	980.00
0108	F	女	1971-10-05	工程师	F	820.00
0101	G	男	1936-09-29	高工	T	1210.00

有 zgk.dbf 数据表，其结构和部分数据如下：

zgk.dbf（姓名 C6，入职日期 D，工龄 N2，家庭成员数 N1，子女数 N1）

A	1988-03-10	20	3	1
B	1975-12-30	20	3	1
C	1991-01-15	20	3	1
D	1958-08-10	20	4	2
E	1975-12-20	20	3	1
F	1991-08-30	20	3	1
G	1956-08-26	20	4	2

zgda.dbf 中的 7 条记录的"家庭成员数"和"子女数"字段均为空，要用 UPDATE 命令从 zgk.dbf 数据表中更新。zgk.dbf 中的"工龄"字段为计算字段，后 2 列数据为家庭成员数和子女数。更新数据时所使用的命令如下：

```
SET TALK OFF
SELECT 2                    选择工作区 2
USE ZGK ALIAS BM            打开 B 库，别名为 BM
INDEX ON  姓名  TAG XM
SELECT 1                    选择工作区 1
USE ZGDA                    打开 A 库
INDEX ON  姓名  TAG         索引 A 库的姓名字段
UPDATE ON  姓名  FROM BM REPLACE  家庭成员数  WITH BM.家庭成员数,;
    子女数  WITH BM.子女数
```

5.5　表的关联和连接

前面已经提到，每个工作区打开的表文件都有自己的记录指针，各个工作区表文件的记录指针彼此独立、互不影响。在当前工作区可以访问其他工作区上已经打开的表文件记录，但不能改变其他工作区的记录指针和数据，除非进行指针联动。

所谓关联（interconnected）就是在两个表文件的记录指针之间建立一种临时关系，当一个表的记录指针移动时，与之关联的另一个表的记录指针也做相应的移动。关联不是生成一个表文件，只是形成了一种联系。

建立关联的两个表，一个是建立关联的表，称为父表，另一个是被关联的表，称为子表，与当前表文件建立联系的表由<别名>指定。建立关联后，若在当前工作区执行了移动记录指针等命令，如 GO、SKIP、LIST、LOCATE、SEEK 等，将引起多个工作区记录指针的移动，从而减低命令的执行速度。因此，在没有必要关联时，应及时取消关联。

建立关联的条件是首先为子表按关联关键字建立索引（对记录号进行关联时，可以不索引），然后进行关联。关联后，当父表指针移动时，子表指针也会自动移动到满足关联条件的记录上。

- 一对一关系（1:1）——指父表的一个记录只能和子表的一个记录相关联，子表的一个记录也只能和父表的一个记录相关联。
- 一对多关系（1:M）——在一对多关系中，父表的一个记录可以和子表的一个或多个记录相关联，但子表的一个记录只能和父表的一个记录相关联。
- 多对一关系（M:1）——在多对一关系中，父表的多个记录可以和子表的一个记录相关联，但子表的一个记录只能和父表的一个记录相关联。一般把"多"表作为父表最简单，因为父表中的任一记录，都可以在子表中找到唯一的记录与其联系。
- 多对多关系（M:N）——在多对多关系中，一个表中的多个记录在相关表中同样有多个记录与其匹配。例如读者与图书的关系，一个读者可以借多种书，多种书也可借给多名读者。在 Visual FoxPro 中，系统不处理多对多关系，若出现多对多关系则可以拆分为多对一关系或一对多关系进行相关的处理。

在 Visual FoxPro 中，数据表之间的关联除有临时关系外，还可建立永久关系。永久关系将作为数据库结构的一部分被永久地保存下来。

有时需要将不同表的内容按某种条件重新组成一个新表，这时可用到表文件之间的联接（Connect）。

本章将重点介绍临时关系的建立和使用。

5.5.1　用命令建立关联

父表与子表建立临时关联时可使用 SET RELATION TO 命令，该命令语法如下：
SET RELATION TO
[eExpression1 INTO nWorkArea1 | cTableAlias1
[, eExpression2 INTO nWorkArea2 | cTableAlias2 ...]
[IN nWorkArea | cTableAlias]
[ADDITIVE]]

该命令的功能是：在当前表文件（父表）与其他表文件（子表）之间建立临时关联。

说明：

（1）eExpression1、eExpression2：指定在父表和子表之间建立临时关系所用的关系表达式。它通常是用来控制子表索引的一个索引表达式。如果 Expression 是数值型的，则当父表的记录指针移动时它将计算出对应值。子表的记录指针将移动到 Expression 的值给出的记录上。如果缺省了所有参数和子句，SET RELATION TO 将解除当前工作区的所有临时关系。

（2）INTO nWorkArea1 | cTableAlias1、INTO nWorkArea2 | cTableAlias2…：指定子表的工作区号或别名。

（3）IN nWorkArea | cTableAlias：指定父表的工作区或别名。IN 子句允许创建关联时，不必首先选择父表所在工作区。如缺省本子句，则父表必须在当前工作区打开。

（4）ADDITIVE：保留当前工作区中已存在的所有关联关系，并创建新的关联关系。如缺省 ADDITIVE 关键字，则首先取消原先存在的关联关系，再创建新的关联关系。

（5）建立两个表临时关联的条件：

- 两个表必须同时分别在不同的工作区打开。

- 两个表中必须拥有"相同"的字段。所谓相同字段，并不是指字段名一定相同，而是指字段的值域必须一致，字段名可以不相同。
- 表间关系可以有两种方式，若在创建命令中表达式 Expression 是索引表达式，则子表必须用此索引表达式创建了索引，且此索引已打开；若 Expression 是数值表达式，则此时子表不必创建索引。

（6）记录指针的跟随方式。两表建立关联后，每当父表中的记录指针移动时，子表中的记录指针便按指定的关联条件随之移动，移动方法也分两种情况：

- 表若按表达式建立关联，此时在子表中便自动执行一次 SEEK 命令，若在子表中找到与关键字表达式值相匹配的记录，则子表的记录指针就定位于与之匹配的首条记录上；若找不到，则子表指针移至文件末尾。
- 两表若按数值表达式建立关联，则在子表中便自动执行一次 GO 命令，将记录指针定位于记录号等于此数值表达式值的那条记录上。

（7）关联的撤消。不带任何选择项的 SET RELATION TO 命令将删除当前父表与其他子表的关联。

（8）SET RELATION TO 命令默认建立的关系是多对一关系。

图 5-29　三表建立关联的显示结果

【例 5-24】通过"学生.DBF"、"选课.DBF"、"课程.DBF"三个表文件显示学生选课的课程名称与该课程的成绩情况，如图 5-29 所示。

分析：表"学生.DBF"与"选课.DBF"之间可以通过"学号"建立关联，表"课程.DBF"与"选课.DBF"之间可以通过"课程号"建立关联。

```
CLEAR ALL
SELECT 1
USE 学生
INDEX ON 学号 TAG xh
SELECT 2
USE 课程
INDEX ON 课程号 TAG ckh
SELECT 3
USE 成绩
SET RELATION TO 学号 INTO A      &&通过学号与工作区 1，即"学生.dbf"建立了关联
SET RELATION TO 课程号 INTO B ADDITIVE
&&在不关闭前面和工作区 1 建立的关联的基础上，又与工作区 2，即"课程.dbf"建立了
&&关联。上面两条命令可合成一条命令，即：
&&SET RELATION TO 学号 INTO A, 课程号 INTO B ADDITIVE
LIST FIELDS 学号,A->姓名,B->课程名,成绩
```

5.5.2　"数据工作期"窗口建立关联

在 Visual FoxPro 中，"数据工作期"是多表操作的动态的、可视化的工作环境。这个工作环境可用"数据工作期"窗口表示。利用"数据工作期"窗口，可以打开、关闭和浏览多个数据库表或自由表，并可以设置表属性，也可以对表进行关联。同时，用户也可将这种设置好的

数据工作期（环境）保存下来，以备下次使用。

【例 5-25】利用"数据工作期"窗口，建立"学生.DBF"、"选课.DBF"、"课程.DBF"三个表之间的关系，然后显示学生选课的课程名称与该课程的成绩情况，最后，将该"数据工作期"以文件名 xscj.vue 保存，以备下次使用。

利用"数据工作期"窗口，设置建立表间关联的操作步骤如下：

①单击 Visual FoxPro "窗口"菜单中的"数据工作期"命令（或在命令窗口中执行 SET 命令），打开"数据工作期"窗口，如图 5-30 所示。

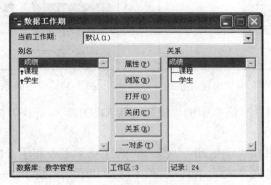

图 5-30　"数据工作期"窗口

②选择要打开的子表。单击"打开"按钮 打开(O) ，在弹出的"打开"对话框中选择要打开的数据表，这里依次选择打开"学生.dbf"、"课程.dbf"和"成绩.dbf"表。

③为子表按关联关键字建立索引或确定主控索引。在图 5-30 中，首先在"别名"列表框中，单击选择子表"学生"，然后单击"属性"按钮 属性(P) ，在弹出的"工作区属性"对话框中，确定"学生"子表的索引顺序，如图 5-31 所示。

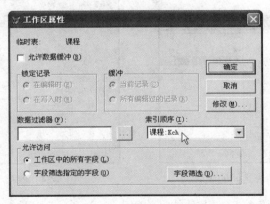

图 5-31　利用"工作区属性"对话框确定索引顺序

如果该子表无索引顺序，则可使用"表设计器"或命令建立子表的索引。同样，选择要打开的子表"课程.dbf"并确定主控索引。

④选定父表工作区为当前工作区。这里选择"成绩.dbf"作为主（父）表。

⑤确定主表和子表的关系。单击"关系"按钮 关系(R) ，这时在图 5-30 右侧"关系"列表框中出现关系线，如图 5-32 所示。单击"别名"列表框中的"学生"，即刻弹出如图 5-33 所示的"表达式生成器"对话框。

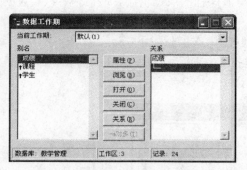

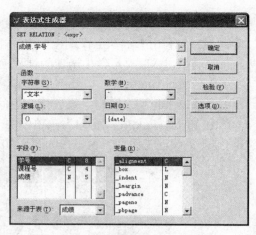

图 5-32 "数据工作期"窗口出现关系线　　　　图 5-33 设置关系的依据：成绩.学号

利用"表达式生成器"对话框中的"SET RELATION：<expr>"栏设置主表和子表的关系依据，这里为：成绩.学号。

这样，"成绩.dbf"表和"学生.dbf"表之间就建立了主表和子表的关联，如图 5-34 所示。用同样的方法，可建立"成绩.dbf"表和"课程.dbf"表之间的关联。

⑥浏览有关数据。在命令窗口中输入以下命令：

LIST FIELDS 学号,A->姓名,B->课程名,成绩

显示的结果如图 5-29 所示，当然，用户也可通过浏览窗口浏览数据。

⑦保存"数据工作期"。执行 Visual FoxPro 的"文件"菜单中的"另存为"命令，弹出"另存为"对话框，如图 5-35 所示。在此对话框中，"数据工作期"以文件名 xscj.vue 进行保存。

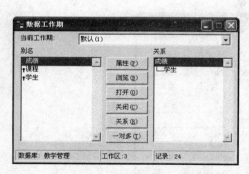

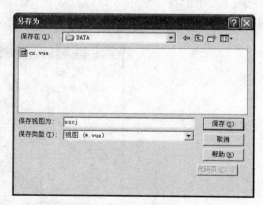

图 5-33 完成两表之间的关联　　　　　　　图 5-34 保存"数据工作期"

⑧单击"数据工作期"窗口右上角的"关闭"按钮 ✕（或按下 Ctrl+W 组合键），关闭"数据工作期"窗口。

以文件名 xscj.vue 保存的"数据工作期"，在以后需要时可随时打开。打开的方法有两种：一是菜单法；二是命令法。

（1）利用菜单法打开"数据工作期"，其方法步骤是：

执行 Visual FoxPro "文件"菜单中的"打开"命令，在弹出的"打开"对话框中选择要打开的"视图"文件 xscj.vue。接着，执行 Visual FoxPro "窗口"菜单中的"数据工作期"命令。

（2）利用命令法打开"数据工作期"，其命令是：

SET VIEW TO XSCJ

SET VIEW ON　　　　&&使用 SET VIEW OFF 命令可关闭"数据工作期"窗口

在图 5-30 中，另外还有关闭、浏览和一对多等按钮，其含义如下：

- "关闭" 关闭(C)：关闭在当前工作区打开的数据表。
- "浏览" 浏览(B)：浏览当前工作区打开的数据表。
- "一对多" 一对多(T)：设置一对多关系，具体内容见 5.5.3 节。

5.5.3　说明一对多关系的命令

使用命令 SET RELATION 和利用"数据工作期"窗口建立的关联默认为"多对一关系"。若有必要时，可以说明建立的关联为"一对多关系"。

利用 SET SKIP TO 命令或使用"数据工作期"窗口中的"一对多"按钮，可以对子表进行一对多说明，这里介绍使用命令说明一对多关系。SET SKIP TO 命令的使用格式如下：

SET SKIP TO [TableAlias1 [, TableAlias2] ...]

该命令的功能是：创建表与表之间的一对多关系。当浏览父表时，父表的记录指针将一直保持不动，直到记录指针移过子表中所有相关的记录为止。

说明：

（1）TO TableAlias1 [, TableAlias2] ...：指定多个子表的别名或工作区编号。这些子表用来与父表创建一对多关系。表别名之间用逗号分隔。在支持范围的命令（DISPLAY、LIST 等）中，对于子表中每一个对应记录都重复父表的记录。

（2）不带参数的 SET SKIP TO 命令从当前选定工作区的已打开父表中删除一对多关系。

【例 5-26】建立"学生.DBF"和"成绩.DBF"表之间的关联，比较多对一和一对多关系在浏览窗口中的显示情况。

分析：这里先建立多对一的关系，然后使用一对多关系处理数据。

CLOSE ALL

SELECT 1

USE 成绩　ORDER XH

SELECT 2

USE 学生

SET RELATION TO　学号　INTO A

BROWSE FIELDS 学号,姓名,A->成绩

&&浏览窗口中显示结果如图 5-36 所示

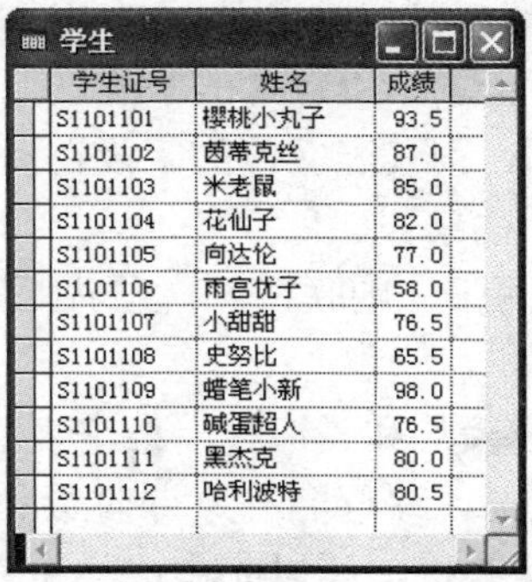

图 5-36　"一对多"关系

```
SET SKIP TO 1          && 或 SET SKIP TO A
BROWSE FIELDS  学号,姓名,A->成绩
&&浏览窗口中显示结果如图 5-37 所示，从图中可以看到记录下方有"*"者，表示该字段值和上条记
录的对应字段值相同
SET SKIP TO            &&解除一对多关系
```

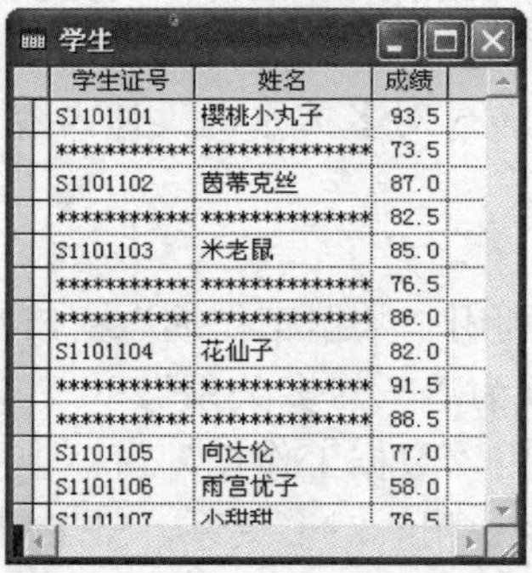

图 5-37　"多对一"多关系

5.5.4　表之间的联接

表文件之间的联接称为物理联接。物理联接分为横向和纵向两种，横向联接是指在数据结构相同的情况下，实现记录的追加，详见 4.3 节。这里，我们向读者介绍数据表之间的纵向联接。要实现数据表之间的纵向联接，可使用 JOIN 命令。该命令的使用格式如下：

```
JOIN WITH nWorkArea | cTableAlias TO dbfFileName FOR lExpression
[FIELDS FieldList]
```

该命令的功能是：将当前表文件与指定工作区（或别名）的表文件联接生成一个新的表文件。被联接的两个表文件，一个是当前表文件，另一个是在<工作区号|别名>中指定的表文件，生成的新表文件扩展名为.DBF。联接的过程是：从当前表文件的第一条记录开始，在指定的别名工作区中查找符合条件的记录，每找到一条，就将当前记录与别名工作区找到的记录联接生成一个新记录并存入新表文件中。重复上述操作，直到把当前工作区中的所有记录处理完毕为止。

说明：

（1）nWorkArea | cTableAlias：指定的要联接的工作区号或表别名。

（2）TO dbfFileName：指定联接后创建的新表名称。

（3）FOR lExpression：指定联接或筛选条件，对 JOIN 命令来说，该条件是必选项。

（4）FIELDS FieldList：指定新表中所包含的字段列表，生成的新表按此字段顺序排列；省略此子句，当前表的字段在前面，别名表文件的字段在后面。如果两表的字段总数超过 256个，则系统自动截去别名表中多余的字段。

（5）如果要联接的表超过了两张，则联接时，须两两联接，生成一个新表后，新表再与第三张表进行联接，依次进行。

【例 5-27】利用"学生"、"成绩"和"课程"三个表文件，生成一个新表"学生课程成绩"，新表中包含学号、姓名、性别、课程名称、课时数和成绩等字段。

分析：由于联接的过程是两两联接，所以先由"学生"和"成绩"两个表按学号联接生成一个"学生_成绩.dbf"新表；然后，再由"学生_成绩.dbf"和"课程"两个表按课程号联

接生成"学生课程成绩.dbf"最终表。

```
SELECT 1
USE 学生
SELECT 2
USE 成绩
JOIN WITH A TO 学生_成绩 FOR 学号=A.学号 FIELDS A.学号,A.姓名,课程号,成绩
USE 学生_成绩
SELECT 3
USE 课程
JOIN WITH B TO 学生课程 FOR 课程号=B.课程号 FIELDS B.学号，B.姓名，课程名，课时，B.成绩
USE 学生课程成绩
BROWSE
```

命令执行后屏幕显示的结果，如图 5-38 所示。

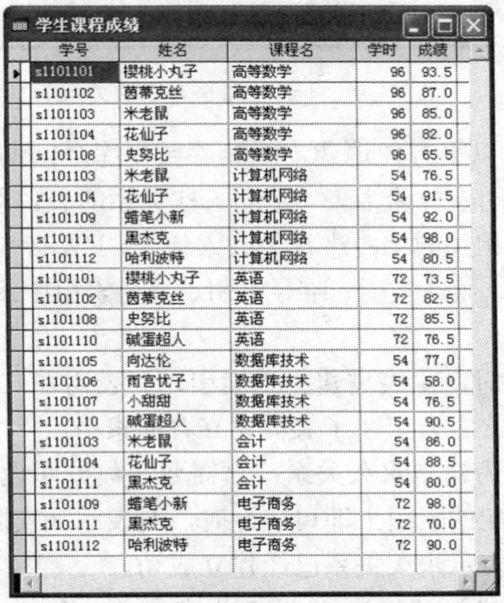

学号	姓名	课程名	学时	成绩
s1101101	樱桃小丸子	高等数学	96	93.5
s1101102	茵蒂克丝	高等数学	96	87.0
s1101103	米老鼠	高等数学	96	85.0
s1101104	花仙子	高等数学	96	82.0
s1101108	史努比	高等数学	96	65.5
s1101103	米老鼠	计算机网络	54	76.5
s1101104	花仙子	计算机网络	54	91.5
s1101109	蜡笔小新	计算机网络	54	92.0
s1101111	黑杰克	计算机网络	54	98.0
s1101112	哈利波特	计算机网络	54	80.5
s1101101	樱桃小丸子	英语	72	73.5
s1101102	茵蒂克丝	英语	72	82.5
s1101108	史努比	英语	72	85.5
s1101110	碱蛋超人	英语	72	76.5
s1101105	向达伦	数据库技术	54	77.0
s1101106	雨宫优子	数据库技术	54	58.0
s1101107	小甜甜	数据库技术	54	76.5
s1101110	碱蛋超人	数据库技术	54	90.5
s1101103	米老鼠	会计	54	86.0
s1101104	花仙子	会计	54	88.5
s1101111	黑杰克	会计	54	80.0
s1101109	蜡笔小新	电子商务	72	98.0
s1101111	黑杰克	电子商务	72	70.0
s1101112	哈利波特	电子商务	72	90.0

图 5-38　三表连接后的结果

5.6　永久关系

对数据库表来说，表之间除了可建立具有临时性的关联之外，还可建立永久关系。永久关系在数据库设计器中表现为主索引或候选索引与其他索引之间的连线，永久关系一经建立后便作为数据库的一部分存储在数据字典之中，直到将其删除为止，因此称为"永久关系"。而自由表只能在运行时建立一种临时关系，运行结束后该关系就不存在了。临时关系每次使用时需要重新建立，但是永久关系并不能控制表间的记录指针间的关系，因此在实际应用中既需要永久关系，又需要临时关系。

永久关系可分为两种。一种是一对一的关系，连线的两端只有一个分支。另一种是一对多的关系，连线的一端只有一个分支表示"一方"），而另一端则有三个分支（表示"多方"），如图 5-39 所示。

永久关系的主要表现范围：

● 在"查询设计器"和"视图设计器"中，自动作为默认联接条件。

- 作为表单和报表的默认关系，在"数据环境设计器"中显示。
- 用于存储参照完整性信息。

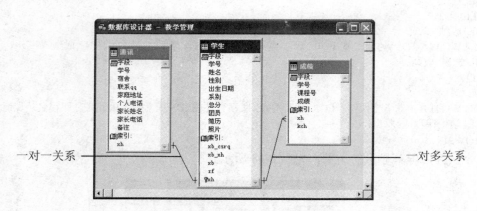

图 5-39　一对一和一对多的关系

使用数据库设计器，可以很方便地建立或删除数据库之间的永久关系。为了创建和说明永久关系，通常把数据库中的表分为主表（主动去建关系的表，也称为父表）和子表，这种关系通过具有公共字段或主键相关的字段进行关联来体现。主表必须按关键字建主索引或候选索引，子表则可以建立主索引、候选索引、唯一索引、普通索引中的任何一种。永久关系所用的索引必须是结构化复合索引。

在建立一对一永久关系时，主表需建立主索引，子表需建立主索引或候选索引；而建立一对多永久关系时主表需建立主索引，子表需建立普通索引。

有关索引建立完毕后，为建立永久关系，只需要在数据库设计器中将父表的主索引或候选索引拖放到子表中与其匹配的索引上即可。此时，两表间（实际上是相关的两个索引之间）便会出现一条相应的连线，表示永久关系已经建立成功。

【例 5-28】将"学生.dbf"和"通讯.dbf"两张表建立一个"一对一"的永久关系。将"学生"表与"成绩"表之间建立一对多永久关系。

分析：为了建立"一对一"永久关系，将"学生.dbf"表按学号作主索引（主索引索引标识符处有图标）；"通讯.dbf"表按学号作主索引或候选索引；"成绩.dbf"表按学号作普通索引。

将两张表建立"一对一"或"一对多"永久关系的操作步骤如下：

①打开数据库文件"教学管理.DBC"，并显示"数据库设计器"窗口。

②在"数据库设计器"窗口中选择"学生.dbf"表，打开表设计器，建立以学号作主索引，索引标识为 xh；同样，将"通讯.dbf"表按学号作主索引或候选索引，索引标识为 xh。

③回到"数据库设计器"窗口中，然后，用鼠标拖动父表中的主索引标识符 xh 到子表中的索引标识符 xh，然后放开，即在两张表间建立了一对一永久关系，如图 5-39 左侧连线所示。

用同样的操作方法，可建立"学生"表与"成绩"表之间的一对多永久关系，如图 5-39 右侧连线所示。

对于已建立的永久关系，若用鼠标对准图 5-39 中的某条连线双击（或右击后并执行"编辑关系"命令），如图 5-40 所示，可对该关系进行编辑修改。

图 5-40 "编辑关系"对话框

若用鼠标对准图 5-39 中的某条连线单击（此时连线变粗，表示已将其选中），然后再按下 Delete 键，即可删除关系。

5.7 设置参照完整性

"参照完整性"（Referential Integrity，简称 RI）是一种触发器，可用于管理数据库表间关联记录的一致性引用规则（定义外码和主码之间的引用规则）。对建立了参照完整性的数据库表，用于控制记录在相关表中被更新、删除、插入时应遵循的一组规则，从而保证实现库中各表之间记录数据的一致。

数据库表之间的参照完整性设置的前提是，首先必须在表间已经建立了一对一或一对多永久关系，其次对数据执行了"清理数据库"操作。所谓"清理数据库"实质上是对数据库执行一次 PACK 命令，从而使数据库中所包含的表和索引都处于正确状态。"清理数据库"命令在 Visual FoxPro 中的"数据库"菜单中。

参照完整性设置的一般方法是通过"参照完整性生成器"来实现，当然，也可使用 CREATE-SQL 命令加以定义。本节，我们介绍用"参照完整性生成器"设置参照完整性。

当使用 RI 生成器为数据库生成规则时，Visual FoxPro 把生成的代码作为触发器保存在存储过程中。打开存储过程的文本编辑器，即可显示这些代码。

参照完整性是建立在表间关系的基础上的，因此设计参照完整性必须先设计表间关系。

5.7.1 参照完整性生成器

为打开 RI 生成器，应先打开相应的数据库（在此为"教学管理.dbc"）的数据库设计器，再按以下方法之一进行操作。

①在"数据库设计器"中双击两表之间的关系连线，并在随之打开的"编辑关系"对话框中单击"参照完整性"按钮 ，如图 5-40 所示。

②选择"数据库"菜单中的"编辑参照完整性"命令。

③右击数据库设计器，在弹出的快捷菜单中选择"编辑参照完整性"命令。

RI 生成器打开后，将显示如图 5-41 所示的"参照完整性生成器"对话框。

在该对话框中，包含了"更新规则"、"删除规则"和"插入规则"3 个选项卡。其中，各选项卡的含义如下：

● 更新规则

更新规则为当改动主表中记录时，子表中的记录将如何处理的规则。更新规则的处理方式有级联、限制、忽略。

级联——用新的关键字值更新子表中的所有相关记录。

限制——若子表中有相关的记录存在，则禁止更新父表中连接字段的值。

忽略——不管子表中是否存在相关记录，都允许更新父表中连接字段的值。

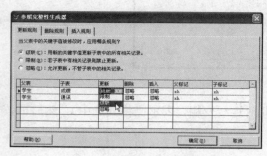
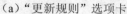

（a）"更新规则"选项卡

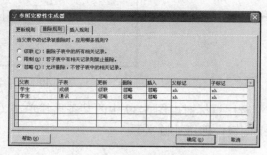

（b）"删除规则"选项卡

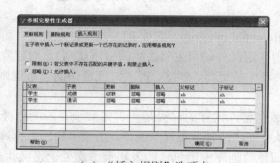

（c）"插入规则"选项卡

图 5-41 "参照完整性生成器"对话框

● 删除规则

删除规则为当父表中的记录被删除时，如何处理子表的规则。删除规则分为：级联、限制、忽略。

级联——当父表中删除记录时，子表中所有相关记录都被删除。

限制——当父表中删除记录时，若子表中存在相关记录，则禁止删除。

忽略——删除父表记录时，不管子表是否存在相关记录，都允许删除父表中的记录。

● 插入规则

当在子表中插入一个新记录或更新一个已存在的记录时，父表对子表的动作产生何种回应。回应方式有两种，分别为限制、忽略。

限制——若父表中不存在匹配的关键字值，则禁止在子表中插入。

忽略——允许插入，不加干涉。

在"RI 生成器"对话框中各选项卡的下部，是一个具有相同结构的表格，主要用于设置各数据库表之间的联接情况以及是否要为其保持参照完整性的规则。该表包含有以下 7 个不同的列。

（1）"父表"列：用于显示数据库表间联接关系中的父表名。

（2）"子表"列：用于显示数据库表间联接关系中的子表名。

（3）"更新"列：是一个下拉列表框，用于设置表间联接关系中的"更新"参照完整性类型（级联、限制或忽略）。

（4）"删除"列：是一个下拉列表框，用于设置表间联接关系中的"删除"参照完整性类型（级联、限制或忽略）。

（5）"插入"列：是一个下拉列表框，用于设置表间联接关系中的"插入"参照完整性类型（限制或忽略）。

（6）"父标记"列：用于显示数据库表间联接关系中的父表的主索引或候选索引标识名。

（7）"子标记"列：用于显示数据库表间联接关系中的子表的索引标识名。

5.7.2　设置参照完整性的操作步骤

（1）在 RI 生成器下部的表格中选定某个联接关系。

（2）单击相应规则的选项卡（"更新规则"、"删除规则"或"插入规则"），并选中相应的参照完整性类型单选按钮（"级联"、"限制"或"忽略"）。此外，也可以直接单击所选联接关系中的"更新"、"删除"或"插入"列，并在其下拉列表框中选择相应的参照完整性类型选项（"级联"、"限制"或"忽略"）。

（3）要设置其他联接关系的参照完整性，可重复以上步骤。

（4）设置完毕后，应单击"确定"按钮，以保存当前所设置的参照完整性规则。

（5）在随后打开的如图 5-42 所示的对话框中，单击"是"按钮。

图 5-42　"参照完整性生成器"信息提示框

单击"是"按钮，出现如图 5-43 所示的对话框。从图中可以看出，系统提示将旧的存储过程代码进行存储，同时生成参照完整性代码，这些代码根据设计的触发器的多少，其长度是不一样的。

图 5-43　"参照完整性生成器"提示对话框

如果在实际操作中违反了上述规则，就会出现触发器失败的提示信息。例如，如果在"系名.dbf"中删除专业号为"01"的记录，将出现触发器失败的提示信息，因为在子表"学生.dbf"中有专业号为"01"的记录。同理，如果在子表"成绩.dbf"中插入一条记录时，输入的学号值为"s1101115"，会出现触发器失败的提示信息，因为在父表"学生.dbf"中没有学号"s1101115"的学生记录。

【例 5-29】创建"成绩.dbf"和"课程.dbf"两张表的参照完整性，更新规则应选为"级联"。这样，当在课程表中修改课程号时，成绩表中的课程号可做相应的改动。

操作方法是：

①打开"教学管理.dbc"数据库，并显示"数据库设计器"窗口。

②单击"数据库"菜单，执行"清理数据库"命令清理数据库。

③然后，从"数据库"菜单或快捷菜单中执行"编辑参照关系"命令，打开如图 5-44 所

示的对话框，然后在该对话框中进行设置。

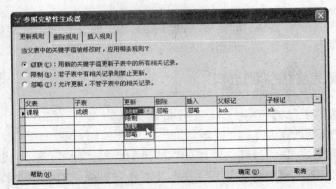

图 5-44　设置"成绩.dbf"和"课程.dbf"的参照完整性

设置参照完整性后，不能再用 INSERT 和 APPEND 方便地插入记录和追加记录，以后只能用 SQL 的 INSERT 命令插入记录。

5.8　视图

5.8.1　视图的概念

视图（View）是以数据库表（基本表）为基础导出的一个虚拟表。它可像表一样的打开、操作、关闭，但却不是一个真正的表。它并没有数据，其数据来源于数据库表。它本身的定义也仅存在于数据库的数据字典中。视图文件的扩展名为".vue"。

建立视图的目的是为了统一更新库表数据。利用视图，可以将与之相关的多个表中的数据提取出来组成视图的记录，对这些记录的更新，将被反馈回原表中，从而实现对多个表中记录的同时更新，确保数据库中各表数据的一致。需要说明的是，若视图是从建立了参照完整性约束的表中导出的，则利用视图更新表时，此约束依然起作用。

根据数据来源可将视图分为本地视图（Local View）和远程视图（Remote View）。使用当前 Visual FoxPro 数据库中的表所建立的视图称为"本地视图"；如果数据源使用本机中由其他数据库系统生成的数据库或使用网络服务器的数据库，所建立的视图称为"远程视图"。

本节仅向读者介绍"本地视图"的创建和使用方法，"远程视图"的创建和使用，请参考有关书籍。

5.8.2　创建本地视图

和其他文件的创建方法相同，创建本地视图（简称为"视图"）也分为菜单方式和命令方式两种。

1. 使用视图设计器创建视图

使用"视图设计器"创建视图首先应该打开数据库，然后打开"视图设计器"进行设计。打开"视图设计器"的方法类似于打开任何设计器。主要有如下六种方法之一。

● 使用项目管理器：在"项目管理器"中，单击"数据"选项卡中的"本地视图"图标 📇 本地视图，再单击"新建"按钮。

- 使用菜单方法：执行 Visual FoxPro 的"文件"菜单中的"新建"命令，在打开的"新建"对话框中，选择"视图"文件类型，再单击"新建"（或"向导"）按钮。
- 单击"数据库"菜单，选择"新建本地视图…"或"新建远程视图…"命令，也可以用向导或视图设计器建立视图。
- 打开数据库设计器后，单击右键，在弹出的快捷菜单中选择"新建本地视图"或"新建远程视图"命令，可创建视图。
- 使用命令：CREATE VIEW vueFileName 或 CREATE VIEW 打开视图设计器。
- 用 SQL 语言中的 CREATE VIEW … AS …命令创建查询。

执行以上任何一种方法，在视图设计器选定表后就会出现如图 5-45 所示的"视图设计器"窗口。

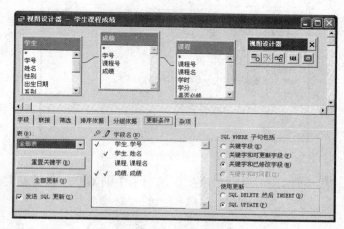

图 5-45 "视图设计器"窗口

"视图设计器"的使用说明：

①选择查询输出字段。如图 5-46 所示，在"字段"选项卡中可以指定查询要输出的字段、函数和表达式。方法是：从"可用字段"列表框中选定所需字段，然后单击"添加"按钮或直接双击，该字段便被添加到"选定字段"列表框中。如需要全部字段都被选为可查询输出字段时，可单击"全部添加"按钮。

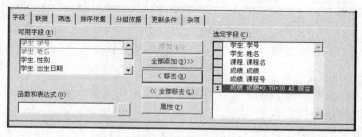

图 5-46 "字段"选项卡

单击"移去"按钮，可从"选定字段"列表框中移去所选字段。在"选定字段"列表框中，可以拖动字段左边的垂直双向箭头 ↕ 来调整字段的输出顺序。

如果查询输出的不是单个字段信息，而是由字段构成的一个表达式时，可在"函数和表达式"文本框中输入一个相应的表达式，并为该表达式指定一个易于理解的别名。如列出学生综合成绩=该门课成绩*70%+30，则在"函数和表达式"文本框中输入：选课.成绩*0.7+30 AS 综合成绩。

②建立数据表间的联接。当一个查询是基于多个表时，这些表之间必须是有联系的，系统就是根据它们之间的联接条件来提取表中相关联的数据信息。如果在查询用到的多个数据库表之间建立过永久关系，查询设计器会将这种关系作为表间的默认联系，自动提取联接条件，否则，在新建查询并添加一个以上的表时，系统会弹出如图 5-47 所示的"联接条件"对话框，让用户指定联接条件。对话框下部的"描述"栏中说明了当选择不同的联接选项时，每个表的字段如何互相联系。

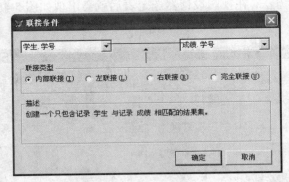

图 5-47　"联接条件"对话框

如果要修改"联接条件"，可单击"联接"选项卡中的某联接条件左侧的"联接条件"按钮，如图 5-48 所示。同样，弹出如图 5-47 所示的"联接条件"对话框。

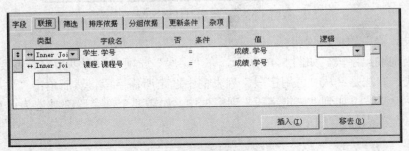

图 5-48　"联接"选项卡

- 类型：指定联接的类型。默认联接类型是"内部联接"。其他类型，请见 5.3.2 节有关内容的介绍。
- 字段名：指定联接条件的第一个字段，可在下拉列表中进行选择。
- 否：排除与该条件相反的记录。
- 条件：指定比较类型。可在下拉列表框中进行选择。其他条件，请见 5.3.2 节有关内容的介绍。
- 值：指定联接条件中的其他表和字段。
- 逻辑：在联接条件中添加 AND 或 OR 条件，默认为"无"即 AND。

③指定查询条件（筛选）。查询通常是按某个或某几个条件来进行。在"筛选"选项卡中可以建立筛选条件。如图 5-49 所示的查询条件是查询输出性别为"男"的各课成绩。

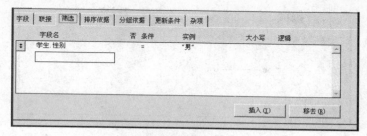

图 5-49　"筛选"选项卡

④查询结果的排列。为便于查看和管理，对于查询得到的数据，在如图 5-50 所示的"排序依据"选项卡中可以按某种指定的顺序排列或分组排列。

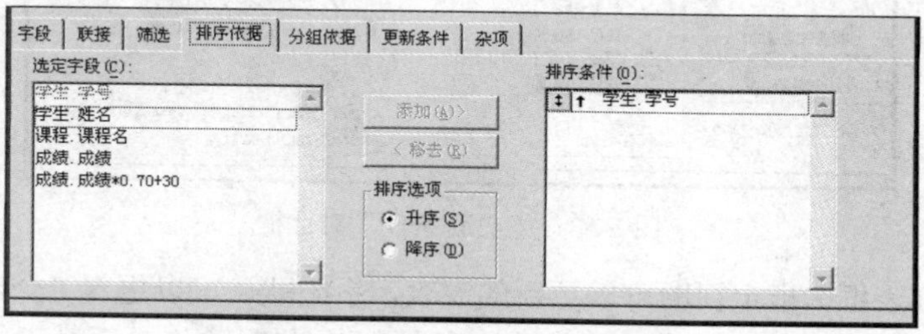

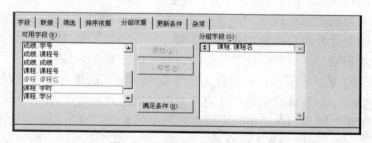

图 5-50　"排序依据"选项卡

设置排序依据的操作方法是：从"选定字段"列表框中选择一个字段，单击"添加"按钮，将其添加到"排序条件"列表框中，作为排序的一个依据。同时，用户可以在"排序选项"栏中选择"升序"或"降序"的排序方式。

用户也可指定两个以上的排序关键字。关键字在"排序条件"列表框中的先后顺序不同，其查询输出结果也不同。用户可以拖动字段左边的垂直双向箭头 ⬍ 来改变字段的排列顺序。

⑤设置分组依据。分组依据就是对查询输出的结果按某字段中相同的数据来分组，如图 5-51 所示。

图 5-51　"分组依据"选项卡

"分组依据"选项卡的操作与"排序依据"选项卡的操作基本相同，这里不再作详细介绍。若要对分组字段限定条件，可以单击"满足条件"按钮，在"满足条件"对话框中输入要限定的条件。

⑥杂项选择。在"杂项"选项卡中可以选择要输出的记录范围，系统默认将查询得到的结果全部输出，如图 5-52 所示。

⑦设置更新条件。单击"更新条件"选项卡，用户可以设置更新属性，以便使用视图来更新数据源，如图 5-53 所示。

图 5-52 "杂项"选项卡

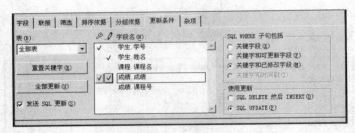

图 5-53 "更新条件"对话框

- "表"列表框。指定视图可以更新的源表，系统默认可以更新"全部表"的相关字段（指在"字段"选项卡中选择的输出字段）。如果只允许更新某表的数据，从下拉列表框中选择该表。
- "重置关键字"按钮。可以在改变了关键字段后重新把它们恢复到源表中的初始设置。
- "全部更新"按钮。可以使表中的所有字段可更新（此时表中需有已定义的关键字）。
- "发送 SQL 更新"复选框。若将视图记录中的修改回送到源表，必须至少有一个关键字段，同时选中"发送 SQL 更新"复选框，否则，视图的修改结果不回传到源表。
- "字段名"列表框。在此框中设置关键字和可更新的字段，在字段名左边有两列标记：钥匙符🔑和铅笔符✏️。
  - ➤ 钥匙符🔑。表示该行的字段为关键字段，选取关键字段可使视图中修改的记录与表中原始记录相匹配。如果源表中有一个主关键字并且已被选为输出字段，则视图设计器将自动使用这个主关键字段作为视图的关键字段。设置关键字段的方法很简单，只要在该字段前的钥匙符标记下方单击使之加上"√"即可。
  - ➤ 铅笔符✏️。表示该行的字段为可更新的字段。设置办法与设置关键字段类似，只要在字段名前的铅笔符标记下方单击使之加上"√"即可。
- "使用更新"选项。在"使用更新"选项中可以设置当向源表发送 SQL 更新时的更新方式。一般选中"SQL UPDATE"方式，表示用视图中的更新结果来修改源表的记录。如果选中"SQL DELETE 然后 INSERT"方式，则表示先删除源表中被更新的原记录，再向源表插入更新后的新记录。
- "SQL WHERE 子句包括"选项。用于控制检查更新。可以使用"SQL WHERE"子句来帮助管理多用户访问同一数据时带来的记录更新问题。其工作原理是：记录被提取到视图中后有没有改变，如果数据源中的这些记录被修改，则不允许更新操作。本书选择"关键字和已修改字段"单选按钮即可。

⑧单击"常用"工具栏中的"保存"按钮 💾，可对设置的视图进行保存。
⑨单击"常用"工具栏中的"运行"按钮 ❗，可运行查看视图。

【例 5-30】利用“成绩.dbf”、“课程.dbf”和“学生.dbf”三张数据表，用“视图设计器”建立一个视图“学生成绩.vue”，然后利用视图去修改“成绩”表的学生成绩。运行视图后，结果如图 5-54 所示。

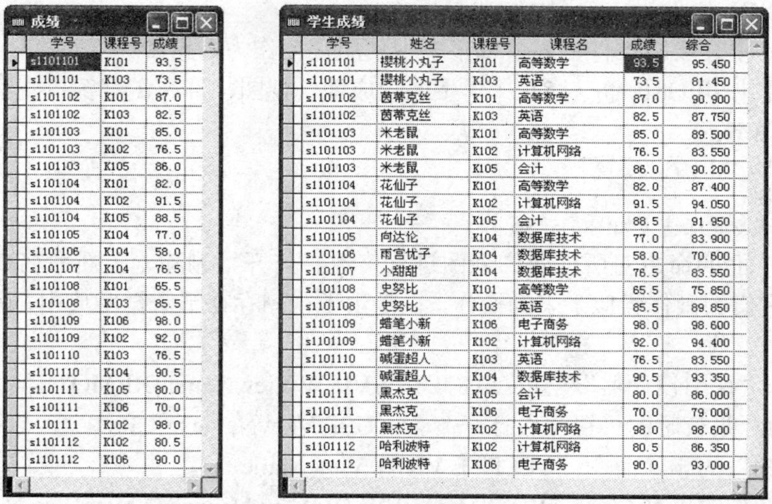

成绩

学号	课程号	成绩
s1101101	K101	93.5
s1101101	K103	73.5
s1101102	K101	87.0
s1101102	K103	82.5
s1101103	K101	85.0
s1101103	K102	76.5
s1101103	K105	86.0
s1101104	K101	82.0
s1101104	K102	91.5
s1101104	K105	88.5
s1101105	K104	77.0
s1101106	K104	58.0
s1101107	K104	76.5
s1101108	K101	65.5
s1101108	K103	85.5
s1101109	K106	98.0
s1101109	K102	92.0
s1101110	K103	76.5
s1101110	K104	90.5
s1101111	K105	80.0
s1101111	K106	70.0
s1101111	K102	98.0
s1101112	K102	80.5
s1101112	K106	90.0

学生成绩

学号	姓名	课程号	课程名	成绩	综合
s1101101	樱桃小丸子	K101	高等数学	93.5	95.450
s1101101	樱桃小丸子	K103	英语	73.5	81.450
s1101102	茜蒂克丝	K101	高等数学	87.0	90.900
s1101102	茜蒂克丝	K103	英语	82.5	87.750
s1101103	米老鼠	K101	高等数学	85.0	89.500
s1101103	米老鼠	K102	计算机网络	76.5	83.550
s1101103	米老鼠	K105	会计	86.0	90.200
s1101104	花仙子	K101	高等数学	82.0	87.400
s1101104	花仙子	K102	计算机网络	91.5	94.050
s1101104	花仙子	K105	会计	88.5	91.950
s1101105	向达伦	K104	数据库技术	77.0	83.900
s1101106	雨宫优子	K104	数据库技术	58.0	70.600
s1101107	小甜甜	K104	数据库技术	76.5	83.550
s1101108	史努比	K101	高等数学	65.5	75.850
s1101108	史努比	K103	英语	85.5	89.850
s1101109	蜡笔小新	K106	电子商务	98.0	98.600
s1101109	蜡笔小新	K102	计算机网络	92.0	94.400
s1101110	碱蛋超人	K103	英语	76.5	83.550
s1101110	碱蛋超人	K104	数据库技术	90.5	93.350
s1101111	黑杰克	K105	会计	80.0	86.000
s1101111	黑杰克	K106	电子商务	70.0	79.000
s1101111	黑杰克	K102	计算机网络	98.0	98.600
s1101112	哈利波特	K102	计算机网络	80.5	86.350
s1101112	哈利波特	K106	电子商务	90.0	93.000

图 5-54　修改前的“成绩.dbf”表数据和视图所提取的原始数据

当用户修改视图中的某一记录数据，例如将学号为“s11011101”、姓名为“樱桃小丸子”的学生的“高等数学”成绩改为 100，则“成绩.dbf”数据表对应于该记录的成绩也相应改变为 100，如图 5-55 所示。

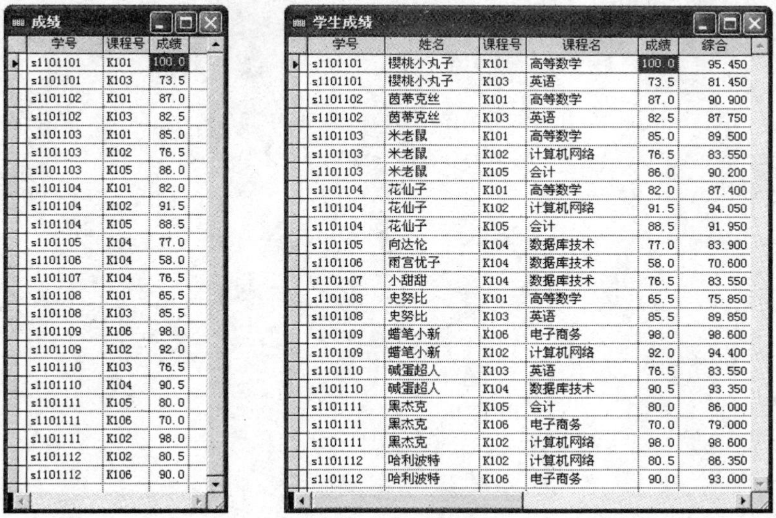

成绩

学号	课程号	成绩
s1101101	K101	100.0
s1101101	K103	73.5
s1101102	K101	87.0
s1101102	K103	82.5
s1101103	K101	85.0
s1101103	K102	76.5
s1101103	K105	86.0
s1101104	K101	82.0
s1101104	K102	91.5
s1101104	K105	88.5
s1101105	K104	77.0
s1101106	K104	58.0
s1101107	K104	76.5
s1101108	K101	65.5
s1101108	K103	85.5
s1101109	K106	98.0
s1101109	K102	92.0
s1101110	K103	76.5
s1101110	K104	90.5
s1101111	K105	80.0
s1101111	K106	70.0
s1101111	K102	98.0
s1101112	K102	80.5
s1101112	K106	90.0

学生成绩

学号	姓名	课程号	课程名	成绩	综合
s1101101	樱桃小丸子	K101	高等数学	100.0	95.450
s1101101	樱桃小丸子	K103	英语	73.5	81.450
s1101102	茜蒂克丝	K101	高等数学	87.0	90.900
s1101102	茜蒂克丝	K103	英语	82.5	87.750
s1101103	米老鼠	K101	高等数学	85.0	89.500
s1101103	米老鼠	K102	计算机网络	76.5	83.550
s1101103	米老鼠	K105	会计	86.0	90.200
s1101104	花仙子	K101	高等数学	82.0	87.400
s1101104	花仙子	K102	计算机网络	91.5	94.050
s1101104	花仙子	K105	会计	88.5	91.950
s1101105	向达伦	K104	数据库技术	77.0	83.900
s1101106	雨宫优子	K104	数据库技术	58.0	70.600
s1101107	小甜甜	K104	数据库技术	76.5	83.550
s1101108	史努比	K101	高等数学	65.5	75.850
s1101108	史努比	K103	英语	85.5	89.850
s1101109	蜡笔小新	K106	电子商务	98.0	98.600
s1101109	蜡笔小新	K102	计算机网络	92.0	94.400
s1101110	碱蛋超人	K103	英语	76.5	83.550
s1101110	碱蛋超人	K104	数据库技术	90.5	93.350
s1101111	黑杰克	K105	会计	80.0	86.000
s1101111	黑杰克	K106	电子商务	70.0	79.000
s1101111	黑杰克	K102	计算机网络	98.0	98.600
s1101112	哈利波特	K102	计算机网络	80.5	86.350
s1101112	哈利波特	K106	电子商务	90.0	93.000

图 5-55　修改后的“成绩”表数据和视图数据

2. 视图的运行和使用

视图建立之后，就可以像数据表一样使用，显示数据或更新数据等。视图在使用时，作为临时表在自己的工作区中打开，如果该视图基于本地表，则 Visual FoxPro 将同时在另一个工作区中打开源表。对视图的操作可以在以下几个方面进行。

- 运行。打开视图设计器，执行快捷菜单中的“运行查询”命令可以运行视图，在屏幕上以表的形式显示查询结果，也可以更改表中的数据，通过发送更新，将基表中的数据修改。用户可以使用 USE 命令打开或关闭视图，并用 BROWSE 命令在浏览窗口中显示或修改视图数据。

● 使用 SQL 语句操作视图。

● 在文本框、表格控件、表单或报表中使用视图作为数据源。

【例 5-31】使用 USE 命令打开"学生课程成绩"视图，并在浏览窗口观察数据。

操作方法如下：

OPEN DATABASE　学生学籍

USE　学生成绩

BROWSE　&&运行结果如图 5-55 所示

可以使用下面的命令对所创建的视图进行修改、打开、删除、重新命名或利用视图修改数据库表等。它们的操作类似于表的操作，只是由于视图存在于数据字典中，因此必须首先打开数据库。

（1）打开"视图设计器"窗口：MODIFY VIEW ViewName [REMOTE]。

（2）作为一张表时的"视图"打开命令：USE ViewName。

（3）"视图"的删除命令：DELETE VIEW ViewName。

（4）"视图"的更名命令：RENAME VIEW OldViewName TO NewViewName。

（5）利用视图修改表：创建视图的根本目的，是用来更新与之相关的表。用户可在浏览窗口中或使用命令（如 UPDATE）来修改视图中的数据，从而达到修改相关表的数据的目的等。

第6章　SQL 语言及应用

- 熟练掌握 SELECT-SQL 语句的基本格式和各种使用方法。
- 掌握使用 SELECT-SQL 语句进行数据分组和计算查询。
- 重点掌握 SELECT-SQL 语句的嵌套和联接查询功能。
- 掌握 SQL 语言的数据定义功能。
- 掌握 SQL 语言的数据操纵功能。

SQL（Structured Query Language）全称"结构化查询语言"，简称 SQL。它是关系数据库的标准语言，因其具有功能丰富、使用方式灵活、语言简单易学等突出特点，且包含了定义和操作数据的命令，因而在 1987 年就被国际标准化组织（International Organization For Standardization，ISO）批准为关系型数据库国际标准。它既可以用于大型数据库系统，又可以用于微机数据库系统，是关系型数据库的通用语言。

在前面各章节的学习中，我们有意识地为读者简单介绍了一些关于 SQL 命令的使用方法，本章我们将比较详细地介绍 SQL 的各种功能。

6.1　SQL 概述

SQL 是一种非过程化语言。它的大多数语句都是可独立执行的，可用来完成一个独立的操作，与上下语句无关。它既不是数据库管理系统软件，也不是应用软件开发语言，仅用于对数据库进行操作。

6.1.1　SQL 的特点

SQL 语言的主要特点包括：

（1）语言的一体化。SQL 语言集数据定义语言（DDL）、数据操纵语言（DML）、数据控制语言（DCL）的功能于一体，语言风格统一。

（2）高度非过程化。SQL 是非过程化的语言，用 SQL 进行数据操作，用户无需了解存取路径，存取路径的选择以及 SQL 语句的操作过程全由系统自动完成。

（3）面向集合的操作方式。SQL 采用集合操作方式，不仅查找结果可以是元组的集合，而且一次插入、删除、更新操作的对象也可以是元组的集合。

（4）以同一种语法结构提供两种使用方式。SQL 既是自含式语言，又是嵌入式语言。在两种不同的使用方式下，SQL 的语法结构基本上是一致的。

（5）语言简洁，易学易用。SQL 功能极强，却十分简洁。完成数据定义、数据操纵、数据控制的核心功能只用了 9 个动词，如表 6-1 所示。

表 6-1　SQL 的语言动词

SQL 功能	动词	SQL 功能	动词
数据查询	SELECT	数据操纵	INSERT，UPDATE，DELETE
数据定义	CREATE，DROP，ALTER	数据控制	GRANT，REVOKE

6.1.2　SQL 的体系结构

SQL 的功能非常强大，实际上由数据定义语言（DDL）、数据操纵语言（DML）、数据控制语言（DCL）三部分组成。

1. 数据定义语言（DDL）

数据定义语言（DDL）是用来创建、修改、删除数据库、表及视图的文件。包括数据库定义命令 CREATE DATABASE、表定义命令 CREATE TABLE-SQL、表结构修改命令 ALTER TABLE-SQL、创建临时表命令 CREATE CURSOR-SQL、创建视图命令 CREATE SQL VIEW、表和视图的删除命令 DROP 等。其中，DDL 有些命令在前面的章节中已使用过。

2. 数据操纵语言（DML）

数据操纵语言（DML）完成对数据库中记录和字段等数据的操作。包括记录的追加命令 INSERT-SQL、记录逻辑删除命令 DELETE-SQL、记录更新命令 UPDATE-SQL、数据查询命令 SELECT-SQL 等。其中，前三条命令在前面的章节中已作过介绍和使用。

3. 数据控制语言（DCL）

数据控制语言（DCL）用来控制用户对数据库的访问权限。由 GRANT（授权）、REVOKE（收回）命令组成。由于 Visual FoxPro 数据库系统不支持 SQL 的 DCL 操作，因此我们在本书中不予介绍。

本章将重点介绍 SQL 在数据查询、视图、数据库定义、数据库操纵等方面的应用。

6.1.3　SQL 语句的执行

SQL 语句可以在命令窗口中进行交互式地执行，也可以作为查询和视图被使用，还可以在程序文件中被执行。

SQL 语句在书写时，如果语句太长，可以用" ␣;"（其中，"␣"表示一个空格）换行，接着在新的一行中续写未完的子句。

6.2　SQL 的查询功能

数据操纵功能包含了对表记录的添加、删除、更新和查询四个方面，因而 SQL 的查询功能属于数据操纵功能范围。由于 SQL 的数据查询功能非常强大，也是 SQL 的核心，这里先予以介绍。相对 SQL 的查询功能，其他三种操作比较简单，我们在书中稍后进行介绍和使用。

6.2.1　SELECT-SQL 语句的格式

SQL 给出了简单而又丰富的查询语句形式，SQL 的查询语句也称为 SELECT 命令，它的基本形式由 SELECT-FROM-WHERE 查询块组成，并且多个查询可以嵌套执行。SELECT-SQL 语句的语法格式如下：

SELECT [ALL | DISTINCT] [TOP nExpr [PERCENT]]

[Alias.] Select_Item [AS Column_Name][, [Alias.] Select_Item [AS Column_Name] ...]

FROM [FORCE] [DatabaseName!]Table1 [[AS] Local_Alias]

[[INNER | LEFT [OUTER] | RIGHT [OUTER] | FULL [OUTER] JOIN

DatabaseName!]Table2 [[AS] Local_Alias]

[[[INNER | LEFT [OUTER] | RIGHT [OUTER] | FULL [OUTER] JOIN

DatabaseName!]Table3 [[AS] Local_Alias] …]

[ON JoinCondition …]

[[INTO Destination] | [TO FILE FileName [ADDITIVE] | TO PRINTER | TO SCREEN]]

[PREFERENCE PreferenceName] [NOCONSOLE] [PLAIN] [NOWAIT]

[WHERE JoinCondition [AND JoinCondition ...]

[AND | OR FilterCondition [AND | OR FilterCondition ...]]]

[GROUP BY GroupColumn [, GroupColumn ...]] [HAVING FilterCondition]

[UNION [ALL] SELECT 命令]

[ORDER BY Order_Item [ASC | DESC] [, Order_Item [ASC | DESC] ...]]

SELECT-SQL 语句的功能是：从一个或多个表中检索符合条件的数据（记录或字段）。

说明：SELECT-SQL 语句的格式包括三个基本子句，即 SELECT 子句、FROM 子句、WHERE 子句，还包括操作子句，即 ORDER 子句、GROUP 子句、UNION 子句以及其他一些选项。

1. SELECT 子句

ALL：表示选出的记录中包括重复记录，这是缺省值。

DISTINCT：表示选出的记录中不包括重复记录。

[Alias.] Select_Item [AS Column_Name]：Select_Item 可以是字段名，也可以包含用户自定义函数和有关系统函数。如果有多个字段名或表达式，每个字段名或表达式之间须用 "," 将其分隔。[Alias.]是字段所在的表名或别名，用于区别多表相同的字段名。[AS Column_Name] 用于指定输出时使用的列标题，可以不同于字段名。

SELECT 表达式可用一个*号来表示，此时指定所有的字段。

2. TOP 子句

[TOP nExpr [PERCENT]]：TOP 子句必须与 ORDER BY 子句同时使用。nExpr 表示在符合条件的记录中选取的记录数，范围 1～32767，排序后并列的若干记录只计一个。含 PERCENT 选项时，nExpr 表示百分比，记录数为小数时自动取整，范围 0.01～99.99。

3. FROM 子句

FROM 子句及其选项：用于指定查询的表与联接类型。

[DatabaseName!]Table [[AS] Local_Alias]：Table 列出从中检索数据的表，选择工作区与打开 Table 所指的表均由 Visual FoxPro 自行安排。对于非当前数据库，用[DatabaseName!]Table" 来指定该数据库中的表。[AS] Local_Alias是表的暂用名或称本地名,如果有该选项,则SELECT 语句中只可使用这个名字。

JOIN 关键字：用于联接其左右两个 Table（表名）所指的表。

INNER | LEFT [OUTER] | RIGHT [OUTER] | FULL [OUTER]：指定两表联接时的联接类型，联接类型有 4 种。其中的 OUTER 选项表示外部联接，既允许满足联接条件的记录，又允许不满足联接条件的记录。若省略 OUTER 选项，效果不变。

- INNER JOIN：内部或等值联接，只有满足联接条件的记录包含在结果中。
- LEFT [OUTER] JOIN：在查询结果中包含 JOIN 左侧表中的所有记录，以及 JOIN 右侧表中匹配的记录。

- RIGHT [OUTER] JOIN：在查询结果中包含 JOIN 右侧表中的所有记录，以及 JOIN 左侧表中匹配的记录。
- FULL [OUTER] JOIN：在查询结果中包含 JOIN 两侧所有的匹配记录和不匹配的记录，但不包含重复记录。即两个表中的记录不管是否满足联接条件都将在目标表或查询结果中出现，不满足联接条件的记录对应部分为 NULL。

ON JoinCondition：指定联接条件。

FORCE 子句：严格按指定的联接条件来联接，避免 Visual FoxPro 因进行联接优化而降低查询速度。

4．INTO 与 TO 子句

如果在同一个查询中同时包括了 INTO 子句和 TO 子句，则 TO 子句不起作用。如果没有包括 INTO 子句，查询结果显示在浏览窗口中。也可以用 TO 子句将查询结果定向输出到打印机或文件。

（1）INTO Destination：Destination 可以是下列子句之一。

①ARRAY ArrayName：将查询结果保存到变量数组中，如果查询结果中不包含任何记录，则不创建这个数组。

②CURSOR CursorName：将查询结果保存到临时表中。如果指定了一个已打开表的名称，则 Visual FoxPro 产生错误信息。执行完 SELECT 语句后，临时表仍然保持打开、活动但只读。一旦关闭临时表，则自动删除它。

③DBF TableName | TABLE TableName：将查询结果保存到一个表中。如果指定的表已经打开，并且 SET SAFETY 设置为 OFF，则 Visual FoxPro 在不给出警告的情况下改写该表。如果没有指定扩展名，则 Visual FoxPro 指定表的扩展名是.DBF。SELECT 语句执行结束后，表仍然保持打开、活动状态。

包含 DATABASE DatabaseName 以指定添加了表的数据库。包含 NAMELongTableName 可以为该表命名一个最多可包括 128 个字符并且可以在数据库中代替短名字的长名。

（2）TO FILE FileName：表示输出到指定的文本文件，并取代原文件内容。ADDITIVE 表示只添加新数据，不清除原文件的内容。

（3）TO PRINTER：表示输出到打印机，PROMPT 表示打印前先显示打印确认框。

（4）TO SCREEN：表示输出到屏幕。

5．WHERE 子句

若已用 ON 子句指定了联接条件，则 WHERE 子句中只能指定筛选条件，表示在已按联接条件产生的记录中筛选记录。也可以省去 JOIN 子句，一次性地在 WHERE 子句中指定联接条件和筛选条件。

JoinCondition 为联接条件，FilterCondition 为筛选条件。联接多个查询条件必须使用操作符 AND。在每个联接条件或筛选条件中，可以使用的操作符有：=（相等）、==（完全相等）、LIKE（SQL LIKE）、<>或 !=或#（不相等）、>（大于）、>=（大于等于）、<（小于）和<=（小于等于）。

6．GROUP BY 子句

对记录按 GROUP BY GroupColumn 的值进行分组，常用于分组统计。

7. HAVING 子句

指定包括在查询结果中的组必须满足的筛选条件，HAVING 子句一般应该同 GROUP BY 子句一起使用。

使用 HAVING 子句的命令如果没有使用 GROUP BY 子句，则它的作用与 WHERE 子句相同，但使用 WHERE 子句可以获得较快的速度。

8. UNION 子句

[UNION [ALL] SELECT 命令]：在 SELECT-SQL 命令中可以用 UNION 子句嵌入另一个 SELECT-SQL 命令，使这两个命令的查询结果合并输出，但输出字段的类型和宽度必须一致。

UNION 子句默认在结果中排除重复行，使用 ALL 则允许包含重复行。

9. ORDER BY 子句

ORDER BY Order_Item：指定查询结果中记录按 Order_Item 排序。ASC 表示升序，DESC 表示降序，默认升序。

Order_Item 可以是字段，或表示查询结果中列的位置的数字。

- Order_Item 为字段：FROM 子句中表的字段，同时也是 SELECT 主句（不在子查询中）的一个选择项。
- Order_Item 为数字：一个数值表达式，表示查询结果中列的位置（最左边列编号为 1）。

10. 其他子句

（1）PREFERENCE PreferenceName 子句：用于记载浏览窗口的配置参数，再次使用该子句时可用 PreferenceName 引用此配置。

（2）NOCONSOLE 子句：禁止将输出送往屏幕。若指定过 INTO 子句则忽略它的设置。

（3）PLAIN 子句：输出时省略字段名，不管有无 TO 子句都可使用 PLAIN 子句。如果 SELECT 语句中包括 INTO 子句，则忽略 PLAIN 子句。

（4）NOWAIT 子句：显示浏览窗口后程序继续往下执行。

SELECT-SQL 命令功能强大，命令很长，选项很多，但使用非常灵活，用它可以构造各种各样的查询。本章将通过大量的实例来介绍 SELECT 语句的使用。

在 5.3.2 节中，我们介绍过可以利用"查询设计器"来查看 SQL。上面介绍的各种子句的含义和使用方法，可与"查询设计器"或"视图设计器"进行对照并理解其含义。概括起来，SELECT-SQL 命令由以下几个部分组成：

- 查什么？这是查询输出的对象，可以是字段或表达式。在 SELECT-SQL 命令中将以 SELECT 子句给出。它对应于查询设计器中的"字段"选项卡。
- 到哪儿查？这是要指定查询的数据来源，可以是表或视图。在 SELECT-SQL 命令中将以 FROM 子句的形式给出。它对应于查询设计器中的"添加表或视图"对话框。
- 表间存在着什么联接关系？在 SQL 查询命令中将以 JOIN 子句的形式给出。它对应于查询设计器中的"联接"选项卡。
- 查询的筛选条件是什么？在 SELECT-SQL 命令中以 WHERE 子句的形式给出，而 WHERE 子句也可用于表的等值联接。它对应于查询设计器中的"筛选"选项卡。
- 按何种格式输出查询的结果？在 SQL 查询命令中将以 GROUP、ORDER 子句的形式给出。它们分别对应于查询设计器中的"分组依据"和"排序依据"选项卡。
- 查询结果去向何处？在 SQL 查询命令中将以 INTO、TO 子句的形式给出。它们对应于查询设计器中的“杂项”选项卡和系统中“查询”菜单里的“查询去向”选项。

- 其他的一些附加选项。

6.2.2 简单查询

简单查询，或称投影查询（Projection Query）是一种最基本的查询，指查询有关的列表项。简单查询的查询数据主要来自一个数据表。

1. 基本格式

SELECT [ALL | DISTINCT] Select_Item [AS Column_Name][,...]
FROM [DatabaseName!]Table

2. 示例

【例 6-1】从“学生.dbf”中查询全体学生的学号、姓名、性别、出生日期、总分。其中总分在输出时的标题改为入校总分。

SELECT 学号,姓名,性别,出生日期,总分 AS 入校总分 FROM 学生

如果要查询表中所有字段的信息，则可简单使用通配符“*”来完成，即可使用“SELECT * FROM 学生”语句。

上面语句执行的结果，如图 6-1 所示。

查询

学号	姓名	性别	出生日期	入校总分
s1101101	樱桃小丸子	女	10/23/91	520.0
s1101102	茵蒂克丝	女	08/12/92	518.0
s1101103	米老鼠	男	01/02/93	586.0
s1101104	花仙子	女	07/24/94	550.0
s1101105	向达伦	男	05/12/92	538.0
s1101106	雨宫优子	女	12/12/93	564.0
s1101107	小甜甜	女	11/07/94	506.0
s1101108	史努比	男	09/30/95	521.0
s1101109	蜡笔小新	男	02/15/95	592.0
s1101110	碱蛋超人	男	03/18/93	545.0
s1101111	黑杰克	男	05/21/93	616.0
s1101112	哈利波特	男	10/20/92	578.0

图 6-1 简单查询

【例 6-2】如果将“学生.dbf”表中的总分看作数学、语文、英语、物理、化学和生物等 7 门课的成绩总和，求出学生的平均成绩。

SELECT *,ROUND(总分/7,1) AS 平均成绩 FROM 学生

其中，AS 子句为表达式 ROUND(总分/7,1)定义了一个虚拟字段名：平均成绩。查询虽然默认输出到浏览窗口，但其实 SELECT-SQL 也产生一个别名为“查询”的临时表文件，并且在未使用工作区编号最小的工作区打开。这时，可使用 DISPLAY 或 LIST 等命令。执行了 LIST 命令后的结果如图 6-2 所示。

记录号	学号	姓名	性别	出生日期	系别	总分	团员	简历	照片	平均成绩
1	s1101101	樱桃小丸子	女	10/23/91	01	520.0	.F.	Memo	gen	74.3
2	s1101102	茵蒂克丝	女	08/12/92	02	518.0	.F.	Memo	gen	74.0
3	s1101103	米老鼠	男	01/02/93	02	586.0	.T.	Memo	gen	83.7
4	s1101104	花仙子	女	07/24/94	03	550.0	.F.	Memo	gen	78.6
5	s1101105	向达伦	男	05/12/92	03	538.0	.T.	Memo	gen	76.9
6	s1101106	雨宫优子	女	12/12/93	04	564.0	.T.	Memo	gen	80.6
7	s1101107	小甜甜	女	11/07/94	01	506.0	.F.	Memo	gen	72.3
8	s1101108	史努比	男	09/30/95	05	521.0	.T.	Memo	gen	74.4
9	s1101109	蜡笔小新	男	02/15/95	05	592.0	.T.	Memo	gen	84.6
10	s1101110	碱蛋超人	男	03/18/93	04	545.0	.F.	Memo	gen	77.9
11	s1101111	黑杰克	男	05/21/93	06	616.0	.T.	Memo	gen	88.0
12	s1101112	哈利波特	男	10/20/92	06	578.0	.T.	Memo	gen	82.6

图 6-2 屏幕上显示的查询表的全部字段及表达式

【例 6-3】从"成绩.dbf"表中查看学生的学号，显示不重复的学号。

SELECT DISTINCT 学号　FROM 成绩

6.2.3　条件查询

条件查询（Condition Query）是指查询符合条件的记录，这时 SELECT-SQL 语句需要使用 WHERE 子句来设置筛选条件或联接条件。条件查询适合于一个或多个数据表。

1. 基本格式

… [WHERE JoinCondition [AND JoinCondition ...]

[AND | OR FilterCondition [AND | OR FilterCondition ...]]]

说明：在 SQL 语句中，WHERE 子句后面的联接条件除了使用前面介绍的 Visual FoxPro 语言中的关系表达式以及逻辑表达式外，还可使用几个特殊运算符。

①[NOT] BETWEEN…AND…：确定范围，表示[不]在…之间。BETWEEN…AND…运算符的使用格式如下：

Expression1 BETWEEN Expression2 AND Expression3

上面的表达式的含义是：当表达式 Expression1 的值落在初值表达式 Expression2 和终值表达式 Expression3 的值之间时，返回一个逻辑"真"（.T.），否则返回逻辑"假"（.F.）。该表达式等价于：

(Expression1>=Expression2)AND(Expression1<=Expression3)

例如，表示出生日期在 1992 年 1 月 1 日到 1993 年 1 月 1 日之间。

… 出生日期 BETWEEN {^1992-1-1} AND {^1993-1-1}

或

… 出生日期 >={^1992-1-1} AND 出生日期 <= {^1993-1-1}

②[NOT] IN：确定集合，表示[不]在…之中。IN 运算符用来匹配列表中的任何一个值，可以代替用 OR 子句联接的一连串的条件。IN 运算符的使用格式如下：

Expression IN (Set)

当该表达式的值与 IN 中数据集合（Set）中的某个值相等时返回"真"（.T.），否则返回"假"（.F.）。其中的 Set 是一个数据集合。此表达式等价于：

Expression=Val1 OR Expression=Val2 OR … OR Expression=Valn

如果取表达式的值不在数据集合中的值，则在 IN 前加 NOT，予以否定。例如，要找出系别号在"01"、"02"和"03"的所有学生，则可表示如下：

… 系别 IN ("01","03","05")

③[NOT] LIKE：表示[不]与…模式匹配。[NOT] LIKE 运算符的使用格式如下：

cExpression1 LIKE cExpression2

该表达式的功能是：当字符串表达式 cExpression1 的值与字符串表达式 cExpression2 的值相匹配时返回"真"（.T.），否则返回"假"（.F.）。

LIKE 匹配运算符中可以使用通配符"%"和"_"，其中的含义如表 6-2 所示。

表 6-2　模式匹配 LIKE 使用的通配符及含义

通配符	含 义
%	"%"表示任意长度的字符串
_	"_"仅可通配所在位置的一个字符

注意：

（1）如果要使 LIKE 表达式的返回结果与"功能"描述相反，可在 LIKE 之前加 NOT。

（2）在 Visual FoxPro 中，一个汉字也算一个字符，因此若通配一个汉字，只需使用一个下划线符。

（3）如果 LIKE 后不含通配符，则可用"="代替 LIKE 子句，用"<>、!=、#"代替 NOT LIKE 子句。

（4）WHERE 子句支持 ESCAPE 操作符，将 ESCAPE 放在"%"或"_"之前，则表示它们是一个普通的字符"%"或"_"。例如：… WHERE 联系电话 LIKE "028_%" ESCAPE "_"，则表示语句中的"_"只是一个普通字符而非通配符。

2．示例

【例 6-3】查询"学生.dbf"表中性别是"女"的学生。

SELECT * FROM 学生 WHERE 性别='女'

命令运行的结果，如图 6-3 所示。

学号	姓名	性别	出生日期	系别	总分	团员	简历	照片
s1101101	樱桃小丸子	女	10/23/91	01	520.0	F	Memo	gen
s1101102	茵蒂克丝	女	08/12/92	02	518.0	F	Memo	gen
s1101104	花仙子	女	07/24/94	03	550.0	T	Memo	gen
s1101106	雨宫优子	女	12/12/93	04	564.0	T	Memo	gen
s1101107	小甜甜	女	11/07/94	01	506.0	F	Memo	gen

图 6-3　性别是"女"的学生

【例 6-4】查询"学生.DBF"表中性别是"男"、年龄小于 18 岁的团员学生。

SELECT 学号,姓名,性别,YEAR(DATE())-YEAR(出生日期) AS 年龄,总分,团员 FROM 学生 WHERE 性别='男' AND YEAR(DATE())-YEAR(出生日期)<=18 AND 团员

命令运行的结果，如图 6-4 所示。

s1101103	米老鼠	男	18	586.0	T
s1101108	史努比	男	16	521.0	T
s1101109	蜡笔小新	男	16	592.0	T
s1101111	黑杰克	男	18	616.0	T

图 6-4　性别为"男"且年龄小于等于 18 岁的团员学生

【例 6-5】在"学生.dbf"表中查询总分在 560 分到 600 分之间的学生的姓名、性别、总分等信息。

SELECT 姓名,性别,总分 FROM 学生 WHERE 总分 BETWEEN 560 AND 600

命令运行的结果，如图 6-5 所示。

【例 6-6】查询系别号在"01"、"02"和"03"的所有学生，则可表示如下：

SELECT * FROM 学生 WHERE 系别 IN ("01","03","05")

命令运行的结果，如图 6-6 所示。

姓名	性别	大学录取分数
米老鼠	男	586.0
雨宫优子	女	564.0
蜡笔小新	男	592.0
哈利波特	男	578.0

图 6-5　带有 BETWEEN 运算符的查询

学号	姓名	性别	出生日期	系别	总分	团员	简历	照片
s1101101	樱桃小丸子	女	10/23/91	01	520.0	F	Memo	gen
s1101104	花仙子	女	07/24/94	03	550.0	F	Memo	gen
s1101105	向达伦	男	05/12/92	03	538.0	T	Memo	gen
s1101107	小甜甜	女	11/07/94	01	506.0	F	Memo	gen
s1101108	史努比	男	09/30/95	05	521.0	T	Memo	gen
s1101109	蜡笔小新	男	02/15/95	05	592.0	T	Memo	gen

图 6-6　带 IN 运算符的查询

【例 6-7】查询姓名中有"小"字且系别在"01"和"03"的学生信息。

SELECT * FROM 学生 WHERE 姓名 LIKE "%小%" AND 系别 IN ("01","03")

命令运行的结果，如图 6-7 所示。

学号	姓名	性别	出生日期	系别	总分	团员	简历	照片
s1101101	樱桃小丸子	女	10/23/91	01	520.0	F	Memo	gen
s1101107	小甜甜	女	11/07/94	01	506.0	F	Memo	gen

图 6-7　带 LIKE 的查询

　　投影查询和条件查询是最简单的两种查询。这两种查询不能截然分开，在许多情况下，需要对表既进行投影查询，又进行筛选查询。

6.2.4　排序查询

　　排序查询，即在查询时，可以通过 ORDER BY 子句实现查询结果的排序输出。

1. 基本格式

…[ORDER BY Order_Item [ASC | DESC] [, Order_Item [ASC | DESC] ...]]

说明：

　　（1）Order_Item：指定查询结果进行排序所用的项。它可以是下面的形式：字段、字段编号等，但不得是 Blob 或 General 型字段。

　　（2）ASC 和 DESC：ASC 指定查询结果按升序排列（默认次序）；DESC 则指定查询结果按降序排列。

　　注意：当 SELECT-SQL 中使用了 ORDER BY 子句后，由于查询将按次序输出，故为 SELECT 子句中附带 TOP 子句提供了可能。如果在查询时，SELECT 语句中的查询对象仅出自于一个表，则 TOP 短语放置在查询对象的前面或后面均可，如查询对象出自于多个表，则 TOP 短语放置在查询对象的前面为好，如放在后面时常常会出错。

2. 示例

【例 6-8】查询全体学生中"K101"课程成绩最高的前三名学生的全部考试信息。

SELECT * TOP 3 FROM 成绩 Where 课程号="K101" ORDER BY 成绩 DESC

结果如图 6-8 所示。

【例 6-9】查询选修"K102"、"K103"和"K105"课程学生的学号、课程号和成绩，查询结果按课程号降序排列，课程号相同再按成绩升序排列。

SELECT * FROM 成绩 ;

WHERE 课程号 IN ('K102','K103','K105') ORDER BY 2 desc,成绩

查询结果如图 6-9 所示。

学号	课程号	成绩
s1101111	K105	80.0
s1101103	K105	86.0
s1101104	K105	88.5
s1101101	K103	73.5
s1101110	K103	76.5
s1101102	K103	82.5
s1101108	K103	85.5
s1101103	K102	76.5
s1101112	K102	80.5
s1101104	K102	91.5
s1101109	K102	92.0
s1101111	K102	98.0

学号	课程号	成绩
s1101101	K101	93.5
s1101102	K101	87.0
s1101103	K101	85.0

图 6-8　排序查询结果

图 6-9　按查询结果排序

6.2.5　计算查询

在很多应用中，并不是只要求将表中的记录原样取出就行了，而是要在原有数据的基础上通过计算，输出统计结果，这样的查询称为计算查询或统计查询（Statistical Query）。在 Visual FoxPro 中，SQL 提供了 5 个聚合函数，增强了检索的功能，其主要功能如表 6-3 所示。

表 6-3　常用聚合函数及其功能

函数名称	功　能
AVG([ALL | DISTINCT] nExpression)	（按列）计算表达式 nExpression 的平均值
SUM([ALL | DISTINCT] nExpression)	（按列）计算表达式 nExpression 的总和
COUNT([ALL | DISTINCT] nExpression | *)	（按列）统计表达式 nExpression 的个数
MAX([ALL | DISTINCT] nExpression)	（按列）计算表达式 nExpression 中的最大值
MIN([ALL | DISTINCT] nExpression)	（按列）计算表达式 nExpression 中的最小值

聚合函数对一组值执行计算，并返回单个值。一般情况下，若字段中含有空值，聚合函数会忽略，但 COUNT 除外。

聚合函数在下列位置可作为表达式使用：

- SELECT 语句的选择列表（子查询或外部查询）。
- HAVING 子句。

注：

（1）在这些函数中，可以使用 ALL 短语或 DISTINCT 短语，如果指定了 DISTINCT 短语，则表示在计算时取消指定列中的重复值，如果不指定 DISTINCT 短语或 ALL 短语，则取默认值 ALL，表示不取消重复值。

（2）在 COUNT 表达式中，nExpression 可使用除备注和通用型以外任何类型的表达式，不允许使用聚合函数和子查询。COUNT(*)不需要任何参数，而且不能与 DISTINCT 一起使用，"*"的含义往往与 GROUP BY 有关。

（3）聚合函数不能用在 WHERE 子句中。

（4）除 COUNT 函数外，聚合函数均忽略空值（NULL）。

【例 6-10】求学号为 "s1101108" 学生的总分和平均分（显示学号）。

SELECT 学号,SUM(成绩) AS 总分,AVG(成绩) AS 平均分 FROM 成绩;
WHERE 学号 ='s1101108'

查询结果如图 6-10 所示。

学号	总分	平均分
s1101108	151.0	75.50

图 6-10　聚合函数 SUM()，AVG()在查询中的应用

【例 6-11】求选修课程号为 "K104" 学生的最高分、最低分及之间相差的分数（显示课程号）。

SELECT 课程号,MAX(成绩) AS 最高分,MIN(成绩) AS 最低分,;
MAX(成绩) - MIN(成绩)　AS 相差分数 FROM 成绩 WHERE 课程号 ='K104'

查询结果如图 6-11 所示。

课程号	最高分	最低分	相差分数
K104	90.5	58.0	32.5

图 6-11　聚合函数 MAX()和 MIN()在查询中的应用

【例 6-12】求入校总分在 560 分以上的学生的人数。

SELECT COUNT(学号) AS 入校总分在 560 分以上的人数 FROM 学生 ；
WHERE 总分>=560

【例 6-13】统计选课表中有多少门课。

SELECT COUNT(DISTINCT 课程号) AS 选课表中课程数 FROM 成绩

注意：由于在 "成绩.dbf" 表中，选修同一门课程的有许多学生，因此在查询中加入关键字 DISTINCT 表示消去重复行，计算字段课程号不同值的数目。

【例 6-14】利用特殊函数 COUNT(*)求教师表中 "教授" 和 "副教授" 的人数。

SELECT COUNT(*)　AS 教授和副教授的人数 ；
FROM 教师 WHERE 职称 IN ('教授', '副教授')

【例 6-15】统计 "学生.dbf" 表中大于 20 岁的人数。

SELECT COUNT(*) AS 大于或等于 20 岁以上的人数 FROM 学生 ；
WHERE YEAR(DATE())-YEAR(出生日期)>=18

6.2.6　分组查询

在 SELECT-SQL 中，分组查询（Qrouping Query）可以通过在基本查询中增加 GROUP BY 子句来实现。

1. 基本格式

…[GROUP BY GroupColumn [, GroupColumn …]] [HAVING FilterCondition [AND | OR …]]

说明：

（1）GroupColumn [, …]：指定用来分组的列，它可以是一列或多列。其形式可以是：字段或数值表达式。如果是数值表达式，表示分组按查询结果中列的位置（最左边列编号为 1）进行。

（2）HAVING FilterCondition：用来指定查询中分组的限定条件。当限定条件为多个时，应用 AND 或 OR 予以联接。要得到该逻辑表达式的相反值，应使用 NOT。但限定条件中不能有子查询。

HAVING 子句在使用时需放在 GROUP BY 子句的后面，并且可以使用聚合函数。在 SQL 中，HAVING 子句和 WHERE 子句的区别在于作用对象不同：

● WHERE 子句的作用对象是表或视图，是从表中选择出满足筛选条件的记录。

● HAVING 子句的作用对象是组，是从组中选择出满足筛选条件的记录。

2. 示例

【例 6-16】查询各位教师的教师号及其任课的门数。

SELECT 教师号,COUNT(*) AS 任课门数 FROM 授课 GROUP BY 教师号

查询结果如图 6-12 所示。

说明，GROUP BY 子句按教师号的值分组，所有具有相同教师号的元组为一组，对每一组使用函数 COUNT 进行计算，统计出各位教师任课的门数。

若在分组后还要按照一定的条件进行筛选，则需使用 HAVING 子句。

【例 6-17】查询选修两门以上课程的学生学号和所修课程门数。

SELECT 学号,COUNT(*) AS 选修课程门数 ；

FROM　成绩　GROUP BY　学号　HAVING COUNT(*)>2

查询结果如图 6-13 所示。

教师号	任课门数
T1101	4
T1102	2
T1103	2
T1104	2

图 6-12　分组在查询的应用

学号	选修课程门数
s1101103	3
s1101104	3
s1101111	3

图 6-13　使用 HAVING 子句

在查询中使用 HAVING 子句可去掉不满足选课门数在两门以上的组。

【例 6-18】在课程"K102"、"K104"、"K105"和"K106"中查询学生平均成绩在 80 分以上课程的学生的平均分（显示课程号）。

SELECT　课程号,AVG(成绩) AS　平均分　FROM　成绩 ;
WHERE　课程号　IN ("K102","K104","K105","K106") ;
GROUP BY　课程号　HAVING AVG(成绩)>=80

查询结果如图 6-14 所示。

在查询时，WHERE 子句在选课表中筛选出课程号为"K102"、"K104"、"K105"和"K106"的记录，GROUP BY 子句按课程号的值分组，具有相同课程号的记录为一组，对每一组的成绩使用函数 AVG 进行计算，最后得到平均成绩在 80 分以上的"K102"、"K105"和"K106"三门课程学生的平均分。

【例 6-19】求选课在三门以上且各门课程均及格的学生的学号及其平均成绩，查询结果按学号降序列出。

分析：题目说明了三个问题，一是查询成绩大于 60 分的学生；二是应按学号排序，三是仅统计选修课程门数不少于 3 门的平均成绩。这是一个典型的对分组条件加了限定的问题。

SELECT　学号　AS　选修课程门数 3 门以上的学生学号,AVG(成绩) AS　平均成绩 ;
FROM　成绩　WHERE　成绩>=60 GROUP BY　学号　HAVING COUNT(*)>=3

查询结果如图 6-15 所示。

课程号	平均分
K102	87.70
K105	84.83
K106	86.00

图 6-14　在 HAVING 子句中使用聚合函数

选修课程门数3门以上的学生学号	平均成绩
s1101103	82.50
s1101104	87.33
s1101111	82.67

图 6-15　一个复杂查询的应用

6.2.7　联接查询

数据库中的各个表既是相互独立的，又是有一定联系的，用户经常需要用多个表中的数据来组合得到所需的信息。前面的查询都是针对一个表进行的，当一个查询同时涉及两个以上的表时，称为联接查询（Join Query）。例如查询"学生.bdf"的信息，却无法知道学生的学习成绩和所在学院专业的信息，查询学生成绩却没有学生的姓名、课程名称等。使用联接查询这些问题将迎刃而解。

联接查询实际上是通过各个表之间共同属性列的关联来查询数据的，数据表之间的联系是通过表的字段值来体现的，这个字段称为联接字段。联接操作的目的就是通过加在联接字段上的条件将多个表联接起来，以便从多个表中查询数据。联接查询是关系数据库中最主要的查询，包括等值（内部联接）与非等值联接查询、自身联接查询、外联接查询等。

表的联接方法有两种：

（1）使用 WHERE 子句：表之间满足一定条件的行进行联接，此时 FROM 子句中指明进行联接的表名，WHERE 子句指明联接的列名及其联接条件。使用 WHERE 子句可实现表间的等值联接。

（2）使用 JOIN 子句：当将 JOIN 子句放于 FROM 子句中时，应有关键词 ON 与之相对应，以表明联接的条件。

1. 基本格式

…FROM [FORCE] Table1 [INNER | LEFT | RIGHT | FULL] JOIN Table2
[[INNER | LEFT | RIGHT | FULL JOIN] Table3 …]
[ON JoinCondition …]
[WHERE JoinCondition [AND JoinCondition ...]

子句的功能是：指定查询的数据来源表、表联接的方式、联接条件、记录筛选条件。对于 JOIN 参与的表的关联操作，如果需要不满足联接条件的行也在我们的查询范围内的话，就必须把联接条件放在 ON 后面，而不能放在 WHERE 后面，如果把联接条件放在了 WHERE 后面，那么所有的 LEFT、RIGHT 等操作将不起任何作用。对于这种情况，它的效果就完全等同于 INNER 联接。对于那些不影响选择行的条件，放在 ON 或者 WHERE 后面就可以。

2. 示例

（1）等值联接或内部联接

【例 6-20】利用等值联接或内部联接，查询邹涛老师所讲授的课程号。

分析：本题涉及到数据库"教学管理.dbc"中的两个表"教师.dbf"、"授课.dbf"，两个表之间通过字段"教师号"相联接。

使用 WHERE 子句联接时，如果使用的运算为"="，我们将这种联接称为等值联接，其他情况为非等值联接。

SELECT 教师.教师号, 教师.姓名, 授课.课程号;
FROM　教学管理!教师 INNER JOIN　教学管理!授课 ;
ON　教师.教师号 = 授课.教师号 WHERE　教师.姓名 ='邹涛'

这里，"姓名='邹涛'"为查询条件，而"教师.教师号 =授课.教师号"为联接条件，"教师号"为联接字段。

内部联接：将 JOIN…ON 子句用 WHERE 子句代替的方法实现。

SELECT 教师.教师号, 姓名, 授课.课程号 ;
FROM　教师,授课 WHERE 教师.教师号 = 授课.教师号 AND 教师.姓名 ='邹涛'

查询结果如图 6-16 所示。

教师号	姓名	课程号
T1101	邹涛	K101
T1101	邹涛	K102
T1101	邹涛	K105
T1101	邹涛	K106

图 6-16　两个表内联接查询结果

【例 6-21】求查询学生的学号、姓名、系部信息。

分析：本题涉及到数据库"教学管理.dbc"中的两个表"学生.dbf"、"系名.dbf"，两个表之间通过字段"系别"和"系号"相联接。

SELECT 学号,姓名,系名.* FROM 学生 INNER JOIN 系名 ON 学生.系别=系名.系号

或

SELECT 学号,姓名,系名.* FROM 学生,系名 WHERE 学生.系别=系名.系号

【例 6-22】查询选修了课程"数据库技术"或"电子商务"学生的学号、姓名、所修课程名称及平均成绩。

SELECT 学生.学号,姓名,课程名,成绩 FROM 学生,课程,成绩 ；
WHERE 学生.学号=成绩.学号 AND 成绩.课程号=课程.课程号 ；
AND （课程名="数据库技术" OR 课程名 ="电子商务"）

查询结果如图 6-17 所示。

学号	姓名	课程名	成绩
s1101105	向达伦	数据库技术	77.0
s1101106	雨宫优子	数据库技术	58.0
s1101107	小甜甜	数据库技术	76.5
s1101109	蜡笔小新	电子商务	98.0
s1101110	咸蛋超人	数据库技术	90.5
s1101111	黑杰克	电子商务	70.0
s1101112	哈利波特	电子商务	90.0

图 6-17 三个表联接查询结果

如果使用内部联接，则上述语句可改为如下形式：

SELECT 学生.学号, 姓名, 课程名, 成绩 ；
FROM 课程 INNER JOIN 成绩 INNER JOIN 学生 ；
ON 学生.学号 = 成绩.学号 ；
ON 成绩.课程号 = 课程.课程号 ；
WHERE 课程.课程名 ='数据库技术' OR 课程.课程名 ='电子商务'

本示例涉及三个表，WHERE 子句中有两个联接条件和一个筛选条件。当有两个以上的表进行联接时，称为多表联接。

在进行多表查询时，应注意表的顺序和 ON 联接条件的顺序。一般来说，在一对多关系中，"多"所在表应在 JOIN 的中间位置，"一"所在表应在 JOIN 的两边位置，如多表顺序为"课程"、"成绩"和"学生"。则 ON 在进行多表联接时，最后一个表（如"学生"）应首先和"多"表，这里即"成绩"联接；然后，"成绩"和第一个表"课程"进行联接。

将上例改成如下形式，结果也正确。

SELECT 学生.学号, 姓名, 课程名, 成绩 ；
FROM 学生 INNER JOIN 成绩 INNER JOIN 课程 ；
ON 课程.课程号 = 成绩.课程号 ；
ON 成绩.学号 = 学生.学号 ；
WHERE 课程.课程名 ='数据库技术' OR 课程.课程名 ='电子商务'

【例 6-23】这是一个四表查询的例子。从"成绩.dbf"、"课程.dbf"、"学生.dbf"和"通讯.dbf"数据表中，查询所修课程为"K101"的学生有关信息。

分析：这是一个四表查询案例，涉及到"多"表（即"成绩.dbf"表）和三个"一"表（即"课程.dbf"、"学生.dbf"和"通讯.dbf"数据表）。添加表时，依次添加为"成绩.dbf"、"课程.dbf"、"学生.dbf"和"通讯.dbf"数据表。

SELECT 成绩.学号, 姓名, 课程名, 成绩, 宿舍, 个人电话；
FROM 教学管理!课程 INNER JOIN 教学管理!成绩；
INNER JOIN 教学管理!学生；
INNER JOIN 教学管理!通讯 ；
ON 学生.学号 = 通讯.学号 ；

ON　学生.学号 = 成绩.学号 ；
ON　课程.课程号 = 成绩.课程号 ；
WHERE 成绩.课程号 = "K101"
查询结果如图 6-18 所示。

学号	姓名	课程名	成绩	宿舍	个人电话
s1101104	花仙子	高等数学	82.0	C4-1-326	15100000004
s1101108	史努比	高等数学	65.5	C6-2-220	15100000008
s1101103	米老鼠	高等数学	85.0	C6-2-116	15100000003
s1101101	樱桃小丸子	高等数学	93.5	C6-2-116	15100000001
s1101102	茵蒂克丝	高等数学	87.0	C6-2-116	15100000002

图 6-18　四表联接查询结果

（2）外部联接

在外部联接中，参与联接的表有主从之分，以主表中的每行数据去匹配从表中的数据列。符合联接条件的数据将直接显示，而对于那些不符合条件的列，将填上 NULL 值显示。

外部联接分为左外部联接（Left Outer Join，简称左联接）、右外部联接（Right Outer Join，简称右联接）和完全联接（Full Join，简称全联接）。以主表所在的方向区分外部联接，主表在左边称为左联接，主表在右边称为右联接。

【例 6-24】以左联接的方式查询教师姓名、职称及任课课程号。
SELECT 教师.教师号, 姓名, 职称, 课程号 ；
FROM　教师 LEFT JOIN 授课 ；
ON　教师.教师号 = 授课.教师号
查询结果如图 6-19 所示。杨磊和钱勇由于没有任课记录，故查询结果中课程号为空。

教师号	姓名	职称	课程号
T1101	邹涛	教授	K101
T1101	邹涛	教授	K102
T1101	邹涛	教授	K105
T1101	邹涛	教授	K106
T1102	李丽	讲师	K101
T1102	李丽	讲师	K103
T1103	陈宏	副教授	K103
T1103	陈宏	副教授	K104
T1104	张雯	教授	K105
T1104	张雯	教授	K104
T1105	杨磊	讲师	NULL
T1106	钱勇	讲师	NULL

图 6-19　左联接查询结果

思考题：例 6-25 中的查询，采用右联接和全联接时，查询结果会怎样？

（3）自我联接

又称自身联接，简称自联接。是指将同一关系与其自身进行的联接。在可以进行自联接查询的关系中，表中的某些记录，根据出自同一值域的两个不同的字段，与另外一些记录存在着一对多的关系。如图 6-20 所示的关系中，存在"编号"字段和"隶属关系"字段的联系。

自我联接中，物理上的一个关系要当逻辑上的两个关系来使用。因此必须为该关系起两个不同的局部别名，以标识所用的字段属于哪个逻辑表。

例如，利用图 6-20 所示的"自我联接.dbf"表，根据该表中的"隶属关系"列出各级领导所领导的职工。

SELECT z1.姓名,z1.职务,"领导",z2.姓名,z2.职务;
FROM 自我联接 AS z1,自我联接 AS z2;
WHERE z1.编号=z2.隶属关系 ORDER BY z1.编号
查询结果如图 6-20 右侧图所示。

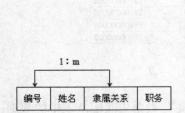

编号	姓名	隶属关系	职务
A101	何大勇	A001	主任
A102	罗小丽	A101	科员
A103	刘索平	A101	科员
A201	彭小华	A001	主任
A202	杨爱玲	A201	科员
A301	曹富贵	A002	主任
A302	李亮	A301	科员
A303	陈安东	A301	科员
A001	葛长林	C001	院长
A002	王学敏	C002	书记
A401	.NULL.	C002	.NULL.
A402	.NULL.	A401	工人
A402	江宋	A401	工人

姓名_a	职务_a	Exp_3	姓名_b	职务_b
葛长林	院长	领导	何大勇	主任
葛长林	院长	领导	彭小华	主任
王学敏	书记	领导	曹富贵	主任
何大勇	主任	领导	罗小丽	科员
何大勇	主任	领导	刘索平	科员
彭小华	主任	领导	杨爱玲	科员
曹富贵	主任	领导	李亮	科员
曹富贵	主任	领导	陈安东	科员
.NULL.	.NULL.	领导	.NULL.	工人
.NULL.	.NULL.	领导	江宋	工人

图 6-20   具有同值域字段的表

【例 6-25】查询所有比"李丽"工资高的教师姓名、职称、工资和"李丽"的工资。
SELECT X.姓名,X.工资,Y.工资 AS 李丽工资;
FROM 教师 AS X,教师 AS Y WHERE X.工资>Y.工资 AND Y.姓名='李丽'
查询结果，如图 6-21 所示。

姓名	工资	李丽工资
邹涛	1450.00	930.00
陈宏	1050.00	930.00
张雯	1680.00	930.00

图 6-21   自我联接查询

6.2.8　空值查询

什么是空值（NULL）？空值从技术上说是"未知的值"，但是空值并不包含零、一个或者多个空格组成的字符串。空格是零长度的字符串，从实际上说空值表明没有向数据库中输入相应的数据（在 Visual FoxPro 中，按下 Ctrl+0 组合键可向设置了可接收空值的字段中输入空值，切记不可直接输出 NULL 或.NULL.），或者某个特定的记录不需要使用该列。在实际中有以下几种情况可以使得一列为 NULL。

- 其值未知，如课程表中不明确具体内容的课程内容。
- 其值不存在，如学生表中某个学生由于没有考试，所以该学生的考试成绩为空。
- 列对表不可用。

SQL 支持空值查询，因为空值代表的是未知的值，所以并不是所有的空值都相等。例如，"学生.dbf"表有两个学生的成绩未知，但无法证明这两个学生的总分相等，这样就不能用"＝"运算符来检测空值。因此 SQL 引入了一个特殊的操作符 IS 来检测特殊值之间的等价性。

在 SQL 中，空值查询的语法使用格式如下：
...WHERE cExpression IS [NOT] NULL
空值时要用"IS .NULL."，而不能使用"= .NULL."。

【例 6-26】查询图 6-20 中姓名为空值的记录。
SELECT * FROM 自我联接 WHERE 姓名 IS NULL
语句执行后，其结果如图 6-22 所示。

编号	姓名	隶属关系	职务
A401	.NULL.	C002	.NULL.
A402	.NULL.	A401	工人

图 6-22   空值查询

6.2.9　嵌套查询

嵌套查询（Nested Query）指在查询条件 WHERE 子句中包含了由一对圆括号括起来的另一个 SELECT-SQL 子查询语句。即嵌套查询是基于多个关系的查询，这类查询所要求的结果出自一个关系，但相关条件却涉及多个关系。它的基本格式具有如下的结构：

　　…WHERE cExpression <比较运算符>[ANY|ALL|SOME] (Subquery)

　　和

　　…WHERE cExpression [NOT]EXISTS (Subquery)

　　说明：

　　（1）(Subquery)称为内查询或子查询，括号外的 SELECT-SQL 称为外查询或主查询。根据两个查询的相互关系，嵌套查询又被分为：普通嵌套查询、内外层互相关嵌套查询两类。当然，嵌套查询也可以附带其他的子句从而形成带有附加条件的嵌套查询。子查询的嵌套层次最多可达到 255 层，嵌套查询在执行时由里向外处理，即先执行子查询再执行父查询，父查询要用到子查询的结果。

　　（2）<比较运算符>是前面提到的关系运算符和一些特殊运算符。

　　（3）ANY、ALL、SOME 是量词，其中 ANY 和 SOME 是同义词，在进行比较运算时只要子查询中有一条记录为真，则结果为真；而 ALL 则要求子查询中的所有记录都为真，结果才为真。

　　<比较运算符>和量词可以结合在一起使用，其含义如表 6-4 所示。

表 6-4　量词功能表

表达式	功能
>ANY 或 <ANY	大于或者小于子查询结果中的某个值
>=ANY 或 <=ANY	大于等于或者小于等于子查询结果中的某个值
>ALL 或 <ALL	大于或者小于子查询结果中的所有值
>=ALL 或 <=ALL	大于等于或者小于等于子查询结果中的所有值
=ANY	等于子查询结果中的某个值
!=ANY	不等于子查询结果中的某个值
=ALL	等于子查询结果中的所有值（无意义）
!=ALL	不等于子查询结果中的任何值

　　（4）EXISTS 是谓词，用来检查子查询中是否有结果返回（是否为空）。NOT EXISTS 表示是空的结果集。含有 IN 的查询通常可用 EXISTS 表示，但反过来不一定。

　　1．普通嵌套查询

　　在多表查询中如果查询的输出对象出自于一个表，但相关查询条件却出自于另外的表。这样的查询比较简单，称为普通嵌套查询。

　　【例 6-27】利用"通讯.dbf"和"学生.dbf"查询总分高于 560 分的学生的基本情况。

　　分析：学生的基本信息出自于"通讯.dbf"，但查询的条件却出自于"学生.dbf"中总分高于 560 的学生的学号，因此这是一个较典型的普通嵌套查询。

```
SELECT * FROM  通讯;
WHERE  学号  IN ( SELECT  学号  FROM  学生  WHERE  总分>560)
```

　　语句执行后，其查询的结果如图 6-23 所示。

　　注意，对于普通的嵌套查询也可用简单的联接查询来代替，例如本例也可写为：

```
SELECT  通讯.* FROM   通讯,学生 ;
WHERE   通讯.学号=学生.学号  AND  总分>560
```

学号	宿舍	联系qq	家庭详细通	个人电话	家长姓名	家长电话	备注
s1101103	C6-2-116	563918002	东京101路603号	15100000003	艾咪.米老鼠	13900000003	memo
s1101106	C6-2-218	563918002	东京101路606号	15100000006	艾丽斯.雨宫	13900000006	memo
s1101109	C6-2-218	563918002	东京101路609号	15100000009	菲尔德.蜡笔小新	13900000009	memo
s1101111	C6-2-216	563918002	东京101路611号	15100000011	卡特.黑杰克	13900000011	memo
s1101112	C6-2-220	563918002	东京101路612号	15100000012	艾比盖.哈利波特	13900000012	memo

图 6-23   普通嵌套查询

2. 内外层互相关嵌套查询

还有一种嵌套查询，内层的查询条件需要外层查询提供值，而外层的查询条件则又是内层的查询结果，从而形成查询条件彼此依赖相互影响的特殊查询。这样的查询称为内外层互相关嵌套查询。

【例 6-28】查询"成绩.dbf"中每个学生考试成绩最高的科目信息。

分析：要从"成绩.dbf"中查询出每位学生成绩最高的科目的信息，而它的记录却仅是原来表中每个学生的某一条记录。这条记录应满足每位学生七门课程中取最高成绩的要求，而最高成绩却要通过对另一个逻辑表的查询来实现。若为内、外层表分别起了一个局部别名：out、inn。可以得出，本例中外层查询输出结果中的"out.学号"字段的值供给了内层查询找最高成绩使用，而内层查询的结果"MAX(成绩)"又为外层查询提供了查询条件。因此这是一个内外互相关嵌套查询。查询语句如下。

SELECT out.* FROM 成绩 AS out ;
WHERE 成绩=(SELECT MAX(成绩) FROM 成绩 AS inn   WHERE   out.学号=inn.学号)

语句执行后，其显示的结果如图 6-24 所示。

学号	课程号	成绩
s1101101	K101	93.5
s1101102	K101	87.0
s1101103	K105	86.0
s1101104	K102	91.5
s1101105	K104	77.0
s1101106	K104	58.0
s1101107	K104	76.5
s1101108	K103	85.5
s1101109	K106	98.0
s1101110	K104	90.5
s1101111	K102	98.0
s1101112	K106	90.0

图 6-24   内外层互相关嵌套查询

3. 带有其他附加条件的普通嵌套查询

嵌套查询还可以与其他附加条件相组合，形成更复杂的查询。

【例 6-29】查询住宿舍 C6-2-218 的学生情况及所在院系。

分析：查询涉及到"学生.dbf"、"通讯.dbf"和"系名.dbf"，查询条件为"宿舍="C6-2-218")"。
SELECT   学生.学号,姓名,性别,总分,系名.系名,通讯.宿舍 AS 宿舍 FROM 学生,系名;
WHERE   学号 IN (SELECT 学号 FROM 通讯 WHERE 宿舍="C6-2-218") ;
AND 学生.系别=系名.系号

语句执行后，其显示的结果如图 6-25 所示。

学号	姓名	性别	总分	系名	宿舍
s1101106	雨宫优子	女	564.0	计算机科学	C6-2-116
s1101109	蜡笔小新	男	592.0	文史学院	C6-2-116

图 6-25   带有其他附加条件的普通嵌套查询

4．带量词和谓词的查询

【例 6-30】查询讲授课程号为"K104"的教师姓名。

分析：先执行子查询，找到讲授课程号为"K104"的教师号，是一组值构成的集合(T1103,T1104)；再执行父查询，查询集合中的值的任意一个，要使用 ANY 量词。

SELECT 教师号,姓名 FROM 教师；
WHERE 教师号=ANY (SELECT 教师号 FROM 授课 WHERE 课程号='K104')
语句执行后，查询结果如图 6-26 所示。

【例 6-31】查询比男生总分最低分高的女生姓名和总分。

分析：先执行子查询，找到所有男生的总分集合(586,538,521,592,545,616,578)；再使用量词>ANY，查询所有总分高于男生总分集合中任一个值的女生姓名和总分。

SELECT 学号,姓名,总分,性别 FROM 学生；
WHERE 总分>ANY (SELECT 总分 FROM 学生 WHERE 性别='男')；
AND 性别!='男'
语句执行后，查询结果如图 6-27 所示。

教师号	姓名
T1103	陈宏
T1104	张雯

图 6-26　带 ANY 的查询

学号	姓名	总分	性别
s1101104	花仙子	550.0	女
s1101106	雨宫忧子	564.0	女

图 6-27　带>ANY 的查询

【例 6-32】查询高于女生总分最高分的男生姓名和总分。

分析：女生的总分集合(520,518,550,564,506)，其中总分最高分为 564，因此查询比 564 分高的总分可使用量词>ALL。

SELECT TOP 2 姓名,性别,总分 FROM 学生；
WHERE 总分>ALL (SELECT 总分 FROM 学生 WHERE 性别='女')；
AND 性别='男' ORDER BY 总分 DESC
语句执行后，查询结果如图 6-28 所示。

【例 6-33】查询不讲授课程号"K105"的教师姓名。

SELECT 教师.教师号,姓名 FROM 教师；
WHERE EXISTS (SELECT * FROM 授课 WHERE 课程号='K105' AND 教师.教师号=授课.教师号)
语句执行后，查询结果如图 6-29 所示。

姓名	性别	总分
黑木克	男	616.0
蜡笔小新	男	592.0

图 6-28　带>ALL 的查询

教师号	姓名
T1101	邹涛
T1104	张雯

图 6-29　带 EXISTS 的查询

此例也可以直接写成下面的形式：

SELECT 教师.教师号,姓名 FROM 教师,授课；
WHERE 课程号='K105' AND 教师.教师号=授课.教师号

【例 6-34】查询总分大于 560 分的学生通讯信息。

分析：首先在"学生.dbf"表中找出总分大于 560 分的所有学生所对应的学号(s1101103,s1101106,s1101109,s1101111,s1101112)，然后再在"通讯.dbf"表查找符合这些学号的记录。

SELECT 通讯.* FROM 通讯 WHERE EXISTS；
(SELECT * FROM 学生 WHERE 总分>=560 AND 通讯.学号=学生.学号)
语句执行后，查询结果如图 6-30 所示。

学号	宿舍	联系qq	家庭详细通讯地址	个人电话	家长姓名
s1101103	C6-2-116	563918003	东京101路603号	15100000003	艾咪.米老鼠
s1101106	C6-2-218	563918006	东京101路606号	15100000006	艾丽斯.雨宫
s1101109	C6-2-218	563918009	东京101路609号	15100000009	菲尔德.蜡笔小新
s1101111	C6-2-216	563918011	东京101路611号	15100000011	卡特.黑杰克
s1101112	C6-2-220	563918012	东京101路612号	15100000012	艾比盖.哈利波特

图 6-30　例 6-34 的查询结果

6.2.10　合并查询

SQL 支持集合的并运算，对于两个具有相同字段个数、对应字段的值出自于同一值域的查询，将把第二个查询结果和第一个查询结果合并成一个新的查询结果，称为合并查询（UNION 或 Merge Query）。格式如下：

Select-SQL Query1 UNION Select-SQL Query2

【例 6-35】查询学号 s1101102 与 s1101106 的所修课程成绩。

学号	课程号	成绩
s1101102	K101	87.0
s1101102	K103	82.5
s1101106	K104	58.0

SELE * FROM 成绩 WHERE 学号="s1101102" ;
UNION ;
SELE * FROM 成绩 WHERE 学号="s1101106"

语句执行后，查询结果如图 6-31 所示。

图 6-31　合并查询

6.2.11　去向查询

去向查询（Output Query），即查询结果的去向。查询结果的去向在没有特别声明的情况下，是以浏览的方式输出的，尽管直观却不能保存以备它用。要将查询结果予以保存，就要修改查询结果的输出去向，这可以通过 INTO 或 TO 子句来实现。

1. 基本格式

…[[INTO Destination] | [TO FILE FileName [ADDITIVE] | TO PRINTER | TO SCREEN]]

INTO 子句的功能是：指定将查询结果保存在一个数组、临时表或永久表中。如果没有 INTO 子句，查询结果仅在 Visual FoxPro 的当前窗口以浏览方式显示。如果同时包括了 INTO 子句和 TO 子句，则 TO 子句不起作用。

2. 示例

【例 6-36】查询总分最高的前三位学生的信息，并将查询结果写入一个二维数组"zfsm"中，然后显示之。

CLEAR MEMORY
SELECT TOP 3 学号,姓名,性别,总分 FROM 学生 ORDER BY 总分 DESC ;
INTO ARRAY zfsm
DISPLAY MEMORY LIKE zfsm

命令语句在执行后，查询结果如图 6-32 所示。

【例 6-37】利用"学生"、"成绩"和"课程"三张表，查询所修课程成绩大于 90 分的有关信息，并生成一张新表"学生成绩.dbf"，新表中含有字段学号、姓名、课程名和成绩。

SELECT 学生.学号,姓名,课程名,成绩 ;
FROM 学生,成绩,课程 ;
WHERE 学生.学号=成绩.学号 AND 成绩.课程号=课程.课程号 AND 成绩>=90;
INTO TABLE 学生成绩
USE 学生成绩
BROWSE

命令语句在执行后，查询结果如图 6-33 所示。

```
ZFSM              Pub         A
(     1,    1)       C         "s1101111"
(     1,    2)       C         "黑杰克"
(     1,    3)       C         "男"
(     1,    4)       N         616.0       (      616.00000000)
(     2,    1)       C         "s1101109"
(     2,    2)       C         "蜡笔小新"
(     2,    3)       C         "男"
(     2,    4)       N         592.0       (      592.00000000)
(     3,    1)       C         "s1101103"
(     3,    2)       C         "米老鼠"
(     3,    3)       C         "男"
(     3,    4)       N         586.0       (      586.00000000)
```

图 6-32　将查询结果保存到数组中

图 6-33　将查询结果保存到数据表中

【例 6-38】将例 6-37 的查询结果写入一个临时表"cj_Temp"中，然后浏览该表。
SELECT TOP 3 学号,姓名,性别,总分 FROM 学生 ORDER BY 总分 DESC；
INTO CURSOR cj_Temp
BROWSE
命令语句在执行后，查询结果如图 6-34 所示。

注意：临时表只能暂时保存数据，一旦关闭 Visual FoxPro 就会随之消失。

【例 6-39】将例 6-37 的查询结果保存到一个文本文件"cj_Temp.txt"中，然后显示生成的文本文件内容。
CLEAR
SELECT TOP 3 学号,姓名,性别,总分 FROM 学生 ORDER BY 总分 DESC；
TO FILE cj_Temp NOCONSOLE
MODI FILE cj_Temp.txt　　&&如在屏幕输入可执行命令 TYPE cj_Temp.txt
命令语句在执行后，查询结果如图 6-35 所示。

图 6-34　将查询结果写到临时表中

图 6-35　将查询结果保存到文本文件中

6.3　SQL 的数据操纵功能

数据操纵语言是完成数据操作的命令，一般分为两种类型的数据操纵，它们统称为 DML。
- 数据检索（常称为查询）：寻找所需的具体数据。
- 数据修改：添加、删除和改变数据。

数据操纵语言一般由 INSERT（插入）、DELETE（删除）、UPDATE（更新）、SELECT（检索或查询）等组成，由于 SELECT 比较特殊，所以一般又将它以查询（检索）语言单独出现。

数据操纵功能，一般因其所起的作用，人们又将它称为数据更新功能。本节将介绍除 SELECT 而外的其他三个数据操纵功能，即数据的插入、更新和删除功能。

6.3.1　插入记录

插入是指将一条或若干条记录插入到表中的操作。例如，可以将新入学的学生插入到"学生.dbf"中。在 SQL 中，记录的插入可利用 INSERT 命令实现，该命令将在指定表的末尾追加新记录。INSERT- SQL 命令有两种语法格式。

1. 命令格式

INSERT INTO dbf_name [(fname1 [, fname2, ...])]
VALUES (eExpression1 [, eExpression2, ...])
或者
INSERT INTO dbf_name FROM ARRAY ArrayName | FROM MEMVAR

命令功能是：在指定的表文件末尾追加一条记录，插入新记录后，记录指针指向新记录。

说明：

（1）INSERT INTO dbf_name：指定要追加记录的表名。dbf_name 中可以包含路径，也可以是一个名称表达式。

如果指定的表没有打开，则 Visual FoxPro 先在一个新工作区中以独占方式打开该表，然后再把新记录追加到表中。此时并未选定这个新工作区，选定的仍然是当前工作区。

如果所指定的表是打开的，INSERT 命令就把新记录追加到这个表中。如果表不是在当前工作区打开的，则追加记录后表所在的工作区仍然不是选定工作区，选定的仍然是当前工作区。

（2）[(fname1 [, fname2 [, ...]])]：指定新记录的字段名，INSERT-SQL 命令将向这些字段中写字段值。

（3）VALUES (eExpression1 [, eExpression2 [, ...]])：新插入记录的字段值。如果省略了字段名，那么必须按照表结构定义字段的顺序来指定字段值。

（4）FROM ARRAY ArrayName：指定一个数组中的数据将被写入到新记录中。从第一个数组元素开始，数组中的每个元素的内容依次插入到记录的对应字段中。第一个数组元素的内容插入到新记录的第一个字段，第二个元素的内容插入到第二个字段等。

（5）FROM MEMVAR：把与字段同名的内存变量的内容插入到与它同名的字段中。如果某一字段不存在同名的内存变量，则该字段为空。

2. 示例

【例 6-40】在表文件"学生.dbf"的末尾追加三条记录。

```
***用表达式方式追加第一条记录***
INSERT  INTO  学生 (学号,姓名,性别,出生日期,系别,总分,团员) ;
VALUES  ("s1101115","王栋","男",{^1992-09-28},"01",600,.T.)
***用数组方式追加第二条记录***
DIMENSION xs_App(7)
xs_App(1) ="s1101116"
xs_App(2) ="杨琴"
xs_App(3) ="女"
xs_App(4) ={^1993-06-18}
xs_App(5) ="02"
xs_App(6) =567
xs_App(7) =.F.
INSERT INTO 学生 FROM  ARRAY xs_App
***用内存变量方式追加第三条记录***
学号="s1101120"
姓名="赵圆"
性别="女"
出生日期={^1994-01-31}
系别="03"
```

总分=621
团员=.T.
INSERT INTO 学生 FROM MEMVAR
LIST

6.3.2　更新记录

SQL 中的更新命令是 UPDATE，功能强大，既不增加表中的记录，也不减少表中的记录，而是更改记录的字段值。既可以对整个表或某些字段进行修改，也可以根据条件针对某些记录修改字段的值。

1. 命令格式

UPDATE [DatabaseName1!]TableName1
SET Column_Name1 = eExpression1
[, Column_Name2 = eExpression2 ...]
WHERE FilterCondition1 [AND | OR FilterCondition2 ...]]

UPDATE 命令的功能是：修改指定的表中指定的字段的值。该命令只能用来更新单个表中的记录。

说明：

UPDATE [DatabaseName1!]TableName1：指定要更新记录的（数据库）表名。

SET Column_Name1 = eExpression1 ...]：用表达式 eExpression1 的值去更新指定列 Column_Name1 的值。如果省略了 WHERE 子句，在列中的每一行都用相同的值更新。

WHERE FilterCondition1 [AND | OR FilterCondition2 ...]]：FilterCondition 指定要更新的记录所符合的条件。可以根据需要加入多个筛选条件，条件之间用 NOT、AND 或 OR 操作符连接。也可使用 EMPTY( )等函数检查字段是否为空。

2. 示例

【例 6-41】将"学生.dbf"中团员的总分增加 20 分。
UPDATE 学生 SET 总分=总分+20 WHERE 团员

6.3.3　删除记录

SQL 的数据删除功能是指从表中逻辑删除满足条件的记录，类似于 Visual FoxPro 中的 DELETE 命令，即使用 PACK 命令，将带有删除标记的记录做物理删除，而用 RECALL 命令恢复（清除标记）带有删除标记的记录。

1. 命令格式

DELETE FROM [DatabaseName!]TableName
[WHERE FilterCondition1 [AND | OR FilterCondition2 ...]]

该命令的功能是：从指定的表中逻辑删除满足 WHERE 子句条件的所有记录。如果在 DELETE 语句中没有 WHERE 子句，则该表中的所有记录都将被删除。

说明：

FROM [DatabaseName!]TableName：指定要给其中的记录加删除标记的（数据库）表名。

WHERE FilterCondition1 [AND | OR FilterCondition2 ...]：FilterCondition 指定要做删除标记的记录必须满足的条件。如果有多个筛选条件，它们用 NOT、AND 或 OR 操作符连接。

2. 示例

【例 6-42】利用 DELETE-SQL 命令将"学生.dbf"表中"学号"字段的第 3 位为 2 或 5

的学生进行逻辑删除。

DELETE FROM 学生 WHERE SUBSTR(学号,3,1)="2" OR　SUBSTR(学号,3,1)= "5"

6.4　SQL 的数据定义功能

数据定义语言（DDL）用于执行数据定义的操作，如创建或删除表、索引和视图之类的对象。由 CREATE、DROP、ALTER 命令组成，完成数据库对象的建立（CREATE）、删除（DROP）和修改（ALTER）。

6.4.1　定义表结构

在关系型数据库中，数据表是通过关系模式：关系名（属性 1，属性 2，…，属性 n）的格式来描述的。关系模式就是表的结构，创建表是指创建表的结构，而不是录入表的记录。

对表来说，一个字段除了字段的名字、类型、宽度、精度这四个最基本的特性外，还有其他特性，诸如：是否允许有空值、是否设置字段完整性规则、是否设置为主码或候选码，是否设置为外码，是否建立与其他表的永久关系等。这些特征都可以通过 SQL 表的定义命令 CREATE TABLE 来完成。

1. 命令格式

CREATE TABLE | DBF TableName1 [NAME LongTableName] [FREE]
(FieldName1 FieldType [(nFieldWidth [, nPrecision])])
[NULL | NOT NULL]
[CHECK lExpression1 [ERROR cMessageText1]]
[DEFAULT eExpression1]
[PRIMARY KEY | UNIQUE]
[REFERENCES TableName2 [TAG TagName1]][NOCPTRANS]
[, FieldName2 ...]
[, PRIMARY KEY eExpression2 TAG TagName2
|, UNIQUE eExpression3 TAG TagName3]
[, FOREIGN KEY eExpression4 TAG TagName4 [NODUP]
REFERENCES TableName3 [TAG TagName5]]
[, CHECK lExpression2 [ERROR cMessageText2]])
| FROM ARRAY ArrayName

此命令的功能是：使用指定的字段或由一个数组生成一个表。

说明：

（1）CREATE TABLE | DBF TableName1：指定要创建的表的名称。TABLE 和 DBF 选项作用相同。

（2）NAME LongTableName：指定表的长表名。因为长表名存储在数据库中，只有在打开数据库时才能指定长表名。长表名最多可包括 128 个字符。

（3）FREE：创建的表是自由表，不添加到数据库中。如果没有打开数据库则不需要 FREE。

（4）FieldName1 FieldType [(nFieldWidth [, nPrecision])]：分别指定字段 1 的字段名、字段类型、字段宽度和字段精度（小数位数）。

FieldType 是指定字段数据类型的单个字母。有些字段数据类型要求指定 nFieldWidth 或 nPrecision 或两者都要指定。

表 6-5 列出了 FieldType 的值及是否需要指定 nFieldWidth 和 nPrecision。

表 6-5　FieldType（字段类型）的符号

FieldType	nFieldWidth	nPrecision	说明
C	n	–	宽度为 n 的字符字段
D	–	–	日期型
T	–	–	日期时间型
N	n	d	宽度为 n、有 d 位小数的数值型字段
F	n	d	宽度为 n、有 d 位小数的浮点数值型字段
I	–	–	整型
B	–	d	双精度型
Y	–	–	货币型
L	–	–	逻辑型
M	–	–	备注型
G	–	–	通用型

nFieldWidth 和 nPrecision 不适用于 D、T、I、Y、L、M、G 和 P 类型。对于 N、F 或 B 类型，若不包含 nPrecision，则 nPrecision 默认为零（没有小数位）。

（5）NULL | NOT NULL：允许该字段值为空或非空，默认为 NOT NULL。

（6）CHECK lExpression1 [ERROR cMessageText1]：为字段设置域完整性检查。其中：

- lExpression1：指定字段的有效性规则。
- ERROR cMessageText1：字段完整性检查出错时要给出的出错信息。

（7）DEFAULT eExpression1：为字段设置一个默认值，表达式 eExpression1 的数据类型与该字段的数据类型要一致。默认值设置后，每添加一条记录时，该字段自动取该默认值。

（8）PRIMARY KEY | UNIQUE：以该字段为关键字生成主索引，索引标记与字段同名，生成的索引为结构复合索引的标记。主索引字段值必须唯一。UNIQUE：该字段创建一个候选索引，索引标记与字段同名。

（9）REFERENCES TableName2 [TAG TagName1] [NOCPTRANS]：该子句指定与父表创建一个永久关系。

- TableName2：父表名。它一定是一个数据库表。
- TAG TagName1：指定在父表 TableName2 中的索引标记名。如果缺省 TAG 子句，则使用父表的主码建立永久关系。如果父表没有主索引，Visual FoxPro 将给出一个错误。
- NOCPTRANS：防止对于字符型（C）和备注型（M）字段被转换成不同的代码页。可以仅对字符型或备注型字段设置 NOCPTRANS。这样在表设计器中会出现字符（二进制）、备注（二进制）、Varchar（二进制）的数据类型。

（10）FieldName2 …：指定另一个字段及其特性，它的各参数与定义字段 1 时类似。

（11）PRIMARY KEY eExpression2 TAG TagName2：指定要创建的主索引。eExpression2 指定表中的任一个字段或字段组合。TAG TagName2 为创建的主索引标识的名称。索引标识名最多包含 10 个字符。

因为表只能有一个主索引，如已经创建了一个主索引字段，则命令中不能包含本子句。

（12）UNIQUE eExpression3 TAG TagName3：创建候选索引。一个表可以有多个候选索引。

（13）FOREIGN KEY eExpression4 TAG TagName4 [NODUP]：生成一个外部索引，并建立和父表的永久关系。可以为表创建多个外部索引，但外部索引表达式必须指定表中的不同字段。各子句作用如下：

- FOREIGN KEY eExpression4 TAG TagName4：用来指定建立外码和索引的标记名。
- NODUP：生成一个候选的外部索引。

（14）REFERENCES TableName3 [TAG TagName5]：

指定建立永久关系的父表。可包含 TAG TagName5，为父表建立一个基于索引标识的关系。如果省略 TAG TagName5，则默认用父表的主索引关键字建立关系。

（15）FROM ARRAY ArrayName：指定一个用来生成表的数组。该数组中应包含创建表所需要的各字段的名字、类型、长度和精度。用户可以用 FROM ARRAY 子句代替定义 CREATE TABLE 命令中的个别字段。

2. 示例

【例 6-43】建立文件夹 E:\cjgl，其中有成绩管理数据库 "cjgl.dbc"，包括 4 个表文件：

xs(学号 C(8),姓名 C(8),性别 C(2), V(20),联系电话 C(12),系部代码 C(2), 照片 G)

js(教师代码 C(4), 姓名 C(8),职称 C(6))

kc(课程号 C(4),课程名 V(20),教师代码 C(4))

cj(学号 C(8),课程号 C(4), 成绩 I)

关系模式中带有下划线的字段为主码。请用 CREATE-SQL 命令来创建它们。

（1）创建数据库 "cjgl.dbc"。

RUN MD E:\CJGL

SET DEFAULT TO E:\CJGL

CREATE DATABASE CJGL

（2）创建表 "xs.dbf"。为字段 "系部代码" 设置域完整性规则。

CREATE TABLE xs (学号 C(8) PRIMARY KEY,姓名 C(8) NOT NULL, ;

性别 C(2),联系电话 C(12), ;

系部代码 C(2) CHECK 系部代码 >="01" AND 系部代码 <="08",照片 G)

（3）创建表 "js.dbf"。

CREATE TABLE js (教师代码 C(4) PRIMARY KEY,姓名 C(8), 职称 C(6))

（4）创建表 "kc.dbf"。以 "教师代码" 字段为外码创建与父表 "js.dbf" 的一对多关系。

CREATE TABLE kc (课程号 C(4) PRIMARY KEY,课程名 C(20), ;

教师代码 C(4),FOREIGN KEY 教师代码 TAG 教师代码 REFERENCES js)

（5）创建表 "cj.dbf"。以 "学号" 字段为外码创建与父表 "xs.dbf" 的一对多的永久关系，以 "课程号" 字段为外码创建与父表 "kc.dbf" 的一对多的永久关系。为 "成绩" 字段设置域完整性规则。

CREATE TABLE cj (学号 C(8),课程号 C(4),成绩 I ;

CHECK BETWEEN(成绩,0,100) ERROR "成绩应在 0 到 100 间!", ;

FOREIGN KEY 学号 TAG 学号 REFERENCES xs, ;

FOREIGN KEY 课程号 TAG 课程号 REFERENCES kc)

（6）浏览数据库，结果如图 6-36 所示。

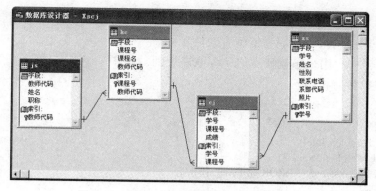

图 6-36　用 CREATE-SQL 创建数据库及表

6.4.2　修改表结构

用户使用数据时，随着应用要求的改变，往往需要对原来定义的表结构进行修改，修改表结构的 SQL 命令是 ALTER TABLE-SQL。

ALTER TABLE-SQL 有三种格式，本节将给出 ALTER TABLE-SQL 命令的详细描述。

1. 格式 1

（1）命令格式

ALTER TABLE TableName1

ADD | ALTER [COLUMN] FieldName1

FieldType [(nFieldWidth [, nPrecision)]) [NULL | NOT NULL]

[CHECK lExpression1 [ERROR cMessageText1]]

[DEFAULT eExpression1]

[PRIMARY KEY | UNIQUE]

[REFERENCES TableName2 [TAG TagName1]] [NOCPTRANS]

[NOVALIDATE]

（2）功能

向表中添加一个新字段或修改一个已有的字段。

（3）说明

- TableName1：指定要修改结构的表的名字。

- ADD|ALTER：ADD 表示添加字段，ALTER 表示修改字段特性。

- 其他参数和子句与 CREATE TABLE 中相同。

- NOVALIDATE：有此选项，Visual FoxPro 修改表的结构不受表中数据完整性的约束。默认时，Visual FoxPro 改变表结构将受到表中的数据完整性约束。

2. 格式 2

（1）命令格式

ALTER TABLE TableName1

ALTER [COLUMN] FieldName2 [NULL | NOT NULL]

[SET DEFAULT eExpression2]

[SET CHECK lExpression2 [ERROR cMessageText2]]

[DROP DEFAULT] [DROP CHECK] [NOVALIDATE]

（2）功能

对表中指定的字段设置、修改或删除缺省值、有效性规则，不影响原有表的数据。

（3）说明

- SET 子句：用来设置缺省值、有效性规则。
- DROP 子句：用来删除缺省值、有效性规则。
- 其他参数与前相同。

3．格式 3

（1）命令格式

ALTER TABLE TableName1
[DROP [COLUMN] FieldName3]
[SET CHECK lExpression3 [ERROR cMessageText3]]
[DROP CHECK]
[ADD PRIMARY KEY eExpression3 TAG TagName2 [FOR lExpression4]]
[DROP PRIMARY KEY]
[ADD UNIQUE eExpression4 [TAG TagName3 [FOR lExpression5]]]
[DROP UNIQUE TAG TagName4]
[ADD FOREIGN KEY [eExpression5] TAG TagName4 [FOR lExpression6]
REFERENCES TableName2 [TAG TagName5]]
[DROP FOREIGN KEY TAG TagName6 [SAVE]]
[RENAME COLUMN FieldName4 TO FieldName5]
[NOVALIDATE]

（2）功能

格式 3 实际上是对格式 1 和格式 2 的功能的综合与补充。可以删除指定表中的指定字段、修改字段名、修改指定表的完整性规则，包括添加或删除主索引、外索引、候选索引及表的有效性规则。

（3）说明

- RENAME COLUMN FieldName4 TO FieldName5：为字段更名。
- ADD 子句：添加。
- DROP 子句：删除。ADD 和 DROP 都是对表一级而言的。
- SAVE：用于 DROP FOREIGN KEY TAG TagName6 子句中，表示在删除索引标记为 TagName6 的外部关键字时，用户可以使用 SAVE 在结构复合索引中继续保持这个索引标记。如果缺省 SAVE，则该标记将从结构复合索引中删除。
- 其他参数和子句意义同前。

4．示例

【例 6-44】在例 6-43 的基础上，使用 ALTER TABLE-SQL 命令为"kc.dbf"表中添加一个新字段"开课学期 C(1)"。

ALTER TABLE kc ADD 开课学期 C(1)

【例 6-45】在例 6-44 的基础上，为新加字段"开课学期"设置域完整性。

ALTER TABLE kc ALTER 开课学期 ;
SET CHECK 开课学期>='1' AND 开课学期<='7' ;
ERROR "开课学期在第 1 到第 7 学期之间"

【例 6-46】在例 6-43 的基础上，将"kc.dbf"表中"课程名"字段改为"课程名称"。

ALTER TABLE KC RENAME COLUMN 课程名 TO 课程名称

【例 6-47】在例 6-43 的基础上，对"kc.dbf"表以字段"课程名称"创建一个候选索引，索引名"课程名称"。

ALTER TABLE kc ADD UNIQUE 课程名称 TAG 课程名称

【例 6-48】在例 6-43 的基础上，对"xs.dbf"表中先添加一个"身高 N(3,2)"字段，然后再将它的宽度改为 4。

```
ALTER TABLE xs ADD  身高  N(3,2)
ALTER TABLE xs ALTER  身高  N(4,2)
```

【例 6-49】删除 xs.dbf 表中刚刚添加的"身高"字段。

```
ALTER TABLE xs DROP  身高
```

6.4.3　删除表

随着数据库应用的变化，往往有些表连同它的数据都不再需要了，这时可以删除这些表，以节省存储空间。删除表使用的 SQL 命令是 DROP TABLE。

1. 命令格式

```
DROP TABLE TableName | FileName | ? [RECYCLE]
```

该命令的功能是：把一个表从数据库中移出，并从磁盘中删除它。

说明：

（1）命令中的各参数均同于前面介绍的各个命令中的意义。

（2）当执行 DROP TABLE 命令后，与表相联系的所有的主索引、缺省值、有效性规则也被删除。如果该表与数据库中的其他表已经建立了关系，则应先解除关系，方可移去或删除。

2. 示例

【例 6-50】在例 6-43 的基础上，将"kc.dbf"从数据库"xscj.dbc"中移去，放入 Windows 回收站。

```
OPEN DATABASE xscj
ALTER TABLE kc DROP PRIMARY KEY
ALTER TABLE kc DROP FOREIGN KEY TAG  教师代码  SAVE
DROP TABLE kc RECYCLE
```

6.4.4　视图

在 Visual FoxPro 中视图是一个定制的虚拟表，可以是本地的、远程的或带参数的。视图可引用一个或多个表，或者引用其他视图。视图是可更新的，它可引用远程表。

在关系数据库中，视图也称作窗口，即视图是操作表的窗口，可以把它看作是从表中派生出来的虚表。它依赖于表，但不独立存在。

视图和查询有许多相同或相似之处，因此对于视图也可通过 CREATE-SQL VIEW 命令来定义或删除。

1. 定义视图

```
CREATE VIEW [ViewName ] [REMOTE]
[CONNECTION ConnectionName [SHARE] | CONNECTION DataSourceName]
[AS SQLSELECTStatement]
```

此命令的功能是：利用 SQL 查询语句创建一个视图。

说明：

（1）ViewName：要生成的视图的名字。

（2）REMOTE：指定使用远程数据源的表或一个远程视图创建视图。缺省时使用本地表创建视图。

（3）CONNECTION ConnectionName[SHARE] | CONNECTION DataSourceName：指定在

打开视图时，建立一个先前已经定义了的联接的名字或需要联接的已经存在的数据源的名字。

（4）AS SQLSELECTStatement：指定一个用来创建视图的 SELECT-SQL 语句。

2．示例

【例 6-51】在数据库"教学管理.dbc"中，建立一个视图文件"zf_view.vue"，用来浏览总分最高的前三名学生的基本信息。

```
OPEN DATABASE  教学管理
CREATE VIEW zf_view AS SELECT TOP 3  学生.* ;
FROM  学生  ORDER BY  总分  DESC
SELECT * FROM ZF_VIEW
```

命令执行后，其结果如图 6-37 所示。

图 6-37　用 CREATE-SQL VIEW 创建视图

3．删除视图

DROP VIEW 命令可以用来方便地删除那些已经失去应用价值的视图。使用 SQL 删除视图的命令格式如下：

DROP VIEW ViewName

该命令的功能是：从当前数据库中删除由 ViewName 给出的视图。

【例 6-52】删除例 6-51 所建立的视图文件"zf_view.vue"。

DROP VIEW zf_view

上述命令与 Visual FoxPro 中删除视图的命令 DELETE VIEW 等价。

至此，在本章中，我们已经介绍了 SQL 中的常用语句，掌握 SQL 不仅对学好 Visual FoxPro 至关重要，而且也是以后使用其他数据库或开发数据库应用程序的基础。由于课程性质的关系，我们只能介绍到这里，希望读者结合查询（或视图）设计器的使用下功夫将 SQL 弄清楚，牢固掌握，并能灵活使用。

第 7 章　Visual FoxPro 程序设计基础

本章学习目标

- 了解程序、程序文件和建立及运行程序文件的方法和命令。
- 掌握程序中常用命令的使用方法。
- 重点掌握 Visual FoxPro 结构化程序设计方法。
- 熟练掌握 IF-ELSE-ENDIF、DO CASE-ENDCASE、DO WHILE-ENDDO、FOR-NEXT、SCAN-ENDSCAN 循环语句的使用。
- 掌握程序设计的模块化思想，学会正确建立过程和函数的方法和使用。
- 了解变量的作用域及其用法。

Visual FoxPro 的命令在操作数据时，可以有三种方式，即：命令方式、菜单方式和程序方式。程序方式对数据库系统而言，是实际应用中主要的工作方式。所谓程序，就是按照解决某一实际问题的要求，将 Visual FoxPro 命令按一定的逻辑顺序组合起来，并以文件（称为命令文件，或源程序文件）的形式存放于磁盘上。这样，计算机就能按照文件中的命令序列自动连续地执行每一条命令，高效率地完成预定任务。

Visual FoxPro 的程序设计包括面向过程的程序设计和面向对象的程序设计。本章和第 8 章分别介绍面向过程程序设计和面向对象程序设计的基本思想和方法。

7.1　程序文件

程序文件是一个文本文件，可以用任何一种编辑软件建立和编辑。Visual FoxPro 提供了程序代码编辑器，使用编辑器可省去调用外部程序的额外内存开销。

7.1.1　程序文件的建立和编辑

建立或编辑 Visual FoxPro 程序文件有两种方式：命令方式和菜单方式。

1. 命令方式

（1）命令格式

MODIFY COMMAND [FileName | ?]

或

MODIFY FILE [FileName | ?]

（2）功能

启动 Visual FoxPro 文本编辑器来建立或编辑程序文件。若程序文件不存在，建立新的程序文件；若程序文件已存在，则从磁盘中调入程序文件到内存，并显示在编辑器窗口以便修改。

（3）说明

①FileName：指定要打开或创建的程序文件名。若不指定新建程序文件的扩展名，Visual

FoxPro 自动指定.PRG 为扩展名。MODIFY COMMAND 支持含有星号"*"和问号"?"通配符（wildcard）。名称与这个文件格式匹配的每一个文件都在编辑窗口中打开。

②若省略文件名，将给打开的编辑窗口赋以一个初始名称"程序 1.PRG"。当关闭编辑窗口时，可以用另外的文件名保存该文件。

③如果使用 MODIFY FILE 命令建立程序文件，则程序文件的扩展名.PRG 不能少。

④?:显示"打开"对话框。可以从中选择一个已有程序或键入要创建的新程序名。

【例 7-1】编写一程序，通过键盘输入一个华氏温度值，然后利用公式 $c = \dfrac{5}{9} \times (f - 32)$ 转换成摄氏温度并输出。其中 f 和 c 分别表示华氏温度和摄氏温度。

用命令方式建立程序文件的方法和步骤如下：

①在命令窗口中键入命令：MODIFY COMMAND Ex07-01，如图 7-1 所示。

②在"ex07-01.prg"编辑窗口中，输入程序所需要的命令行（要求每条命令占一行，如果命令行字符太多，可在关键字后加"_;"，符号"_"表示空格），如图 7-2 所示。

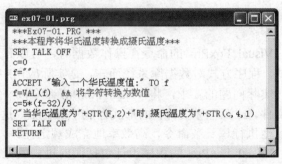

图 7-1　在命令窗口输入命令　　　　图 7-2　程序编辑窗口

程序输入完成后，按 Ctrl+W 组合键，或单击窗口的"关闭"按钮，存盘并返回到命令窗口中。如果放弃该程序的编辑，可按 Esc 键，或按 Ctrl+Q 组合键不存盘退出。

细心观察例 7-1 源程序中的各条命令，可以发现这些命令除 ACCEPT 和 RETURN 外，都是前面交互式下学过且比较熟悉的命令。ACCEPT 命令是在程序方式下的三个交互式输入语句之一，RETURN 命令在这里仅表示程序的结束。不过需要说明的是，除严格按照第 1 章和第 2 章所讲的命令的书写格式外，还需特别强调的是：

● 在书写源程序时，必须严格执行"一行最多写一句"的原则。
● 一句可以占多行，用分号"_;"（符号"_"表示空格）作为续行符，它应出现在上一行的末尾。
● 除在字符串内部根据需要可用全角标点符号外，命令中其他地方所有的标点符号一律使用英文半角标点符号。
● 一个源程序文件只能包含一个程序，否则始终只执行程序文件中的第一个程序。
● 养成良好的源程序书写习惯，采用缩进方式编写源程序，以便程序调试和交流。
● Visual FoxPro 程序对于字母并不区分大小写，为了方便程序的调试与美观，最好所有系统的保留字全部大写，系统会以蓝颜色显示；参数或用户定义的量则一律小写，系统自动以黑色显示。
● 源程序写完后应及时存盘。

2. 菜单方式

（1）建立文件步骤

①打开"文件"菜单，单击"新建"命令，进入"新建"对话框。然后选中"程序"项，进入编辑窗口。

②在编辑窗口输入程序所需要的各个命令行。

③所有命令输入完成后，打开"文件"菜单，单击"保存"命令，或按 Ctrl+W 组合键。此时，系统会自动提示输入程序文件名，输入程序文件名后，系统自动将程序文件存入磁盘。

（2）编辑文件步骤

①打开"文件"菜单，单击"打开"命令，出现"打开"对话框。

②在"打开"对话框中，输入或选择要修改的文件名。然后，单击"确定"按钮，系统自动按输入或选择的文件名将程序文件调入内存，并显示在文本编辑窗口以供修改，如图 7-3 所示。

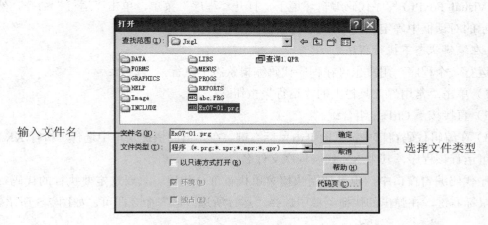

图 7-3　"打开"对话框

③修改完成后，打开"文件"菜单，单击"保存"命令，或按 Ctrl+W 组合键，系统将修改后的程序文件用原文件名存盘，而修改之前的文件仍保留，只是文件名后的扩展名自动改为.BAK。修改后的程序文件也可重新命名：打开"文件"菜单，单击"另存为"命令，输入新文件名。

按下 Esc 键或 Ctrl+Q 组合键，可放弃本次的修改并退出编辑。

7.1.2　程序文件的运行

程序文件执行时，系统可自动连续执行文件中的每条命令或语句。程序文件的执行有以下命令和菜单两种方式。

1. 命令方式

（1）命令格式

DO ProgramName1 | ProcedureName
[IN ProgramName2] [WITH ParameterList]

（2）功能

将一个 Visual FoxPro 程序或过程从磁盘调入内存并执行。

（3）说明

①ProgramName1：指定要执行的程序的名称，执行的程序可以不包含扩展名，Visual FoxPro 会以.EXE（可执行文件）、.APP（应用程序）、.FXP（已编译的版本）和.PRG（程序）的顺序查找并执行。

使用 DO 也可执行带扩展名（.MPR、SPR 或者.QPR）的菜单程序、表单程序或者查询。

②ProcedureName：指定要执行的过程的名称，详细内容见 7.4 节。

③IN ProgramName2：执行 ProgramName2 指定的程序文件中的一个过程。

④WITH ParameterList：指出要传递给程序或过程的参数列表，详细内容见 7.5 节。

注：系统执行同名的.PRG 文件时，首先将其编译成.FXP 目标文件后再执行。如在命令窗口中输入 DO Ex08-01 并回车，程序的运行结果如图 7-4 所示。

2. 菜单方式

在 Visual FoxPro 程序代码编辑环境下，打开"程序"菜单，单击"运行"命令，然后在屏幕显示的对话框中确定或输入要执行的程序文件名。

3. 在编辑状态下执行程序

要运行一个程序，用户也可在程序代码编辑状态下执行，方法有：

（1）单击"常用"工具栏上的"运行"按钮。

（2）直接按下 Ctrl+E 组合键。

（3）在编辑代码窗口中，直接单击鼠标右键，在弹出的快捷菜单中选择"执行 XX.PRG"命令即可运行该程序，其中 XX 代表程序文件名。

程序代码编辑窗口中，也可使用快捷菜单执行部分代码。只要选定要执行的代码行，然后单击鼠标右键，在弹出的快捷菜单中选择"运行所选区域"命令即可，如图 7-5 所示。

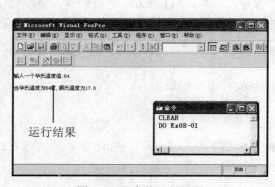

图 7-4　程序的运行界面

图 7-5　运行部分代码

注意：程序在运行时可能出现各种各样的错误，这时可按下 Esc 键或者执行"程序"菜单中的"取消"命令），及时进行中断并返回到程序代码编辑窗口。

7.2　程序中的常用命令

7.2.1　注释命令

为了增加程序的可读性，对程序中的命令适当地加以注释是一个好习惯。对于注释文字，Visual FoxPro 既不检查也不执行。注释命令有以下 3 条命令。

（1）命令格式

NOTE | * | && [Comments]

（2）功能

在程序文件中指示注释行的开始，注释行不可执行。

（3）说明

①NOTE | *：作用相同，用于整行注释，且放在注释行的开始位置。NOTE 要和注释内容以一个空格隔开，而"*"可以没有空格符。

②&&：一般放在一条命令行的后面，常用于对该命令进行说明。

③Comments：指定注释的内容。若注释内容多于一行时，可在注释行的末尾加上一个半角的分号";"，作为续行标志说明在下一行上继续该行注释。

注意：在注释行的后面加入半角的分号";"，表明下一行也是注释行。不能在命令行续行的分号后面加入&&和注释。

例如：

```
NOTE Ex07-01.PRG
* 本程序将华氏温度转换成摄氏温度
f=VAL(f)          && 将字符转换为数值
```

7.2.2　程序中的几个结束命令

当程序执行完毕后，一般使用下面的几个结束命令明确告诉系统结束，以释放内容。

1．返回命令

（1）命令格式

RETURN [eExpression | TO MASTER | TO ProcedureName]

（2）功能

用来结束正在执行的过程，并返回到上级主调过程的调用处，如果 RETURN 所在的过程本身就是主程序，则返回 Visual FoxPro 窗口。当执行 RETURN 命令时，Visual FoxPro 释放 PRIVATE 类型的内存变量。如果省略 RETURN 命令，也执行一个隐含的 RETURN 命令。

（3）说明

①eExpression：返回给调用程序的表达式。如果省略 RETURN 命令或省略返回表达式，则程序自动将"真"（.T.）返回给调用程序。

②TO MASTER：将控制返回给最高层次的调用程序。

③TO ProcedureName：将控制返回给指定过程。

2．终止命令

（1）命令格式

CANCEL

（2）功能

终止程序的运行，清除程序的私有变量并返回到命令窗口。

3．退出命令

（1）命令格式

QUIT

（2）功能

终止程序运行后，清除所有用户内存变量，关闭所有文件，退出 Visual FoxPro，并返回到 Windows 状态。

7.2.3　交互式输入输出命令

1．字符串输入命令（ACCEPT）

（1）命令格式

ACCEPT [cMessageText] TO cMVarName

（2）功能

在屏幕的提示符 cMessageText 的后面，通过键盘输入一个字符串并按回车键，系统将把输入的字符串赋给指定的内存变量 cMVarName，并使程序继续执行后续的语句。

（3）说明

①cMessageText：指定的提示信息文本，缺省时不予提示。

②TO cMVarName：指定写入的字符型内存变量，不得缺省。

注意：由键盘上输入字符串时无需加定界符。如加了定界符，则定界字符也算作字符串的一部分。

【例 7-2】在"学生.dbf"表中，按姓名显示某学生的记录。

程序代码如下：

```
***Ex07-02.PRG ***
NOTE 输入某学生姓名并显示该生情况
set talk off
clear
xm=space(8)
use 学生
accept "请输入姓名: " to xm
display for 姓名=xm off
?'查询完毕'
set talk on
cancel
```

执行上述程序后，输入学生姓名"史努比"并按下回车键，屏幕显示的结果如下：

请输入姓名: 史努比								
学号	姓名	性别	出生日期	系别	总分	团员	简历	照片
s1101108	史努比	男	09/30/95	05	541.0	.T.	Memo	gen
查询完毕								

上面的程序也可改为如下形式：

```
***Ex07-02.PRG ***
NOTE 输入某学生姓名并显示该生情况
set talk off
clear
xm=space(8)
```

```
accept "请输入要查询的表的名字: " to bmz
accept "请输入姓名: " to xm
select * from &bmz where 姓名=xm to screen
set talk on
cancel
```

2. 表达式输入命令（INPUT）

（1）命令格式

INPUT [cMessageText] TO MVarName

（2）功能

与 ACCEPT 功能类似，但它接收由键盘上输入的表达式运算的结果。

（3）说明

表达式可以是由键盘上输入的常量、变量的名字、函数，以及它们和运算符组成的有效算式。表达式数据类型可以是 N、C、L 和 D 型。

表达式如果是常量，则非数值型常量必须有各自的定界符，即输入 C 型数据时，要使用单引号 "'"、双引号 """ 或中括号 "[]" 作为定界符。输入 L 型数据时，T 和 F 两边的小圆点不能省略。输入 D 型数据时，要用 CTOD() 函数或大括号 "{}" 将字符串转换成日期型变量。

若表达式是变量，则该变量必须事先已定义；如果是表达式，则表达式内的各个变量、函数都必须有定义。

【例 7-3】按给定的学号，显示学生的所修课程成绩。

程序编制如下：

```
***Ex07-03.PRG ***
NOTE 输入某学生学号并显示该生所修课程成绩
clear
input '输入要查询的学号:' to xh
select 学号,课程名,成绩,学分 from 成绩 join 课程 on 成绩.课程号=课程.课程号 ;
where 学号=xh to screen
cancel
```

执行上述程序后屏幕显示如下：

学号	课程名	成绩	学分
s1101108	高等数学	65.5	5
s1101108	英语	85.5	4

3. 单字符输入命令（WAIT）

（1）命令格式

WAIT [cMessageText] [TO cMVarName]
[WINDOW [AT nRow, nColumn]] [NOWAIT] [TIMEOUT nSeconds]

（2）功能

显示信息文本并暂停 Visual FoxPro 程序执行，直到用户按任意键或单击鼠标左键或超过时限。此命令的特点是只要按下任意键无需按回车键即可继续向下执行。

（3）说明

①cMessageText：指定要显示的自定义信息。若省略 cMessageText 参数，则 Visual FoxPro 显示默认的信息"按任意键继续……"。如果 cMessageText 参数为空字符串，则不显示信息，直到按某个键，Visual FoxPro 才结束等待，继续执行程序。

②TO cMVarName：将用户所按键的字符存放到该字符型内存变量中，缺省时，则不保存按键的值。

③WINDOW [AT nRow, nColumn]]：该选项可以将所要显示的信息在一个窗口显示，该窗口默认的位置为屏幕的右上角，可使用 [AT nRow, nColumn]子句指定窗口显示位置。

④NOWAIT：在显示信息后，立即继续执行程序。程序并不等待信息从 Visual FoxPro 主窗口中删除，而是从包含 WAIT NOWAIT 的程序行之后紧接的一行开始继续执行。如果省略了 NOWAIT 参数，程序直到信息从 Visual FoxPro 主窗口中删除，才开始执行。删除信息可按某一键或单击鼠标。

⑤TIMEOUT nSeconds：用来设定 WAIT 命令等待的时间，单位为秒。如果超过限定时间，即使用户没做任何操作，程序也将继续运行 WAIT 语句下面的程序语句。

【例 7-4】WAIT 命令练习。

程序编制如下：

```
***Ex07-04.PRG ***
NOTE 这是一个 WAIT 命令的练习程序
CLEAR
WAIT "欢迎学习 Visual FoxPro！" WINDOW；
AT SROWS()/2,SCOLS()/2 TIMEOUT 5
?"Visual FoxPro 是一个关系型数据库系统。"
RETURN
```

运行该程序，当执行到 WAIT 命令时，将在屏幕中心位置出现一个窗口 欢迎学习Visual FoxPro! ，并有提示信息："欢迎学习 Visual FoxPro！"，此时用户只要按下键盘的任意一个键或单击鼠标，或不做任何操作 5 秒钟后，程序都将继续执行而显示出"Visual FoxPro 是一个关系型数据库系统。"

程序中的 SROWS()、SCOLS()函数，分别返回 Visual FoxPro 主窗口可用的行数和列数。

4. CLEAR 命令

在前面各章节中，都接触过 CLEAR 命令，现给出它的完整格式。

（1）命令格式

```
CLEAR
[ALL | CLASS ClassName | CLASSLIB ClassLibraryName | EVENTS | FIELDS
| GETS | MACROS | MEMORY | MENUS | PROGRAM | WINDOWS]
```

（2）功能

从内存中释放指定的项目。如果没有其他子句，则可清除 Visual FoxPro 主窗口中显示的信息，使光标移到窗口左上角。

（3）说明

常用子句如下：

①ALL：除系统变量、编译程序缓冲区、对象类型变量外，关闭其余的所有文件、变量、窗口、菜单，将工作区号置为 1。

②EVENTS：停止用 READ EVENTS 命令所开始的事件处理过程。当 CLEAR EVENTS 命令执行后，程序将继续执行 READ EVENTS 紧后面的程序。

③FIELDS：释放用 SET FIELDS 生成的一个列表，并且执行 SET FIELDS OFF。

④GETS：释放所有的@…GET 控制。

⑤MEMORY：释放除系统内存变量外的所有公共内存变量、私有内存变量和数组。

⑥MENUS：释放所有的菜单定义。

⑦PROGRAM：释放编译程序缓冲区。

其他常用子句如下：

①CLASS ClassName：从内存中清除类的定义。如果创建了类的一个实例，释放该实例以后，Visual FoxPro 仍在内存中保存类定义。因此释放实例以后，还应使用 CLEAR CLASS 从内存中清除类定义。

②CLASSLIB ClassLibraryName：从内存中清除所有包含在可视类库中的类定义。若类库中的类的实例仍然存在，则不从内存中清除类定义，并产生错误信息。但是，内存中所有没有实例的类定义会被清除。

③MACROS：从内存中释放所有的键盘宏，包括任何 SET FUNCTION 定义的功能键。

④WINDOWS：释放用户自定义的窗口定义和从 Visual FoxPro 主窗口或活动的用户自定义窗口清除窗口。使用 CLEAR WINDOWS 也可以释放访问表单的任何系统变量。

7.2.4　格式输入命令

格式输入输出是指在数据输入输出时，可以控制数据在窗口中的输入输出位置。

（1）命令格式

格式 1

```
@<nRow, nColumn> [SAY <Expression1>] GET <MemVarName | FieldName>
[FUNCTION <cFormatCode>] [PICTURE< cFormatCode>]
[DEFAULT <Expression2>]
[RANGE<nLowerBound1>, <nUpperBound>] [VALID <lExpression>]
```

格式 2

```
READ [SAVE]
```

（2）功能

格式 1 是在屏幕指定的坐标位置上显示输入提示信息，然后通过格式 2 激活格式 1 中 GET 子句的变量值。执行到 READ 命令时，光标停在变量位置等待用户对该变量的值进行修改。

（3）说明

①@<nRow, nColumn>：指定@...SAY 命令输出结果的位置。nRow 和 nColumn 分别表示 Visual FoxPro 主窗口（或用户自定义窗口）中系统菜单下面的行数和列数。nRow 从上向下编号，第一行记为第 0 行；nColumn 从左到右编号，第一列记为第 0 列。

②SAY <Expression1>：指定从 nRow，nColumn 处开始计算并显示 Expression1 的内容。

③GET <MemVarName | FieldName>：指显示或保存内容的内存变量、数组元素或字段。

④FUNCTION <cFormatCode> | PICTURE< cFormatCode>：指定决定显示或保存在内存变量、数组元素或字段中内容的格式。表 7-1 和表 7-2 分别列出了 PICTURE cFormatCode（格式符）和 FUNCTION cFormatCode（功能符）的代码及功能。

表 7-1　PICTURE 格式符代码表

代码	功能	代码	功能
A	只允许字母	L	只允许逻辑型数据
N	允许字母或数字	X	允许任何字符
Y	只允许逻辑数据且将小写换成大写	#	允许数字、空格和正负号
9	只允许数字	!	小写转换成大写
$	数值前显示货币符号	.	指定小数点位置
,	分隔多位数字	*	数值前显示*号

表 7-2　FUNCTION 功能符代码表

代码	功能	代码	功能
A	只允许字符、字母	B	数值型数据在显示区左对齐
C	在正数后面显示贷款标记 CR	D	使用当前 SET DATE 设置的日期
E	使用欧洲日期格式 DD/MM/YY	I	使输出值显示在输出字段的中间
J	使输出值显示在输出字段的右边	L	数字显示的前空格用 0 来填写
X	在负数后面显示借款标记 DB	T	去掉表达式的前空格和尾空格
S<n>	字符显示的宽度限制为 n 个字符	Z	数值型数据为 0 时用空格显示
(	用括号将负数括起来	!	将小写字母转换成大写字母
^	用科学记数法显示数据	,	分隔小数点左边的数字
$	用 SET CURRENCY TO 指定的位置显示的货币符号$		

⑤DEFAULT <Expression2>：如果指定的变量不存在，将自动创建并根据 DEFAULT 子句将其初始化。但是，如果 DEFAULT 子句中是一个数组元素，则不创建此数组。当内存变量存在或指定的是字段时，则忽略 DEFAULT 子句。

⑥RANGE <nLowerBound>, <nUpperBound>：表示输入数据的上限 nUpperBound 和下限 nLowerBound。

⑦VALID <lExpression>：该子句表示数据输入和显示的条件 lExpression。

⑧一个 READ 命令可以激活多个 GET 后的变量，但 READ 执行以后，不能再编辑该命令之前的 GET 变量，要想使这些变量仍能被以后的 READ 命令所编辑，可以用 SAVE 子句。

⑨不用 READ 命令，则@…SAY…GET…FUNCTION | PICTURE 可以只用于输出。

【例 7-5】编一程序，用于向"学生.dbf"表中追加记录。

```
***Ex07-05.PRG ***
set talk off
clear
use xs
append blank
@5,20 say "学号:" get 学号
@5,40 say "姓名:" get 姓名
@7,20 say "性别:" get 性别
@7,30 say "出生日期:" get 出生日期
@9,20 say "所在学院:" get 系列
@9,32 say "入学总分:" get 总分  valid 总分>=0 and 总分<=750
@9,50 say "是否团员:" get 团员
read
list
use
set talk on
return
```

程序执行后，屏幕显示如下：

学号:		姓名:	
性别:	出生日期:	/ /	
所在学院:	入学总分:	是否团员:	

在光标处输入各字段的值，按 Enter 键后，再输入下一个字段的值，直到所有字段值输入完毕。如果输入的总分不满足给定的条件，则在屏幕的右上角出现 无效输入 的提示框。

注意：功能描述符（FUNCTION）作用于整个数据，而格式描述符（PICTURE）仅作用于数据中对应位置的单个字符。格式符也称为匹配字符。格式描述符的个数确定输入输出数据的宽度。有时也可以省略功能描述符，而将该功能写在格式描述符之中。其使用格式为：

PICTURE "@功能描述符号 格式描述符号"

例如，下面是一个格式输出的例子，程序如下：

```
clear
x=1999.99
y= -7156.33
z=009901
d=ctod('99.10.13')
@ 2,30 say x function 'b' picture '####.##'
@ 3,30 say y function 'x' picture '####.##'
@ 4,30 say z function 'l' picture '@l ######'
@ 5,30 say d function 'e'
cancel
```

程序执行后显示如下：

```
1999.99
7156.33 DB
009901
13-10-99
```

7.2.5 文本输出命令

Visual FoxPro 提供了一条用于文本原样输出的特殊命令，其使用格式如下：

（1）命令格式

```
TEXT
    TextLines
ENDTEXT
```

（2）功能

在屏幕上按原样显示 TEXT 和 ENDTEXT 之间的内容 TextLines。

（3）说明

TEXT 与 ENDTEXT 是一条命令，不能省略其中任一子句。如果在 TEXT 与 ENDTEXT 中间含有表达式，该表达式必须用括号"<<>>"括起来，并且设置 SET TEXTMERGE 为 ON 状态，否则表达式的值无法输出。

【例 7-6】编一程序，可以对表"学生.dbf"进行追加、修改、删除记录的操作。

```
***Ex07-06.PRG ***
clear
use 学生
text
学生数据记录操作选单
1---追加记录  2---修改记录  3---删除记录
endtext
inpu"请选择项目（1，2，3）："to xz
wait "按任意键继续执行"
close all
cancel
```

7.2.6　其他命令

在 Visual FoxPro 程序中，我们还常常使用几个环境设置的辅助命令。这些命令前面我们已经使用过，这里将其中的含义介绍一下。

1．设置会话状态命令

（1）命令格式

SET TALK ON | OFF | WINDOW [WindowName] | NOWINDOW

（2）功能

Visual FoxPro 命令执行时会在屏幕上显示命令执行的有关信息，称为"会话（TALK）"。会话方式可以帮助用户了解命令执行的情况，但频繁显示的执行信息与输出语句输出结果相互夹杂，既使屏幕显得凌乱不堪，又会严重降低程序的执行速度。用户可通过 SET TALK 命令设置会话状态，决定 Visual FoxPro 是否显示命令结果。

（3）说明

①ON：（缺省值）允许将会话设置到 Visual FoxPro 窗口、系统信息窗口、图形状态窗口或者用户自定义的窗口。

②OFF：在上述窗口中关闭会话。

③WINDOW [WindowName]：指定要打开或关闭会话的用户自定义窗口名。

④NOWINDOW：直接在 Visual FoxPro 窗口关闭或打开会话。

2．设置系统提供保护状态命令

（1）命令格式

SET SAFETY ON|OFF

（2）功能

当用户向 Visual FoxPro 发出修改、删除、清表等涉及到文件安全的命令时，系统给出一个文件操作确认提示窗口，向用户提供下一步操作的选择。是否需要该提示窗口，可通过此命令来设置。

（3）说明

参数 ON 表示需要，默认为 ON；OFF 表示不需要。

3．设置默认路径命令

（1）命令格式

SET DEFAULT TO [cPath]

（2）功能

设置 Visual FoxPro 默认使用的驱动器、目录或文件夹。

（3）说明

参数 cPath 为要设置的缺省路径。若想将默认目录恢复为 Visual FoxPro 启动目录，应使用不带参数的 SET DEFAULT 命令，即：

SET DEFAULT TO

例如，设用户的文件夹为"d:\jxgl"，将该文件夹设置为本次 Visual FoxPro 的缺省路径。

SET DEFAULT TO d:\jxgl

此后，在本次 Visual FoxPro 运行期间，只要文件名中无路径前缀，则一定指的是 d:\jxgl 文件夹中的文件。

4．设置查找文件路径命令

（1）命令格式

SET PATH TO [cPath1] [, | ; [cPath2]]…

（2）功能

指定查找文件的路径。

（3）说明

参数 cPath 用于指定查找文件的目录，用逗号或分号隔开不同的目录。不带参数 cPath 的 SET PATH TO 命令把路径恢复为默认目录。例如，有如下的文件查找命令：

SET PATH TO d:\jxgl\data;e:\VISUAL FOXPRO6

此命令设置成功后，使用文件时，系统首先从默认目录查找文件；若文件不存在，则顺序在 d:\jxgl\data 和 e:\VISUAL FOXPRO6 目录（文件夹）中查询文件，如文件不存在，则出现如图 7-6 所示文件不存在的提示信息对话框。

图 7-6　"系统"提示信息对话框

与 SET DEFAUCT TO 命令一样，SET PATH TO 命令只对本次 Visual FoxPro 运行期间有用。如果再一次运行 Visual FoxPro 时，则需重新设置。

7.2.7　一般程序设计的全过程和流程图的含义

通过上面的例子，我们大致了解了 Visual FoxPro 编写程序的方法和常用命令的使用。不管程序复杂还是简单，一个程序大体都可以分为三个部分。

（1）程序初始化部分

在这个部分中，一般将完成对程序运行环境的设置和变量的初始化工作，如例 7-1 中的 Clear 语句。通常最常用到的是一系列的 SET 语句。

（2）程序主体部分

该部分用来完成本程序的任务。如例 7-1 中从"c=0"语句开始到"?"当华氏温度为"+…"语句之间的语句都是程序的主体语句。

（3）系统环境设置与恢复部分

该部分是当程序预定的任务完成后，在结束程序运行之前，将系统环境恢复到原设置状态，常用的命令有关闭文件、一系列 SET 语句和程序结束语句等。

当然，在程序中也应包含若干个注释语句，以增加程序的可读性，如例 7-1 的第 2 句"NOTE 本程序将华氏温度转换成摄氏温度"。

1．一般程序设计的全过程

一般来说，要完整地编写一个程序，需要经过以下几个步骤：

（1）明确问题：弄清实际问题的基本要求，简化次要因素。

（2）建立模型：确定解决问题的数学方法或图形方法。

（3）构成流程：画出解决问题的方法和步骤的流程图。

（4）编制程序：根据流程图，编写程序。

（5）调试程序：发现和解决程序中的错误。

（6）交用户使用：用户在使用过程中提出意见并进行修改。

（7）最后：程序废弃。

2．几个常见流程图图形和含义

在 Visual FoxPro 程序设计过程中，常常使用下面几个图形符号来构成程序的流程和步骤，它们有：

①开始或结束图：一般用于环境设置和结束命令，如图 7-7 所示。

②过程图：一般用于一个或几个命令的执行，或一个过程的执行，如图 7-8 所示。

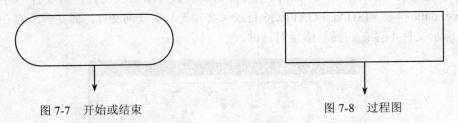

图 7-7　开始或结束　　　　　　　　　　　图 7-8　过程图

③条件图：用于决策，即依据条件执行 A 或执行 B，如图 7-9 所示。

④循环图：用于需要反复执行的程序段，如图 7-10 所示。

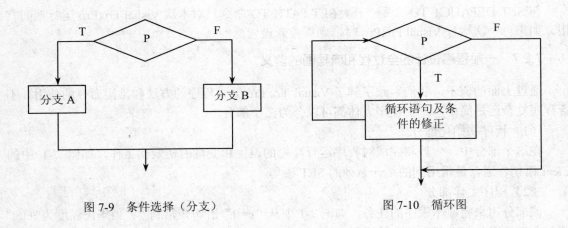

图 7-9　条件选择（分支）　　　　　　　　图 7-10　循环图

7.3　程序的结构与控制命令

程序是计算机解决问题所需的一系列代码化指令、符号化指令或符号化语句，计算机按照一定的顺序执行这些语句，逐步完成整个工作。为了描述语句的执行过程，编程语言提供了一套描述机制，这种机制一般称为"控制结构"，它们的作用是控制语句的执行过程。

描述"控制结构"的语句（命令）称为"控制语句"。带有"控制语句"的程序，我们称该程序是具有结构的程序。

Visual FoxPro 提供的控制结构有三种：顺序结构、分支（或选择）结构和循环结构。

在构造程序时，仅以这三种结构作为基本单元，同时规定基本结构之间可以并列和互相包含，不允许交叉和从一个结构直接转到另一个结构的内部去。结构清晰，易于正确性验证和纠正程序中的错误，这种方法就是结构化方法，遵循这种方法进行程序设计，就是结构化程序设计。这种结构的程序具有以下特点：①有一个入口；②有一个出口；③结构中每一部分都应当有被执行到的机会，也就是说，每一部分都应当有一条从入口到出口的路径通过它（至少通过一次）；④没有死循环，即无终止的循环。

7.3.1　顺序结构

顺序结构（Sequential Structure）是最简单、最基本的一种结构。在这个结构中的命令语句只能按照命令语句在程序中出现的先后顺序逐条执行。如图 7-11 所示，顺序结构的每一块可以包含一条或若干条可执行的命令语句。

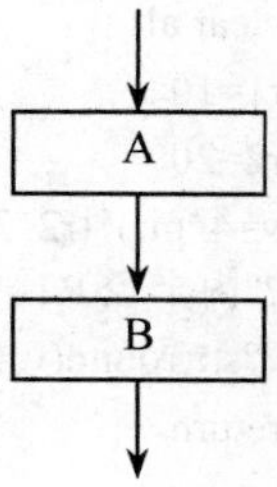

【例 7-7】统计并显示"学生.DBF"和"成绩.DBF"中男同学人数和男团员的所修课程的平均分数。

分析：要统计出男同学人数和男团员的所修课程平均分数，必须首先打开所需的数据表并建立联系，然后使用统计命令 COUNT 和 AVERAGE 进行统计。

程序代码如下：

图 7-11　顺序结构

```
***Ex07-07.PRG***
set talk off
clear
close all
select a
use 学生
index on 学号 to x
count for 性别='男' to N
select b
use 成绩
set relation to 学号 into a
average 成绩 to m for a.性别='男' and a.团员
?'男同学为：'+str(N,3)+'人'
?'男团员所修课程的平均分数：'+str(M,8,2)
return
```

程序运行后，显示的结果如下：

```
男同学为：　7人
男团员所修课程的平均分数：　83.38
```

注：上面的程序也可改成如下形式。

```
***Ex07-07.PRG***
set talk off
clear
close all
select count(学生.性别) as 男生人数 from 学生 ;
where 学生.性别 = '男' into array n
select avg(成绩) as 男生所修课程的平均成绩 ;
from 学生 inner join 成绩 on 学生.学号 = 成绩.学号 ;
where 学生.性别 = '男' into array m
?'男同学为：'+str(n,3)+'人'
```

?'男团员所修课程的平均分数： '+str(m,8,2)

return

【例 7-8】编写一个程序，求一内半径 R1=10cm、外半径 R2=20cm 的球环的体积。要求四舍五入保留到小数点后 4 位。

分析：球的体积公式： $V = \frac{4}{3}\pi R^3$ ，本题所求的球环的体积公式： $V = \frac{4}{3}\pi(R_2^3 - R_1^3)$ 。

程序代码如下：

```
***Ex07-08.PRG***
clear
clear all
r1=10
r2=20
v=4*pi()*(r2^3-r1^3)/3
?"内半径 R1="+str(r1,2)+"cm,外半径 R2="+str(r2,2)+"cm 的球环的体积是： "
??str(round(v,4),12,4)+"立方厘米"
return
```

7.3.2 分支结构

分支结构（Branch Structure）程序可以根据判定或测试的结果，在两条或多条程序路径中选择一条去执行不同的操作。分支结构有两种形式，一种是双分支 IF/ELSE/ENDIF 选择结构，另一种是多分支（路）选择结构 DO CASE/ENDCASE。

1. IF 分支结构

IF/ELSE/ENDIF 结构有如下两种形式：

（1）IF 双分支结构，其命令语句的使用格式如下：

```
IF lExpression [THEN]
     Statements1
[ELSE
     Statements2]
ENDIF
```

该语句的功能是：当程序运行至 IF 语句时，首先判断条件，即逻辑表达式 lExpression 的值，当为"真"（.T.）时，执行程序段 Statements1，否则执行 Statements2。无论是执行语句块 Statements1 还是执行语句块 Statements2，执行完后均执行 ENDIF 后面的语句。

说明：

- 如果"条件表达式"的值为"假"（.F.）或 ELSE 和 ENDIF 之间的命令语句序列不存在，则 IF/ENDIF 之间任何命令语句将不再执行。
- IF 和 ENDIF 必须配对使用，否则系统将出错。
- 如果忽略 ELSE 子句，则 IF 选择结构可简化为 IF 单分支结构。

（2）IF 单分支结构，其命令语句使用格式为：

```
IF lExpression [THEN]
     Statements
ENDIF
```

IF 结构程序的执行流程图，如图 7-12 所示。

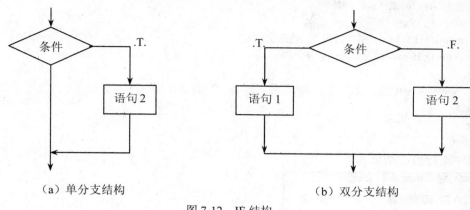

（a）单分支结构　　　　　　　　　　　　　（b）双分支结构

图 7-12　IF 结构

2. IF 分支结构的嵌套

IF 结构中可以出现另一个或多个 IF 结构，称为 IF 分支结构的嵌套或多重选择结构。IF 结构的嵌套形式如下：

```
IF lExpression [THEN]
    Statements1
    IF lExpression [THEN]
        Statements2
        ……
    [ELSE
        Statements3]
        ……
    ENDIF
[ELSE
    Statements4]
    IF lExpression [THEN]
        Statements5
        ……
    [ELSE
        Statements6]
        ……
    ENDIF
ENDIF
```

【例 7-9】编写一程序，当用户输入查询的学生姓名后，可显示学生的情况，如无此学生，则显示对话框"查无此人"。

分析：要查询学生的情况，首先要打开该学生所在学生数据表，然后通过键盘输入要查询的学生姓名。通过输入的姓名和数据表相应的字段的值进行比较，即可得出结论。

程序代码如下：

```
***Ex07-09.PRG***
clear
set century on
use  学生
@3,3 say "请输入要查询学生的姓名:" get na default space(8)
read
locate for  姓名=na
if not eof()   &&条件也可写成  if found()
```

```
@5,7 say "姓名:" get  姓名
@row(),35 say "性别:" get  性别
@row()+1.5,3 say "出生日期:" get  出生日期
@row(),35 say "总分:" get  总分
```
else
```
=messagebox("查无此人!")      &&屏幕上显示一个对话框，详见第 9 章。
```
endif
use
return

程序运行后，结果如下：

```
请输入要查询学生的姓名: 花仙子

      姓名: 花仙子              性别: 女
  出生日期: 07/24/1994          总分: 550.0
```

【例 7-10】某商场为了促进销售，采用了购货打折的优惠方法，即每位顾客一次购货款在 300 元以上，给予 9.5 折优惠；购货款在 600 元以上，给予 9 折优惠；购货款在 1000 元以上，给予 8.5 折优惠。编写程序 SY7-6.PRG，根据优惠条件计算每位顾客的应付货款。

分析：根据给定的条件，设每位顾客购货款为 x，有优惠条件的应付款为 y，应付款的计算表达式如下：

$$y = \begin{cases} x & x < 300 \\ 0.95x & 300 \leqslant x < 600 \\ 0.9x & 600 \leqslant x < 1000 \\ 0.85x & x \geqslant 1000 \end{cases}$$

本题是求一个数据分段函数的值，当 x<300 时，用公式 y=x 来计算 y 的值；当 300≤x<600 时，用公式 y=0.95x 来计算 y 的值；当 600≤x<1000 时，用公式 y=0.9x 来计算 y 的值；当 x≥1000 时，用公式 y=0.85x 来计算 y 的值。由于有多于 2 个选择，因此要使用 IF 结构的嵌套。

程序代码如下：

```
***Ex07-10.PRG***
set talk off
clear all
input "请输入顾客购货款金额" to x
if x>=1000
    y=0.85*x
else
    if x>=600
        y=0.9*x
    else
        if x>=300
            y=0.95*x
        else
            y=x
        endif
    endif
endif
?"每位顾客购货款：",x
```

?"优惠后顾客应付款：",y
return

3. CASE 多分支（路）选择结构

在分支结构的程序中，如果有多于 2 种条件供选择，尽管可以使用 IF 结构的嵌套，但在书写程序时比较麻烦，而且也容易出错，使程序的清晰度降低。为此 Visual FoxPro 提供了一种称为多分支（路）选择结构的语句 DO CASE/ENDCASE。多分支结构语句的语法格式如下：

（1）命令格式

```
DO CASE
    CASE lExpression1
        Statements1
    CASE lExpression2
        Statements2
        ……
    CASE lExpressionn
        Statementsn
    [OTHERWISE
        Statementsn+1]
ENDCASE
```

（2）功能

多分支选择语句在程序运行时，该结构将执行第一个条件表达式为真（.T.）下面的命令语句序列，该命令语句执行完毕后退出选择结构；如果所有条件都不满足，则执行 OTHERWISE 下的命令语句序列。执行完后转向执行 ENDCASE 后续的语句程序，仍然贯彻"分支再多，仅走一路"的原则。

多分支结构的执行流程图如图 7-13 所示。

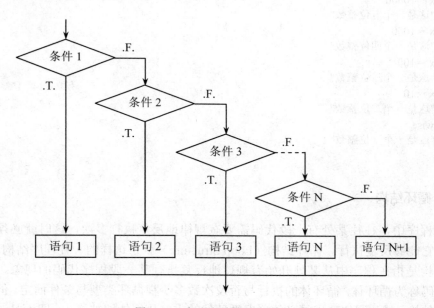

图 7-13　多分支结构的执行流程图

如在例 7-10 中，计算函数 y 值的代码使用多分支结构，其命令程序代码如下：

```
***Ex07-10.PRG***
set talk off
clear all
input "请输入顾客购货款金额" to x
do case
    case x>=1000
        y=0.85*x
    case x>=600
        y=0.9*x
    case x>=300
        y=0.95*x
    otherwise
        y=x
endcase
?"每位顾客购货款: ",x
?"优惠后顾客应付款: ",y
return
```

【例 7-11】从键盘输入一个 0～99999 之间的整数，判断输入的是几位数。

分析：设 x 为输入的整数，如果 $10 \leqslant x < 100$，则为两位数；$100 \leqslant x < 1000$，则为三位数；$1000 \leqslant x < 10000$，则为四位数；$10000 \leqslant x < 100000$，则为五位数；其他则是一位数。

程序代码如下：

```
***Ex07-11.PRG***
set talk off
clear
clear all
input "请输入一个 0～99999 的整数: " to x
do case
    case x>=10000
        ?"这是一个五位整数"
    case x>=1000
        ?"这是一个四位整数"
    case x>=100
        ?"这是一个三位整数"
    case x>=10
        ?"这是一个二位整数"
    otherwise
        ?"这是一个一位整数"
endcase
return
```

7.3.3 循环结构

在编写程序中，往往某处有一段代码需要有规律地反复执行多次，这时就必须提供一种运行机制，它能够反复执行。循环结构（Loop Structure）就是这样的一种程序结构。

循环结构是指在程序中从某处开始有规律地反复执行某一段程序代码的现象。被重复执行的程序代码称为循环体，循环体的执行与否及次数多少视循环类型与条件而定。但无论何种类型的循环结构，其共同的特点是必须确保循环体的重复执行能够被终止，即不是一个无限循环（简称"死循环"）。

循环结构程序的执行流程图如图 7-14 所示。

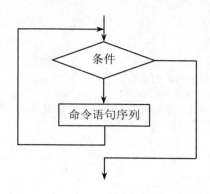

图 7-14　循环结构程序的流程图

Visual FoxPro 系统为用户提供了 3 种用于循环结构的命令语句，即 Do While/EndDo 条件循环结构语句、For/EndFor 计数循环结构语句和 Scan/EndScan 指针循环结构语句。

1. 条件循环 Do While/EndDo

条件循环是根据条件表达式的值，决定循环体内语句的执行次数，也称为当型循环。

（1）命令格式

```
DO WHILE lExpression
     Statement1
     [LOOP]
     Statement2
     [EXIT]
     Statement3
ENDDO
```

（2）功能

该命令语句执行时，先判断条件表达式 lExpression 的值，若为"真"（.T.），则执行循环体内的命令语句序列，即 DO 与 ENDDO 之间的命令；若为"假"（.F.），则执行 ENDDO 后面的命令。

（3）说明

①DO WHILE 和 ENDDO 子句要配对使用。

②DO WHILE lExpression 是循环语句的入口；ENDDO 是循环语句的出口；中间命令语句序列是重复执行的循环体。循环体中除可以使用前面介绍的一般命令外，还可以嵌套使用分支结构。

③LOOP 语句称为循环短路语句。当循环碰见该命令时，立即停止执行 LOOP 和 ENDDO 之间的语句而将控制转移到 DO WHILE 入口语句，使循环进入下次循环。

④EXIT 是强行退出本层循环的语句。在循环中，若条件表达式 lExpression 的值永远为"真"（.T.），这时表达式 lExpression 可直接写成.T.，这样的循环称为无限循环或死循环（Infinite Loop）。一旦遇到死循环，则必须设置有条件的退出机制。

⑤LOOP 和 EXIT 只能在循环语句中使用。

【例 7-12】使用循环结构，统计"学生.dbf"表中总分在 580 分以上的学生人数。

分析：要统计总分在 580 分以上的人数，首先输入一个分数段，然后反复计算在分数段成绩以上者的人数，这就需要循环结构。

程序代码如下：

```
***Ex07-12.PRG***
set talk off
use 学生
stn=0                          &&表示学生的人数
input "请输入要统计学生人数的分数点:" to fs
do while not eof()             &&判断记录指针是指向记录的末尾，并进行循环
    if 总分>=fs
        stn=stn+1
    endif
    skip
enddo
?"学生总分在"+str(fs,3)+"以上者的人数是:"+str(stn,2)
use
return
```

2．计数循环 For/EndFor

计数循环是根据用户设置的循环变量的初值、终值和步长，决定循环体内语句执行次数。

（1）命令格式

```
FOR MemVarName = nInitialValue TO nFinalValue [STEP nIncrement]
    Statements
    [EXIT]
    [LOOP]
ENDFOR | NEXT
```

（2）功能

按指定的次数重复执行一组语句 Statements。

（3）说明

①MemVarName：指定作为计数器的内存变量或数组元素。在 FOR ... ENDFOR 语句执行之前，此内存变量或数组元素可以不存在。

②nInitialValue TO nFinalValue：nInitialValue 是计数器的初始值，而 nFinalValue 是计数器的最终值。

③STEP nIncrement：nIncrement 是计数器递增或递减的步长。如果 nIncrement 为负，则计数器递减；如果省略 STEP 子句，计数器每次的增量为 1。

④Statements：指定要执行的 Visual FoxPro 语句序列。

⑤EXIT 和 LOOP：含义同 DO WHILE...ENDDO。

注意：

- 在遇到 ENDFOR 或 NEXT 之前，始终执行 FOR 后面的语句。执行过程中，每循环一次，计数器 MemVarName 都会递增，增量为 nIncrement（如果省略 STEP 子句，则计数器每次的增量为 1），然后把计数器的值与 nFinalValue 作比较。如果计数器的值小于或等于 nFinalValue，将再次执行 FOR 语句后的命令；如果计数器的值大于 nFinalValue，则退出 FOR ... ENDFOR 循环，程序继续执行 ENDFOR 或 NEXT 之后的第一条命令。

- nInitialValue、nFinalValue 和 nIncrement 只能是初次读入的值。在循环过程中若更改计数器 MemVarName 的值将影响循环的执行次数。但在 FOR 循环体内改变循环终值却并不影响循环次数。循环次数的计算公式为：

$$n = int(\frac{nFinalValue - nInitialValue}{InIncrement}) + 1$$

- 如果 nIncrement 为负，且初始值 nInitialValue 大于最终值 nFinalValue，则每经过一次循环，计数器都将递减。

【例 7-13】求 $\dfrac{1}{1 \times 2} + \dfrac{1}{2 \times 3} + \dfrac{1}{3 \times 4} + \dfrac{1}{4 \times 5} + \cdots + \dfrac{1}{n \times (n+1)}$ 的值，其中 n=20。

分析：这实际上是一个累加过程，设 i 表示某一数值，则表示累加到该数的和 s_i 的通项公式为：$s_i = s_{i-1} + \dfrac{1}{i \times (i+1)}$。每加一项，i 值增加 1。

程序代码如下：

```
***Ex07-13.PRG***
set talk off
clear
clear all
s=0
for i=1 to 20
    s=s+(i*(i+1))^-1
endfor
?s
return
```

3. 指针循环 Scan/Endscan

指针循环（也称记录扫描循环）是在数据表中建立的循环，它是根据用户设置的当前记录指针，对一组记录进行循环操作。

（1）命令格式

```
SCAN [Scope] [FOR lExpression1] [WHILE lExpression2]
    Statements
    [LOOP]
    [EXIT]
ENDSCAN
```

（2）功能

在当前选定的表中移动记录指针，并且对满足给定条件的每一条记录逐条执行循环体内的命令序列。在使用该语句时，必须事先打开一数据表。

（3）说明

SCAN 和 ENDSCAN：SCAN 表示扫描循环结构的开始语句，ENDSCAN 表示循环过程结束语句。

命令格式中其他各参数含义均和前面各命令中的意义相同。当范围和条件子句全缺省时，指全部记录。

例如，在例 7-12 中要统计总分在 580 分以上的学生人数，程序中循环部分可用指针循环进行替换如下：

```
……
scan for  总分>=fs
    stn=stn+1
endscan
?"学生总分在"+str(fs,3)+"以上者的人数是:"+str(stn,2)
……
```

需要指出的是，Visual FoxPro 提供的三种不同的循环控制结构各有特点，使用的范围也各有差异。而最基本的循环则是 DO WHILE…ENDDO 循环，它可以代替其他两种循环。

4. 多重循环

多重循环是指在一个循环语句内又包含另一循环语句，也称循环嵌套（Nested Loop）。下面以条件循环为例说明。循环嵌套的使用格式如下：

（1）命令格式

```
DO WHILE lExpression1
    Statements11
    DO WHILE lExpression2
        Statements21>
        ……
    ENDDO
    Statements12
ENDDO
```

循环结构允许嵌套，这种嵌套不仅限于循环结构自身的嵌套，而且还可以是和选择结构的相互嵌套。

（2）功能

在多重循环中，首先从外循环进入内循环，执行内循环的语句。当内循环的条件为假时，返回到外循环；当外循环的条件为真时，又进入内循环；否则，退出循环。

（3）说明

使用循环语句嵌套时有以下几点要说明：

循环嵌套层次最多可达 64 层，但内循环的所有语句必须完全嵌套在外层循环之中。否则，就会出现循环的交叉，造成逻辑上的混乱。

循环结构和分支结构允许混合嵌套使用，但不允许交叉。其入口语句和相应的出口语句必须成对出现。

下面的循环嵌套是正确的嵌套：

```
For i=j To k
    …
    Do While b
        …
    EndDo
    …
Next
```

```
Do While b
    …
    For i=j To k
        …
    EndFor
    …
EndDo
```

下面的循环嵌套是不正确的嵌套：

```
Do While b
    …
    For i=j To k
        …
    EndDo
        Next
```

```
For i=j To k
    …
    Do While b
        …
    Next
    …
EndDo
```

【例 7-14】公元五世纪《张邱建算经》中的百鸡问题：鸡翁一，值钱五，鸡母一，值钱三，鸡雏三，值钱一，百钱买百鸡。问鸡翁母雏各几何？

分析：设公、母和雏鸡的只数分别为 x、y 和 z，则根据题意有方程式：x+y+z=100；同时

100 只鸡所花的钱数又必须满足：$5x+3y+z/3=100$。两个方程，3 个未知数，是一个典型的不定方程。因此可以采用尝试的方法进行求解，如当给定公鸡数和母鸡数，小鸡数也就确定了。本题可使用两重循环。

程序代码如下：

```
***Ex07-14.PRG***
x=1
do while x<20
    y=1
    do while y<33
        z=100-x-y
        if 5*x+3*y+z/3==100
            ?x,y,z
        endif
        y=y+1
    enddo
    x=x+1
enddo
return
```

【例 7-15】利用数据表"学生.DBF"和"成绩.DBF"，实现平均分数奖励，要求如下：

①对学生表中每个学生，根据其选课成绩，确定是否奖励分数，如果该同学所有选课成绩均在 90 分以上，则奖励该学生 10 分，否则不加分。

②奖励完毕后，以下面的格式显示每个同学的平均成绩和奖励分数。

```
**************学生综合奖励**************
学号        姓名      平均成绩   奖励分
s1101101   樱桃小丸子  83.5
s1101102   茵蒂克丝   84.8
s1101103   米老鼠    82.5
s1101104   花仙子    87.3
s1101105   向达伦    77.0
s1101106   雨宫忧子   58.0
s1101107   小甜甜    76.5
s1101108   史努比    75.5
s1101109   蜡笔小新   95.0       10
s1101110   碱蛋超人   83.5
s1101111   黑杰克    82.7
s1101112   哈利波特   85.3
**************************************
```

分析：要实现奖励加分，首先要求出 90 分以上的课程门数，如果 90 分以上的课程门数和学生所选课程总数相等，则表示所选课程均在 90 分以上，从而实现奖励加分。

程序代码如下：

```
***Ex07-15.PRG***
clear
close all
select 1
use 成绩
index on 学号 tag xh
select 2
use 学生
index on 学号 tag xh
set relation to 学号 into a
?"    **************学生综合奖励**************"
@row()+1,3 say "学号"
@row(),14 say "姓名"
```

```
@row(),26 say "平均成绩"
@row(),36 say "奖励分"
scan
        kc90=0    &&表示 90 分以上的课程门数
        kc=0      &&表示 90 分以下的课程门数
        zs=0      &&表示所选课程总数
        pj=0      &&用于求学生的平均成绩
        xh=学号
        select a
        locate for  学号=xh
        do while .not.eof()
                if 成绩>=90    && 判断是否大于 90 分
                        kc90=kc90+1
                else
                        kc=kc+1
                endif
                zs=zs+1
                pj=pj+成绩
                continue
        enddo
        select b
        if zs=kc90
        @row()+1,3 say  学号
        @row(),14 say  姓名
        @row(),25 say str(round(pj/zs,1),5,1)
        @row(),36 say 10
        else
        @row()+1,3 say  学号
        @row(),14 say  姓名
        @row(),25 say str(round(pj/zs,1),5,1)
        endif
endscan
?"    ****************************************"
close all
return
```

7.4 过程与过程调用

在应用程序中，一般会根据实际的需要将整个系统划分成若干个模块（Block），然后在主控模块的控制下，调用各个功能模块以实现系统的各种功能操作。在 Visual FoxPro 程序设计中，经常会遇到有些运算或程序段落在程序中多次调用的情况，为了有效地解决上述重复调用，可设计出相对独立并能完成特定功能的程序段，这种程序段称为过程（Procedure），有时也被称为子程序（Subprogram）。这样的程序设计称为模块化程序设计（Modularity programming）。

在程序设计中，把被其他过程调用的过程称为被调过程，相对的把调用其他过程的过程称为主调过程或主程序。

主调过程和被调过程的概念是相对的。对于一个过程，相对于上级主调过程它是被调过程，而相对于被它所调的下级过程而言它又是主调过程。Visual FoxPro 允许过程的嵌套调用，最深可以嵌套调用 128 层。

　　模块在调用时，并不是孤立不变的，而是相互依赖、相互作用的，确切地说，就是在模块调用时，它们之间有相互依存的数据信息传递。

7.4.1　过程的建立与调用

　　根据过程的存储位置，过程可分为 4 种不同的类型：独立程序文件过程、程序文件过程、过程文件过程、存储过程。过程必须先建立，然后再调用。

　　独立程序文件过程是一个个独立的.prg 文件。创建的方法同于程序文件，用 DO 命令进行调用。它的缺点是当程序运行时，需要反复地访问磁盘，运行速度较慢。

　　独立程序文件过程建立的方法与建立一般程序的方法相同。

　　如果一个过程只允许一个程序调用，这样的过程称为程序文件过程。与独立程序文件过程所不同的是，每个程序文件过程中至少要有一个返回语句。过程要使用 DO 命令进行调用执行。返回语句的命令使用格式和 DO 命令语句的使用方法，请参阅 7.1.2 节和 7.2.2 节的内容。

　　过程文件过程和存储过程将在 7.4.3 节和 7.4.4 节中给予介绍。

　　下面介绍程序文件过程的建立和调用方法。

1.　定义过程

　　建立程序文件过程的命令是 PROCEDURE，该命令的格式有两种。

　　（1）命令格式

```
PROCEDURE ProcedureName
    [LPARAMETERS parameter1 [ ,parameter2 ] ,... ]
    Statements
    [ RETURN [TO MASTER | TO ProcedureName]
[ENDPROC]
```

或

```
PROCEDURE rocedureName( [ parameter1[ ,parameter2] ,...] )
    Statements
    [ RETURN [TO MASTER | TO ProcedureName]]
[ENDPROC]
```

　　（2）功能

　　定义一个过程或子程序。

　　（3）说明

　　①PROCEDURE ProcedureName：指定自定义过程的开头处和过程的名字。

　　②LPARAMETERS parameter1 [,parameter2] ,...：定义从主调过程传递数据到定义过程的本地（局部）变量或数组。这些变量称为形式参数，简称形参。如果过程有此子句时，则必须将此子句放在过程的开始处，即第一条语句。

　　③([parameter1[,parameter2] ,...])：指定从主调过程传递数据到函数过程的私有变量或数组。

　　④Statements：过程体内 Visual FoxPro 命令序列。

　　⑤RETURN [TO MASTER | TO ProcedureName]：返回程序运行控制到主调过程或其他过程。RETURN 子句可以出现在过程体的任何地方，以便将控制返回到主调过程或别的过程以及返回一个值。如果过程中没有 RETURN 命令，当过程退出时 Visual FoxPro 会自动隐含执行一个 RETURN。

⑥ENDPROC：过程结构的结束语句。该关键字是可选的，如无此关键字，则当过程碰到其他的 PROCEDURE 命令或到达本过程结尾时，也会自动认为本过程定义结束。

2. 调用过程

当过程或子程序编写完毕后，其他程序就可随时调用该过程或子程序。调用过程或子程序使用 DO 语句。DO 语句的语法格式如下：

```
DO ProgramName1 | ProcedureName
[IN ProgramName2] [WITH ParameterList]
```

DO 语句的功能和含义，请参阅 7.1.2 节，这里不再叙述。

【例 7-16】计算 X!+ Y!+ Z!，要求使用独立程序文件过程。

分析：为求三数阶乘之和，可以事先编写一段子程序（factorial）用于求一个数的阶乘，当求第二个数的阶乘时，调用该程序即可，这就是过程的使用思想。

程序代码如下：

第一步：编写求任意数阶乘的程序 factorial.prg。

在 Visual FoxPro 系统命令窗口中键入命令 MODIFY COMMAND factorial，打开程序代码编辑器窗口，输入下面的程序段：

```
*过程，求某数阶乘
***factorial.prg***
f=1
for k=1 to n
    f=f*k
endfor
```

程序代码输入完毕后，按 Ctrl+W 组合键存盘退出。

第二步：编写主程序 Ex07-16.prg。

```
***Ex07-16.prg***
set talk off
clear
clear all
store 0 to s,f    &&s,f 分别表示阶乘之和与数的阶乘
input "请输入数 x=" to x
input "请输入数 y=" to y
input "请输入数 z=" to z
n=x
do factorial
s=s+f
n=y
do factorial
s=s+f
n=z
do factorial
s=s+f
?"x!+y!+z!="+str(s)
Return
```

【例 7-17】利用公式 $e = 1 + \dfrac{1}{1!} + \dfrac{1}{2!} + \dfrac{1}{3!} + \cdots + \dfrac{1}{n!} + \cdots$，编写一程序求欧拉常数（Euler's constant），当通项的值小于 10^{-6} 时，认为达到精度。要求将过程和主程序代码放在一起。

程序代码如下：

```
*求欧拉常数（Euler's constant）
***Ex07-17.prg***
clear
clear all
set decimal to 6
e=1
n=1
do while .t.
    do jc
    if 1/f>10^-6
      e=e+1/f
      n=n+1
    else
      exit
    endif
enddo
?"Euler's constant 的近似值为："，e
return
procedure jc   &&过程，求某数阶乘
public f
f=1
for k=1 to n
    f=f*k
endfor
```

7.4.2　过程文件

由前面可知，过程是作为一个文件独立地存储在磁盘上，每次运行时，必须将程序调入内存。有时候，在一个应用程序中，可能有很多个过程程序，需要时就将该程序调出来使用。过程调用有两种形式，一种为外部调用，如例 7-16。此种方式的调用，如果外部文件利用太多，一是系统容易出错，二来也影响速度。为避免此种情况的发生，可将被调用的各个过程写在一个总的程序文件中，该文件称为过程文件（Procedure File）。一个过程文件由多个过程组成，过程文件的扩展名仍然是.PRG。一次打开一个过程文件，系统可将包含在过程文件中的所有过程都调入到计算机内存中，这样在调用过程时，能有效地提高速度，这样的调用称为过程的内部调用。

Visual FoxPro 允许一个过程文件最多包含 128 个过程。

1．过程文件的建立

（1）命令格式

MODIFY COMMAND ProcedureFileName

（2）功能

建立一个过程文件。

2．过程文件的基本书写格式

在过程文件中，可将以后使用的各个小过程一次性地全部书写出来。在过程文件中书写过程程序段的格式如下：

```
PROCEDURE ProcedureName1
    Statements1
```

```
        RETURN
ENDPROC
PROCEDURE ProcedureName2
        Statements2
        RETURN
ENDPROC
......
PROCEDURE ProcedureNameN
        StatementsN
        RETURN
ENDPROC
```

3．过程文件的打开

在程序中若想调用过程文件中的过程时，需要先打开过程文件，用过之后要及时关闭。

（1）命令格式

SET PROCEDURE TO [ProcedureFileName1 [,ProcedureFileName2, ...]] [ADDITIVE]

（2）功能

打开指定的过程文件，将过程文件中所包含的子程序全部调入内存。

（3）说明

①ProcedureFileName1 [,ProcedureFileName2, ...]：指定打开文件的顺序。SET PROCEDURE 可带有多个文件名，即可以立刻打开多个过程文件。

②ADDITIVE：在不关闭当前已打开的过程文件的情况下打开其他过程文件。

③不带任何文件名的 SET PROCEDURE TO 命令将关闭所有打开的过程文件。也可使用 RELEASE PROCEDURE 命令关闭单个文件。

④若要修改过程文件的内容，一定要先关闭打开的过程文件。

4．执行过程文件中的过程

打开过程文件后，凡包含在该过程文件中的过程即可被调用执行，过程调用的方式是：

DO ProcedureName1 [WITH ParameterList]

功能和含义同前所述。DO 命令可以嵌套，即程序可以调用过程，过程也可以调用其他过程或子程序。

5．关闭过程文件

过程文件在使用完毕后或过程文件修改后，要及时地关闭该过程文件。关闭过程文件可以使用不带过程文件名的 SET PROCEDURE TO 语句，也可以使用专门的关闭过程文件的命令。

（1）命令格式

CLOSE PROCEDURE

或

RELEASE PROCEDURE ProcedureFileName1 [,ProcedureFileName 2...]

（2）功能

CLOSE PROCEDURE 可关闭已打开的所有过程文件，RELEASE PROCEDURE 可关闭指定的过程文件。

【例 7-18】编写一程序，其功能是求出 3～100 之间的所有素数。

分析：对一个自然数 M（取值在 3～100 之间的奇数）求素数的方法是：将 M 依次除以 3 到 M 的算数平方根之间的所有奇数，若均不能被整除，则 M 即为素数，否则，M 不是素数。

程序代码如下：

```
***Ex07-18.prg***
set talk off
clear
j=0
set procedure to prime
do x1
for m=3 to 100 step 2
    i=3
    n=int(sqrt(m))
    do x2
endfor
set procedure to
set talk on
return
```

```
*过程文件名为 prime.prg
procedure x1
    ?"3~100 之间的所有素数:"
    return
procedure x2
    for i=3 to n step 2
        if int(m/i)=m/i
            return
        endif
    endfor
    if int(j/5)=j/5
        ?m
    else
        ??m
    endif
    j=j+1
    return
```

最后运行程序，屏幕显示如下的输出结果。

```
3~100之间的所有素数:
      3           5           7          11          13
     17          19          23          29          31
     37          41          43          47          53
     59          61          67          71          73
     79          83          89          97
```

7.4.3　存储过程*

存储过程（Stored Procedure）是存放在数据库中若干过程的集合。它有以下四个特点：

● 当编写完当前过程后保存并退出编辑窗口时，Visual FoxPro 就立即编译该过程，因此万一源代码中有错误会被立即发现、更正，从而避免了在执行时才发现错误。

● 运行时无需编译因而速度快。

● 随着数据库打开而自动打开。

● 由于存储过程是存储在数据库中的过程，因而对于涉及到数据库表的各种操作，十分方便。不必担心将数据库移动到了另外的目录下而找不到应用程序。

目前，在 Visual FoxPro 中大多使用存储过程。例如当创建了数据库的参照完整性后，系统就会自动向数据库中添加若干个存储过程。

创建存储过程与创建过程文件、程序过程不同，必须使用专门的创建命令。

1. 创建存储过程

（1）命令格式

MODIFY PROCEDURE

（2）功能

打开 Visual FoxPro 文本编辑器，为当前的数据库创建新的存储过程，或者编辑当前数据库中已经存在的存储过程。

（3）说明

在创建或修改存储过程之前必须以独占方式打开一个数据库。存储过程通常用于删除、插入或更新触发器中指定的程序。

当前数据库的存储过程可以像其他已打开的过程文件或程序中的 Visual FoxPro 过程一样执行。

【例 7-19】在"教学管理.DBC"数据库中建立一个存储过程，该存储过程用于给学生成绩打评语。

操作步骤如下：

①在命令窗口中，输入命令：

OPEN DATABASE 教学管理

MODIFY PROCEDURE

上面的一步也可在"教学管理.DBC"数据库设计窗口中，单击"数据库设计器"工具栏中的"编辑存储过程"按钮█完成。

②在打开的"存储过程用于教学管理"代码编辑器中写入下面的内容（在该窗口中输入存储过程代码，可连续或多次输入多个存储过程，但每个过程需以 PROCEDURE 开头，后接过程名）。输入下面的代码：

```
procedure py
    parameters fs
    do case
        case    fs>=90
            dj="优秀"
        case    fs>=80
            dj="良好"
        case    fs>=70
            dj="中等"
        case    fs>=60
            dj="及格"
        otherwise
            dj="不及格"
    endcase
    ?"该学生所修编号为"+课程号+"课程的成绩等级为:"+dj
endproc
```

③输入完毕后按 Ctrl+W 组合键存盘，结束存储过程的设计。

④在命令窗口输入以下命令：

USE 成绩

DO py WITH 成绩

命令执行后，可判断当前记录指针指向的记录的成绩等级。

2. 追加存储过程

使用 MODIFY PROCEDURE 打开存储过程代码编辑器编写存储过程时，如果数据库中事先已存在了若干个存储过程，则它们将全部被打开显示在屏幕上，供人们浏览、修改，但这样容易引起原有的存储过程被破坏。因此最常用的方法是先编写一个独立程序文件过程，待调试正确后，再为之加上过程的开始和结束语句，然后把它追加成当前数据库的存储过程。追加存储过程的命令如下：

（1）命令格式

APPEND PROCEDURES FROM   FileName [AS nCodePage] [OVERWRITE]

（2）功能

把文本文件（.txt）中的一个过程追加成当前数据库的存储过程。

（3）说明

①FileName：指明过程所在的文本文件的名字。

②AS nCodePage：指定过程所在的文本文件的代码页。如果代码页值为 0，则假定文本文件的代码页与当前数据库的代码页相同，不进行代码页的转换。如果忽略 AS nCodePage，Visual FoxPro 将复制文本文件的内容，并自动将文本文件内容转化成 Visual FoxPro 的当前代码页。

③OVERWRITE：指定数据库中的当前存储过程将被文本文件中同名过程所覆盖。如果缺省 OVERWRITE 关键字，则数据库中的当前存储过程将不被覆盖，而文本文件中的过程将被追加到当前存储过程中。

【例 7-20】将前面编写的"py"过程改写成一个单独的程序 py1.prg，然后将它追加到数据库"教学管理.dbc"中，使其成为存储过程。

操作步骤如下：

①在命令窗口中，输入命令：

modify command py1

在程序代码编辑器中，将例 7-19 所编写的过程 py 所用语句复制过来。注意，程序的第一条语句改为 PROCEDURE py1，其他过程类似（如果没有，一定要添加），最后一条语句改为过程结束语句 ENDPROC，存盘。

②打开所需数据库

OPEN DATABASE 教学管理

③将程序文本文件追加为数据库的存储过程：

APPEND PROCEDURE FROM py1.prg

至此，"py1.prg"已由程序文件被追加为"教学管理.dbc"的存储过程。MODIFY PROCEDURE 命令打开存储过程，会发现其中除原来已有的多个过程外，又添加了一个新的过程"py1"。打开项目管理器，选择"数据"选项卡中的"存储过程"选项，会发现其中多了一个过程 py1，如图 7-15 所示。

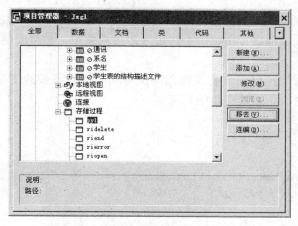

图 7-15　项目管理器中存储过程的内容

3. 复制存储过程

复制存储过程是指将存储过程复制成一个文本文件的操作。

（1）命令格式

COPY PROCEDURES TO FileName [AS nCodePage] [ADDITIVE]

（2）功能

将当前数据库中的存储过程复制成文本文件。

（3）说明

①FileName：要复制存储过程的文本文件的名字。如果该文本文件不存在，Visual FoxPro 将自动生成它。如果文本文件缺省扩展名，则系统会自动添加上扩展名：.txt。

②AS nCodePage、ADDITIVE 意义均同前。

【例 7-21】将存储过程复制成一个过程文件"sp1.prg"。

COPY PROCEDURES TO sp1.prg

MODIFY COMMAND sp1

结果会发现原存储过程中的所有过程，都被复制到了过程文件"sp1.prg"中。

7.5   变量的作用域和参数调用

在 Visual FoxPro 应用程序中，会出现许多内存变量，合理地使用不同属性的内存变量，将会给程序设计带来很多方便。根据变量的作用范围不同，可将变量划分为全局变量（Public）、私有变量（Private）和本地变量（Local）三种。

一个大的数据库应用系统可能包含若干个不同功能的模块程序，在调用模块时，必将涉及模块间的数据信息传递。模块间的数据信息传递有两种形式：第一种是利用变量传递；第二种是利用参数传递。利用变量传递数据时，数据显得零乱，程序也不便于分析，容易出错。解决的方法就是采用参数来传递数据。参数传递可充分保证数据传递的一致性，数据不会出现交叉，也不容易引起混乱。

7.5.1   变量的作用域

在程序设计中，特别是模块程序中，往往会用到许多内存变量，这些内存变量有的在整个程序运行过程中起作用，而有的只在某些程序模块中起作用，内存变量的作用范围称为内存变量的作用域。内存变量根据作用范围不同可分为全局变量、私有变量和本地变量三种。

1. 全局变量

全局变量是指在程序的任何嵌套及在程序执行期间始终有效的变量。程序执行完毕，它们不会在内存中自动释放。全局变量的定义如下：

（1）命令格式

PUBLIC MemVarList

或

PUBLIC [ARRAY] ArrayName1 (nRows1 [, nColumns1])

[, ArrayName2 (nRows2 [, nColumns2])] ...

（2）功能

将内存变量名表中的变量或数组定义为全局变量。

（3）说明

①MemVarList：指定一个或多个要初始化或指定为全局变量的内存变量，变量名之间用半角的"，"隔开。

②[ARRAY] ArrayName1(nRows1 [, nColumns1])：指定一个或多个数组，将它们初始化或

命名为全局数组。ArrayName1 为数组名，(nRows1 [, nColumns1])说明该数组的维数和下标。

③用 PUBLIC 说明的变量，一旦建立，将一直有效。可在命令窗口中直接使用即由系统自动隐含建立的变量也是全局变量。

④在程序中，PUBILC 声明语句既可写在主程序中，也可写在任意一个过程中。用 PUBLIC 语句声明的变量除变量 Fox、FoxPro 被初始化为逻辑真（.T.）外，其余的一律被初始化为逻辑假（.F.）。但对于 Fox、FoxPro 数组，各个元素也将被初始化为.F.。

2. 本地变量

使用 LOCAL 关键字来定义的变量称为本地变量（或局部变量），用 LOCAL 定义变量的格式为：

（1）格式格式

LOCAL MemVarList

或

LOCAL [ARRAY] ArrayName1 (nRows1 [, nColumns1])

[, ArrayName2 (nRows2 [, nColumns2])] ...

（2）功能

声明内存变量和内存变量数组为本地变量（或局部变量），并对其进行初始化。

（3）说明

①在命令 LOCAL 中，参数的使用方法和 PUBLIC 相同。本地变量定义后，系统自动将其初值赋为逻辑假（.F.）。

②本地变量只在定义它的程序中有效，一旦该程序运行完毕，本地变量便被自动清除。

③在书写时，不能将该命令缩写为 LOCA，因为 LOCAL 和 LOCATE 的前四个字母相同。

【例 7-22】分析下面程序的执行情况，并回答程序运行后的结果是什么？

```
***main.prg***                              ***proc12.prg***
clear                                       procedure proc1
set procedure to proc12                     local j
public i,j,k                                i=i*2+1
store 1 to i,j                              j=i*2+1
do proc1                                    do proc2
do proc2                                    procedure proc2
? "i="+str(i,2),"j="+str(j,2),"k="+str(k,2) k=2*j+1
return                                       return
```

分析：在 main.prg 中，定义了 3 个全局变量 i、j 和 k，i 和 j 分别赋予了值 1。在调用过程 proc1 后，因为变量 i 是主程序中定义的变量 i，所以 i 在过程中进行计算后，其值将带回主程序；由于在过程中又定义了和主程序中全局变量名称相同的本地变量 j，故在过程中使用该变量时，将屏蔽主程序中定义的全局变量 j，过程运行完毕后，本地变量 j 被释放，主程序中的 j 变量被恢复；同样道理，在过程 proc2 中将引用主程序中的 j。最后程序运行后的结果是：i=3,j=1,k=3。

3. 私有变量

私有变量是指未经 PUBLIC 命令定义的，只在建立它的过程及下级过程中有效的内存变量。建立私有变量的程序执行完毕，私有变量的值将被自动清除。

凡是过程中未经特殊说明的内存变量，系统一律认为是私有变量，这种方式称隐含定义方式。也可以使用专门命令 PRIVATE 来定义私有变量，即显式定义方式。

在过程中，用 PARAMETERS 语句声明的形参也是私有内存变量。

私有变量的作用域是定义它的过程及其被该过程所调用的各下级过程。当定义私有变量的过程结束运行后，在这个过程中定义的所有私有变量都会自动清除。

（1）命令格式

PRIVATE MemVarList

或者

PRIVATE ALL [LIKE Skeleton | EXCEPT Skeleton]

（2）功能

在当前程序中定义的内存变量说明为私有变量，也可以用来隐藏指定的、在调用程序中定义的内存变量或数组。

（3）说明

①在命令 PRIVATE 中，参数的使用方法与 LOCAL 和 PUBLIC 命令中各参数相同。

②[LIKE Skeleton | EXCEPT Skeleton]为匹配结构，说明具有或排除相同特点的变量为私有变量。匹配结构中可以使用通配符"*"和"?"。

③在同一过程中，隐式或显式定义的私有变量的作用域完全相同。在主程序或上级过程中未经 PRIVATE 语句定义的私有变量，在下级过程中也未经显式定义，那么它的新值可以带回主程序或上级过程；若在下级过程中进行了显式定义，其新值不能带回主程序或上级过程中使用。

④PRIVATE 可以将高层程序中创建的、与私有变量同名的变量隐藏起来，在当前程序中只操作这些私有变量，而不影响被隐藏变量的值。一旦包含 PRIVATE 命令的程序执行完毕，所有声明为私有的内存变量和数组就可恢复使用。

【例 7-23】有下面的程序，试说明过程中全局变量和私有变量的应用。

```
***main.prg***              ***sub1.prg***              ***sub2.prg***
public x1,x12,xyz           priv all like x1*           local xyz12
stor 5 to x1,x12,xyz,x      stor 0 to x1,x12,xyz        x1=x1+1
display memory like x*      x1=x1+1                     x12=x12+1
do sub1                     x12=x12+1                   xyz=xyz+1
? x1,x12,xyz,x              xyz=xyz+1                   xyz12=xyz12+1
display memory like x*      ? x1,x12,xyz,x              display memory like x*
?y                          display memory like x*      return
cancel                      wait
                            do sub2
                            return
```

程序执行到子程序 sub1 的 wait 命令时，变量 x1、x12、xyz、x 的值依次为 1、1、1 和 5；程序执行到 cancel 时，变量 x1、x12、xyz、x 的值依次为 5、5、2 和 5；其中，变量 x1、x12、xyz 是全局变量，x 是私有变量。

执行主程序和过程中的命令 display memory like x*后，有以下结果，如图 7-16 所示。

分析：变量 x1、x12、xyz 在主程序定义的是全局变量，在程序和过程中都有效，在过程中的赋值要带回到主程序；但在过程 sub1 中 x1 和 x12 又重新定义为私有变量并赋予了新值，因此 x1 和 x12 两个变量在使用时屏蔽了主程序中定义的全局变量性质，只在本程序以及该程

序的下级有效。此时如果返回到主程序，x1 和 x12 恢复全局变量的性质。x 在主程序中是隐含
定义，是主程序中的私有变量，使用时相对下一级程序来说具有全局性质；xyz12 是在过程 sub2
中声明的本地变量，作用范围只在 sub2 中有效，超出本过程则无效。

```
变量名          作用范围  类型 值                           机内值          所在程序名
X1             Pub      N   5            (              5.00000000)
X12            Pub      N   5            (              5.00000000)
XYZ            Pub      N   5            (              5.00000000)
X              Priv     N   5            (              5.00000000)   ex07-23

               1         1        1         5
X1             (hid)    N   5            (              5.00000000)
X12            (hid)    N   5            (              5.00000000)
XYZ            Pub      N   1            (              1.00000000)
X              Priv     N   5            (              5.00000000)   ex07-23
X1             Priv     N   1            (              1.00000000)   sub1
X12            Priv     N   1            (              1.00000000)   sub1

按任意键继续...
               (hid)    N   5            (              5.00000000)
X12            (hid)    N   5            (              5.00000000)
XYZ            Pub      N   2            (              2.00000000)
X              Priv     N   5            (              5.00000000)   ex07-23
X1             Priv     N   2            (              2.00000000)   sub1
X12            Priv     N   2            (              2.00000000)   sub1
XYZ12          本地      L   .F.    sub2

               5         5        2         5
X1             Pub      N   5            (              5.00000000)
X12            Pub      N   5            (              5.00000000)
XYZ            Pub      N   2            (              2.00000000)
X              Priv     N   5            (              5.00000000)   ex07-23
```

图 7-16　例 7-23 中变量的显示结果

在本例中，各变量的作用范围如下：

main.prg

public x1,x12,xyz

stor 5 to x1,x12,xyz,x

……

Cancel

sub1.prg

priv all like x1*

……

Return

sub2.prg

local xyz12

……

return

xyz12 只在本过程有效

x1，x12，xyz 在本过程及以下各子过程有效

x1，x12，xyz 在本过程及以下各子过程有效

x1，x12，xyz，x 全局有效

在图 7-16 中，Pub 和 Priv 分别代表变量为全局变量和私有变量；某变量有 hid 说明，则表明该变量有屏蔽数据；"本地"表明该变量为本地变量。最后若有"sub1"字符说明，表明该变量所在的过程范围。

变量 Y 在主程序中没有定义，所以在显示 Y 的值时，该变量不仅没有值，而且系统还出现一个"程序错误"信息提示框，提示"找不到变量'Y'"，如图 7-17 所示。

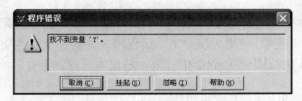

图 7-17　"系统提示"对话框

7.5.2　过程的参数调用

从上面的例题中我们可以看到，在过程调用中使用变量传递数据时，由于变量的个数可能很多，加上变量的作用范围的影响，最后返回的值可能不是用户想要的结果，而且分析起来也不容易。能不能想一种办法，使过程在调用时变量之间不能交叉相互影响，而且也容易分析数值大小。这种方法就是使用参数调用来传递过程之间的数据信息。

在 Visual FoxPro 中，可以使用过程的带参数调用方法，这种方法是：在调用过程的命令和被调用过程的相关语句中，分别设置数量相同、数据类型一致且排列顺序相互对应的参数表。调用过程的命令将一系列参数的值传递给被调用过程中的对应参数，被调用过程运行结束时，再将参数的值返回到调用它的上一级过程或主程序中。这种调用是通过带参数过程调用命令和接收参数命令实现的。

1．带参数调用

（1）命令格式

DO ProgramName1 | ProcedureName [IN ProgramName2] [WITH ParameterList]

（2）功能

调用一般过程或过程文件中的过程，并为被调用过程提供参数。

（3）说明

该命令只用在调用过程的程序中。此处 WITH ParameterList 又称为实参（实在参数）表，其中的参数可以是表达式、常量、已赋值的变量、数组名或用户自定义的函数，参数之间用逗号分开。

2．接收参数

（1）命令格式

LPARAMETERS parameter1 [,parameter2],…

或

PROCEDURE ProcedureName(parameter1 [,parameter2],…)

（2）功能

接收调用过程的命令传递过来的参数。

（3）说明

如果使用第一种形式，该命令语句必须位于被调用过程的第一条可执行语句处。此处 parameter1 [,parameter2],…称为形参（形式参数）表。其中的参数通常为内存变量。一般情况下，形参的个数应大于或等于实参的个数、数据类型要求相同。

调用时实参的个数必须等于或少于形参的个数，当实参的个数少于形参的个数时，则其他形参的值为.F.。

【例 7-24】编写一程序，其功能是用带参调用方法计算任意三角形的面积。

分析：设三角形的边长为 a、b 和 c，面积为 s，由平面几何知识可知，当任意两条边之和

大于第 3 边时，才能构成一个三角形。为求出一个任意三角形的面积可使用公式

$s = \sqrt{p \times (p-a) \times (p-b) \times (p-c)}$，其中 $p = \frac{1}{2} \times (a+b+c)$，该公式称为"海伦公式"。

程序代码如下：

```
***Ex07-24.PRG***
clear
area=0
input "请输入三角形的第一边长：" to s1
input "请输入三角形的第二边长：" to s2
input "请输入三角形的第三边长：" to s3
do triangle with area,s1,s2,s3
?"边长分别为"+str(s1,2)+"、";
+str(s2,2)+"和"+str(s3,2);
+"  的三角形面积是："+str(area,6,1)
Return
***带参数的过程 triangle.prg***
parameters s,a,b,c
p=(a+b+c)/2
if p>0 and p-a>0 and p-b>0 and p-c>0
    s=sqrt(p*(p-a)*(p-b)*(p-c))
else
    ?"给定的三条边不能构成一个三角形!"
endif
return
```

程序运行的结果如下所示：

请输入三角形的第一边长：3
请输入三角形的第二边长：4
请输入三角形的第三边长：5
边长分别为 3、4 和 5 的三角形面积是：6.0

3．参数传递的方式

在带参数的过程调用中，主调过程将实参传递给被调过程的形参，实际上是一种数据的相互交换。这种数据交换的方式有两种，分别是地址传递方式和值传递方式。

地址传递（By Address）是指在实参与形参的参数传递中，将实参自身的存储地址传递给形参。这样它们就使用了同一个存储地址，使得在被调过程中，形参值的任何改变都会反馈给主调过程的对应实参，从而实现参数的双向传递。地址传递又简称为传址，也称为引用传递。

值传递（By Value）是指在实参与形参的参数传递中，系统首先为形参分配一个临时存储单元，然后将对应实参的值复制到该临时单元中，供形参使用。这样的传递，形参和实参实际上并不使用同一个存储地址，因而使得在被调过程中，形参值的任何改变都不会反馈给主调过程的对应实参，从而只能实现参数的单向传递。

在 DO 形式的过程调用中，如无特殊说明，当实参是表达式、常量、文字、自定义函数时传递按传值方式进行，当实参是内存变量名、字段名、数组名时传递按传址方式传递。实参如果是数组名则将数组的首地址传递给形参，形参变量将变成一个和实参数组相同的数组。

如果实参是内存变量而又希望进行值传递，可以用圆括号将该内存变量括起来，强制该变量以值方式传递数据。用圆括号的方法改变变量的传递方式，其格式如下：

DO … [WITH (Parameter1) [,(Parameter2)]…]

【例 7-25】运行下面的程序，分析两种参数传递方式的区别。

```
***ex07-25.prg***
clear
x=5
y=10
z=0
? '调用子程序前参数值： ','x=',str(x,2),'y=',str(y,2),'z=',str(z,2)
do sub1 with   x+5,(y),z                &&调用子程序
? '返回主程序后参数值： ','x=',str(x,2),'y=',str(y,2),'z=',str(z,2)
return
procedure sub1
     parameters a,b,c
     a=a+5
     b=5
     c=a+b
     ?'子程序中对应参数值： ','a=',str(a,2),'b=',str(b,2),'c=',str(c,2)
     return
endproc
```

程序运行后，后屏幕的显示如下：

```
调用子程序前参数值：  x=  5 y= 10 z=  0
子程序中对应参数值：  a= 15 b=  5 c= 20
返回主程序后参数值：  x=  5 y= 10 z= 20
```

分析：x+5 和(y)是按值传递，无需返回，其值不变，而 z 是按地址传递，所以有返回值，其值发生了改变。从本例中，我们可以体会两种不同传递方式的区别。

7.6   自定义函数

在 Visual FoxPro 中，除系统提供了大量的函数外，还允许用户自定义函数以便灵活使用。

1. 自定义函数的定义与调用

在 Visual FoxPro 中，系统提供了众多的函数以供用户使用，但在实际应用中，用户有时需要定义自己的函数。用户自定义函数（User Defined Function，简称 UDF）的建立与过程建立的方法基本一样，不同的地方在于自定义函数一般存在一个返回值，即用户自定义函数包括以.PRG 扩展名保存的独立的程序。

建立自定义函数的命令格式为：

（1）命令 1

```
[LPARAMETERS parameter1 [ ,parameter2 ] ,... ]
Statements
[RETURN [eExpression]]
```

（2）命令 2

```
FUNCTION FunctionName
     [LPARAMETERS parameter1 [ ,parameter2 ] ,... ]
     Statements
     [RETURN [eExpression]]
[ENDFUNC]
```

或

```
FUNCTION FunctionName ( [] )
     Statements
```

　　[RETURN [eExpression]]
[ENDFUNC]
　　（3）功能

　　建立一个函数并能返回一个结果。使用命令格式 2 编写的函数可直接写在主程序的下方，也可用于定义数据库文件的内部函数。

　　自定义函数的调用方法如下：

　　（1）格式

[VarName=] FunctionName([parameter1[,parameter2] ,...])

　　（2）功能

　　用实参替换自定义函数中的形参，运行函数体并返回函数值。

　　（3）说明

　　这里的实参，其实就是自变量。调用无参数的自定义函数时，函数名后的一对圆括号"()"不能省略。如果 VarName（变量名）存在，则函数返回的值将赋给该变量。

　　如果 RETURN 命令不包含返回值或者隐含执行 RETURN，Visual FoxPro 都将返回逻辑真（.T.）。

　　【例 7-26】使用自定义函数，求任意三角形的面积。

　　程序编写步骤如下：

　　①在命令窗口中键入命令：MODIFY COMMAND Ex07-26.PRG，在打开的命令编辑窗口中输入下面的命令代码：

```
***Ex07-26.prg***
***本程序用于求出任意三角形的面积。***
clear
input "请输入三角形的第一边长：" to s1
input "请输入三角形的第二边长：" to s2
input "请输入三角形的第三边长：" to s3
area=triangle(s1,s2,s3)
?"边长分别为"+str(s1,2)+"、"+str(s2,2)+"和"+str(s3,2)+"  的三角形面积是："；
+str(area,6,1)
return
function triangle
parameters a,b,c,s
p=(a+b+c)/2
if p>0 and p-a>0 and p-b>0 and p-c>0
    s=sqrt(p*(p-a)*(p-b)*(p-c))
else
?"给定的三条边不能构成一个三角形!"
endif
return s
endfunc
```

　　②执行该程序，观察屏幕显示结果。

　　2．自定义函数的参数传递方式

　　调用程序与被调用自定义函数（程序）之间的参数传递也有两种方式，即"值"传递方式和"引用（地址）"传递方式。前者只是传递变量的内容，后者传递的是变量的地址。

　　在函数过程的调用中，如无特殊说明，参数传递一律按传值方式进行。要改变参数的传递方式，Visual FoxPro 提供了一条环境设置命令，用于指定参数传递方式，使用语法如下：

（1）命令格式

SET UDFPARMS TO VALUE | REFERENCE

（2）功能

设置参数传递方式，系统默认为传值方式。

（3）说明

若选用 REFERENCE，则设置为"引用（地址）"传递方式；若选用 Value，则设置为"值"传递方式。和 DO 调用中用圆括号"(VarName)"形式将变量或数组的传递由传址改为传值方式相类似，在函数调用且为值传递方式下，也可以用"@VarName"的形式将变量或数组的传递方式由传值改为传址。这种方法比用 SET UDFPARMS TO VALUE|REFERENCE 更方便。

注意： "@VarName"的形式对过程程序的参数传递不起作用，过程间的参数传递默认为地址传递。如果要使用值传递，请使用表达式或在变量上加一对括号"()"。

【例 7-27】程序运行结束后，观察和分析屏幕上显示的结果。

```
***Ex07-27.prg***
clear
x = 1
y = 1
z = 1
aa(x)
?"第一次调用后：",x,y,z
x = 1
y = 1
z = 1
z = aa(@x)
?"第二次调用后：",x, y, z
return
function aa(z)
    x = y + z
    y = z + x
    z=x+y
    return z
endfunc
```

分析：

①第一次调用时。语句 aa(x)是一个按值传递，即将 x 的值 1 传递给函数 aa()过程中的形参 z。

语句 x=y+z 中的变量 z，未加说明，我们认为是函数 aa()过程中隐含定义的一个私有变量，z=1。经过计算，x 的值为 2。类似地，y=3，z=5。

函数 aa()过程调用后，变量 z 是私有变量，用完之后消失，且语句 aa(x)是一个按值传递，z 的值也不传递给 x。故屏幕显示结果为：2，3 和 1。

②第二次调用时。语句 aa(@x)是一个按地址传递，经过计算，x=2，y=3，z=5。函数 aa()过程调用后，z 的值传递给 x，而语句 z=aa(@x)又将函数的计算结果赋给了 z。因此，屏幕显示结果为：5，3 和 5。

【例 7-28】随机生成 10 个 10～99 之间的整数，然后采用冒泡排序法从小到大将各个元素排序。

分析：

①生成 10～99 之间的整数，可使用 INT(RAND()*90+10)。

②所谓冒泡排序法（又称为下沉排序法）的思想是：首先进行第一趟冒泡，从数组的第一个元素开始，每一个元素都和它的下一个元素进行比较，如果小于等于下一个元素则元素位置不动，如果大于下一个元素则交换两个元素的位置。一直比较到数组的结束，这样最大的元素肯定位于数组的最后一个元素中。然后进行第二趟冒泡，从数组的第一个元素开始，到倒数第二个元素结束，继续上述的过程，使数组中次大的数位于数组的倒数第二个元素中。依此类推，当执行到第 n 趟冒泡时，如果数组的结束位置是第二个元素，则该趟冒泡之后数组就成为一个有序数组。

例如，假设有 6 个数 8、6、9、3、2、7。其冒泡排序过程如下：

①第一趟冒泡：比较 8 和 6，6 比 8 小，交换两个元素位置；比较 8 和 9，8 比 9 小，两个元素位置不变。依此类推，第一趟冒泡结果为 6、8、3、2、7、9。

②第二趟冒泡：比较 6 和 8，6 比 8 小，两个元素位置不变；比较 8 和 3，3 比 8 小，交换元素位置。依此类推，第二趟冒泡结果为 6、3、2、7、8、9。

③第三趟冒泡：比较 6 和 3，3 比 6 小，交换两个元素位置。依此类推，第三趟冒泡结果为 3、2、6、7、8、9。

④第四趟冒泡：比较 3 和 2，2 比 3 小，交换两个元素位置。依此类推，第四趟冒泡结果为 2、3、6、7、8、9。

经过上述过程，原来的数组变为一个有序数列。可以得出：假设数组的长度为 N，则需要经过 N-1 趟冒泡才可以使该数组有序。在第 I 趟排序中，需要元素比较 N-I 次才可以达到冒泡的目的。

本题的程序如下：

```
***Ex07-27.prg***
***程序中，用数组为参数来实现数据的冒泡排序。***
CLEAR
n=10
DIMENSION s(n)
FOR   i=1 TO   n
     S(i)=INT(RAND()*90+10)      &&随机生成 10 个 10～99 之间的整数
NEXT   i
?"排序前原始数组各元素的值"
Arrprint(@s,n)
DO bubble WITH s,(n)
?"排序后数组各元素的值"
SET UDFPARMS TO REFERENCE
Arrprint(s,(n))
RETURN
*bubble 过程
FUNCTION bubble(x,m)
     FOR i=1   TO   m-1
          FOR   j=m   TO   i+1 STEP -1
               IF x(j-1)>x(j) THEN
                    t=x(j)
```

```
                        x(j)=x(j-1)
                        x(j-1)=t
                ENDIF
            NEXT
        NEXT
ENDFUNC
PROCEDURE   arrprint
    LPARAMETERS   x,m
    ?
    FOR i=1 TO m
        ??STR(x(i))
    NEXT
    ?
ENDPROC
```

程序运行后，屏幕上显示的结果如下。

排序前原始数组各元素的值									
17	56	74	56	90	49	21	15	40	58
排序后数组各元素的值									
15	17	21	40	49	56	56	58	74	90

第8章 面向对象程序设计初步

本章学习目标

- 理解什么是面向对象的程序设计思想。
- 理解对象及对象的属性、事件和方法的含义。
- 掌握面向对象程序设计的一般方法，理解表单识别事件的能力。
- 掌握表单（Form）的建立过程和执行方式。
- 理解并会使用表单常用的属性、事件和方法。
- 理解表单的数据环境以及数据环境的操作和使用方法。
- 熟悉用户自定义属性与方法程序的使用。

Visual FoxPro 的程序设计包括面向过程的程序设计和面向对象的程序设计。面向对象的程序设计方法与编程技术不同于标准的面向过程的程序设计。程序设计人员在进行面向对象的程序设计时，不再单纯地从代码的第一行一直编写到最后一行，而是考虑如何创建对象，并利用对象来简化程序设计和提供代码的可重用性。

本章介绍面向对象（表单）程序设计的基本思想和方法。

8.1 一个实例

现在以例 8-1 为例，以面向对象的形式进行编程设计和说明，从而引出面向对象（表单）的程序编写方法。

【例 8-1】试编写一程序，使得用户可在屏幕通过键盘输入一华氏温度值，然后通过公式 $c = \dfrac{5}{9} \times (f - 32)$ 转换成摄氏温度并输出，程序运行的界面如图 8-1 所示。

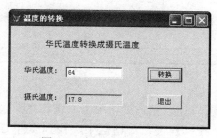

图 8-1 例 8-1 的运行界面

要建立例 8-1 程序的运行界面，可以按照以下的方法和步骤：

（1）单击"常用"工具栏上的"新建"按钮 ，或打开"文件"菜单，单击"新建"命令，出现"新建"对话框，如图 8-2 所示。

图 8-2 "新建"对话框

新建表单程序也可直接在命令窗口中输入以下命令：
CREATE FORM [表单文件名.SCX | ?]
或
MODIFY FORM [表单文件名.SCX | ?]

（2）在"新建"对话框中，选择"表单"选项。然后，单击"新建文件"按钮，这时系统打开"表单设计器"窗口，如图 8-3 所示。

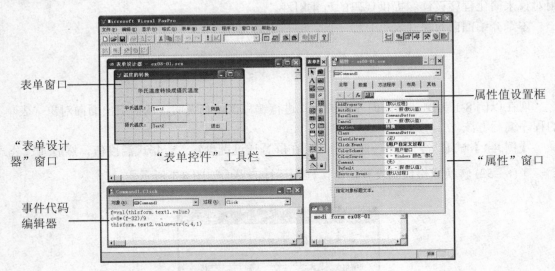

图 8-3 "表单设计器"窗口

（3）将鼠标移动到表单窗口任意空白处，单击右键，在弹出的快捷菜单中，单击"属性"命令，打开"属性"对话框。在"属性"对话框中，找到属性 Caption，在"属性值设置框"处输入表单的标题名"温度的转换"。

（4）单击"表单控件"工具栏中的"标签"按钮 **A**（如果工具栏尚未打开，可单击"显示"菜单中的"表单控件工具栏"命令），并将鼠标移动到表单窗口的一个合适位置单击，可创建一个标签对象 Label1；用同样的方法，在表单中添加另两个标签 Label2 和 Label3；单击

"文本框"按钮 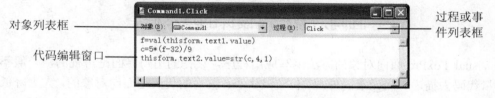，添加两个文本框 Text1 和 Text2；单击"命令"按钮 ，添加两个命令按钮 Command1 和 Command2。表单中各控件对象的属性值设置如表 8-1 所示。

表 8-1　表单各控件的属性及设置

对象	属性	属性值	说明
Form1	Caption	温度的转换	设置表单标题显示的文本内容
Label1	Caption	华氏温度转换摄氏温度	设置标签控件的标题文本
	FontName	宋体	字体名
	FontSize	11	字号大小
	AutoSize	.T.	设置标签控件对象是否自动调整大小
Label2	Caption	华氏温度：	设置标签控件的标题文本
	FontName	宋体	字体名
	FontSize	10	字号大小
	AutoSize	.T.	设置标签控件对象是否自动调整大小
Label3	Caption	摄氏温度：	设置标签控件的标题文本
	FontName	宋体	字体名
	FontSize	10	字号大小
	AutoSize	.T.	设置标签控件对象是否自动调整大小
Command1	Caption	转换	设置命令按钮控件的标题文本
Command2	Caption	退出	设置命令按钮控件的标题文本

（5）双击"转换"命令按钮 Command1，打开其事件代码编辑器，如图 8-4 所示。

图 8-4　事件代码编辑器窗口

（6）在"过程"下拉列表框中，找到事件 Click，然后在代码编辑窗口输入下面的内容：

```
f=VAL(ThisForm.Text1.Value)
c=5*(f-32)/9
ThisForm.Text2.Value=STR(c,4,1)
```

（7）同样为"退出"命令按钮 Command2 编写事件 Click 的代码如下：

```
ThisForm.Release
```

（8）表单程序的保存。单击"常用"工具栏中的"保存"按钮 （或按 Ctrl+W 组合键，也可单击"表单设计器"窗口右上角的"关闭"按钮 ），打开"另存为"对话框。将表单以指定的文件名称（如 Ex08-01.SCX），保存到指定的磁盘以及文件夹中。

（9）表单文件的运行。要运行该表单，可以使用下面几种方法：

● 在命令窗口中输入命令：

```
DO FORM <表单文件名>
```

- 打开"程序"菜单，单击"运行"命令（或按下组合键 Ctrl+D），出现"运行"对话框，如图 8-5 所示。在"文件类型"后单击下拉列表按钮■，选择"表单"选项，然后在"执行文件"处，选择要运行的表单文件名，然后单击"运行"按钮。

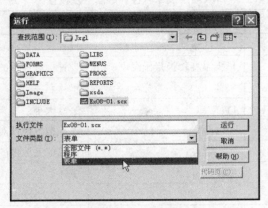

图 8-5　"运行"对话框

- 在编辑或打开表单设计器时，如果要运行该表单，可单击"常用"工具栏的"运行"按钮■（或按下组合键 Ctrl+E）。

不管使用上述哪一种方法，均可出现图 8-1 所示的运行界面。

与第 7 章的例 7-1 进行比较，可以发现，本程序运行时，界面友好、输入与输出显示格式整齐、操作方便、程序采用事件驱动方式。这就是所谓的 Visual FoxPro 面向对象的程序设计思想。

什么叫对象？面向对象程序设计（Object Oriented Programming，简称 OOP）的思想又是什么呢？本章中，我们将逐步给予介绍。

8.2　面向对象程序设计的基本概念

使用 Visual FoxPro 面向对象的方法编写应用程序，设计的用户界面是可视的，一般不需要编写大量代码去描述界面元素的外观、位置及大小；编写的代码是面向对象的，大大降低了编程难度，而传统的编程则是面向问题的编程方法，需要很细致地描述过程的每一步。

面向对象程序设计、可视化程序设计方法、事件驱动编程机制都是我们要学习的新概念。

1. 对象（Object）

现实生活中对象到处可见，一个实体可以被认为是一个对象，如一辆汽车、一台电视或一匹马都可看作一个对象。对象是具有某些特征的具体事物的抽象。每个对象都具有能描述其特征的属性。一匹马有颜色、体重、年龄、雌雄等属性，又有脾气、习惯等行为。

在自然界中，对象是以类划分的，如牛、马、汽车、电视等。在 Visual FoxPro 中，表单（Form）和控件都被称为对象。工具箱内是 Visual FoxPro 系统设计好的标准控件类，当在表单上画一个控件时，就将标准控件类转换成一个特定的对象，即创建了一个控件对象。在 Visual FoxPro 中，一个按钮、一个标签框、一个图片框都可以看成一个对象。

在 Visual FoxPro 中对象既有表面特征，如颜色、大小、位置等；也有行为特征，如用鼠标单击某一对象显示了信息。然而对计算机内部而言，对象既包含数据，又包含对数据操作的方法和能响应的事件。对象是将数据、方法和事件封装起来的一个逻辑实体。

一个对象的数据是按特定结构存储的，方法是规定好的操作，事件是对象能够识别的事情。因此也可以说对象是一些属性、方法和事件的集合。

2. 对象的属性（Property）

对象都具有属性（数据），如特征、性质和状态。比如一匹马，它有一些我们能看见的外貌特征，如大小、颜色等，也有一些我们看不见的内在特征，如产地、年龄等。一匹马和一头牛，它们有共同的特征也有不同的特征。

在 Visual FoxPro 中，每个对象都有一些外观和行为，它们是描述对象的数据。这些外观和行为称为属性。属性描述了对象应具有的特征、性质和状态，不同的对象有不同的属性。有些属性是大部分对象都具备的，如标题、名称、大小、位置等；有些属性则是某一个对象所特有的。不同的属性使对象具有不同的外观和行为。在实际使用中，不必设置每一个对象的所有属性，许多属性可以采用缺省（默认）值。

3. 对象事件（Event）

在现实生活中，常有事件发生，发生的事件和对象又有联系。如马是一个对象，骑士鞭打跑动的马是一个事件。同样在 Visual FoxPro 中，也有许多对象的事件，如单击（Click）事件、加载（Load）表单事件等。事件（Event）就是对象上所发生的事情。事件只能发生在程序运行时，而不会发生在设计阶段。对于不同的对象，可以触发许多不同的事件。

在 Visual FoxPro 中，对象有如下几个特点：

- 事件是 Visual FoxPro 中预先设置好的，能够被对象识别的动作。
- 不同的对象能够识别不同的事件。

在 Visual FoxPro 中每一个事件都有一个固定的名称，系统为对象预先定义好了一系列事件，并为每一个事件起了一个名字，它们是 Visual FoxPro 的保留字，不能写错或用作其他用处，如 Click、DbClick、Init、Load、MouseDown 等。

不同类型的对象所识别的事件可能不同，当事件由用户触发（如 Click）或由系统触发（如 Init）时，对象就会对该事件作出响应。

4. 事件过程

当马在遭受骑士鞭打时，会加快步伐。这是因为在马的头脑中存储了要对鞭打做出反应的指令，正是这些指令指挥了马的行为方式。同样当事件被触发（由用户或系统）时，对象就会对该事件作出响应。如单击应用程序的"关闭"按钮，计算机将会执行一系列的操作，这些操作就是对象对事件作出的响应。响应某个事件所执行的程序代码称为事件过程。对用户而言，事件过程得到所需的结果；对计算机而言，事件过程是执行代码。因此有的事件过程由用户编写，有的则由系统确定。

编写事件过程的一般方法：

- 双击要编写事件过程的对象（也可双击该对象"属性"窗口中相应的事件过程名），打开如图 8-4 所示的事件代码编辑器。
- 在"过程"下拉列表框中找到所需的事件，如 Click 事件。
- 编写对象对该事件所响应的动作程序，如 Release ThisForm，表示单击该对象时，可关闭表单。

通常 Visual FoxPro 的对象可以响应一个或多个对象事件，所以一个对象能够建立一个以上的事件过程，即可以使用一个或多个事件过程对事件作出响应。

5．方法（Method）

方法是指在特定对象上进行的操作，在面向对象程序设计中，方法就是某些规定好的特殊过程和函数，如显示、绘画等。Visual FoxPro 将这些特殊过程和函数封装起来，供程序员直接调用。方法与事件过程有相同之处，即它们都要完成一定的操作，都和对象发生联系，对象不同，允许使用的方法也不同。

方法与事件过程也有不同，如：

● 事件过程是对某个事件的响应，而方法不能响应某个事件。

● 用户必须考虑响应事件的过程，但不必考虑方法的实现过程，方法是系统预先设置好的，程序员不能修改。

● 为了使对象响应事件，用户必须编写事件过程的代码，但对方法的使用只能按照 Visual FoxPro 的约定直接调用。

可用下面的格式调用方法：

（1）格式

[Form.]Object.MethodName([parameter1 [,parameter2],…])

（2）功能

调用某对象的一个方法，如：ThisForm.Release 表示调用了当前表单的一个方法 Release，该方法可以从计算机内存中释放表单所占的内存，即清除表单。

（3）说明

在调用方法时，有些方法需要参数，有的则不要。

8.3　Visual FoxPro 表单程序的工作方式

在面向对象程序设计中，对象是系统中的实体。Visual FoxPro 的对象包含表单和控件，对象有属性、事件和方法三要素。

属性是对象的特征，不同的对象有不同的属性，如名称、标题、大小和位置等。

事件是由系统预先设置好的，是对象可以识别的动作。不同的对象可以识别不同的动作，大多数对象都能识别 Click 单击事件、DbClick 双击事件等。

方法是系统为对象设计好的过程，使用方法可以使对象完成相应的任务，不同的对象可使用的方法不同，如表单可以使用 Release 方法。

在编写事件过程代码时，应用程序是基于对象编写的，编写的程序不是告诉系统要执行的全部步骤，而是响应用户操作的简单具体动作。正是由于这种编写程序的方法（面向对象的程序设计），决定了运行程序时要采用事件驱动机制。一般程序的工作方式如下：

①启动应用程序，加载并显示表单。

②等待事件的发生。

③当有事件发生并且存在相应的事件过程，便执行一次事件过程。

④重复①和③，直到接收到结束命令为止。

Visual FoxPro 采用了面向对象的程序设计方法和事件驱动的编程机制，在运行程序时，程序按用户的要求执行相应的任务。

面向对象程序设计的优点是：

● 无须过多考虑程序的整体结构，易于组织应用程序。

- 由于对象是封装的，编程时可以很容易地重复使用代码。
- 程序是模块化的，便于应用程序的维护。
- 用可视化工具进行辅助设计，简化了应用程序的开发。
- 预先设置了对象的属性、方法和事件，提高了编程效率。

应用程序代码易于分层组织，整个工程包括若干模块，每个模块又包含若干过程。过程内部采用结构化程序设计，增加了程序的易读性。

8.3.1　面向对象的程序设计开发窗口

在 Visual FoxPro 中，系统提供了称为"表单设计器"的工具来建立表单程序的窗口界面。"表单设计器"的界面通常由标题栏、菜单栏、工具栏等组成，工具按钮有相应的提示信息。打开"表单设计器"后，Visual FoxPro 的主菜单栏增加一项"表单"。"表单设计器"窗口还有"表单控件"工具栏、对象"属性"窗口、"数据环境设计器"等，如图 8-6 所示。

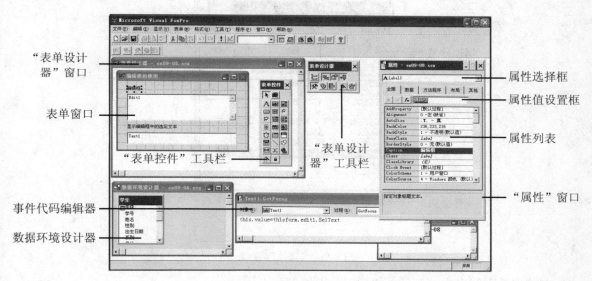

图 8-6　"表单设计器"窗口

1. 标题栏

标题栏位于窗口最上部，显示窗口控件菜单图标、标题和"最小化"按钮 、"最大化"/"还原"按钮 / 、"关闭"按钮 。

初次启动 Visual FoxPro"表单设计器"窗口后，标题栏中的标题是"表单设计器-文档 1"。其中"文档 1"是默认的表单文件名，这是系统为用户指定的默认名称，存盘时用户可以为表单另起一个新的名称。Visual FoxPro 把表单窗口界面视为一个表单程序；"表单设计器"是 Visual FoxPro 开发表单程序的工具名称。

2. 菜单栏

当打开表单设计器后，Visual FoxPro 主菜单中即添加一名为"表单"的菜单项，单击可弹出菜单的所有命令。该菜单可以完成有关表单的操作。

3. 工具栏

一般情况下，当打开表单设计器时，系统即刻弹出一个工具栏，如图 8-7 所示。

图 8-7　"表单设计器"工具栏

在"表单设计器"工具栏上单击相应按钮，如"布局"按钮 ，即弹出"布局"工具栏。

4. "代码"窗口

单击"表单设计器"工具栏上的"代码"窗口按钮 ，可打开如图 8-6 所示的事件代码编辑器窗口，用户可在该窗口中选择特定对象，针对该对象特定的事件编写所要完成动作的程序代码。

5. "属性"窗口

单击"表单设计器"工具栏上的"属性"窗口按钮 ，打开对象"属性"窗口，如图 8-8 所示。"属性"窗口用来为表单和对象设置各种属性，如颜色、字体、大小和位置等。

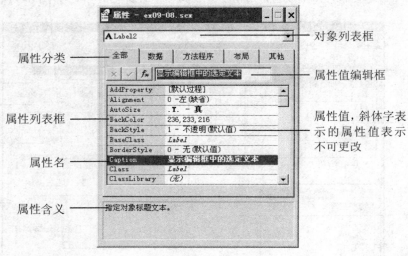

图 8-8　"属性"窗口

在"属性"窗口中，各部分的作用分别如下：

- 对象：用于选择欲设置属性的对象。单击右侧的下拉按钮 ，可显示出对象名称列表。
- 属性分类：共有五个属性分类选项卡，用于选择显示不同类别的属性。属性名与属性值显示在属性列表框中。
- 属性值编辑框：用于设置属性值。在编辑属性值时，有时允许用户输入确定的信息，有时允许用户选择特定的值或选项。属性值输入后，单击"确定"按钮 （或按下 Enter 键），可改变属性值；单击"取消"按钮 （或按下 Esc 键），可取消刚输入的信息；单击"表达式生成器"按钮 ，可打开表达式生成器窗口。
- 属性列表框：设置和显示对象属性的地方。分为左右两列，左列显示所选对象的所有属性名，右列显示相应的属性值。单击可选择某属性，也可以将鼠标移至两列的分隔处，这时鼠标指针变为 ↔，再按下左键左右移动可调整左右列的宽度。
- 属性含义：当在属性列表框中选择某一属性时，在该区域显示所选属性的含义或说明信息，方便设计人员理解。

8.3.2　"表单控件"工具栏

打开表单设计器后，单击"表单设计器"工具栏中的"表单控件工具栏"按钮 ，弹出"表单控件"工具栏，如图 8-9 所示。

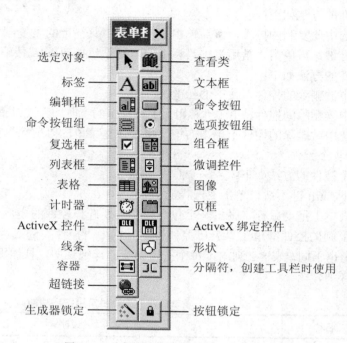

选定对象 ——— ——— 查看类
标签 ——— ——— 文本框
编辑框 ——— ——— 命令按钮
命令按钮组 ——— ——— 选项按钮组
复选框 ——— ——— 组合框
列表框 ——— ——— 微调控件
表格 ——— ——— 图像
计时器 ——— ——— 页框
ActiveX 控件 ——— ——— ActiveX 绑定控件
线条 ——— ——— 形状
容器 ——— ——— 分隔符，创建工具栏时使用
超链接 ———
生成器锁定 ——— ——— 按钮锁定

图 8-9　"表单控件"工具栏

在"表单控件"工具栏中，每个控件用一个图标按钮表示。一般情况下，工具栏存放着建立表单所需的常用控件，也称内部控件。

1. 控件的画法

绘制一个控件对象有如下两种方法：

- 单击"表单控件"工具栏中相应的按钮，这时鼠标在表单窗口区域中变为"十"型，然后在需要的地方单击，即可画出所需对象。
- 单击"表单控件"工具栏中相应的按钮，这时鼠标在表单窗口区域中变为"十"型，然后在需要的地方拖动鼠标画出对应的控件对象。

单击"表单控件"工具栏中相应的按钮，之后再单击"按钮锁定"按钮 （或双击某控件按钮），用户可在表单区域画出多个同类控件对象。完毕后，再单击"按钮锁定"按钮，即可解除控件按钮锁定状态。

2. 控件的缩放和移动

缩放控件的方法如下：

- 将鼠标指针对准控件的小方块，当出现双向箭头时（ 或 ）拖动鼠标即可改变控件的宽度和高度。
- 按下"Shift+方向箭头"键也可改变控件的大小。

此外，还可在"属性"窗口修改下述控件属性值来改变选中控件的大小和位置，它们是：Left、Top、Width 和 Height。

移动控件的方法如下：

- 将鼠标指向活动的控件，拖动控件到所需位置。
- 按下"方向箭头"键也可移动控件的位置。

3. 控件的复制和删除

复制控件的方法如下：

- 先选中要复制的控件，然后单击"常用"工具栏上的"复制"按钮 或按下 Ctrl+C 组合键，再单击"常用"工具栏上的"粘贴"按钮 或按下 Ctrl+V 组合键。

删除控件的方法如下：

- 选中欲删除的控件，按下 Del 键。
- 选中欲删除的控件，单击"常用"工具栏中的"剪切"按钮 或按下 Ctrl+X 组合键。
- 在选中欲删除的控件上单击右键，单击快捷菜单的"剪切"命令。

4. 选择多个控件

选择多个控件的方法如下：

- 按下 Shift 键不放，单击要选择的多个控件。
- 在表单上拖动鼠标，画出一个包含或交叉要选择控件的矩形。

在表单上画的控件继承了"表单控件"工具栏中"控件"的属性、事件和方法，控件类别不同，作用也不同。表 8-2 列出了每个按钮功能的详细说明，具体用法将在后续内容中通过具体实例来详细介绍。

表 8-2　"表单控件"工具栏常用按钮功能

按钮	名称	说明
	选定对象	移动和改变控件的大小。在创建了一个控件之后，"选择对象"按钮被自动选定，除非按下了"按钮锁定"按钮
	查看类	可以选择显示一个已注册的类库。在您选择一个类后，工具栏只显示选定类库中类的按钮
A	标签	创建一个标签控件，用于保存不希望用户改动的文本，如复选框上面或图形下面的标题
abl	文本框	创建一个文本框控件，用于保存单行文本，用户可以在其中输入或更改文本
a	编辑框	创建一个编辑框控件，用于保存多行文本，用户可以在其中输入或更改文本
	命令按钮	创建一个命令按钮控件，用于执行命令
	命令按钮组	创建一个命令按钮组控件，用于把相关的命令编成组
	选项按钮组	创建一个选项按钮组控件，用于显示多个选项，用户只能从中选择一项
	复选框	创建一个复选框控件，允许用户选择开关状态，或显示多个选项，用户可从中选择多于一项
	组合框	创建一个组合框控件，用于创建一个下拉式组合框或下拉式列表框，用户可以从列表项中选择一项或人工输入一个值
	列表框	创建一个列表框控件，用于显示供用户选择的列表项。当列表项很多，不能同时显示时，列表可以滚动
	微调控件	创建一个微调控件，用于接受给定范围之内的数值输入
	表格	创建一个表格控件，用于在电子表格样式的表格中显示数据
	图像	在表单上显示图像
	计时器	计时器控件，可以在指定时间或按照设定间隔运行进程。控件在运行时不可见

按钮	名称	说明
	页框	显示控件的多个页面
	ActiveX 控件	向应用程序中添加 OLE 对象
	ActiveX 绑定控件	与 OLE 容器控件一样，可用于向应用程序中添加 OLE 对象。与 OLE 容器控件不同的是，ActiveX 绑定控件绑定在一个通用字段上
	线条	设计时用于在表单上画各种类型的线条
	形状	设计时在表单上画矩形、圆角矩形、正方形、圆角正方形，椭圆或圆等形状
	容器	将容器控件置于当前的表单上
	分隔符	在工具栏的控件间加上空格
	超链接	创建一个超级链接对象
	生成器锁定	为任何添加到表单上的控件打开一个生成器
	按钮锁定	可以添加同种类型的多个控件，而不需多次按此控件的按钮

8.3.3　"布局"工具栏

"布局"工具栏主要用于布置对象、控件对象的相对位置和大小。图 8-10 展示了"布局"工具栏中的按钮及其简要说明。使用时只需要同时选定多个控件，再单击相应按钮即可达到所需的对齐方式。

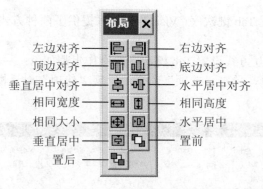

图 8-10　"布局"工具栏

8.3.4　"调色板"工具栏

"调色板"工具栏用于改变控件的颜色。既可改变前景色，也可改变背景色，只需单击图 8-11 中的相应按钮，并从中选择一种颜色即可。

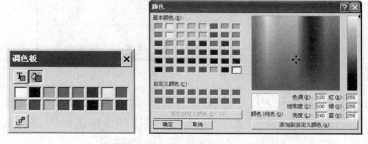

图 8-11　"调色板"工具栏

8.3.5 设置焦点与设置 Tab 键次序

1. 焦点

焦点是指当前处于活动状态的并能接受用户鼠标操作或键盘输入的控件。可以通过方法程序使控件获得焦点，也可以设置 Tab 键控件表单中的控件获得焦点的次序。

通过代码设置焦点如下：

（1）格式

Object.SetFocus

（2）功能

使指定的控件获得焦点。

（3）说明

Object 代表一个控件，SetFocus 表示焦点方法。如 ThisForm.Text1.SetFocus，表示使本表单中的 Text1 文本框获得焦点。其获得焦点的标志是光标文本的闪动。

2. 设置 Tab 键次序

设计表单时，系统按照放置控件的先后次序自动给每个控件指定一个获得焦点的次序号，这称为 Tab 键次序，其数值反映在控件的 TabIndex 属性中。默认第 1 个控件的 TabIndex 值为 1，第 2 个为 2，依次类推。当表单运行时，用户可以按 Tab 键选择表单中的控件，使焦点在控件间移动。

用户也可以自行设置 Tab 键次序，Visual FoxPro 提供了两种方式来设置 Tab 键次序，即交互方式和列表方式。

（1）交互方式。交互方式设置 Tab 键次序的操作步骤如下：

①打开"工具"菜单，单击"选项"命令，出现"选项"对话框，选择"表单"选项卡，如图 8-12 所示。

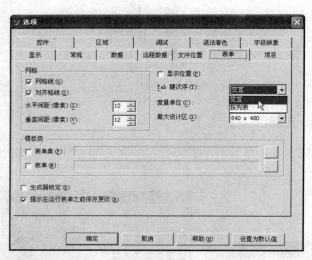

图 8-12 "选项"对话框中的"表单"选项卡

②从"Tab 键次序"下拉列表框中选择"交互"（这也是系统默认方式）。

③单击"表单设计器"工具栏上的"设置 Tab 键次序"按钮，进入设置 Tab 键次序状态，如图 8-13 所示，此时每个控件上出现深色的 Tab 键次序号。

④如果双击某个控件的 Tab 键次序号，该控件将成为第 1 个控件。

⑤可依次单击其他 Tab 键次序号改变它们的 Tab 键次序号。

⑥单击表单空白处，确认设置并退出设置状态；如果按 Esc 键则表示放弃设置。

（2）列表方式。列表方式设置 Tab 键次序的操作步骤如下：

①在图 8-12 所示的 "Tab 键次序" 下拉列表框中选择 "按列表"。

②单击 "表单设计器" 工具栏上的 "设置 Tab 键次序" 按钮，出现 "Tab 键次序" 对话框，如图 8-14 所示。

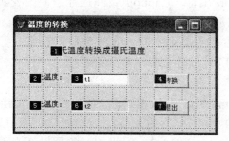

图 8-13　交互式设置 Tab 键次序

图 8-14　列表方式设置 Tab 键次序

③拖动控件左侧的移动按钮可改变控件的 Tab 键次序号。

④单击对话框中的 "按行" 或 "按列" 按钮，则可从上到下、从左到右地设置各控件的 Tab 键次序号。

8.4　建立表单程序的方法

通过上例可以看出 Visual FoxPro 程序设计最主要的工作是设计应用程序界面和编写事件代码。设计程序界面的主要任务是在表单上绘制控件（对象）、设置属性。编写事件代码是书写 Visual FoxPro 语句，这些代码被称为事件过程。事件是由系统预先设置好的，它是对象可以识别的动作，如例 8-1 的 "转换" 或 "退出" 命令按钮能够识别鼠标的单击事件。当运行程序时，用户若用鼠标单击 "转换"（Command1）命令按钮便发生了 "命令按钮单击事件"，此时系统会响应该事件，至于作出什么响应，要看事件过程的具体代码。Visual FoxPro 采用面向对象事件驱动的方法。

8.4.1　建立表单程序的方法

1. 创建一个表单

启动 Visual FoxPro 后，在 "常用" 工具栏上单击 "新建" 按钮 📄，在随后弹出的 "新建" 对话框中单击 "表单" 选项，再单击 "新建文件" 按钮，打开 "表单设计器" 窗口。

2. 为表单添加对象

建立好表单后，便可为表单添加其他对象。例如，在例 8-1 中为表单添加了两个命令按钮、三个标签控件和两个文本框控件。

若是在表单中画出几个相同类型的控件，则控件序号依次自动增加，如命令按钮控件 Command1、Command2 等。

3．设置对象属性

对象属性是对对象的描述，它包括名称、标题、颜色、大小、外观、位置、行为、字体等特征，当把工具栏的控件画到表单上时，它就继承了工具栏中控件的属性，用户可根据应用要求设置对象的属性。有的属性值可以由用户随意指定，有的则是由系统规定了若干值，只能选取其中之一，有的则不能进行修改。

如果用鼠标单击某一属性时在属性值的右侧显示 ▼ 按钮或 ... 按钮，单击该按钮会弹出属性预设值的下拉列表或对话框，供用户选择其中的属性值。

新建表单的名称 Name 和标题 Caption 属性的隐含值为 Form1，这样的属性值用户可以任意指定。要注意区分名称 Name 属性和标题 Caption 属性。Caption 属性是标题，改变表单的 Caption 属性便改变了表单的标题；"名称"属性则是在程序中如何称呼该对象。

在表单上添加的控件也有各自的属性，由于控件的类别不同，每一类控件都有自己特有的属性，不同类别的控件也有许多相同的属性，如所有控件都有名称 Name 属性，也有许多不同的属性。

大部分的 Visual FoxPro 控件都有 Height、Width、Top 和 Left 属性，其中 Top 和 Left 属性决定了控件在表单中的位置，Height 和 Width 属性决定了控件的大小。这样的属性值一般是在用鼠标拖动控件时自动跟随改变的。除此之外，在 Visual FoxPro 中设置对象属性还有两种途径：一是在"属性"窗口中直接设置；二是在程序代码中利用命令语句设置，如设置某标签的 Caption 属性为：ThisForm.Label1.Caption="标签的使用"。

4．编写代码

要使一个表单对象或控件对象完成一定的动作，就需要对该对象所能响应的事件编写完成动作的事件过程代码。如例 8-1 中"转换"命令按钮的 Click 事件代码为：

```
f=VAL(ThisForm.Text1.Value)
c=5*(f -32)/9
ThisForm.Text2.Value=STR(c,4,1)
```

其中，ThisForm 代表当前表单，Text2 代表表单中的第 2 个文本框，Value 表示该文本框的一个属性。

5．保存表单

设计好的表单程序应该以文件的形式保存到磁盘上。保存表单可以使用下面的方法：

● 单击"常用"工具栏上的"保存"按钮 📄。
● 打开"文件"菜单，单击"保存"命令或"另存为"命令。
● 单击"表单设计器"窗口右上角的"关闭"按钮（或按下 Ctrl+W 组合键），系统正常存盘后退出。

6．表单运行与关闭

表单设计完毕后，可运行该表单。表单既可在设计状态下运行，也可在命令窗口下运行；或使用菜单方式进行。

表单的关闭通常是通过单击表单右上角的"关闭"按钮来实现的，为此必须在"属性"窗口中设置表单的 Closable 属性值为真（.T.），或者执行 Release 命令。

也可以用 Clear All 或 Clear Windows 或 Release Windows 命令从程序或命令窗口中关闭正在运行的表单。

此外，还可以用事件来驱动程序的运行。例如，在表单中设置一个"退出"命令按钮，在该命令按钮的 Click 事件代码中输入如下语句：

ThisForm.Release 或 Release ThisForm

这样，用户单击"退出"命令按钮时触发 Click 事件，执行 Click 事件代码中的 Release 命令关闭并释放当前表单。

8.4.2 表单的属性、事件和方法

表单是所有控件的"容器"，各类控件必须建立在表单上，利用表单还可以显示运算结果。在 Windows 的应用程序中用户界面称为窗口，窗口代表表单及其上面的对象。同其他对象一样，表单也具有一定的属性、事件和方法等。

1. 表单的主要属性

表单属性规定了表单的外观和行为，经常在设计阶段进行设计，当然，表单的很多属性也可以在程序运行阶段进行修改。在程序代码中引用属性的格式为：

Object.PropertyName

命令功能是：引用某对象的一个属性。在引用属性时，属性名和对象名之间一定要用引用符"."隔开。

下面介绍表单的几个常用属性。

（1）Name 属性

在程序中它是识别表单的标识符。Visual FoxPro 中第一个建立的表单默认名称是 Form1，再接着创建的表单名称分别为 Form2、Form3 等。名称属性为只读属性，只读属性的含义是，这样的属性只允许在界面设计时修改，在程序中不能修改。

Name 属性只能在"属性"窗口设置，在程序中可以引用但不能够修改。

（2）Caption 属性

Caption 是标题属性，标题显示在表单的标题栏中，以便从外观上识别不同的对象。它和名称是完全不同的属性，用户在对象上看不到名称，而标题却随时可见，它永远显示在标题栏中。标题属性既可以在界面设计时修改，也可以在代码中设置。Caption 属性是字符数据类型，在代码中修改字符类型的属性变量时，要把字符型数据赋给这样的变量。

如要修改表单 Form1 的标题为"Visual FoxPro 程序设计"，可以在表单的 Click 事件代码中加入下面的语句：

ThisForm.Caption="Visual FoxPro 程序设计"

这里 ThisForm 代表当前活动的表单，Caption 是表单的标题，是对象的属性。

要在界面设计时修改表单 Caption 属性，方法是先选中表单，即单击表单任意一处空白处，用"属性"窗口来改变对象的属性。在属性列表中，左侧显示所选对象的属性名称，右侧显示对应的值，用户可以修改右侧的属性值。如要把表单 Form1 标题换成"Visual FoxPro 程序设计"，则要选中 Caption 属性，然后在属性值编辑框中输入需要的标题字，表单标题随之改变。

注意：在"属性"窗口修改 Caption 属性值时，不要输入定界符""""。

（3）BackColor 属性

BackColor 属性设置表单背景颜色，Visual FoxPro 默认的表单背景颜色是灰色的，要在界面设计时设置表单 BackColor 属性，应先选中表单，用"属性"窗口来改变对象的属性。在属性列表中左侧选中 BackColor 属性，在属性值编辑框直接输入颜色值，如红色(255,0,0)，或单击编辑框右侧"颜色"按钮，打开"颜色"对话框，用户选择一种颜色并单击"确定"按钮，表单背景颜色随即改变。

表单背景颜色也可在程序运行中改变，如在表单的 Click 事件代码中输入命令：
This.BackColor=GetColor()

则当用户单击表单任意处时，系统弹出"颜色"对话框，选择某一种颜色后单击"确定"按钮，该颜色即作为表单的背景色。

（4）ForeColor 属性

用于设置表单的前景颜色，其设置方法同 BackColor 属性。

（5）FontName 属性

表单中显示文本的字体名，既可以在界面设计时设置表单的 FontName 属性，也可以在程序中修改。

FontName 属性是字符型，如要在表单的 Label1 中以楷体字显示文本，可用下面语句完成：
ThisForm.Label1.FontName="楷体_GB2312"

设置字体的一般格式如下：

Object.FontName=[cFontName]

（6）字体大小 FontSize

该属性是数据型，用于设置对象文本的文字大小。设置字体的一般格式如下：

Object.FontSize=[nFontSize]

如 ThisForm.Label1.FontSize=30。数值越大，显示文字越大。

（7）改变文字的风格

用于设置对象显示文字的风格，主要有 FontBold、FontItalic、FontUnderLine、FontStrikethru，分别用于设置对象文字为"粗体"、"斜体"、"下划线"和"是否带删除线"。

设置字体风格的一般格式如下：

Object.FontBold[| FontItalic | FontUnderLine | FontStrikethru]=.T. | .F.

（8）表单的位置属性 Left 和 Top

表单的 Left 和 Top 属性为数值类型，表单的位置由它们来决定。运行程序时，屏幕是表单的容器，表单相对于屏幕的位置，如图 8-15 所示。

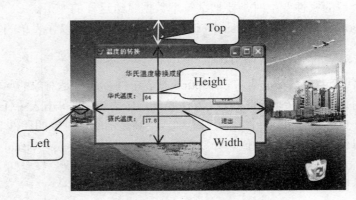

图 8-15　表单的位置和大小

表单的 Left 属性值是屏幕左边到表单左边的距离，Top 属性值是屏幕上边到表单上边的距离。

Left 和 Top 属性既可以在界面设计时设置表单的位置，也可以在程序中修改。

（9）表单的大小属性 Height 和 Width

表单的大小由表单的 Height 和 Width 属性决定，如图 8-15 所示，分别代表表单的高度和宽度。Height 和 Width 属性是数值型。

（10）图片 Picture 属性

该属性是字符型。表单的 Picture 属性决定表单是否在加载一幅图片，该属性既可以在界面设计时设置，也可以在程序中修改。若在界面设计时要为表单加载一幅图片，则应先选择表单，在"属性"窗口的属性列表中选择 Picture 属性，然后在属性值编辑框中输入所需的图片文件名称，如 d:\vfp 程序\0024.jpg；或单击编辑框右侧的"省略号"按钮，系统弹出"打开"文件对话框，在该对话框中，用户可选择所需的图形文件。

在程序代码中也可使用 Picture 属性将一幅图片加载到表单中，使用的格式如下：

①格式

Object.Picture[= cFileName | GeneralFieldName]

②说明

cFileName 和 GeneralFieldName：指定的一个 .BMP 或 .ICO 文件以及有图形的通用字段名。例如，下面的语句可将放在文件夹 d:\jxgl\image 中的"阿童木.bmp"加载到当前表单中。

ThisForm.Picture="d:\jxgl\image\阿童木.bmp"

（11）图标 Icon 属性

该属性是字符型，表单的 Icon 属性决定是否设置控制菜单框所用图标。该属性的设置方式与图片 Picture 属性相同。

在 Visual FoxPro 中图标文件的类型为 *.ico。

运行程序时，该图标显示的控制菜单框也是最小化的图标。只有表单的 ControlBox 属性设置为"真"（.T.）时，该属性才有意义。

表 8-3 列出了表单的其他属性及其含义，供练习时参考。

表 8-3　表单的其他常用属性及其含义

属性	缺省值	说明
AlwaysOnTop	.F.	控制表单是否总是位于其他打开窗口的顶部
AutoCenter	.F.	控制表单初始化时是否在 Visual FoxPro 主窗口中自动居中位置
BorderStyle	3	控制表单是否无边界或者有单线、双线或系统边界。缺省为 3，表示系统边界，可以放大表单
Closable	.T.	控制是否可以通过双击关闭按钮来关闭表单
DataSession	1-全局可访问	控制表单或者表单集中的表是全局可访问的还是表单私有的
Enabled	.T.	指定表单或控件能否响应由用户引发的事件，通俗地说，就是对象可否使用
MaxButton	.T.	控制表单是否有一个最大化按钮
MinButton	.T.	控制表单是否有一个最小化按钮
Movable	.T.	控制表单是否可移动到屏幕的新位置
ScaleMode	3-像素	控制对象大小和位置的量度单位
ShowTips	.F.	控制位于表单对象和工具栏对象上的控件是否显示工具提示
ShowWindow	0-顶层表单	控制表单是子表单、浮动表单还是顶层表单
Visible	.T.	决定表单是否可见，多用于表单集和多重表单中，参见 9.4 节
WindowsState	0	控制表单是否按最大化、最小化和正常化显示
WindowType	0-无模式	在执行 DO FORM 命令时，指定表单或表单集对象的动作，无模式表示其他表单对象可以成为活动的

【例 8-2】设计一个表单，表单的标题为"单击可设置表单大小"，运行程序时，单击表单弹出输入对话框，询问要设置表单的大小，程序根据输入值设置表单的尺寸并在标题栏上显示表单的大小。表单运行时的初始界面如图 8-16 所示。

设计步骤如下：

①单击"常用"工具栏上的"新建"按钮，或打开"文件"菜单，单击"新建"命令，出现"新建"对话框。

②在"新建"对话框中，选择"表单"选项。然后，单击"新建文件"按钮，系统打开"表单设计器"窗口。

③在表单任意空白处，单击右键，在弹出的快捷菜单中，单击"属性"命令，打开"属性"对话框。

④找到 Caption 属性，将该属性值改为"单击可设置表单大小"。

⑤双击表单，打开事件代码编辑器。选择表单的 Click 事件，然后，输入下面的代码：

```
Input "请输入表单的宽度(厘米):" To X
Input "请输入表单的高度(厘米):" To Y
This.Width=31*X
This.Height=31*Y
This.Caption="表单大小是:"+Str(X,2)+"×"+Str(Y,2)
```

⑥单击"常用"工具栏上的"保存"按钮，保存表单文件。然后单击"常用"工具栏上的"运行"按钮，其运行界面如图 8-17 所示。

图 8-16　表单运行的初始界面

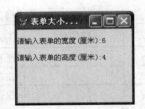

图 8-17　表单运行后的界面

2. 表单的主要事件

当用户执行与表单相关的某些操作时触发的事件称为表单事件。与表单有关的事件很多，其中常用的表单事件有：

（1）Load 事件

Load 事件是表单被装入到计算机内存时触发的事件，当运行表单程序时，首先将表单装入计算机内存，接着便自动触发了 Load 事件过程（如果有 Load 事件过程）。Load 事件过程通常定义全局变量并赋初值。在 Load 事件过程中不要使用"?"等命令，此时使用这样的命令将看不见效果。Load 事件是系统自动触发的事件。

（2）Init 事件

Init 事件是在创建对象时发生。对于表单来说，表单中对象的 Init 事件在表单的 Init 事件之前触发，即表单的 Init 事件需要在表单中的对象创建以后发生，也就是说表单的 Init 事件可以访问表单中的对象。

（3）Activate 事件

Activate 事件是在表单或对象显示（激活）时触发的事件。Load 事件发生时表单是不活动的，而 Activate 事件发生时表单已是活动的。在不活动的表单上不能使用"?"等命令。

在活动的表单上能使用"?"等命令。Activate 事件是自动触发的事件，因此执行程序后马上要做的事可以写在该事件过程中。

（4）Click 事件

Click 事件是当程序运行后，用鼠标单击表单时触发的事件。和前面的事件相比，前 3 个事件是自动触发的事件，而 Click 事件是人为触发的的事件。一旦触发了 Click 事件，便执行 Click 事件过程。

（5）DbClick 事件

DbClick 事件是当程序运行后，用鼠标双击表单时触发的事件，DbClick 事件是人为触发的事件。一旦触发了 DbClick 事件，便执行 DbClick 事件过程。

（6）RightClick 事件

RightClick 事件是当程序运行后，用鼠标右击表单时触发的事件，RightClick 是人为触发的事件。一旦触发了 RightClick 事件，便执行 RightClick 事件过程。

【例 8-3】设计一个表单，表单标题为"航天英雄杨利伟"。表单运行时加载一幅图片，右击表单时，可以用不同的字体、字型和字号在表单中显示"航天英雄杨利伟"。用户的界面如图 8-18 所示。

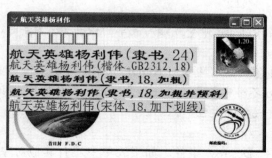

图 8-18　例 8-3 的运行界面

设计步骤如下：

①单击"常用"工具栏上的"新建"按钮，或打开"文件"菜单，单击"新建"命令，创建一新表单。

②打开表单"属性"窗口，找到 Caption 属性，将该属性值改为"航天英雄杨利伟"；找到 Picture 属性，给出表单的背景图形。

③双击表单，打开事件代码编辑器。在该窗口的"过程"列表框处选择表单的 RightClick 事件，然后，输入下面的代码：

```
This.FontName="隶书"
This.FontSize=24
?"航天英雄杨利伟(隶书,24)"
This.FontName="楷体_GB2312"
This.FontSize=18
?"航天英雄杨利伟(楷体_GB2312,18)"
This.FontName="隶书"
```

```
This.FontBold=.t.
?"航天英雄杨利伟(隶书,18,加粗)"
This.FontItalic=.t.
?"航天英雄杨利伟(隶书,18,加粗并倾斜)"
This.FontName="宋体"
This.FontBold=.f.
This.FontItalic=.f.
This.FontUnDerline=.t.
?"航天英雄杨利伟(宋体,18,加下划线)"
```

在代码中，首先设置字体和字号，然后输出；接着设置字体、字型和字号改变的部分，再进行输出，如此反复，直到完成所有任务。这些语句要写在表单的 RightClick 事件过程中。

（7）Resize 事件

Resize 事件是当程序运行后，表单的大小被改变时触发的事件，不论是用鼠标改变表单的大小，还是用代码改变表单的大小，都会触发 Resize 事件。一旦触发了 Resize 事件，便执行 Resize 事件的过程（如果有 Resize 事件过程）。

（8）QueryUnload 事件

当在程序代码中执行 CLEAR WINDOWS、RELEASE WINDOWS 或 QUIT 等命令，或者用户双击控制菜单框时，或者当用户从表单的控制菜单中选择"关闭"命令时，都将发生 QueryUnload 事件。

QueryUnload 事件发生在 Destroy 事件之前。

注意：

● 当在代码中执行 Release 命令或调用表单的 Release 方法时，不会发生 QueryUnload 事件。

● 在 QueryUnload 事件过程中执行 NODEFAULT 可以阻止表单卸载。NODEFAULT 表示 Visual FoxPro 不对它本身的事件和方法进行默认处理。NODEFAULT 也可放在表单设计器的事件或方法过程中。

（9）Destroy 事件

当表单被释放时发生 Destroy 事件。如果表单中还有其他对象，该事件在其他对象的 Destroy 事件之前发生。

（10）Unload 事件

Unload 事件是在表单被卸载时触发的事件。该事件可触发表单的 Unload 事件过程，在该事件过程中用户可进行表单相关数据的保存。该事件过程执行后，表单从内存中被清除。

Unload 事件发生在 Destroy 事件之后。

3. 表单的常用方法

方法是 Visual FoxPro 系统提供的，它隶属于对象，用于完成特定的操作。表单常用的方法有：

（1）Cls 方法

Cls 方法用来清除表单上显示的文本和图形。Cls 方法的一般格式如下：

`This|Thisform.Cls`

（2）Refresh 方法

Refresh 方法用来重新绘制表单或控件并刷新任何值。Refresh 方法的一般格式为：

`Object.Refresh`

用于表单时，可使用格式：

This|Thisform.Refresh

（3）Release 方法

Release 方法用于从内存中清除表单或表单集。Release 方法的使用格式如下：

This | Thisform | ThisFormSet.Release

8.4.3　表单的数据环境

1. 什么是数据环境

表单所涉及的表、视图和关系称为数据环境。换言之，表单的数据环境包含了与表单相互作用的表或视图以及表单中数据之间的关系。可以在数据环境设计器中可视化地设置数据环境，并将它和表单一起保存。通常数据环境中的表或视图会随着表单的运行而自动打开，并随着表单的关闭而关闭。

在表单中引入数据环境的目的在于：

- 打开或者运行表单时自动打开表和视图(可以通过数据环境中的相应属性取消自动打开和自动关闭)。
- 可以通过数据环境中的所有字段来设置控件的 ControlSource 属性。
- 关闭或释放表单时自动关闭表和视图。

2. 打开数据环境设计器

有多种方法可以打开数据环境设计器：

- 在表单设计器环境下，单击"表单设计器"工具栏中的"数据环境"按钮。
- 打开"显示"菜单，单击"数据环境"命令。
- 右击表单窗口，从弹出的快捷菜单中选择"数据环境"命令。

"数据环境设计器"窗口如图 8-19 所示，该图表明已将"教学管理"数据库中的"学生"和"成绩"两张表添加到数据环境设计器，如何添加稍后说明。

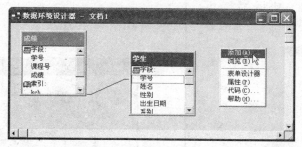

图 8-19　在"数据环境设计器"中添加的表和设置的关系

3. 数据环境的主要属性

数据环境也是对象，也有自己的属性、事件和方法。在"数据环境设计器"中右击，在出现的快捷菜单中单击"属性"命令，打开"属性"窗口，在其中可以设置以下三个共同的数据环境属性：

- AutoCloseTables：用于控制在关闭或者释放表单或表单集时，是否自动关闭表和视图。缺省值为.T.，表示自动关闭。
- AutoOpenTables：用于控制在运行表单时是否打开数据环境中的表和视图。缺省值为.T.，表示自动打开。

● InitialSelectedAlias：用于指定运行表单时所选择的表或者视图。缺省值时是一个空串。如果没有指定，则运行时将第一个临时表添加到数据环境中作为初始的选择。

4. 向数据环境中添加表或视图

打开"数据环境"菜单，单击"添加"命令，或右击"数据环境设计器"窗口，从弹出的快捷菜单中单击"添加"命令，随之打开"添加表或视图"对话框，如图 8-20 所示。

在"数据表中的表"列表框中，选择一张数据表或视图，单击"添加"按钮，添加一张表或视图；单击"其他"按钮，可选择其他数据表；单击"关闭"按钮，关闭"添加表或视图"对话框，添加完成。

5. 在数据环境中移去表或视图

要在数据环境中移去表或视图，其方法是先选择要移去的表或视图，然后通过下面的方法之一可将其移去：

● 单击右键，在弹出的快捷菜单中，单击"移去"命令。
● 打开"数据环境"菜单，单击"移去"命令。
● 直接按下 Delete 键。

6. 在数据环境中设置关系

表之间的关联是数据环境中的一项重要内容。如果添加到数据环境中的表已经在数据库中设置了永久关系，则这些关系会自动加入到数据环境中，如果没有建立永久关系的表，则可在数据环境设计器中建立。要在数据环境设计器中设置表之间的关联，其操作方法是将主表中的字段拖到子表的索引标识上。如果子表上没有与主表字段相匹配的索引，则也可直接将主表字段拖到子表的某个字段上，此时系统会提示是否创建索引标识，单击"确定"按钮，系统将创建索引标识，如图 8-21 所示。

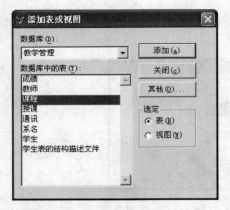

图 8-20　"添加表或视图"对话框

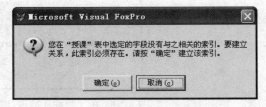

图 8-21　创建索引提示对话框

一旦在数据环境设计器中设置一个关联后，就会在表之间用一条线来指示表之间的关联关系。要改变与其关联的属性，只需从"属性"窗口的对象框中选择要处理的关联即可。

通常在激活"数据环境设计器"后，"属性"窗口将显示与该数据环境相关的对象和属性等，而且数据环境中的每张表和视图以及表之间的每个关联和数据环境自身都是"属性"窗口的对象框中的独立对象。

数据环境中的关系也是对象，编辑关系可通过设置关系的属性来完成。操作方法是单击关系的连线，然后在"属性"窗口设置有关属性，关系常用的属性如表 8-4 所示。

表 8-4　常用的关系属性

属性名	含义
RelationExpr	指定基于主表的关联表达式
ParentAlias	指定父表的别名
ChildAlias	指定子表的别名
ChildOrder	指定与子表相匹配的索引
OneToMany	指定是否为一对多的关系

注意：一个表可以包含在多个关系中，但只能有一个 ChildOrder 属性设计。

数据环境是由表、视图以及表之间的关联组成的，因此必须将表和视图添加到数据环境中。对于添加到数据环境中的表、视图以及关联，都可以从数据环境中移去。而且从数据环境中移去一个表时，该表所涉及的全部关联也将移去。也可移去一个表之间的关系，移去的方法是：单击要移去的关系线，直接按下 Delete 键即可。

7. 向表单添加字段

表单的重要功能之一是通过控件来显示或修改表或视图中的数据。表单中的控件可以利用工具栏提供的工具来添加，添加表中的字段可采用以下两种方法：

● 向表单中添加一个文本框或相关控件，并将文本框的 ControlSource 属性设置为某个字段名。

● 从"数据环境设计器"中直接将一个字段、表或视图拖到表单中，Visual FoxPro 会自动产生相应的控件并与字段相联系，这种办法最简单。

在默认情况下，要建立表格控件，则可以将表拖动到表单中；要建立复选框，则可以拖动逻辑型字段；要建立编辑框，则拖动备注型字段；要建立 OLE 绑定型控件，则可以拖动通用型字段；要建立文本框，则可以拖动其他的字段。图 8-22 表示的就是直接拖动"学生"表到表单窗口中，Visual FoxPro 自动生成与之对应的表格控件。

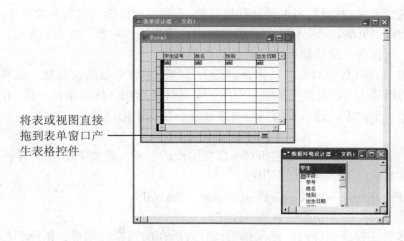

将表或视图直接拖到表单窗口产生表格控件

图 8-22　从"数据环境设计器"中直接拖动表到表单窗口中以形成表格控件

【例 8-4】创建一个表单，其功能表现为在表单任意空白处单击，即刻显示学生.dbf 表和 xscj.dbf 表中女同学的大学英语和计算机基础的成绩信息，运行效果如图 8-23 所示。

图 8-23   例 8-4 表单运行效果图

设计步骤如下：

①创建一个新表单，将该表单的 Caption 属性值改为"单击可显示学生所修课程成绩"，表单以文件名 Ex08-04.SCX 存盘。

②在表单的任意空白处，单击右键，在弹出的快捷菜单中，单击"数据环境"命令，打开"数据环境设计器"窗口，添加"学生.dbf"和"成绩.dbf"表。

③在"数据环境设计器"中建立关联。如图 8-19 所示，建立"学生.dbf"和"成绩.dbf"表之间的关联。

④单击"学生.dbf"和"成绩.dbf"表之间的关联线，在其"属性"窗口中，设置属性 OneToMany 值为".T."，即设置"学生.dbf"和"成绩.dbf"表之间的关联为一对多。

⑤双击表单任意空白处，打开表单事件代码编辑器，选择 Click 事件后，录入下面的一段代码：

```
clear
display all  学号,姓名,成绩.课程号,成绩.成绩  for  性别="女" off
```

⑤单击"常用"工具栏上的"运行"按钮，执行该表单。

8.4.4 对象的引用与操作

表单是一个容器类对象，用户根据需要可以将其他控件对象，如文本框添加到表单之中，这样就形成了对象的包容关系。容器类可以包含其他对象。不同容器所能包含的对象是不同的。如表单容器可以包含控件、页框、命令按钮组、选项按钮组或表格等对象；表单本身也可以被别的容器（如表单集）所包含，这样就形成了对象的嵌套关系。

如果一个容器对象包含有其他对象，就称该容器为那些被包含对象的父对象。这样就存在一个如何引用对象的问题。正如在文件系统中引用一个文件需指明文件的路径一样，在对象层次关系中，要引用某一个对象，通常也需指明对象在嵌套层次中的地位。

1. 绝对引用

在程序中要处理一个对象，需要知道它相对于容器层次的关系，若要引用图 8-24 所示的表单集中的控件，则需要按以下格式逐层引用：

FormSet→Form→PageFrame→Page→Grid→Column→Control

即：表单集→表单→页框→页→表格→列→控件。

这种引用就像邮递员在投递邮件时，必须指明接收者所在的国家、城市、街道和门牌号码一样。

对象的绝对引用，是指直接给出各层次的对象名的引用方式。

例如，表单集 FormSet1 中有表单 Form1，表单 Form1 中有选项按钮组 OptionGroup1 对象，该对象有 Option1 和 Option2 两个选项。现在要引用 Option1 对象应按以下格式书写：
FormSet1.Form1.OptionGroup1.Option1

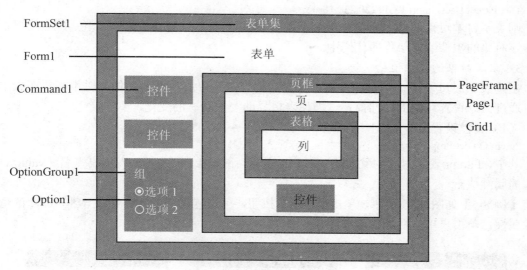

图 8-24　对象的层次引用关系

若要使 Option1 对象的值为 1，则可以写成下面的式子：
FormSet1.Form1.OptionGroup1.Option1.Value=1

也就是说，如果含有多层嵌套，则引用时需要逐层给出对象的父对象直到引用的对象，各层之间用一个圆点"."分隔开。

2. 相对引用

引用容器中的对象，也可以通过对象与容器之间的相对关系来引用。相对引用通常使用 This、ThisForm、ThisFormSet 和 Parent 几个关键字，其含义见表 8-5。

表 8-5　引用对象关键字

关键字	引用的对象
This	当前对象本身
ThisForm	当前对象所在表单
ThisFormSet	当前对象所在的表单集
Parent	当前对象的直接容器对象

说明：只能在方法程序或事件过程中使用 This、ThisForm 和 ThisFormSet。

在容器层次中引用对象时，可通过快捷方式指明所要处理的对象，即相对引用，如：
ThisFormSet.Form1.Command1.Caption="确定"

表示将本表单集中名为 Form1 的表单的 Command1 对象标题（Caption）属性设为"确定"。此引用可以出现在该表单集中任意表单的任意对象的事件或方法程序代码中。而：
ThisForm.Command1.Caption="确定"

表示将本表单中名为 Command1 对象的标题（Caption）属性设为"确定"。此引用可以出现在该对象所在表单的任意对象的事件或方法程序代码中。
This.Caption="确定"

则表示将本对象的标题（Caption）属性设为"确定"。此引用可以出现在该对象的事件或方法程序代码中。

This.Parent.BackColor=RGB(220,238,180)

则表示将本对象的父对象的背景色设置为 RGB(220,238,180)所代表的颜色。此引用可以出现在该对象的事件或方法程序代码中。

3．设置对象的属性值

创建表单时可以通过"属性"窗口交互式地设置对象的属性值，但有时也需要在表单运行时通过命令设置对象的属性值，这能使表单界面发生动态的变化。

（1）属性设置命令

Parent.Object.Property=Value

其中，Parent 表示对象的父对象，Object 表示当前对象，Property 表示属性名，Value 表示设置的属性值。

【例 8-5】如图 8-25 所示，单击"改变"按钮，可设置表单 Form1 中文本框 Text1 的值的各种属性；单击表单空白处，可关闭表单。

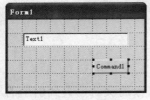

     （a）表单的设计界面   （b）运行开始时   （c）属性值改变后

图 8-25　单击"改变"按钮可改变文本框的属性值

设计步骤如下：

①创建一新表单，其 ControlBox 属性值为".F."，以文件名 Ex08-05.SCX 保存表单。

②在表单中添加一个文本框 Text1 和一个命令按钮 Command1。

③编写相关的事件代码。

● 表单 Form1 的 Init 事件代码如下：

This.Caption="控件属性的设置"

This.Command1.Caption="改变"

This.Text1.Value='单击"改变"按钮可改变属性'

● 表单 Form1 的 Click 事件代码如下：

ThisForm.release

● 命令按钮 Command1 的 Click 事件代码如下：

ThisForm.Caption="改变后的控件属性"

Thisform.Text1.Value=Date()

Thisform.Text1.Enabled=.T.

Thisform.Text1.Forecolor=Rgb(255,0,0)

Thisform.Text1.Backcolor=Rgb(192,192,192)

④运行表单。

（2）设置多个属性

使用 With…EndWith 结构可以同时为一个对象设置多个属性值。例如在表单集的表单中，要设置表单列的多个属性，可以使用以下语法结构。

```
WITH ObjectName
    [.cStatements]
ENDWITH
```

其中，ObjectName 可以是对象名或者对象引用；.cStatements 可以由大量的命令组成，这些命令用来指定 ObjectName 的属性。在 cStatement 之前加一个点号，表明它为 ObjectName 的属性。

如，上例中的"改变"按钮事件代码，修改为下面的形式，也可完成同样的功能：

```
ThisForm.Caption="改变后的控件属性"
With This.Parent.Text1
    .Value=Date()
    .Enabled=.T.
    .Forecolor=Rgb(255,0,0)
    .Backcolor=Rgb(192,192,192)
Endwith
```

8.5   自定义属性与自定义方法

在 Visual FoxPro 中，除系统为表单提供了大量的属性和方法外，还允许用户在表单程序设计中自定义一些属性和方法，以便使用时更加灵活。

8.5.1   自定义属性

一个对象有很多属性，这些属性都是在创建对象时从父类对象继承而来。为了某些需要，Visual FoxPro 中允许向对象添加任意多个新属性。当然在可视化编程中，自定义属性和自定义方法一样只能依附于表单对象，对于由控件创建的对象，无法增加新的属性（关于控件新属性的添加方法参见下面有关内容）。在某些场合下，可以使用"属性"来代替使用"变量"。

为表单添加一个新属性的具体操作步骤如下：

①添加新方法。进入表单设计器，打开"表单"菜单，单击"新建属性"命令，如图 8-26 所示，打开"新建属性"对话框。

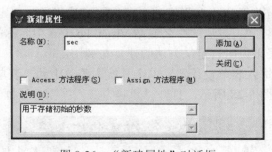

图 8-26   "新建属性"对话框

②在"名称"文本框中填入自定义属性的名称：sec，然后在"说明"文本区域中填入新属性的简单说明：用于存储初始的秒数。说明内容不是必需的，只是为了以后方便理解程序。

③单击"添加"按钮后，为该表单添加一个新属性，类似地，可以为表单添加多个新属性。单击"关闭"按钮，退出"新建属性"对话框。新建属性的数据类型为逻辑型，值为.F.，我们也可以将它改为其他类型，如数值型"0"，或字符型""""。

④打开表单"属性"窗口，可以看见新建的属性及其说明，如图 8-27 所示。

图 8-27　自定义的新属性

8.5.2　自定义方法

在 Visual FoxPro 中，过程（子程序）的结构可分为：过程、函数和方法三类。一般来说，过程与函数的最大区别在于函数有一个返回值而过程没有返回值；方法则是 Visual FoxPro 的一个新式的程序组装方法，即限制在一个对象中的过程程序。

在面向对象编程中，总是使用"方法"。"方法"可以像过程那样以传值或传址的方式传递参数。也可以像函数那样有返回值，它集中了过程和函数的所有功能与优点。与过程、函数的不同在于，方法和一个对象密切相联，即仅当对象存在并且可见时方法才能被访问。

Visual FoxPro 的方法分为两类：内部方法和用户自定义方法。内部方法是 Visual FoxPro 预制的子程序，可供用户直接调用或修改后使用，如前面介绍过的 Cls、Refresh 等方法。

Visual FoxPro 提供了数十种内部方法，并且允许用户使用自定义的方法。下面我们介绍自定义方法的建立与调用。

自定义方法的建立分为两步：定义方法名和编写方法代码。自定义方法的调用则要指明调用的对象所在位置（路径）。方法的命名遵循 Visual FoxPro 中名称的使用规则。

下面以一个简单例子来说明自定义方法的建立与调用。

（1）添加新方法。进入表单设计器，单击系统主菜单中的"表单"菜单，在下拉菜单中选择"新方法程序"，如图 8-28 所示，打开"新建方法程序"对话框。

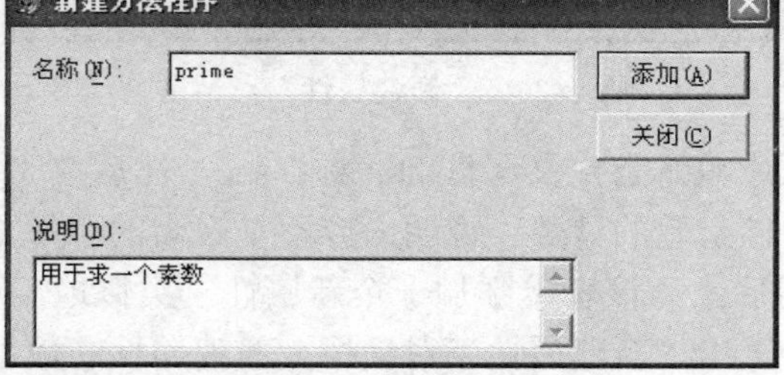

图 8-28　"新建方法程序"对话框

在"名称"文本框中填入自定义方法的名称：prime，然后在"说明"文本区域中填入新方法的简单说明：用于求一个素数。说明内容不是必需的，只是为了阅读程序方便。

单击"添加"按钮后再单击"关闭"按钮，退出"新建方法程序"对话框。此时，在"属性"窗口的"方法程序"选项卡中可以看见新建的方法及其说明，如图 8-29 所示。

（2）编写自定义方法的代码。编写自定义方法的代码与编写表单的事件过程代码一样，可以双击"属性"窗口的新方法项 prime，或直接打开"代码"窗口，在"过程"下拉列表框中选择新方法 prime，即可开始编写新方法的代码，如图 8-30 所示。

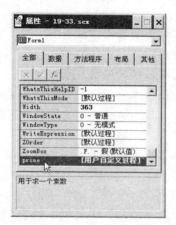

图 8-29　自定义的新方法

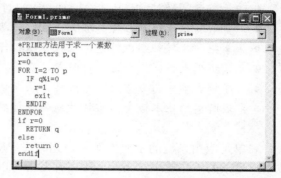

图 8-30　编写自定义方法的代码

（3）自定义方法的调用。自定义方法的调用与表单的内部方法的调用一样，可以在事件过程或其他方法代码中调用。例如，在该表单上增加一个命令按钮 Command1，并且编写 Command1 的 Click 事件代码：

```
pr=ThisForm.prime(n,m)
```

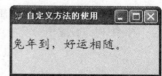

图 8-31　表单运行效果图

【例 8-6】设计一表单，表单在运行时显示一句祝福词，效果如图 8-31 所示。

设计步骤如下：

①创建一表单，表单的 Caption 属性值设置为"自定义方法的使用"，然后将表单以文件名 Ex08-06.SCX 存盘。

②单击"表单"菜单中的"新方法程序"，添加一名为 happy 的新方法。

③打开表单 Form1 的"属性"窗口，单击"方法程序"选项卡，找到 happy 方法后，双击进入事件代码编辑器，输入下面的代码：

```
*显示一条新年祝福词
?"兔年到，好运相随。"
```

按下 Ctrl+W 组合键保存该方法事件代码。

④设置好表单的字体、字号和字型。

⑤编写表单 Form1 的 Activate 事件代码如下：

```
This.Happy()
```

运行表单，得到图 8-31 所显示的结果。

第9章 表单控件、多重表单和表单集

- 掌握命令按钮、标签、文本框、编辑框等基本控件的使用方法。
- 了解并掌握对话框函数 MessageBox()的含义与用法。
- 了解和熟悉线条控件、形状控件的画法以及主要属性的用法。
- 掌握命令按钮组控件、选项按钮组控件、复选框控件和微调控件的使用方法。
- 掌握列表框、组合框、计时器、页框、表格、容器和 ActiveX 控件的使用方法。
- 了解表单集与多重表单的设计方法与使用。
- 理解类的基本概念，掌握使用类设计器创建新类及类的应用。

表单是应用系统的主要界面，是完成用户所需要任务的组织者。单一的表单界面不能完成用户复杂的工作要求。为此，程序开发者可以使用"表单控件"工具栏中的 25 个可视化的表单控件工具来构造表单。

控件（Control）可以图形的形式出现，并能显示数据和响应用户或系统操作的对象。比如，组成对话框的命令按钮、列表框、复选框、文本框、组合框等，就是表单中的控件（对象）。这些控件从功能和作用的角度可以分为基本控件、选择控件和复杂控件。

控件的设计和使用是表单设计的重要环节，要充分发挥各个控件的作用，必须对控件的属性、事件和方法程序等有全面的了解。下面介绍控件的设计和使用。

9.1 基本控件

基本控件包括命令按钮、标签、文本框、编辑框、线条、形状和图像等七类。

9.1.1 命令按钮控件（CommandButton）

命令按钮常用于发布命令，其在"表单控件"工具栏上的图标为 ▭。

1. 命令按钮概述

命令按钮是最常用的控件之一，用于完成某一特定的操作。命令按钮最常设置的属性是 Caption，一般使用"属性"窗口设置该属性，以便修改命令按钮的标题。命令按钮最常用的事件是 Click，在程序设计时，将单击某一命令按钮时所要实现的功能写成代码片段，形成一个 Click 事件过程。这样，当用户单击按钮后，程序就会调用 Click 事件过程，从而完成相应的操作。

2. 命令按钮的属性

为了操作方便，可以将最常用的命令按钮设置为默认，即该命令按钮的 Default 属性设置为.T.。在设计时，默认选择的按钮比其他命令按钮多了一个粗的边框，如果一个命令按钮是默认选择，那么按下 Enter 键后，将执行这个命令按钮的 Click 事件（即焦点在除了命令按钮之外的其他控件上）。

命令按钮除了具有和表单共同的属性外，还有 Name、BackColor、ForeColor、FontName、FontSize、FontBold、FontItalic、FontUnderLine、FontStrikethru、Left、Top、Height、Width、Picture 等属性，其常用的属性如表 9-1 所示。

表 9-1　常用的命令按钮属性及说明

属性	属性及事件说明
AutoSize	设置对象是否自动调节大小。取值.T.或.F.（默认）
Cancel	指定命令按钮是否为"取消"按钮。当用户按下 Esc 键时，执行与命令按钮的 Click 事件相关的代码
Caption	设定在按钮对象上提示的文字
Default	指定按下 Enter 键时，哪一个命令按钮触发 Click 事件
DisablePicture	设置当按钮失效时显示的位图文件（.BMP）
DownPicture	设置当按钮按下时显示的位图文件（.BMP）
Enabled	按钮是否可用，默认值为.T.，即对象是有效的能被选择
MousePointer	设置鼠标光标的显示符号
Style	设置按钮是否可见
ToolTipText	设置当鼠标移到按钮对象上时的提示文本，该属性要和表单的 ShowTips 属性结合使用，即表单的 ShowTips 属性为.T.时，提示文本才能生效
Visible	指定对象是显示还是隐藏

【例 9-1】设计一个表单，在表单上添加 3 个命令按钮。运行程序时，单击"显示"按钮，在表单上显示"你单击了'显示'按钮"；若单击"变大"或"变小"按钮，则表单窗口可增大或减少尺寸。表单实际运行效果图如图 9-1 所示。

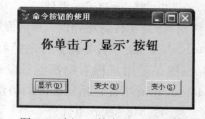

图 9-1　例 9-1 的实际运行效果图

设计步骤如下：

①创建一个表单，表单以文件名 Ex09-01.SCX 存盘。

②在表单中添加 3 个命令按钮，调整好各命令按钮的布局，并安排好命令按钮的属性值，如表 9-2 所示。

表 9-2　例 9-1 中表单对象及属性的设置

对象	属性	属性值	说明
Form1	Caption	命令按钮的使用	
Command1	Caption	显示(<u>D</u>)	命令按钮上的显示文本与热键
	Default	.T.	指定按下 Enter 键时，该按钮触发 Click 事件
Command2	Caption	变大(<u>B</u>)	命令按钮上的显示文本与热键
Command3	Caption	变小(<u>S</u>)	命令按钮上的显示文本与热键

③为 3 个命令按钮编写事件代码：

- "显示(D)"命令按钮（Command1）的 Click 事件代码如下：

ThisForm.FontBold=.T.

ThisForm.FontSize=16
@2,5 SAY "你单击了'显示'按钮"

- "变大(B)"命令按钮（Command2）的 Click 事件代码如下：

ThisForm.Width=ThisForm.Width+5

ThisForm.Height=ThisForm.Height+3

- "变小(S)"命令按钮（Command3）的 Click 事件代码如下：

ThisForm.Width=ThisForm.Width-5

ThisForm.Height=ThisForm.Height-3

④运行程序。单击"常用"工具栏上的"运行"按钮 ![] 便可运行该表单，单击"显示"按钮时，在表单上显示"你单击了'显示'按钮"；单击"变大"或"变小"按钮，会使表单增大或减少尺寸。

3. 命令按钮的事件

命令按钮是用户与程序交互的最简便的方法。命令按钮常用到的事件有 Click、GotFocus、KeyPress、LostFocus、MouseDown、MouseUp 和 MouseMove 等。

（1）GotFocus 与 LostFocus 事件

当该命令按钮获得焦点时所触发的事件称为 GotFocus 事件。反之当该命令按钮失去焦点时所触发的事件称为 LostFocus 事件。

（2）KeyPress 事件

当用户按下并释放命令按钮时触发的事件称为 KeyPress 事件。详细内容请参阅本章中的 9.1.3 节。

（3）MouseDown 事件

按下鼠标任意按钮时，所触发的事件称为 MouseDown 事件。MouseDown 事件与 Click 事件不同，Click 事件是用鼠标左键单击命令按钮所触发的事件，MouseDown 事件则不管是用鼠标左键还是用鼠标右键都能触发该事件；Click 事件包括鼠标键的动作有压下和抬起，而 MouseDown 事件包括鼠标键的动作只有压下而无抬起。

（4）MouseUp 事件

释放鼠标按钮时，所触发的事件称为 MouseUp 事件。它类似于 MouseDown 事件，鼠标左键和右键都能触发，该事件包括鼠标键的动作只有抬起。

（5）MouseMove 事件

鼠标光标在某一个对象上移动或停留时，触发的事件称为 MouseMove 事件。

MouseDown 事件、MouseUp 事件和 MouseMove 事件能够传给事件过程更多的参数。

【例 9-2】创建一表单，表单保存为 Ex09-02.SCX。表单有 4 个命令按钮，分别实现：

①单击"计数"按钮 Command1 时，要求记录被单击的次数并在窗口中显示。

②单击"退出"按钮 Command2 时，退出程序。

③单击"图形"按钮 Command3 时，变换表单窗口标题，显示"命令按钮实例**你按下了图形按钮"。

④当单击"按一下，看看有什么效果?"按钮 Command4 时，使"图形"按钮在失效与可用两种状态之间进行切换。

表单运行的效果如图 9-2 所示。

图 9-2　例 9-2 的表单运行示意图

设计步骤如下：

①创建一表单，表单以文件名 Ex09-02.SCX 存盘。

②在表单添加 1 个标签控件和 4 个命令按钮控件。调整各控件的相互位置，表单对象各属性如表 9-3 所示。

表 9-3　表单对象各属性

按钮名称	属性名称	属性值	说明
Form1	FontBold	.T.	设置显示文字为粗体
	FontSize	10	设置显示文字大小为 10
Command1	Caption	计数	设置显示的文字
	Autosize	.T.	自动调整控件的大小
Command2	Caption	退出	设置显示的文字
	Autosize	.T.	自动调整控件的大小
Command3	Caption	图形	设置显示的文字
	Autosize	.T.	自动调整控件的大小
	Picture	image\face2.ico	按钮可用时的显示图像
	DisablePicture	image\face4.ico	按钮不可用时的显示图像
Command4	Caption	按一下，看看有什么效果?	设置显示的文字

③表单及各命令按钮的事件代码如下：

● 表单 Form1 的 Load 事件代码如下：

```
Public PressCmdCnt
PressCmdCnt=0    &&定义一个全局变量，用于统计按下按钮的次数
```

● 命令按钮 Command1 的 Click 事件代码如下：

```
PressCmdCnt=PressCmdCnt+1
@1,3 SAY "你本次是第"+Alltrim（str(PressCmdCnt)）+"次按下此按钮"
```

● 命令按钮 Command2 的 Click 事件代码如下：

```
ThisForm.Release    &&释放表单
```

● 命令按钮 Command3 的 Click 事件代码如下：

```
ThisForm.Caption="命令按钮实例**你按下了图形按钮"
```

● 命令按钮 Command4 的 Click 事件代码如下：

```
ThisForm.Command3.enabled=.Not.ThisForm.Command3.Enabled
```

Note 使图形按钮 Command3 当前状态与上一个状态相反

9.1.2 标签控件（Label）

标签控件在"表单控件"工具栏上的图标是 **A**。

标签控件（Label）常用于输出文本，一般用来在表单上显示提示信息。用标签控件输出的文本、提示信息不能编辑、修改。所以标签控件常用来输出标题、显示处理结果或标识那些不带 Caption 属性的控件，如文本框（TextBox）。

1. 标签控件的属性

标签控件比较常用的属性如表 9-4 所示。

表 9-4 标签控件的常用属性

属性	说明
Alignment	设置标签显示文字的对齐方式，0-左对齐（默认值），1-右对齐，2-中央对齐
AutoSize	设置是否根据显示的文字长度自动调整标签的大小、默认为.F.
BackColor	设置标签的背景色，当标签的 BackStyle 为透明时，该属性设置无效
BackStyle	设置标签是否透明，默认为.F.
BorderStyle	设定标签的边框线，默认为无边线
Caption	指定标签控件显示的文字内容
Enabled	设置对象有效或无效，默认值为.T.
FontBold	设置对象显示的文字是否粗体，默认值为.F.
FontItalic	设置对象显示的文字是否斜体字，默认值为.F.
FontName	指定标签显示文字的字体
FontSize	指定标签显示文字的大小，默认大小为 9 磅
ForeColor	设置标签文字的颜色
Name	指定控件的名称，以方便在程序代码中引用
Visible	指定标签控件是否显示出来，默认为.T.
WordWrap	设置标签中显示的文字能否换行，默认为.F.

使用标签控件时需要注意以下几点：

- 标签没有 ControlSource 属性，因此标签操作不涉及数据源。
- 显示的文字是通过 Caption 属性设置的。
- 设计时不能直接编辑修改显示的文字，但可以在代码中通过重新设置 Caption 属性进行修改，并且可以改变字体、大小和颜色等属性。
- 在代码中引用对象时，应该使用对象的名称（Name 属性）加以引用，而不能使用 Caption 属性。注意，这一规则适用于所有对象的引用。

【例 9-3】如图 9-3 所示，设计一个只有标签的表单，表单保存为 Ex09-03.SCX。在表单运行时，表单显示"你好，中国！"，单击表单空白处，则显示"中国，你好！"。

设计步骤如下：

①创建表单 Form1，在表单添加一个标签控件，表单以文件名 Ex09-03.SCX 存盘。

②设置标签的属性：Caption 为"你好，中国！"、FontBold 为.T.、FontName 为"宋体"、Fonsize 为 16、AutoSize 为.T.，其他取默认值。

（a）设计时标签显示的文本　　　　　（b）运行时，单击表单显示的文本

图 9-3　例 9-3 的表单运行示意图

③设置表单 Form1 的 Caption 为"标签的使用"。

④编辑表单 Form1 的 Click 事件代码：

This.Label1.Fontname="隶书"
This.Label1.Caption="中国,你好! "

2．标签控件的事件

标签控件一般不用来触发事件，但可以触发 Click、DbClick、MouseMove 等事件，也可以编写相应的事件过程。

9.1.3　文本框控件（TextBox）

文本框在"表单控件"工具栏中的图标是 ![abl]。文本框控件是一个基本控件，它既能显示信息又能接收用户输入的信息。利用文本框用户可以向表中的字段（备注型字段除外）或内存变量输入各种类型的数据或编辑数据。

1．文本框的属性

文本框控件除与其他控件有共同属性外，如 Top、Left、Height、Width 等，还有其特殊的属性，文本框常用的属性如表 9-5 所示。

表 9-5　文本框控件的常用属性

属性	属性说明
Alignment	确定文本框中内容的对齐方式
BackColor	设置控件的背景颜色
BackStyle	设置对象的背景是否透明，0-透明，1-非透明（默认）
ControlSource	用于设置要在文本框中显示的表字段或变量名称，适用于编辑框、命令组、选项按钮等控件
DateFormat	设定日期型数据的显示格式
DateMark	指定日期型数据的分隔符号，默认为"/"
Enable	设定文本框是否可用，默认值为.T.
ForeColor	设置控件的显示前景颜色
Format	设定控件的 Value 值的输入及显示格式
HideSelection	确定在编辑框中选定的内容能否在编辑框失去焦点时仍显示为被选定的状态
InputMask	指定在控件中输入和显示数据的规则
MaxLength	允许在文本框中输入的字符的最大长度，若为 0，则字符个数没限制
Name	设置对象的名称
PasswordChar	设定输入文本时替代显示的字符，主要用于密码

属性	属性说明
ReadOnly	设定文本框中的数据是否可编辑
SelectedBackColor	设置在文本框中选定文本的背景颜色
SelectedForeColor	设置在文本框中选定文本的前景颜色
SelectOnEntry	获得焦点时是否能自动选中文本框中的内容
SelLength	用于设定或读取编辑框中被选定文本的长度
SelStart	设置在编辑框中被选定文本的起始位置
SelText	设置在编辑框中被选定文本的内容
SpecialEffect	设置对象的显示样式，0-三维；1-平面（默认）
TabStop	确定能否用 Tab 键选取该文本框。若值为"假"（.F.），则用户只能用单击的方法选取该文本框，默认值为"真"（.T.）
Value	指定文本框对象的初始值与类型，该属性的默认值是空串
Visible	设置对象是否可见，默认值为.T.
TabIndex	设定控件在表单中的 Tab 键次序

说明：如果将控件的 ControlSource 属性设置为表的字段或内存变量，则该字段或内存变量的值将在文本框中显示，用户对这个值的改变将写回到表中的字段或变量。移动记录指针将影响文本框的 Value 属性的值，用户对这个值的改变将写回表中。

文本框控件属性的使用，其要点如下：

（1）Value 属性

Value 属性用于指定文本框的值，并在文本框显示出来。例如，ThisForm.Text1.Value="计算机工程"，就是将 Text1 文本框中的 Value 值设置为"计算机工程"。Value 值可以是字符型、数值型、日期型或逻辑型。要为文本框设置数据类型，用户既可以使用程序代码（命令）进行设置，或在"属性"窗口中设置，也可以在文本框的生成器对话框中设置。

在"属性"窗口中设置的方法是，选中一文本框，找到属性 Value，在属性值编辑框处输入：0、{}、.T.，可将文本框数据类型改变为数值型、日期型和逻辑型。

在"生成器"对话框中设置的方法是，选中一文本框，单击右键，在弹出的如图 9-4 所示的快捷菜单中选择"生成器"命令，打开如图 9-5 所示的"文本框生成器"对话框。

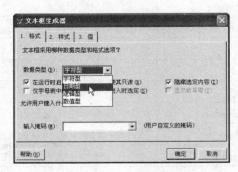

图 9-4　快捷菜单　　　　　　　　图 9-5　"文本框生成器"对话框

单击"1.格式"选项卡，在"数据类型"下拉列表框中选择要设置的数据类型。然后单击

"确定"按钮，文本框的数据类型设置即成功。

（2）InputMask 属性和 Format 属性

InputMask 属性规定了在文本框中如何输入和显示数据。InputMask 是由若干格式符组成的一个字符串，每个格式符规定了相应位置上数据的输入和显示。常用的格式符及其功能请参考 3.3.2 节中的表 3-2。

InputMask 属性值也可以包含其他字符，这些字符在文本框内将会原样显示。

例如，将 InputMask 属性设置为 999,999.9，可限制用户只能输入具有 1 位小数且小于 1,000,000 的数值。

Format 属性则指定了文本框中的数据输入的限制条件和显示时的格式。对于不同的控件，Format 属性有不同的设置值。与 InputMask 属性不同的是，它的格式符用于控制控件整体的功能。在文本框中，该属性的设置值如表 9-6 所示。

表 9-6　Format 属性的格式符与功能说明

格式符	描述
!	表示把字母字符转换成大写字母
$	表示显示货币符号，只用于数值型数据和货币型数据
^	表示以科学记数法显示数值型数据
A	表示只允许字母输入，无空格或标点符号
D	使用当前的 SET DATE 格式
K	表示控件获得焦点时，选择所有文本
L	在文本框显示前导零，而不是空格，只对数值型字段有用
R	显示文本格式掩码，掩码在文本框的 InputMask 属性中指定，但只适用于字符型和数值型字段
T	删除输入字段中的前导空格和结尾空格
YS/YL	表示以短/长日期格式显示日期，该日期格式在 Windows 控制面板的日期设置定义

（3）文本框与数据的绑定

如果设置了文本框的 ControlSource 属性，则显示在文本框中的值除保存在 Value 属性中外，同时也保存在 ControlSource 属性指定的变量或字段中。

（4）检验文本框的数据是否有效

若要检验文本框中的值，可在 Valid 事件方法程序中写入相应代码。如果值无效，则返回.F.，并会在屏幕上出现"无效输入"的提示信息。也可在文本框的 Valid 事件代码中使用 MessageBox() 函数自定义一个对话框来显示有关信息。

例如，设计一个用于输入学生成绩的表单，如图 9-6 所示。规定其值在 0～100 之间，则通过在文本框的 Valid 事件代码中包含下面的代码，可以检查输入值，以确保输入的分数有效。

```
If Val(This.Value)<0 Or Val(This.Value)>100
    Messagebox("输入的成绩无效，请重新输入！",0+64)
    This.value=""
else
    ThisForm.Label2.Caption="该生所修课程成绩是："+trim(This.Value)
Endif
```

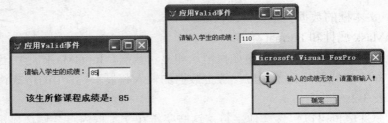

图 9-6　Valid 事件在表单中的使用

（5）PasswordChar 属性

利用文本框还可以接受用户密码而在屏幕上并不显示，PasswordChar 属性就是用来控制是否显示用户实际输入值的。如果把该属性设置为*号，则当输入密码时，则在屏幕上只显示*号字符，而实际值将保存到文本框的 Value 属性中。

【例 9-4】设计一个如图 9-7（a）所示的用户登录界面，程序运行时，先在两个文本框中分别输入用户名和口令，然后单击"确定"按钮执行上边的事件过程，弹出确认消息对话框并显示出用户名和口令，如图 9-7（b）所示。

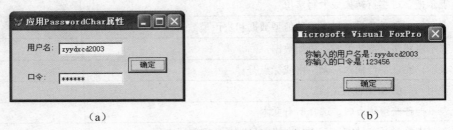

（a）　　　　　　　　　　　　　　（b）

图 9-7　例 9-4 表单运行示意图

设计步骤如下：

①创建一个表单，然后在表单上添加两个标签 Label1～2；两个文本框 Text1～2；一个命令按钮控件 Command1。

②设置表单标题为：应用 PasswordChar 属性；两个标签 Label1 和 Label2 的标题 Caption属性分别为"用户名："和"口令："。

③设置文本框 Text2 的 InputMask 和 PasswordChar 属性值分别为"XXXXXXXX"和"*"。

④为"确定"按钮 Command1 的 Click 事件编写如下的代码：

```
mb="你输入的用户名是:"+ThisForm.Text1.Value+chr(13);
+"你输入的口令是:"+ThisForm.Text2.Value
=MessageBox(mb)
```

⑤将表单保存为 Ex09-04.SCX 后再运行，观察表单的运行效果。

2. 对话框函数 MessageBox()简介

对话框是用户与应用程序之间交换信息的最佳途径之一。使用对话框函数可以得到 Visual FoxPro 的内部对话框，这种方法具有操作简单及快速的特点。

MessageBox()函数在对话框中显示信息，等待用户单击按钮，并返回一个整数以标明用户单击了哪个按钮，其语法格式为：

[cMVarName] = MESSAGEBOX(cMessageText [, nDialogBoxType [, cTitleBarText]])

说明：

①cMessageText：表示显示在对话框中的提示信息文本。

②nDialogBoxType：指定对应对话框功能要求的按钮和图标。一般有 3 个参数，其取值和含义如表 9-7、表 9-8 和表 9-9 所示。

表 9-7 对话框按钮

值	对话框按钮
0	只有"确定" 确定 按钮
1	"确定" 确定 和"取消" 取消 按钮
2	"终止" 终止(A) 、"重试" 重试(R) 和"忽略" 忽略(I) 按钮
3	"是" 是(Y) 、"否" 否(N) 和"取消" 取消 按钮
4	"是" 是(Y) 和"否" 否(N) 按钮
5	"终止" 终止(A) 和"取消" 取消 按钮

表 9-8 对话框图标

值	对话框图标
16	"停止"图标 ✕
32	"问号"图标 ?
48	"惊叹号"图标 ⚠
64	"信息"图标 ⓘ

表 9-9 对话框默认按钮

值	对话框默认按钮
0	第一按钮
256	第二按钮
512	第三按钮

将上述 3 种参数值相加即可达到所需要的样式。如要求在对话框显示"是"、"否"、"取消" 3 个按钮、对话框提示图标为惊叹号" ⚠ "图标，默认选择"是"按钮，则"数值型对话框类型"为：3+48+0，如图 9-8 所示。

图 9-8 对话框类型举例

③cTitleBarText：指定对话框的标题。若缺少此项，系统给出默认的标题：Microsoft Visual FoxPro。

下述代码将显示如图 9-9 所示的对话框。

```
=Messagebox("请确认输入的数据是否正确!",3+48+256,"数据检查")
```

图 9-9 带标题文本的对话框类型

MessageBox()返回的值指明了在对话框中选择了哪一个按钮，如表 9-10 所示。

表 9-10　对话框按钮

返加值	按钮
1	"确定"按钮 确定
2	"取消"按钮 取消
3	"终止"按钮 终止(A)
4	"重试"按钮 重试(R)
5	"忽略"按钮 忽略(I)
6	"是"按钮 是(Y)
7	"否"按钮 否(N)

④cMVarName：变量名，省略了"变量名"，将忽略返回值。

在程序运行的过程中，有时需要显示一些简单的信息，如警告或错误提示等，此时可以利用"消息对话框"来显示这些内容。当用户接收到信息后，可以单击按钮来关闭对话框，并返回单击的按钮值。

3. 文本框的事件和方法

文本框支持 Click、DbClick 和 RightClick 事件，常用的事件还有：

（1）InteractiveChange 事件

当用户通过键盘或鼠标更改控件的值时，都会触发该事件。

（2）GotFocus 事件

当该文本框对象通过用户操作或以代码方式得到焦点时，将会触发该事件。

（3）LostFocus 事件

当文本框对象失去焦点时，将会触发该事件。

（4）KeyPress 事件

当用户按下并释放键时触发，常用于立即检验按键的有效性或对键入的字符进行格式编排。该事件的使用格式为：

LPARAMETERS nKeyCode,nShiftAltCtrl

说明：

nKeyCode 表示所按下键的 ASCII 码值，如按下 Enter 键时，nKeyCode 的值为 13。表 9-11 列出了特殊键和组合键的 ASCII 编码值。

表 9-11　特殊键和组合键的 ASCII 编码

键名	单键	Shift	Ctrl	Alt	键名	单键	Shift	Ctrl	Alt
F1	28	84	94	104	Page Down	3	51	30	161
F2	−1	85	95	105	↑	5	56	141	152
…	…	…	…	…	↓	24	50	145	160
F11	133	135	137	139	→	4	54	2	157
F12	134	136	138	140	←	19	52	26	155
INS	22	22	146	162	Esc	27	−/27	−*/27	−*/1

续表

键名	单键	Shift	Ctrl	Alt	键名	单键	Shift	Ctrl	Alt
Home	1	55	29	151	Enter	13	13	10	–/166
Del	7	7	147	163	Backspace	127	127	127	14
End	6	49	23	159	Tab	9	15	148/*	*
Page Up	18	57	31	153	Spacebar	32	32	32/–	57

nShiftAltCtrl 参数表示按下的组合键（Shift、Ctrl、Alt）的和值，如同时按下 Ctrl 和 Alt，则其 nShiftAltCtrl 值为 6。表 9-12 列出了单独的组合键在 nShiftAltCtrl 中返回的值。

表 9-12　组合键的编码

键名	值
Shift	1
Ctrl	2
Alt	4

注意：

①在两种情况下，表单可接收 KeyPress 事件：

表单中不包含控件，或表单的控件都不可见或未激活。

表单的 KeyPreview 属性设置为"真"（.T.）。表单首先接收 KeyPress 事件，然后具有焦点的控件才接收此事件。

②对任何与 Alt 键的组合键，不发生 KeyPress 事件。

（5）Valid 事件

当文本框失去焦点前触发该事件。在该事件中加入代码，可以用来判别文本框中输入数据的合法性，也可用来根据文本框的数据读取其他信息。

（6）When 事件

控件获得焦点前触发。如返回的值为.T.，则该控件对象可获得焦点，否则不可。对于列表框，当用户单击某项或通过箭头键使焦点在列表框中移动时触发。对于其他控件，当光标移动到控件上时触发。对于文本框，When 事件发生在 GotFocus 事件之前。

（7）Refresh 方法

Refresh 方法将重新绘制文本框并刷新其中的值。

（8）SetFocus 方法

文本框控件对象可重新获得焦点，即将文本框变成当前活动的对象。SetFocus 方法的使用格式如下：

Object.SetFocus

【例 9-5】设计一表单，如图 9-10 所示。其中左图为表单设计界面，右图为运行界面。表单功能是：当用户在上面的文本框输入文本时，系统可在下面的文本框中同步显示（以只读方式）其输入的文本。表单保存为 Ex09-05.SCX。

设计步骤如下：

①创建一个表单，然后在表单上添加两个标签 Label1 和 Label2；两个文本框 Text1 和 Text2；一个命令按钮。

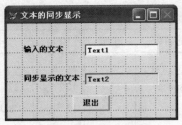 

（a）表单设计界面　　　　　　　　（b）表单运行界面

图 9-10　例 9-5 表单运行示意图

②设置表单标题 Caption 为：文本的同步显示；Label1 和 Label2 的 Caption 属性值分别为：输入的文本和同步显示的文本；文本框 Text2 的 ReadOnly 属性值为.T.；命令按钮 Command1 的 Caption 属性值为"退出"。

③编写有关的事件代码如下：

● 表单 Form1 的 Init 事件代码为：

ThisForm.Text1.SetFocus

● 文本框 Text1 的 InteractiveChange 事件代码为：

ThisForm.Text2.Value=This.Value

● 命令按钮 Command1 的 Click 事件代码为：

ThisForm.Release

【例 9-6】设计一个表单，表单运行时能显示"学生.dbf"表中的记录信息，如图 9-11 所示。表单保存为 Ex09-06.SCX。

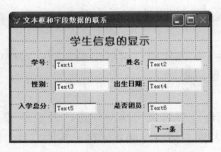 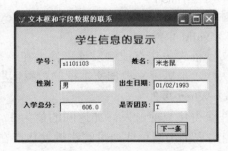

（a）表单设计界面　　　　　　　　（b）表单运行界面

图 9-11　例 9-6 表单运行示意图

设计步骤如下：

①创建一个表单，然后在表单上添加 7 个标签 Label1～7；6 个文本框 Text1～6；一个命令按钮。表单以"Ex09-06.SCX"为文件名保存在磁盘中。

②在表单任意空白处单击鼠标右键，在弹出的快捷菜单中执行"数据环境"命令，打开"数据环境设计器"窗口并弹出"打开"对话框，选择要添加到数据环境的数据表"学生.dbf"，单击"确定"按钮，将"学生.dbf"添加到"数据环境设计器"中。

③设置表单标题 Caption 为：文本框和字段数据的联系；Label1～7 的 Caption 属性值分别按图 9-11（a）所示的样式设置显示文本；命令按钮 Command1 的 Caption 属性值为"下一条"；文本框 Text1～6 的 ControlSource 属性分别和"学生.dbf"数据表字段学号、姓名、性别、出生日期、总分和团员相联系。

④为"下一条"命令按钮 Command 编写 Click 事件代码如下：

```
SKIP
ThisForm.Refresh
```

【例 9-7】如图 9-12 所示，设计一个电话计费的表单界面。在"开始时间"文本框处单击鼠标，系统开始计时；单击"结束时间"文本框处，结束计时并给出通话时间；单击"应付金额"文本框处，系统计算出通话费用。假设每分钟通话费用为 0.20 元。表单保存为 Ex09-07.SCX。

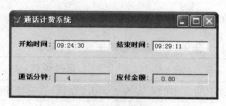

图 9-12　例 9-7 表单运行示意图

设计步骤如下：

①创建一个表单，表单的 Caption 属性设置为：通话计费系统。

②在表单中添加 4 个标签 Label1～4、4 个文本框 Text1～4。

③设置 4 个标签控件 Label1～4 的 Caption 属性值分别为"开始时间："、"结束时间："、"通话分钟："和"应付金额："。文本框 Text1 和 Text2 的 ReadOnly 属性设置为.T.。

④为文本框的 Click 事件编写相应的代码如下：

● Text1 的 Click 事件代码为：

```
Public T1
This.Value=Time()
T1=Seconds()
```

● Text2 的 Click 事件代码为：

```
Public T2
This.Value=Time()
T2=Seconds()
T=Int((T2 - T1)/60)
ThisForm.Text3.Value=Str(T,4)
```

● Text4 的 Click 事件代码为：

```
T=Int((T2 - T1)/60)*0.20
This.Value=Str(T,6,2)
```

9.1.4　编辑框控件（EditBox）

编辑框在"表单控件"工具栏上的图标是 ▣。

利用文本框编辑数据时，其能接受的字符个数要受到文本框大小的限制，而在对表字段或变量内容的输入过程中，往往会碰到长文本的情况，这时就不能用文本框进行编辑了。为此，Visual FoxPro 系统提供了用于编辑长文本的控件，这就是编辑框。与文本框类似，编辑框也是用来输入或编辑数据的。但编辑框与文本框具有以下几点不同：

编辑框只能编辑字符型数据，而文本框除字符型数据外，还适用于数值、逻辑、日期或日期时间型数据。

文本框只能输入一行数据，遇到回车符则终止输入；而编辑框则能输入多行文本，遇到回车符不会终止编辑框的输入。

编辑框可以和表中的备注型字段绑定在一起，实现备注型字段数据的输入或编辑；而文本框不能与备注型字段绑定。

编辑框有一个文本框所没有的属性 ScrollBars，用来指定编辑框是否含有滚动条。当属性值为 0 时没有滚动条，当属性值为 2 时具有垂直滚动条；而文本框因只能输入一行数据，所以没有 ScrollBars 属性。

1. 编辑框的属性

编辑框控件的主要属性如表 9-13 所示。

表 9-13   编辑框的主要属性及说明

属性	属性说明
Alignment	设置对象中的文本的对齐方式。0（默认）-左对齐；1-右对齐；2-居中
ControlSource	如果将控件的 ControlSource 属性设置为表的字段或内存变量，则该字段或内存变量的值在编辑框中显示，用户对这个值的改变将写回到表中的字段或变量。移动记录指针将影响编辑框的 Value 属性的值
Enabled	设置对象有效或无效。.T.（默认）-有效，.F.-无效
Format	设置对象中数据值的输入和输出格式
HideSelection	确定在编辑框中选定的内容能否在编辑框失去焦点时仍显示为被选定的状态
MaxLength	设置编辑框输入字符的最大值，若为 0，则字符个数没限制
Name	设置对象的名称
ReadOnly	确定编辑框的数据能否被编辑，默认值为.F.
ScrollBars	用于确定是否具有垂直滚动条
SelectedBackColor	设置被选中文本的背景颜色
SelectedForeColor	设置被选中文本的颜色
SelLength	用于设定或读取编辑框中被选定文本的长度
SelectOnEntry	获得焦点时是否能自动选中文本框中的内容
SelStart	设置在编辑框中被选定文本的起始位置
SelText	设置在编辑框中被选定文本的内容
Visible	设置对象是否可见。取值为.T.（默认）或.F.

【例 9-8】设计一个表单，在表单中添加一编辑框，要求该编辑框与"学生.dbf"表中的备注字段"特长"相绑定，以便编辑备注型字段内容。当在编辑框中选定一段文本并单击文本框时，能在文本框中显示出编辑框中选定的文本，如图 9-13 所示。

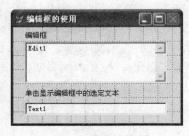

（a）表单设计界面

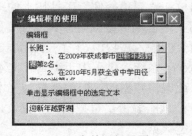

（b）表单运行界面

图 9-13   例 9-8 示意图

设计步骤如下：

①创建表单，表单的 Caption 属性值设置为"编辑框的使用"。在表单上创建两个标签控件，其 Caption 属性分别为"编辑框"和"单击显示编辑框中的选定文本"；另外添加一个编辑框和一个文本框。

②在表单空白处，单击右键，在弹出的快捷菜单中选择"数据环境"命令，打开"数据环境设计器"并添加"学生.dbf"表，将编辑框的 ControlSource 属性设置为"学生.特长"。

注：如果读者所用"学生.DBF"表中"特长"字段无内容，可以自定义。

③编写有关事件代码。

● 编辑框 Edit1 的 LostFocus 事件代码如下：

This.HideSelection=.F.　&&表示焦点离开编辑框后选定的文本不隐藏

● 文本框 Text1 的 GotFocus 事件代码如下：

This.Value=ThisForm.Edit1.SelText

④保存运行表单。表单以 Ex09-08.scx 为文件名保存，之后运行表单。运行时，编辑框中将显示第 1 个记录的"特长"字段内容，选定一段文字后，再单击下方的文本框，文本框内就会立即显示这些文本。

2. 编辑框的事件和方法

编辑框常用的事件和方法与文本框相同，这里不再赘述。

【例 9-9】设计一个表单，功能是在表单上单击"打印"命令按钮，可以打印显示九九乘法表，如图 9-14 所示。表单保存为 Ex09-09.SCX。

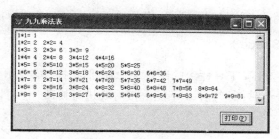

图 9-14　例 9-9 运行示意图

设计步骤如下：

①创建一表单，表单的 Caption 属性为"九九乘法表"。

②在表单中添加一个编辑框控件 Edit1、一个命令按钮控件 Command1，将命令按钮 Command1 的 Caption 属性设置为"打印(\<P)"。

③编写"打印"命令按钮 Command1 的 Click 事件代码如下：

```
ThisForm.Edit1.Value=""
For X=1 TO 9
Y=1
Do While Y<=X
    ThisForm.Edit1.Value=ThisForm.Edit1.Value+;
    STR(Y,1)+"*"+STR(X,1)+"="+STR(X*Y,2)+SPACE(2)
    Y=Y+1
EndDo
ThisForm.Edit1.Value=ThisForm.Edit1.Value+CHR(13)　&&换行
EndFor
```

9.1.5　线条控件（LINE）

线条控件在"表单控件"工具栏上的图标为◢。

线条（Line）控件用于在表单上画各种类型的线条，包括斜线、水平线和垂直线。

1. 线条控件的属性

线条控件的常用属性如表 9-14 所示。

表 9-14　线条控件常用的属性及说明

属性	说明
BorderStyle	指定线条的线型
BorderColor	指定线条的颜色
BorderWidth	指定线条的粗细
Height	指定线条的高度，当拖动线条使控制点上下重合时为水平线，左右重合时为垂直线
LineSlant	指定线条的倾斜方向，键盘符号"\"表示从左上角到右下角，键盘符号"/"表示从右上角到左下角
Name	设置对象的名称
Width	指定线条的宽度

2. 线条控件的事件与方法

线条控件的主要事件有 Click、DbClick 和 RightClick 等，主要方法有 Drag、Move 等。

9.1.6　形状控件（Shape）

形状控件在"表单控件"工具栏上的图标为◙。形状控件主要用于创建矩形、圆或椭圆形状的对象。形状控件是一种图形控件，不能直接对其进行修改，但可以通过形状的属性设置、事件程序的应用来修改。

1. 形状控件的属性

与线条类似，形状控件也有 BorderStyle、BorderColor 和 BorderWidth 等属性，其含义也一样；形状的大小由属性 Curvature 和 Width 以及 Height 来决定；而形状的填充方案则由 FillStyle 属性来决定。形状控件的常用属性如表 9-15 所示。

表 9-15　形状控件常用的属性及说明

属性	说明
Curvature	从 0（直角）到 99（圆或椭圆）的一个值
Enabled	设置对象有效或无效。默认值.T.为有效
FillColor	设置所画图形的填充颜色
FillStyle	确定形状是透明的还是具有一个指定的背景填充方案
Height 和 Width	当它们的大小相等时，则表示形状为条形或（圆），不相等时为一般矩形（椭圆）
Name	设置对象的名称
SpecialEffect	确定形状是平面的还是三维的。仅当 Curvature 属性设置为 0 时才有效
Visible	设置对象是否可见，取值为.T.（默认）或.F.

2．形状控件的事件与方法

形状控件的主要事件有 Click、DbClick 和 RightClick 等，主要方法有 Drag、Move 等。

9.1.7 图像控件（Image）

图像控件在"表单控件"工具栏上的图标为 。

图像控件用于图像输出，只能显示而不能直接修改图像。通过图像控件的运用，可以使应用程序的界面显得更富有生机和活力。

1．图像控件的属性

图像控件允许在表单中添加.bmp、.gif、.jpg 或.ico 图像文件，其常用属性如表 9-16 所示。

表 9-16　图像控件常用的属性及说明

属性	说明
BackColor	设置对象的背景颜色
BorderStyle	指定图像是否有边框，默认无边框
Enabled	设置对象有效或无效。默认值.T.为有效
Name	设置对象的名称
Picture	指定要添加的图像文件
Stretch	设定图像如何显示：0-裁剪（超出控件范围部分被裁剪）；1-等比填充（图像保留原来比例）；2-变比填充（图像调整到控件大小）
Visible	设置对象是否可见，取值为.T.（默认）或.F.

2．图像控件的事件与方法

图像控件与形状控件一样，其主要事件有 Click、DbClick 和 RightClick 等，主要方法有 Drag、Move 等。

【例 9-10】设计一个如图 9-15 所示的表单。表单中含有一个标签控件、一个形状控件、一个图像控件和七个命令按钮控件。要求单击命令按钮"直角方形"、"圆角方形"和"圆形"时，标签控件显示直角方形、圆角方形和圆形字样，并且形状控件也相应地改变形状；单击"图片 1"、"图片 2"和"图片 3"等命令按钮时，可显示不同的图片；单击"退出"命令按钮则关闭并退出表单。表单保存为 Ex09-10.SCX。

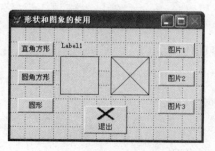

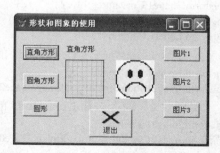

（a）表单设计界面　　　　　　　　　（b）表单运行界面

图 9-15　例 9-9 表单的运行效果图

设计步骤如下：

①创建表单，并按图中所示放置各个所需控件。表单中各控件的属性，如表 9-17 所示。

表 9-17　表单中各控件及属性

对象	属性	属性值	说明
Form1	Caption	形状和图像的使用	其他取默认值
Label1	Caption	无	
	AutoSize	.T.	
Shape1	取默认值		
Image1	Picture	无	其他取默认值
Command1~3	Caption	直角方形、圆角方形、圆形	
Command4~6	Caption	图片 1、图片 2、图片 3	
Command7	Caption	退出	
	Picture	.ICO 文件	图文按钮

②编写相应的事件代码。

● 表单的 init 事件代码：

```
Thisform.Label1.Caption=""
Thisform.Shape1.Borderstyle=0
```

● "直角方形"命令按钮 Command1 的 Click 事件代码：

```
Thisform.Shape1.Borderstyle=1
Thisform.Shape1.Fillstyle=6
Thisform.Shape1.Curvature=0
Thisform.Shape1.Fillcolor=Rgb(0,255,255)
Thisform.Label1.Caption="直角方形"
```

● "圆角方形"命令按钮 Command2 的 Click 事件代码：

```
Thisform.Shape1.Borderstyle=1
Thisform.Shape1.Fillstyle=2
Thisform.Shape1.Curvature=40
Thisform.Shape1.Fillcolor=Rgb(255,0,0)
Thisform.Label1.Caption="圆角方形"
```

● "圆形"命令按钮 Command3 的 Click 事件代码：

```
Thisform.Shape1.Borderstyle=1
Thisform.Shape1.Fillstyle=6
Thisform.Shape1.Curvature=99
Thisform.Shape1.Fillcolor=Rgb(255,255,255)
Thisform.Label1.Caption="圆形"
```

● "图片 1"命令按钮 Command4 的 Click 事件代码：

```
Thisform.Image1.Visible=.T.
Thisform.Image1.Picture=" d:\jxgl\image\Face02.Ico"
```

● "图片 2"命令按钮 Command5 的 Click 事件代码：

```
Thisform.Image1.Visible=.T.
Thisform.Image1.Picture=" d:\jxgl\image\Face03.Ico"
```

● "图片 3"命令按钮 Command6 的 Click 事件代码：

```
Thisform.Image1.Visible=.T.
Thisform.Image1.Picture=" d:\jxgl\image\Face04.Ico"
```

● 命令按钮 Command7 的 Click 事件代码：

```
Release ThisForm
```

注意:

①线条、形状和图像只能在设计时设置,但设置好后无论在设计时还是在运行时都可改变其属性。

②若形状控件遮住了某一其他控件,则无论在设计时还是在运行时,对被遮控件的鼠标操作均无效,此时应将形状控件置后,可使用"格式"菜单的"置后"命令(或"布局"工具栏的相应置后按钮)来设置。

9.2 选择控件

在面向对象程序设计中,可提供用户选择的控件是命令按钮组、选项按钮、复选框、微调器等。

9.2.1 命令按钮组控件(CommandGroup)

命令按钮组在"表单控件"工具栏上的图标是 ▤。命令按钮组控件是表单上的一种容器,它可包含若干个命令按钮,并能统一管理这些命令按钮。命令按钮组与组内的各命令按钮都有自己的属性、事件和方法程序,因而既可单独操作各命令按钮,也可对组控件进行整体操作。

要对命令按钮组内的各命令按钮分别进行编辑,可右击命令按钮组,在弹出的快捷菜单中选择"编辑"命令,这时命令按钮组被一淡绿色的边框所包围,然后再单击要编辑的命令按钮即可。

1. 命令按钮组的属性

表 9-18 给出了命令按钮组常用的属性与说明。

表 9-18 命令按钮组常用的属性

属性	属性及事件说明
AutoSize	设置对象是否自动调节大小,取值.T.或.F.(默认)
BackColor	设置对象的背景颜色
ButtonCount	设定组中按钮的数目,默认有 2 个按钮
Buttons	表示命令按钮组中每一个按钮的数组,使用格式如下: Control.Buttons (nIndex).Property | Method [= Value] 其中:1≤nIndex≤ButtonCount 属性值
ControlSource	设置与对象绑定的数据源,设置该属性后,可用选定按钮的个数值编辑数据源
DisabledForeColor	设置对象无效时显示的前景颜色
DisabledPicture	设置对象无效时显示的图像
Enabled	设置对象是否可用,取值.T.(默认)或.F.
Name	设置对象的名称
SpecialEffect	设置对象显示的样式
Value	指明按下了哪个按钮,默认值为 1,即指定选用了第 1 个按钮
Visible	设置对象是否可见。取值.T.(默认)或.F.

要为命令按钮组设置常用属性,使用 Visual FoxPro 提供的生成器较为方便。打开命令按

钮组的生成器方法是：右击命令按钮组，在弹出的快捷菜单中选择"生成器"命令，即可打开命令按钮组的"命令组生成器"对话框，如图 9-16 所示。

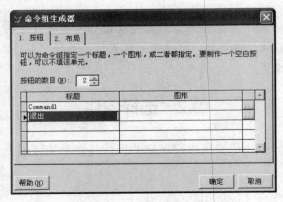

图 9-16　命令组生成器

对话框包括以下两个选项卡：

（1）"按钮"选项卡。在该选项卡中，用户可进行的操作有：

● 微调控件。指定命令按钮组中的按钮数，对应于命令按钮组的 ButtonCount 属性。

● 表格。包含标题和图形两列。

"标题"列用于指定各按钮的标题，标题可在表格的单元格中编辑。该选项对应于命令按钮的 Caption 属性。

命令按钮可以具有标题或图像，或两者都有。若某按钮上要显示图形，可在"图形"列的单元格中键入路径及图形文件名。或者单击对话框按钮打开"图片"对话框来选择图形文件。该选项对应于命令按钮的 Picture 属性。

（2）"布局"选项卡，如图 9-17 所示。

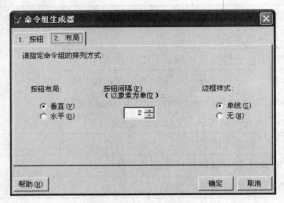

图 9-17　"布局"选项卡

● 按钮布局。用于指定命令按钮组内的按钮按竖直方向或水平方向排列。

● 按钮间隔微调控件。用于指定按钮之间的间隔。

上面两项将影响命令按钮组的 Height 和 Width 属性值。

2. 命令按钮组的事件

命令按钮组常用的事件有 Click、DbClick、RightClick 和 InteractiveChange 等。

命令按钮组中每个命令按钮的用法与单个命令按钮的用法一样，但可以对组中所有命令按钮的 Click 事件代码共用同一个方法程序，可将代码加入到命令按钮组的 Click 事件代码中。命令按钮组的 Value 属性指明单击了哪个按钮。

【例 9-11】创建一表单，保存为 Ex09-11.SCX。在表单添加有 3 个命令按钮的按钮组 CommandGroup1，来实现移动数据表中记录的功能，当记录指针移到文件头或文件末尾时提示用户已到记录头部或末尾。表单的运行界面如图 9-18 所示。

图 9-18　例 9-11 表单运行示意图

设计步骤如下：

①创建一新表单。在表单中，添加一命令按钮组 CommandGroup1，并单击右键，在弹出的快捷菜单中选择"生成器"命令，屏幕上出现"命令组生成器"对话框，这里我们设置按钮数目为 3，标题分别为：上一条记录、下一条记录和退出。

②将数据表"学生.dbf"添加到表单的数据环境中，再将选定的字段拖到表单中合适的位置上。

③编写命令按钮组 CommandGroup1 的 Click 事件代码如下：

```
Do Case
    Case This.Value=1
            Skip -1
            If Bof()
                Go Top
                =Messagebox("对不起，已到了第一条记录")
            Endif
            Thisform.Refresh
    Case This.Value=2
            Skip 1
            If Eof()
                Go Bottom
                =Messagebox("对不起，已到了最后一条记录")
            Endif
            Thisform.Refresh
    Case This.Value=3
            Thisform.Release
Endcase
```

注意：如果只单击命令按钮组，而没有单击某个按钮，则 Value 属性的值仍为上一次选定的命令按钮；另外，如果为组中某个按钮的 Click 事件编写了代码，则当选择这个按钮时，将执行编写的代码而不是组的 Click 事件代码。

思考题：如果分别为命令按钮组中单个按钮编写 Click 事件代码，如何进行？

9.2.2 选项按钮组控件（OptionGroup）

选项按钮组控件在"表单控件"工具栏上的图标是 。选项按钮组是一个包含选项按钮的容器，它通常包含若干个选项按钮，但用户只能从中选择一个，也可一个也不选。在表单中创建一个选项按钮组时，默认包含两个选项按钮。

1. 选项按钮组的属性

选项按钮组的主要属性如表 9-19 所示。

表 9-19　选项按钮组常见属性及其说明

属性	属性及事件说明
AutoSize	设置对象是否自动调节大小，取值.T.或.F.（默认）
BackColor	设置对象的背景颜色
BackStyle	指定对象的背景是否透明，值为"0"时透明，为"1"（默认值）不透明
BorderStyle	指定命令按钮组边框的样式，值为"1"时为固定单线边框，为"0"时无边框线
ButtonCount	设定组中按钮的数目，默认值为 2
Buttons	用于存取一个选项按钮组中每一按钮的数组
ControlSource	用于建立命令组与数据源的联系。数据源可以是内存变量或字段，其类型可以是数值型或字符型
Enabled	设置对象是否可用，取值.T.（默认）或.F.
Name	设置对象的名称
SpecialEffect	设置对象显示的样式
Value	指明选定了哪个选项，默认值为 1，即指定选用了第 1 个选项
Visible	设置对象是否可见。取值.T.（默认）或.F.

说明：如果 ControlSource 是一个数值字段，根据按钮是否被选中，在字段中写入 0 或 1。如果 ControlSource 是逻辑型的，则根据按钮是否被选中，在字段中写入"真"（.T.）或"假"（.F.）。如果记录指针在表中移动，则更新选项按钮的值，以反映字段中的新值。如果选项按钮的 OptionGroup 控件（不是选项按钮本身）的 ControlSource 是一个字符型字段，当选择该选项按钮时，选项按钮的标题就保存在该字段中。注意：一个选项按钮（与 OptionGroup 控件明显不同）的控件源不能是一个字符型字段，否则当运行表单时 Visual FoxPro 会提示数据类型不匹配。

选项按钮组的使用要点如下：

● 通过改变 ButtonCount 属性可以设置选项按钮的数目。如要想使一个选项按钮组含有 4 个选项按钮，则可以将这个选项按钮组的 ButtonCount 属性值设置为 4。

● 通过 Value 属性可以判断哪个选项按钮被选中，如选择选项按钮组的第 4 个按钮，则该选项按钮组的 Value 值为 4，若用户没有选择任何选项，则 Value 值就是 0。

● 通过 ControlSource 属性可以建立选项组与数据源的关系。数据源可以是内存变量或字段，其类型可以是数值型或字符型。例如，若 Value 值为 2，则表明第 2 个按钮被选中；若变量是字符型，则返回选项按钮组中对应的 Option 按钮的 Caption 属性值到变量中，用户对选项按钮组的操作结果会自动存储到数据源变量及 Value 属性中。

- 若将各个选项按钮的 Caption 属性值保存在一个表中，此时 Value 属性必须设置为空字符串，再把选项按钮组的 ControlSource 属性设置为表中的一个字符型字段。如，组中选项按钮的标题分别设置为"高等数学"、"计算机网络"、"英语"、"数据库技术"、"会计"和"电子商务"，并且选项按钮组的 ControlSource 属性设置为一个字符型字段，那么当用户选择标题为"数据库技术"的选项按钮时，"数据库技术"将被保存在该字段中。

- 还可以利用选项按钮组的 Value 和 Buttons 属性来确定选中选项按钮的标题，如语句：

ThisForm.Label1.Caption=This.Buttons(This.Value).Caption

就是将被选中的选项按钮标题内容显示在标签 Label1 之中。

2．选项按钮组的事件

选项按钮组常见事件有 Click、DbClick、RightClick 和 InteractiveChange 等。如运行程序时单击选项按钮，便触发了 Click 事件，若存在该按钮的事件过程，将执行此事件过程。

同命令按钮组的事件一样，当组内某一个选项被选择，同组其他选项按钮将自动变为未被选择。因此在编写事件代码时，可以对组中所有选项按钮的 Click 事件代码共用同一个方法程序，即将代码加入到选项按钮组的 Click 事件代码中。选项按钮组的 Value 属性指明单击了哪个选项。

【例 9-12】设计一表单，表单保存为 Ex09-12.SCX。表单在运行时，用户能通过表单上的颜色选项组来改变编辑框文本颜色，运行效果如图 9-19 所示。

图 9-19　例 9-12 表单运行效果图

设计步骤如下：

①新建一表单。表单的 Caption 属性设置为"选项按钮组的使用"，在表单中添加 2 个标签控件 Label1～2，其 Caption 分别为"请输入内容："和"请选择字体颜色："；AutoSize 属性值设置为.T.；属性 FontBold 和 FontSize 分别设置为.T.和 10。

②添加一选项按钮组控件 OptionGroup1，ButtonCount 属性设置为 3；AutoSize 属性值设置为.T.，选项按钮组控件上的各选项按钮的 Caption 属性分别设置为"红色"、"蓝色"和"黑色"。

③编写选项按钮组的 Click 事件代码。

```
Do Case
    Case This.Value=1
        ThisForm.Edit1.ForeColor=RGB(255,0,0)
    Case This.Value=2
        ThisForm.Edit1.ForeColor=RGB(0,0,255)
    Case This.Value=3
        ThisForm.Edit1.ForeColor=RGB(0,0,0)
Endcase
```

④运行表单。在编辑框中输入一段文字，然后单击选项按钮组的颜色选项改变文本颜色。

9.2.3　复选框控件（CheckBox）

复选框控件在"表单控件"工具栏上的图标是 ☑。

复选框控件主要用来反映某些条件成立与否，即让用户指定一个逻辑状态："真"（.T.）或"假"（.F.）。复选框是一个可与数据相结合的控件，可通过设置 ControlSource 属性来维护变量、数值或逻辑型字段，在数据的编辑或条件的选择等方面应用广泛。

1. 复选框的属性

复选框的主要属性如表 9-20 所示。

表 9-20 复选框控件常见的属性

属性	属性及事件说明
Alignment	设置文本的对齐方式。0（默认）-左对齐，1-右对齐，2-居中
AutoSize	设置对象是否自动调节大小，取值.T.或.F.（默认）
Caption	设置文字类型标题
ControlSource	设定复选框对象结合的表字段或内存变量
DownPicture	设定在该控件为图形方式下，复选框对象被选择时的图形来源
Name	设置对象的名称
Picture	设定复选框对象未被选择时的图形来源
SpecialEffect	设置对象显示的样式
Style	设定复选框显示类型。0-标准，1-图形
Value	指明选定了哪个选项，默认值为 0，表示复选框未选中；1 表示已经选中；2 或 NULL 表示复选框变灰，表示复选框不可用
Visible	设置对象是否可见。取值.T.（默认）或.F.

说明：

- Style 属性。Style 属性决定复选框的外观形状，其属性值有：0-默认值，特点是标准样式，右边显示 Caption 文本，选中时出现"√"号标记；1-图形样式，可以通过 Picture 属性指定图形，在图形下方显示 Caption 文本，选中时按钮呈现按下状态。图 9-20 给出了两种外观形状的按钮使用方法。

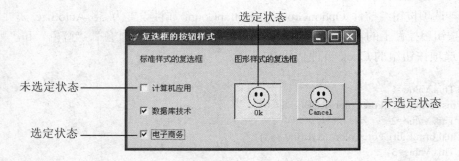

图 9-20　复选框 Style 属性的不同用法

- Value 属性。Value 属性值决定了复选框所处的状态："T."或".F."或者 0 或 1。选中为".T."，未选中为".F."。但还可以有第 3 种状态，其属性值为 2，即复选框呈浅色。
- ControlSource 属性。指定与复选框建立联系的数据源。数据源可以是内存变量或字段，其类型可以是逻辑型或数值型。而 Value 属性反映最近一次指定的数据类型。如该属性设置为.T.或.F.，则返回逻辑型，直到属性重新设置为数值型值。

如果复选框的 ControlSource 属性设置为表中的一个逻辑字段，那么当前的记录值为.T.，复选框为选中；如果当前记录值为.F.，则复选框显示为未选中；如果当前记录为 NULL 值（复选框变为浅色），则为不确定状态。

2. 复选框的事件

复选框的主要事件也有 Click、DbClick、RightClick 和 InteractiveChange 等。

【例 9-13】在例 9-12 的基础上，添加一复选框，表单运行时，用户能通过表单上复选框按钮来确定文本框中显示的字形，如图 9-21 所示。

图 9-21　例 9-13 表单运行效果图

设计步骤如下：

①打开例 9-12 所建立的表单文件，使用"文件"菜单中的"另存为"命令，将表单另存为 Ex09-13.SCX。

②将表单的 Caption 属性设置为"复选框的使用"。然后，在表单上添加两个复选框，其标题分别为"粗体"和"斜体"，AutoSize 设置为.T.。

③复选框"粗体"和"斜体"的 Click 事件代码为：

● 粗体

```
Do Case
    Case This.Value=1
        ThisForm.Edit1.FontBold=.T.
    Case This.Value=0
        ThisForm.Edit1.FontBold=.F.
Endcase
```

● 斜体

```
Do Case
    Case This.Value=1
        ThisForm.Edit1.FontItalic=.T.
    Case This.Value=0
        ThisForm.Edit1.FontItalic=.F.
Endcase
```

9.2.4　微调控件（Spinner）

微调控件在"表单控件"工具栏上的图标是 📳 。

微调控件允许用户从键盘上输入数据到控件中，还允许用户通过微调控件右侧的向上或向下箭头来增加或减少控件的数值。例如，要想用微调控件来更新"教师"表中的工资，只需将微调控件与"教师"表中的"工资"字段绑定在一起，就可以利用微调控件的箭头来修改当前记录教师的工资数据。

1. 微调控件的属性

微调控件常见的属性如表 9-21 所示。

表 9-21　微调控件的常用属性及其说明

属性	属性及事件说明
Alignment	设置对象的对齐方式。0（默认）-左对齐，1-右对齐，2-居中
ControlSource	设置与数据源的绑定，改变微调器的数值可更改绑定数据源的数值
Enabled	指定微调控件是否可用，取值为.T.（默认）或.F.
Format	指定控件 Value 值的输入和输出格式
Increment	用户每次单击向上或向下按钮时增加和减少的数值
KeyboardHighValue	用户在微调控件中能输入的最大值
KeyboardLowValue	用户在微调控件中能输入的最小值
Name	指定在代码中引用对象的名称
SpinnerHighValue	微调控件能显示的最大值
SpinnerLowValue	微调控件能显示的最小值
Value	返回微调控件的值
Visible	设置对象是否可见。取值.T.（默认）或.F.

说明：微调控件可以反映相应字段或变量的数值变化，利用 ControlSource 属性可以将值写回到相应字段或变量中。

2. 微调控件的事件

微调控件有 3 个常用事件，利用它们可以更改绑定数据源的数据。这 3 个事件分别是：DownClick、UpClick 和 InteractiveChange 事件。

DownClick 事件是在按下微调控件的向下箭头时所引起的事件；UpClick 事件是在按下微调控件的向上箭头时所引起的事件；InteractiveChange 事件是当用户使用键盘或鼠标更改微调控件的值时所触发的事件。

【例 9-14】创建一表单，表单保存为 Ex09-14.SCX。表单的功能可实现通过微调控件的值来改变文本框的值，其运行结果如图 9-22 所示。

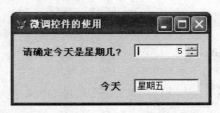

图 9-22　例 9-14 表单运行效果图

设计步骤如下：

①创建一新表单，表单的 Caption 属性设置为"微调控件的使用"，表单以文件名 L9-14.SCX 保存。

②添加一标签 Label1，其 Caption 属性设置为"请确定今天星期几？"；添加一文本框，并将 Value 属性置为"星期一"。

③添加一微调控件，将 Value 属性值设置为"1"，SpinnerHighValue 及 KeyboardHighValue 属性值设置为"7"，SpinnerLowValue 及 KeyboardLowValue 属性值设置为"1"。

④微调控件的 InteractiveChange 事件代码编写如下：

```
Do Case
    Case This.Value=1
        ThisForm.Text1.Value="星期一"
    Case This.Value=2
        ThisForm.Text1.Value="星期二"
    Case This.Value=3
        ThisForm.Text1.Value="星期三"
    Case This.Value=4
        ThisForm.Text1.Value="星期四"
    Case This.Value=5
        ThisForm.Text1.Value="星期五"
    Case This.Value=6
        ThisForm.Text1.Value="星期六"
    Case This.Value=7
        ThisForm.Text1.Value="星期日"
Endcase
```

9.3　复杂控件

在表单设计中，能提供较为复杂功能和作用的控件有列表框、组合框、计时器、页框、表格、容器和 Active 等。

9.3.1　列表框控件（ListBox）

列表框在"表单控件"工具栏上的图标是 ▦。为了保证数据库中不会存储错误的数据，最简单的方法是提供一组预先设定的值让用户选择，列表框就是具有这一功能的控件。在列表框中一次可以选择一项，也可以选择多项。

1. 列表框控件的属性

列表框控件常用的属性如表 9-22 所示。

表 9-22　列表框常用属性

属性	说明
Alignment	设置对象的对齐方式。0（默认）-左对齐，1-右对齐，2-居中
BoundColumn	设置列表框中哪个列与其 Value 属性绑定
BoundTo	指定列表框控件的 Value 属性是由 List 属性还是由 ListIndex 属性来决定
ColumnCount	指定列表框的列数，除了列表框和组合框还适用于表格
ColumnLines	显示或隐藏列之间的分隔线
ColumnWidth	指定一个列表框的列宽
ControlSource	从列表框中选择的值保存在该属性设置的变量或字段中
DisplayValue	设置对象中选定项第一列的内容
Enabled	指定列表框控件是否可用，取值为.T.（默认）或.F.
ListCount	设置列表框的条目数，除了列表框还适合于组合框
ListIndex	指定列表框控件中选定数据项的索引值

属性	说明
MoverBar	设定列表框对象中的项目数据是否具有移动按钮
MultiSelect	设置是否允许用户从列表框控件内进行多重选择，.F.不允许，.T.允许（按住 Ctrl 键并用鼠标单击条目进行多重选择）
Name	指定在代码中引用对象的名称
Picture	指定显示在控件上的图形文件或字段
RowSource	设定列表框对象项目数据的来源
RowSourceType	设定列表框对象项目数据的来源方式，参见表 9-23
Selected	指定组合框或列表框控件中的一项是否被选中。设计时不可用，运行时可读写。值为"真（.T.）"，表示选中了该项，为"假（.F.）"表示没有选中该项（默认值）
Sorted	指定列表框的列表部分的条目是否自动以字母顺序排列
Tag	存储用户程序所需的任何其他数据
Value	用于存放选定项的值
Visible	设置对象是否可见。取值.T.（默认）或.F.

由上表可知，RowSourceType 属性用于控制列表框数据来源的类型，是列表框的一个重要属性，该属性的取值有 9 种类型，分别为 0-无、1-值、2-别名、3-SQL 语句、4-查询（QPR）、5-数组、6-字段、7-文件、8-结构和 9-弹出式菜单，其含义如表 9-23 所示。

表 9-23　RowSourceType 属性值含义

属性值	说明
0-无	如果将 RowSourceType 属性设置为 0（默认值），则不能自动填充列表项。只能用 AddItem 方法程序添加列表项，如： frmForm1.lstMyList.RowSourceType = 0 frmForm1.lstMyList.AddItem("First Item") frmForm1.lstMyList.AddItem("Second Item") frmForm1.lstMyList.AddItem("Third Item") 可以使用 RemoveItem 方法程序从列表中移去列表项。如，从列表中移去第 2 项，则代码为：frmForm1.lstMyList.RemoveItem(2)
1-值	如果 RowSourceType 属性设置为 1，则可用 RowSource 属性指定多个要在列表中显示的值。如果在"属性"窗口中设置 RowSource 属性，则用逗号分隔列表项；如果在程序中设置 RowSource 属性，可用逗号分隔列表项，并用引号括起来，如： Form1.lstMyList.RowSourceType = 1 Form1.lstMyList.RowSource = "one,two,three,four"
2-别名	如果将 RowSourceType 属性设置为 2，可以在列表中包含打开表的一个或多个字段的值。如果 ColumnCount 属性设置为 0 或 1，列表将显示表中第一个字段的值；如果 ColumnCount 属性设置为 3，列表将显示表中最前面的三个字段值；如果不想按字段在表中的保存顺序显示字段，可将 RowSourceType 属性设置为 3-SQL 语句或 6-字段。 如果 RowSourceType 属性设置为 2-别名或 6-字段，当用户在列表中选择新值时，表的记录指针将移动到用户所选择项的记录上

续表

属性值	说明
3-SQL 语句	如果使用该选项，则在 RowSource 属性中包含一个 SELECT-SQL 语句。如，下面的 SQL 语句将"学生"表的全部字段和记录选择到临时表中 SELECT * FROM 学生 INTO CURSOR mylist 如果在程序中设置 RowSource 属性，要将 SELECT 语句用引号括起来
4-查询（.QPR）	选择此项，可以用查询的结果填充列表框，查询是在"查询设计器"中设计的。如，下面一行代码将列表的 RowSource 属性设置为一个查询： THISFORM.List1.RowSource = "查询.qpr"
5-数组	使用本选项，可以用数组中的项填充列表
6-字段	如果 RowSourceType 属性设置为 6，则可以指定用一个字段或用逗号分隔的一系列字段值来填充列表，如：学号,姓名,性别,选课.数学
7-文件	选择此项，可用当前目录下的文件来填充列表。而且，列表中的选项允许选择不同的驱动器和目录，并在列表中显示其中的文件名 可将 RowSource 属性设置为列表中显示的文件类型，如，要在列表中显示 Visual FoxPro 表，可将 RowSource 属性设置为*.dbf
8-结构	选择此项，将用 RowSourc 属性指定的表中的字段名来填充列表
9-弹出式菜单	选用此项，可以用一个先前定义的弹出式菜单来填充列表

说明：如果 ControlSource 是一个变量，用户在列表中选择的值也保存在变量中；如果 ControlSource 是表中的字段，值将保存在记录指针所在的字段中。如果列表框中项和表中字段的值匹配，当记录指针在表中移动时，将选定列表中的该项。

2. 列表框常用的事件

列表框常见的事件有 Click、DbClick、InteractiveChange、GotFocus 和 LostFocus，但大多数程序只编写 DbClick 事件过程或 InteractiveChange 事件过程。

3. 列表框常用的方法

列表框常见的方法有 AddListItem/AddItem、RemoveItem 和 Clear。其含义分别是在列表框中添加一个列表项、清除一个列表项和清除列表框所有的项。

- AddListItem/AddItem 方法：向列表框添加一个新项目，使用格式是：

Object.AddListItem/AddItem(cItem[,nIndex] [,nColumn])

其中：cItem 为添加到控件中的字符串表达式；nIndex 指定控件中放置数据项的位置；如果指定了有效的 nIndex，cItem 将放置在控件的正确位置，如果指定的 nIndex 已存在，数据项将插入到这个位置，在这个数据项后面的其他所有数据项在列表框的列表区中均向下移一个位置；nColumn 指定控件的列，新数据项加入到此列中，默认值为 1。

在使用 AddItem 方法时，系统将根据 Sorted 属性的设置，决定是否将列表框中条目按照字典顺序显示。

- RemoveItem 方法：从列表框中移去一项，使用格式是：

Object.RemoveItem(nIndex)

其中：nIndex 指定一个整数，它对应于被移去项在控件中的显示顺序，nIndex 常用 ListIndex 属性值来替代指定的整数。

- Clear 方法：清除列表框控件的内容，该方法使用格式为：

Object.Clear

说明：为使 Clear 方法程序有效，必须将 RowSourceType 属性设置为 0（无）。

【例 9-15】设计一个表单，表单上含有 3 个标签控件 Label1～Label3；3 个列表框控件 List1～List3，要求运行时添加用于选择数据表的表名和列表条目，双击"数据库表"列表项可移去该项目。

表单以文件名 Ex09-15.SCX 进行保存，其运行效果如图 9-23 所示。

图 9-23   例 9-15 表单运行效果图

设计步骤如下：

①新建一表单，表单的 Caption 属性设置为"列表框的使用"。

②在表单中添加 3 个标签控件 Label1～Label3 和 3 个列表框控件 List1～List3。表单及各控件的主要属性设置如表 9-24 所示。

表 9-24   表单及各控件的主要属性设置

对象	属性	属性值	说明
Form1	Caption	列表框的使用	表单的标题名
	Dataenvironment	系名.dbf	设置表单数据环境
Label1	Caption	数据库表	标签标题
	AutoSize	.T.	自动调整标签控件的大小
Label2	Caption	专业名称	标签标题
	AutoSize	.T.	自动调整标签控件的大小
Label2	Caption	学生列表	标签标题
	AutoSize	.T.	自动调整标签控件的大小
List1	RowSourceType	0-无	使用 AddItem 方法在列表框中添加条目
	RowSource	无	
List2	RowSourceType	6-字段	取课程表的字段值
	RowSource	系名.系名	
	ColumnCount	2	列表框显示的列数
List3	RowSourceType	3-SQL	列表框中数据来源的类型
	RowSource	SELECT 姓名,性别 FROM 学生; into cursor temp	列表条目取自"学生"表中的姓名和性别

③编写相关的事件代码。

● 为表单 Form1 的 Init 事件过程写入下面的代码：

```
ThisForm.List1.Additem("学生")
ThisForm.List1.Additem("成绩")
ThisForm.List1.Additem("系名")
```

● 　为列表框 List1 的 DbClick 事件过程写入下面的代码：

```
a=MessageBox("确定删除该项码?",3+32+0,"确定信息")
If a=6
    This.RemoveItem(This.ListIndex)
EndIf
```

9.3.2　组合框控件（ComboBox）

组合框在"表单控件"工具栏上的图标是 ![图标]。

组合框控件实际上是文本框和列表框功能的组合。由前面的知识可知，用户可以使用文本框输入数据，在列表框中用户只能从给定的条目中选择；而组合框则兼有两者的功能。

有两种类型的组合框，一种是下拉组合框，另一种是下拉列表框，两者可通过 Style 属性进行设置。

1. 组合框的属性

前面介绍的列表框属性和方法大部分也适用于组合框，但组合框没有 MultiSelect 属性，即不能多重选择。与列表框相比，组合框的几个不同属性如表 9-25 所示。

表 9-25　组合框的常见属性及说明

属性	属性及事件说明
InputMask	设置对象中数据输入格式和显示方式
Style	定义组合框的类型：分为下拉组合框和下拉列表框。其区别是，下拉组合框既可以从列表框中选择，也可以在组合框中输入一个值，输入的值反映在 Text 属性中；而下拉列表框仅能在列表中选择
Text	表示在控件的文本框部分输入的未设置格式的文本。当然，如果选中组合框中某项，则该项文本内容也反映到 Text 属性中。Text 属性，设计时不可用；运行时只读

组合框与列表框的主要区别在于，列表框总是显示所有的条目，而组合框通常只显示一个条目，待用户单击它的下拉箭头 ![箭头] 后，才显示下拉列表框中的条目，所以组合框比列表框可以节省更多表单区域空间。

2. 组合框的事件与方法

组合框控件不仅能响应一般的 Click、DbClick、InteractiveChange 事件，还能响应 DropDown 事件，该事件在单击下拉箭头以后即下拉其列表部分时发生。

组合框控件常用的方法有 AddItem、AddListItem、RemoveItem 和 Requery。AddItem、AddListItem、RemoveItem 方法的使用格式和列表框相同。而 Requery 方法（也可用于列表框）的使用格式为：

组合框.Requery

功能是重新查询列表框控件所建立的行源。使用 Requery 方法可以确保控件中包含最新的数据。Requery 方法重新查询 RowSource 属性，并且使用新的值更新列表。

【例 9-16】设计一个修改"课程"表中课时数的表单，要求列表框中显示"课程号"、"课程名"和"课时数"；用组合框的选项来替换"课程"表中相应的课时数。表单以文件名 Ex09-16.SCX 进行保存，其运行效果如图 9-24 所示。

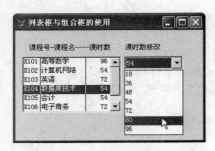

图 9-24　例 9-16 表单运行效果图

设计步骤如下：

①新建一个表单，在表单中添加 2 个标签，标签的 Caption 属性值分别为"课程号-课程名----课时数"和"课时数修改"。

②添加一个列表框 List1 和一个组合框 Combo1，列表框和组合框的各属性及其属性值如表 9-26 所示。

表 9-26　列表框和组合框的各属性及其属性值

控件名	属性	属性值
List1	BoundColumn	3
	BoundTo	.T.
	ColumnCount	3
	RowSource	课程
	RowSourceType	2-别名
Combo1	BoundColumn	1
	BoundTo	.T.
	ControlSource	课程.课时
	RowSource	18,36,48,54,72,80,96
	RowSourceType	1-值
	Style	2-下拉列表框

③为表单、列表框和组合框的相应事件过程编写代码。

● 表单 Form1 的 Init 事件代码如下：

```
Thisform.Combo1.Enabled=.F.
```

● List1 的 InteractiveChange 事件代码如下：

```
Thisform.Combo1.Enabled=.T.
```

● Combo1 的 InteractiveChange 事件代码如下：

```
Thisform.List1.Refresh
```

④运行表单，运行时选择并单击图 9-24 列表框中某课程名选项，激活组合框。从组合框中选择一项来替代"课程"表中的课时数。

【例 9-17】如图 9-25 所示，创建一表单，添加一个组合框，实现一个简单的查询。运行表单时，选择并单击组合框中某选项（或在组合框中直接输入学生名字并按回车键），表单显示相应学生的情况。表单以文件名 Ex09-17.SCX 进行保存。

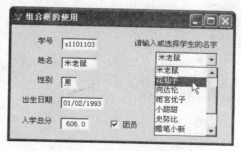

图 9-25　例 9-17 表单的运行效果

设计步骤如下：

①新建一个表单。

②打开表单"数据环境设计器"，将"学生.DBF"数据表添加到数据环境之中，然后分别选择数据表中相应的字段并拖动到表单之中，并安排好各控件的位置。

③在表单上添加一个标签 Label1，标签的 Caption 属性值设置为"请输入或选择学生的名字"；添加一个组合框 Combo1，其 RowSourceType 和 RowSource 属性值，分别设置为"6-字段"和"学生.姓名"。

④为组合框控件 Combo1 各事件编写事件代码。

● Combo1 的 Init 事件代码如下：

```
This.DisplayValue="花仙子"
This.SetFocus
```

● Combo1 的 InteractiveChange 事件代码如下：

```
ThisForm.Refresh
```

● Combo1 的 LostFocus 事件代码如下：

```
ThisForm.Refresh
```

【例 9-18】如图 9-26 所示，在文本框中输入数据，按回车键添加到下拉组合框中，在列表中选定项目，单击鼠标右键可移去选定项。表单以文件名 Ex09-18.SCX 进行保存。

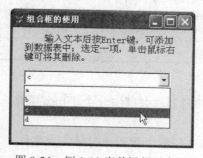

图 9-26　例 9-18 表单运行示意图

设计步骤如下：

①新建一个表单。在表单上添加一个标签 Label1，标签的 Caption 属性值设置为"输入文本后按 Enter 键，可添加到数据表中；选定一项，单击鼠标右键可将其删除。"；添加一个组合框 Combo1 控件，并安排好各控件的位置。

②编写组合框控件 Combo1 各事件代码如下：

● KeyPress 事件

```
LPARAMETERS nKeyCode, nShiftAltCtrl
```

```
If nKeyCode=13
    If !EMPTY(This.DisplayValue)
        This.AddItem(This.DisplayValue)
    Endif
    This.SelStart=0
    This.SelLength=LEN(ALLTRIM(This.Text))
Endif
This.Refresh
```

● **RightClick 事件**

```
If This.ListCount>0
    This.RemoveItem(This.ListIndex)
    This.Value=1
Endif
This.Refresh
```

9.3.3 计时器控件（Timer）

1. 计时器控件

计时器控件在"表单控件"工具栏上的图标是 。计时器控件与其他控件有点不同，计时器只是在设计表单时才显示出来，而在表单运行时是不可见的，所以无论把计时器放在表单的什么地方，都不会影响表单的界面。计时器能周期性地产生 Timer 事件，可用来处理反复发生的动作。

2. 计时器的属性

计时器常用的属性如表 9-27 所示。

表 9-27 计时器控件的常见属性及其说明

属性	说明
Enabled	确定是否启动计时器工作，默认为.T.
Interval	用来设置计时器的时间间隔，系统提供的时间间隔为 1/1000，即单位为毫秒（ms）。取值范围：0～2,147,483,647（约合：596.5 小时，24.8 天）。由于系统时钟每秒钟产生 18 次时钟跳动，因此 Interval 属性的真正精确度不超过 1/18 秒
Name	设置对象的名称

计时器使用的要点如下：

（1）每当计时间隔一到计时器就会产生一个 Timer 事件，因此需要将执行的代码编写在 Timer 事件中。

（2）计时间隔通过 Interval 属性设置，计时单位为毫秒。

（3）启动计时器工作通过 Enabled 属性设置，如果希望计时器在加载表单时就开始工作，需将 Enabled 属性设置为.T.；否则将 Enabled 属性设置为.F.。

3. 计时器的事件

计时器控件的常用事件是 Reset 和 Timer 事件。Reset 事件是重置计时器控件从 0 开始计时所触发的事件，而 Timer 事件是计时器在间隔 Interval 时间后所触发的事件。

【例 9-19】设计一表单，通过计时器控制上面的动态字符串在表单窗口内逐渐变大（在大到表单无法容纳时，又会缩小到原来的大小），下面的字符串从左到右滚动，在滚动到表单右侧边框时，再返回原来的位置继续向右滚动，运行界面如图 9-27 所示。

设计步骤如下:

①创建一表单,其标题设置为"计时器控件的使用",表单以文件名 Ex09-19.SCX 存盘。

②在表单上添加 2 个标签,其标题分别设置为"小小又变大了"和"快来追我啊!"。

③添加 3 个计时器,并设置 Interval 属性值为 500。

④3 个计时器的 Timer 事件代码分别如下:

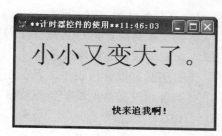

图 9-27　例 9-19 表单运行效果图

- Timer1

```
ThisForm.Caption="**计时器控件的使用**"+Time()
```

- Timer2

```
If ThisForm.Label1.Width>ThisForm.Width
    ThisForm.Label1.FontSize=9
Else
    ThisForm.Label1.FontSize=ThisForm.Label1.FontSize+1
Endif
```

- Timer3

```
If ThisForm.Label2.Width>ThisForm.Width
    ThisForm.Label2.Caption="快来追我啊！"
Else
    ThisForm.Label2.Caption=Space(2)+ThisForm.Label2.Caption
Endif
```

9.3.4　页框控件(PageFrame)

1. 页框控件

页框控件在"表单控件"工具栏上的图标是。页框是个包含页面(Page)的容器,页面中又可包含各类控件,故页框又称为选项卡或选页卡。Visual FoxPro 本身就有许多地方用到页框,如"属性"窗口、项目管理器等。页框的主要属性如表 9-28 所示。

表 9-28　页框控件的常用属性及说明

对象	属性	说明
PageFrame	ActivePage	返回页框对象中活动页的页码或使页框中的指定页成为活动的
	Enabled	设置对象有效或无效,取值为.T.(默认)或.F.
	PageCount	设定页框的页面数(0~99),该属性仅使用于页框
	Pages	是一个可以通过下标访问页框中某个页的数组,如: Thisform.Pageframe1.Pages(1).FontSize=15 可将 Page1 页面的 Caption 属性值的字号设置为 15 号字
	SpecialEffect	设置对象的显示样式,0-三维,1-平面(默认)
	Tabs	确定页面的选项卡是否可见,如果属性值为.T.(默认值),页框中包含页面标签栏
	TabStyle	是否选项卡都是相同的大小,并且都与页框的宽度相同
	TabStretch	指定页框控件不能容纳选项卡的行为,属性值为 0(多行)或 1(单行)
Page	Caption	用于设置页面的标题

2. 页框控件的事件

页框控件支持 Click 事件过程，但一般不编写该事件代码；支持 Activate 事件，该事件当表单集、表单或页面对象被激活时，或者显示工具栏对象时发生。

【例 9-20】设计一表单，表单上有含三个页面的页框，如图 9-28 所示。第一个页面和第二个页面可通过文本框维护数据库，第三个页面通过表格显示和维护数据库。表单以文件名 Ex09-20.SCX 进行保存。

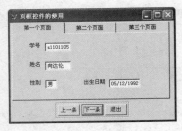

（a）第一个页面

（b）第二个页面

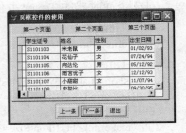

（c）第三个页面

图 9-28　例 9-20 表单运行效果图

设计步骤如下：

①创建一新表单，表单标题设置为"页框控件的使用"。

②在表单中添加一页框控件，其 PageCount 属性设置为 3，右击页框选择"编辑"命令，这时页框周围出现淡绿色线条，可分别选择页框中的各个页面，并将标题（Caption）属性值分别改为"第一个页面"、"第二个页面"和"第三个页面"。

③为表单添加数据环境，并加入表"学生.dbf"。

④在图 9-28 所示的前两个页面上，分别安排所需的控件对象。方法是将数据表"学生.dbf"中各字段拖到对应的各个页面中。对第三个页面，直接将"学生.dbf"表拖到上面，即可形成一个表格。

⑤添加一命令按钮组，命令按钮数为 3，水平设置；然后将各命令按钮的标题 Caption 属性设置为"上一条"、"下一条"和"退出"。

⑥编写各事件代码。

● 命令组的 Click 事件代码编写如下：

```
Do Case
    Case This.Value=1
        Skip -1
        If BOF()
          Go Top
          =MessageBox("对不起，已到了第一条记录")
        Endif
        ThisForm.Refresh
    Case This.Value=2
        Skip 1
        If EOF()
          Go Bottom
          =MessageBox("对不起，已到了最后一条记录")
        Endif
```

```
        ThisForm.Refresh
    Case This.Value=3
        ThisForm.Release
Endcase
```

● 三个页面的 Activate 事件过程代码如下：

ThisForm.Refresh

9.3.5　表格控件（Grid）

1. 表格控件

表格控件在"表单控件"工具栏上的图标是 ▦ 。表格控件不是表，它作为容器，可以包含列控件（Column）；而列又可包含列标题 Header 控件和文本框 Text 控件。它们都是控件，都有自己的属性、事件和方法程序。这样表格控件就形成了一种层次结构。利用这种层次结构，可以灵活地控制表格单元，对表或视图中的数据进行显示和编辑处理。

2. 表格的组成

表格层次体现了表格的组成，如表 9-29 所示。

表 9-29　表格的组成部分

对象	说明
表格（Grid）	容器对象，由若干列组成
列（Column）	一列可显示表中的一个字段，由列标题和列控件组成。为结合字段进行维护或显示的对象，但本身无法独立存在，需依附于 Grid 对象
列标题（Header）	显示字段名，可以修改，但依附于 Column 对象
列控件（TextBox）	一列需设置一个列控件，默认为文本框。用来显示字段值，可被替换为其他对象

3. 表格的属性

组成表格各控件的属性及其说明如表 9-30 所示。

表 9-30　表格中各控件的常用属性与说明

对象名称	属性	控件说明
Grid	AllowAddNew	设定是否允许在表格对象中添加新记录
	ColumnCount	设定表格对象的列数，该属性的默认值为-1
	GridLines	设置表格中单元格之间是否显示分隔线
	Name	设置对象的名称
	RecordMark	设置表格中是否显示记录选择器列，取值为.T.（默认）或.F.
	RecordSourceType	设定结合表格对象维护的数据的来源方式，有：0-表，1-别名，3-提示，4-查询（.QPR），5-SQL 说明，默认为 1-别名
	RecordSource	设定结合表格对象维护的数据的来源
	ScrollBars	设置对象具有滚动条的类型
	SplitBar	设定分隔表格显示区域的按钮是否存在
	LinkMaster	显示在表格中的子记录的父表
	Partition	设置左侧分区显示窗口的宽度

对象名称	属性	控件说明
Grid	Value	设置对象的当前状态，0（默认）-未选，1-选定，2-灰色
	View	指定表格控制的查看方式。设计时可用，运行时可读写
	Visible	设置对象是否可见
Column	ControlSource	设定列对象结合的字段来源
	CurrentControl	指定列对象中的哪一个控件被用来显示活动单元格的值，默认为 Text1。如果在列中添加了一个控件，则可以将它指定为 CurrentControl
	Sparse	如将此属性值置为.T.，则表格中控件只有在单元被选中时才显示为控件。列中的其他单元格将显示文本框中的数据值
Header	Caption	设定 Header 对象的标题文字，内定使用字段名称，显示于列顶部
TextBox	BorderStyle	设定 TextBox 对象的边框样式
	ForeColor	设定 TextBox 对象的背景颜色
	BackColor	设定 TextBox 对象的文字颜色

说明：如果 ControlSource 是表中的字段，当用户编辑列中的数值时，实际是在直接编辑字段中的值。要将整个表格和数据绑定，可设置表格的 RecordSource 属性。

4. 表格使用要点

（1）和其他控件一样，可将表格控件添加到表单中，之后再在表单中把它调整为适当的位置和大小。

（2）通过 ColumnCount 属性来设置表格列数，若为-1（默认值）表示运行时表格列数与其他链接的表的列数相同。

（3）设计时可以改变表格列的宽度和高度。若调整宽度，可选择表格对象的列（这时表格周围被一个粗框围起），将鼠标指针置于表格列的标题之间，此时指针变成左右两个方向的箭头"↔"，拖动鼠标即可调节宽度；若调整高度，将鼠标指针置于表格控件左侧的按钮之间，鼠标变成向上和向下两个方向的箭头"↕"，拖动鼠标即可改变高度。也可在"属性"窗口中通过设置 Width 和 Height 属性进行设置。

（4）可以为整个表格设置数据源，以便在表格中显示数据，也可为每个列单独设置数据源。具体操作如下：

①为整个表格设置数据源，先通过 RecordSourceType 属性指定数据类型，可供选择的类型有，0-表、1-别名、3-提示、4-查询（.QPR）、5-SQL 说明。然后通过 RecordSource 属性指定表名、别名或查询文件（.qpr）。如果 RecordSourceType 属性值为 4，则 RecordSource 属性值须设置为空串（""）。

②利用 ControlSource 属性为某列指定数据源，键入要显示的表中的字段名，如学生.姓名。

③表格控件的重要功能之一是创建一对多的表单，如可以用一个文本框或组合框指定父表中的某个索引字段值，而利用表格控件显示子表中对应的多个记录，但事先应该在表单的数据环境中包含两个表并设置它们的一对多关系。

5. 表格控件的事件和方法

在 Visual FoxPro 中，表格和其他控件一样有 Click、DbClick 等事件，常见的方法有 Refresh、SetFocus。当然还有其他特有的方法，这里不再详细介绍，请参考有关资料。

【例 9-21】设计一个如图 9-29 所示的表单，表单以文件名 Ex09-21.SCX 进行保存。要求在下拉列表框中选定一个学生，则在表格中显示该生的成绩。

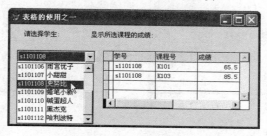

图 9-29　例 9-21 运行效果图

设计步骤如下：

①创建一表单，标题设置为"表格的使用之一"。在表单上添加两个标签 Label1~2，其标题分别设置为"请选择学生："和"显示所选课程的成绩："。

②另添加一个组合框控件 Combo1 和一个表格控件 Grid1，组合框控件 Combo1 和表格控件 Grid1 的各属性值设置如表 9-31 所示。

表 9-31　组合框 Combo1 和表格 Grid1 主要属性值设置

控件对象	属性		属性值	说明
Combo1	Rowsource		学生	设置数据的来源
	RowsourceType		2-别名	设置数据来源的类型
	Style		2-下拉列表框	设置组合框的类型
Grid1	ChildOrder		xh	子表的索引标识
	ColumnCount		4	设置表格显示列数
	LinkMaster		学生	设置主表
	RecordSource		成绩	设置数据的来源
	RecordSourceType		1-别名	设置数据来源的类型
	RelationalExpr		学号	设置关联表达式
	Header1	Caption	学号	设置表头标题文字
	Header2	Caption	课程号	设置表头标题文字
	Header3	Caption	成绩	设置表头标题文字

③运行表单，结果如图 9-29 所示。

【例 9-22】试根据"学生.DBF"数据表，设计一查询表单，其功能可以通过选项按钮选择学号或姓名，在文本框中输入查询值，查询相关记录，表格控件中的数据随之改变，如图 9-30 所示。表单以文件名 Ex09-22.SCX 进行保存。

操作步骤如下：

①创建一表单，其标题设置为"表格控件的使用之二"，在数据环境中添加"学生.DBF"数据表。

②在表单上添加一个标签控件 Label1，其标题设置为"按学号或姓名查询："。

③添加一个选项按钮组控件 OptionGroup1，其 ButtonCount 属性和 AutoSize 属性分别设置为 2 和 .T.。

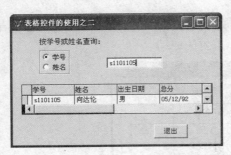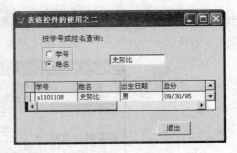

图 9-30　例 9-22 表单运行效果图

④添加一文本框控件 Text1。

⑤添加一个表格控件 Grid1，表格控件 Grid1 的 RecordSourceType 属性和 RecordSource 属性分别设置为：1-别名和学生。

⑥在表单中添加一命令按钮控件 Command1，其标题 Caption 属性设置为"退出"。

⑦为 Text1 控件的 InteractiveChange 事件和 Command1 控件的 Click 事件编写代码。

● Text1 控件的 InteractiveChange 事件代码如下：

```
Do Case
    Case ThisForm.OptionGroup1.Value=1
        Locate For 学生.学号=Trim(This.Value)
    Case ThisForm.OptionGroup1.Value=2
        Locate For 学生.姓名=Trim(This.Value)
Endcase
ThisForm.Grid1.Refresh
```

● Command1 控件的 Click 事件代码如下：

```
ThisForm.Release
```

9.3.6　容器控件（Container）

1. 容器控件

容器控件在"表单控件"工具栏上的图标为▣。

与线条、形状控件一样，容器（Container）控件本身不具有数据结合特性，因此无法将光标停留在这些控件对象上，也不能用 Tab 键进行选择。

由于容器控件的封闭性，且外形具立体感，用户可用容器控件对程序界面进行修饰。

2. 容器控件常用的属性

容器控件最主要的作用是将表单中的对象归类。其主要属性如表 9-32 所示。

表 9-32　容器的主要属性

属性	说明
BackStyle	设置一个对象的背景是否透明
BorderColor	设定容器边框的颜色
BorderWidth	设定容器边框的宽度
Name	设置对象的名称
SpecialEffect	设置容器的三维效果
Picture	设置容器要显示的图像文件

【例 9-23】如图 9-31 所示，试设计一个表单，在表单中用户可以输入一个华氏温度，然后单击转换命令按钮就转换得到相应的摄氏温度，而输入一个摄氏温度则可以得到相应的华氏温度。表单以文件名 Ex09-23.SCX 进行保存。

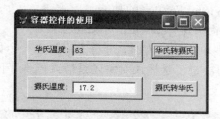

图 9-31　例 9-23 表单运行效果图

设计步骤如下：

①创建一新表单，表单标题（Caption）设置为“容器控件的使用”。

②在表单中添加 2 个命令按钮 Command1～2，其标题 Caption 属性分别设置为“华氏转摄氏”和“摄氏转华氏”。

③表单中添加第 1 个容器控件 Container1。右击容器控件，弹出该控件的快捷菜单并选择“编辑”命令，容器控件周围出现淡绿色线条，之后添加一个标签控件 Label1 和一个文本框控件 Text1。将标签控件 Label1 的标题 Caption 属性设置为：华氏温度：。

④表单中添加第 2 个容器控件 Container2。右击容器控件，同容器控件 Container1 一样，添加一个标签控件 Label1 和一个文本框控件 Text1。将标签控件 Label1 的标题 Caption 属性设置为：摄氏温度：。

⑤编写表单各控件的有关事件代码。

● 表单 Form1 的 Activate 事件代码如下：

```
This.Container1.Text1.SetFocus
ThisForm.Container2.Text1.ReadOnly=.T.
```

● “华氏转摄氏”（Command1）命令按钮的 Click 事件代码如下：

```
C=5*(Val(ThisForm.Container1.Text1.Value)-32)/9
ThisForm.Container2.Text1.Value=Str(C,5,1)
ThisForm.Container1.Text1.ReadOnly=.T.
ThisForm.Container2.Text1.ReadOnly=.F.
ThisForm.Command2.Enabled=.T.
This.Enabled=.F.
```

● “摄氏转华氏”（Command2）命令按钮的 Click 事件代码如下：

```
F=Val(ThisForm.Container2.Text1.Value)*9/5+32
ThisForm.Container1.Text1.Value=Str(F,5,1)
ThisForm.Container2.Text1.ReadOnly=.T.
ThisForm.Container1.Text1.ReadOnly=.F.
ThisForm.Command1.Enabled=.T.
This.Enabled=.F.
```

9.3.7　ActiveX 控件

“表单控件”工具栏中有两个 ActiveX 控件，分别称为 OleControl 控件和 OleBoundControl 控件。前者不能将 OLE 对象与表的通用字段相连接，故称为非绑定型控件；而后者可以将 OLE 对象绑定到数据表中的通用型字段上，故称为绑定型控件。如可以将 Microsoft Excel 电子表格或 Word 文档等嵌入或链接到表的通用型字段上进行显示。

Windows 的 System（或 System32）文件夹下带有.ocx 扩展名的文件都是 ActiveX 控件，可以把它们添加到"表单控件"工具栏中。利用 ActiveX 控件可以使用其他系统提供的数据，扩大数据的使用范围，增强 Visual FoxPro 的功能。

1. 使用 OleControl 控件向表单添加 OLE 对象或控件

选定 OleControl 控件向表单添加控件时，屏幕上将弹出一个如图 9-32 所示的"插入对象"对话框，其中的 3 个选项按钮决定了是插入对象还是插入控件。下面介绍这 3 个选项按钮的区别与功能。

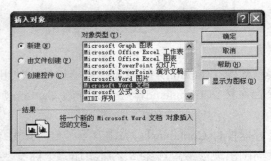

图 9-32　"插入对象"对话框

- 新建（在表单上新建对象）：从"对象类型"列表框中选定某个对象类型并单击"确定"按钮，Visual FoxPro 将自动打开该类型的应用程序，供用户输入新建对象。若选定 Excel 文档，则自动打开 Excel 供用户输入；若选定 BMP 图像，则自动打开 Windows 的"画图"程序供用户当场画图。
- 由文件创建：该选项允许用户直接输入已存在对象的文件名，单击"确定"按钮后该对象随即插入到表单之中。
- 创建控件（指定一个 ActiveX 控件放在表单上）：该选项会弹出大量的 ActiveX 控件列表项供用户选择，当选定某一控件后，所选的 ActiveX 控件就会出现在表单上，如图 9-33 所示。

图 9-33　从"对象类型"列表框中选择控件

【例 9-24】创建一个表单，通过"上一天"和"下一天"按钮改变日历的日期值，表单运行效果如图 9-34 所示。表单以文件名 Ex09-24.SCX 进行保存。

设计步骤如下：

①创建一表单，标题为"ActiveX 控件的使用-日历"。

②添加日历控件类：单击"工具"菜单的"选项"命令，在出现的对话框中选中"控件"

选项卡，并选中"ActiveX 控件"单选按钮及"日历控件 11.0"和"Microsoft Slider Control Version 6.0"复选框，如图 9-35 所示。

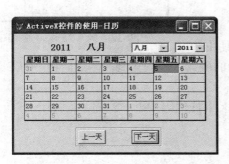

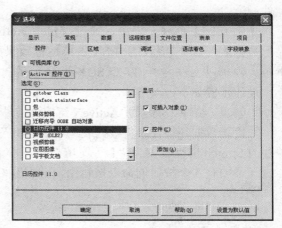

图 9-34　例 9-24 表单运行效果图　　　　　图 9-35　"控件"选项卡

③添加日历控件。如图 9-36 所示，单击"查看类"按钮选择"ActiveX 控件"，出现如图 9-37 所示的"表单控件"工具栏。选中日历控件，单击表单任何一处，即可画出一个名称默认为"Olecontrol1"的日历控件。

图 9-36　"查看类"列表框　　　　　图 9-37　具有"ActiveX 控件"的工具栏

④设置日历控件的属性。单击右键，在弹出的快捷菜单中选择"日历"命令，这时出现日历控件"属性"窗口，可设置日历控件的有关属性。

⑤添加一含有两个按钮的命令按钮组。并将标题设置为"上一天"和"下一天"。

⑥编写表单各控件的相关事件代码。

● 表单 Form1 的 Activate 事件代码如下：

Thisform.Olecontrol1.Year=Year(Date())　&& 设定日历的当前日期为系统日期
Thisform.Olecontrol1.Month=Month(Date())。

● 命令按钮组的 Click 事件过程代码为：

```
Do Case
    Case This.Value=1
        ThisForm.Olecontrol1.Day=ThisForm.Olecontrol1.Day-1
    Case This.Value=2
        ThisForm.Olecontrol1.Day=ThisForm.Olecontrol1.Day+1
Endcase
```

2. 使用 OleBoundControl 控件绑定通用型字段

单击"表单控件"工具栏的 ActiveX 绑定控件，然后在表单上拖动到期望的大小，并将它的 ControlSource 属性和表中通用型字段绑定在一起，就可以用这个对象显示通用字段的内容。

OleBoundControl 绑定型控件的主要属性有 ControlSource，用于与表中的通用型字段的控件结合；Sizeable 属性，设置是否允许调整图像的大小；Stretch 属性，指定如何对图像进行尺寸调整以放入一个控件。

【例 9-25】创建一表单，通过绑定型 ActiveX 控件显示数据表"照片"字段的内容，表单运行效果如图 9-38 所示。表单以文件名 Ex09-25.SCX 进行保存。

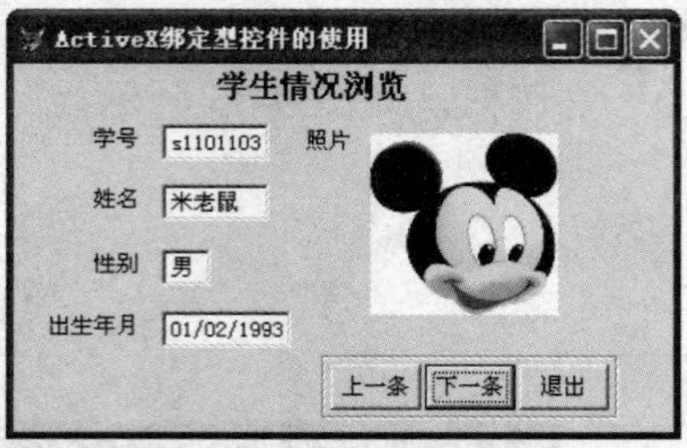

图 9-38　例 9-25 运行效果图

设计步骤如下：

①创建一表单，标题为"ActiveX 绑定型控件的使用"。

②设置数据环境，并将数据表"学生.DBF"中的所需字段安排到表单中。将"OLE 照片"控件的 Stretch 属性设置为"1-等比填充"。

③添加有 3 个按钮的命令按钮组，并编写 Click 事件代码如下：

```
Do Case
    Case This.Value=1
        Skip -1
        If BOF()
            Go Top
            =MessageBox("对不起,已到了第一条记录")
        Endif
        ThisForm.Refresh
    Case This.Value=2
        Skip 1
        If EOF()
            Go Bottom
            =MessageBox("对不起,已到了最后一条记录")
        Endif
        ThisForm.Refresh
    Case This.Value=3
        ThisForm.Release
Endcase
```

9.4　表单集与多重表单

在一个应用程序中，通常包含多个窗口，而一个表单只能显示一个窗口，这就需要用到多窗口的操作界面设计。表单集与多重表单能为用户提供多界面的操作能力。

9.4.1　表单集

在 Visual FoxPro 中，允许将多个表单包含在一个"表单集"中，表单集作为包含多个表单的父容器，可以将包含的表单作为一个组进行处理，使用表单集有以下几个好处：

● 能一次显示或隐藏表单集中的全部表单。

● 可以调整表单集中多个表单，控制它们的相对位置。

● 能为表单集设置数据环境，可以使多个表单的记录指针自动同步移动。即当改变某个表单的父表记录指针时，另一个表单中子表的记录将自动更新和显示。

运行表单集时，将加载表单集所有表单和表单的所有对象。不管同一表单集中包含多少个表单，它们都使用同一数据环境对象，用户在进行程序开发时务必高度注意。

1. 创建表单集

表单集是在"表单设计器"中创建的。在打开"表单设计器"的状态下，选择"表单"菜单中的"创建表单集"命令，如图 9-39 所示。

2. 在表单集中添加和移去表单

创建表单集后就可以添加或移去表单。这也是在"表单"菜单中进行的，分别单击"添加新表单"或"移除表单"命令即可，如图 9-40 所示。如果表单集中只有表单，则可删除表单集而只剩下表单。

图 9-39　创建表单集

图 9-40　在表单集中添加表单或移除表单

3. 删除表单集

要删除整个表单集，打开"表单"菜单，单击"移除表单集"命令。

说明：

- 表单是以"表"的格式存储在.scx 后缀的文件中。创建表单时，.scx 文件包含了一个表单的记录、一个数据环境的记录和两个内部使用记录。每个添加到表单或数据环境中的对象都会添加一个记录。如果创建了表单集，则为表单集及每个新表单添加一个附加的记录。每个表单的父容器为表单集，每个控件的父容器为其所在的表单。
- 创建表单集后，原来在表单中自定义的属性和方法均被移至表单集中，在对象的事件或方法代码中的引用必须加以修改。

【例 9-26】设计一个如图 9-41 所示含有两个表单的表单集，要求如下：

（a）左表单

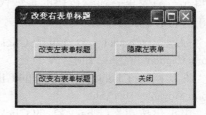

（b）右表单

图 9-41　具有左右表单的表单集

①勾选左表单的"标题"（Check1）复选框，可隐藏表单标题；勾选"移动栏"（Check2）复选框，可移动表单的位置；勾选"极小化按钮"（Check3）和"极大化按钮"（Check4）复选框，可取消极小化和极大化按钮。

②单击右表单的"改变左表单标题"按钮（Command1）可改变左表单的标题；单击"改变右表单标题"按钮（Command2）可改变右表单的标题；单击"隐藏左表单"按钮（Command3）可隐藏左表单；单击"关闭"按钮（Command4）可关闭表单集。

设计步骤如下：

①单击"常用"工具栏上的"新建"按钮 ⬜，新建一个表单并打开"表单设计器"，这时"表单设计器"窗口中自动生成了一个表单 Form1。

②单击"表单"菜单中的"创建表单集"命令，激活"表单"菜单下的"添加新表单"命令，再单击"添加新表单"命令，向表单集增加表单 Form2。

③在表单 Form1 中添加 5 个复选框控件 Check1～Check5；在第二个表单 Form2 中添加 4 个命令按钮控件 Command1～Command4。两个表单中各控件的属性如表 9-33 所示。

表 9-33　两个表单中各控件的属性值设置

对象名	属性名	属性值	说明
Form1	Caption	左表单	设置左表单标题
Check1	Caption	标题	复选框标题
	Value	1	设置为选中状态
Check2	Caption	移动栏	复选框标题
Check3	Caption	极小化按钮	复选框标题
Check4	Caption	极大化按钮	复选框标题
Check5	Caption	关闭按钮	复选框标题
	Value	1	设置为选中状态
Form2	Caption	右表单	设置表单标题
Command1	Caption	改变左表单标题	设置标题
Command2	Caption	改变右表单标题	设置标题
Command3	Caption	隐藏左表单	设置标题
Command4	Caption	关闭	设置标题

④分别给这两个表单的标题命名为：左表单和右表单。

⑤编辑左、右表单各命令按钮的事件代码。

左表单各控件命令代码：

● "标题"（Check1）复选框的 Click 事件代码：

```
ThisForm.Caption=Iif(This.Value=1,A,"")
```

● "移动栏"（Check2）复选框的 Click 事件代码：

```
ThisForm.Movable=This.Value
```

● "极小化按钮"（Check3）的 Click 事件代码：

```
ThisForm.MinButton=This.Value
```

● "极大化按钮"（Check4）复选框的 Click 事件代码：

```
ThisForm.Maxbutton=This.Value
```

● "关闭按钮"（Check5）复选框的 Click 事件代码：

```
ThisForm.ControlBox=This.Value
```

右表单各控件事件代码：

- "改变左表单标题"按钮（Command1）的 Click 事件代码：

ThisFormSet.Form1.Caption=ThisFormSet.Form2.Command3.Caption

- "改变右表单标题"按钮（Command2）的 Click 事件代码：

ThisFormSet.Form2.Caption=ThisFormSet.Form2.Command4.Caption

- "隐藏左表单"按钮（Command3）的 Click 事件代码：

```
If This.Caption="隐藏左表单"
    ThisFormSet.Form1.Visible=.F.
    This.Caption="显示左表单"
Else
    This.Caption="隐藏左表单"
    ThisFormSet.Form1.Visible=.T.
Endif
```

- "关闭"按钮（Command4）的 Click 事件代码：

ThisFormset.Release

⑥运行表单。当单击不同的表单及表单上各控件时，可看到表单的变化。

9.4.2　多重表单

1．单文档和多文档界面

众所周知，Windows 应用程序界面一般包含程序和文档两类窗口。这两类窗口的区别在于程序窗口含有菜单栏，而文档窗口没有菜单栏。但是，若文档窗口位于应用程序窗口内则允许它共享程序窗口的菜单栏。

在 Visual FoxPro 中允许创建两种类型的应用程序界面：

- 多文档界面（Multiple Document Interface，简称 MDI）：它是指应用程序窗口中能包含多个文档窗口，且应用程序的窗口包含在 VFP 主窗口中或浮动在主窗口顶端。例如，VFP 本身就是一个 MDI 界面，因为在 VFP 主窗口中有可打开的命令窗口、编辑窗口和设计器窗口等多种文档窗口。

- 单文档界面（Single Document Interface，简称 SDI）：它是指应用程序窗口中只能显示一个文档窗口。例如，Windows 中的记事本就是 SDI 界面的例子。在记事本中只能打开一个文档，要想打开另一个文档，必须先关闭已打开的文档。

为了支持这两种类型的窗口界面，Visual FoxPro 允许用户创建顶层表单和子表单，如图 9-42 所示。

图 9-42　多重表单

2. 表单类型

（1）顶层表单。顶层表单是指没有父表单的独立表单，可以用于创建 SDI 界面，但通常用来作为 MDI 应用程序中其他子表单的父表单。顶层表单的地位与其他 Windows 应用程序级别相同，会显示在 Windows 桌面上，同时也显示在 Windows 任务栏中。

（2）子表单。子表单是指包含在另一个窗口中的表单。子表单不能移到父表单边界之外，当其最小化时将显示在父表单的底部。若父表单最小化，则子表单也一同最小化。

3. 顶层表单或子表单的设置

创建各种类型表单的方法大体相同，主要通过以下几个属性来指定表单的类型。

● ShowWindows 属性，用于指定一个表单是顶层表单还是子表单。

0-在屏幕中：指定该表单为 Visual FoxPro 主窗口的子表单。

1-在顶层表单中：指定该表单为顶层表单的子表单。

2-作为顶层表单：指定该表单为顶层表单显示在桌面上。

● Desktop 属性，用于设定表单能否浮动。

.T.-指定子表单为浮动表单。

.F.-指定子表单不能浮动。

其中：浮动表单也是子表单，属于父表单的一部分，但可以被移至屏幕的任何位置，甚至移出父窗口之外，但总是浮动在父窗口的前面。若将浮动表单最小化，则它将显示在桌面的底部；若父表单最小化，则浮动表单也一同最小化。

● MDIForm 属性，用于设置子表单最大化的样式。

.T.-子表单最大化时与父表单组合成一体。

.F.-子表单最大化时仍保留为一个独立的窗口。

4. MDI 应用程序的运行

MDI 应用程序应该从父表单开始运行，若要显示位于父表单中的子表单，必须在顶层表单的某事件代码中包含 DO FORM 命令，并在命令中指定要显示的子表单的名称。例如，在顶层表单中建立一个命令按钮，然后在按钮的 Click 事件代码中包含如下的命令：

DO FORM SubFormName [WITH cParameterList] [TO MemVarName]

其中：[TO MemVarName]子句的功能是将子表单返回的值存放于 MemVarName 内存变量中，在主表单中可以被使用。

值得注意的是，在调用子表单时，父表单（即顶层表单）必须是活动的，因此，不能使用顶层表单的 Init 事件来显示子表单，因为此时顶层表单还未激活。

5. 表单的显示与隐藏

一个表单在运行过程中可以通过命令将其隐藏或重现。

（1）隐藏显示的表单

● 在表单的某个事件中通过代码将其 Visible 属性设置为.F.（默认值为.T.）。

● 通过 Hide 方法程序使其隐藏。

注意：如果隐藏的是父表单，则它的所有子表单（包括浮动表单）将随之被一同隐藏。

（2）重现隐藏的表单

● 通过代码将其 Visible 属性设置为.T.。

● 通过 Show 方法程序使隐藏的表单重现。

【例 9-27】从主表单中将输入框"标题"、"提示信息"和"默认值"传给子表单，然后将子表单输入框中的值返回主表单，运行效果如图 9-43 和图 9-44 所示。

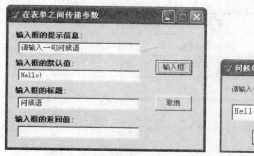

图 9-43　将"提示信息"、"默认值"和"标题"传给子表单

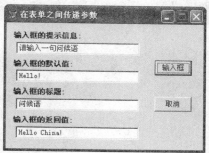

图 9-44　主表单从子表单得到返回值

设计步骤如下：

（1）第一步，建立子表单。

①创建一个表单。在"表单设计器"中创建并适当调整表单的大小。然后，在表单中添加一个文本框控件 Text1、一个标签控件 Label1、两个命令按钮控件 Command1～2，如图 9-45 所示。表单保存文件名为"inputbox.scx"。

②单击"表单"菜单中的"新建属性"命令，为子表单添加一个新属性 cReturn，用来保存子表单的返回值。设置子表单各控件对象的属性。

③设置子表单各控件对象的属性值如表 9-34 所示。

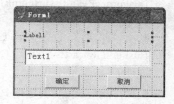

图 9-45　子表单的设计界面

表 9-34　子表单各控件对象的属性

对象名	属性名	属性值	说明
Form1	AutoCenter	.T.	表单在运行时自动显示在 Visual FoxPro 屏幕的中间
	BorderStyle	2-固定对话框	设置表单的样式
	Closable	.F.	设置表单不能通过双击窗口菜单图标来关闭表单
	MaxButton	.F.	指定表单无最大化按钮
	MinButton	.F.	指定表单无最小化按钮
	WindowType	1-模式	此属性必须设置

对象名	属性名	属性值	说明
Label1	Caption	Null	标签标题文本为空
	WordWrap	.T.	根据文本内容可自动换行
Command1	Caption	确定	设置按钮标题
Command2	Caption	取消	设置按钮标题

④编写子表单 Form1 与各控件的事件代码。

● 表单 Form1 的 Init 事件代码如下：

```
Parameters prompt1,default1,title1
set exact on
if type("prompt1")='L'
     prompt1="请输入:"
endif
if type("default1")='L'
     default1=""
endif
if type("title1")='L'
     title1="输入框"
endif
This.Caption=title1
This.Label1.Caption=prompt1
This.Text1.Value=default1
set exact off
```

● 表单 Form1 的 Unload 事件代码如下：

```
Return ThisForm.cReturn
```

● "确定"命令按钮 Command1 的 Click 事件代码如下：

```
ThisForm.cReturn=ThisForm.Text1.Value
ThisForm.Release
```

● "取消"命令按钮 Command2 的 Click 事件代码如下：

```
ThisForm.Release
```

说明：

● 当子表单被调用时，3 个形参 prompt1、default1 和 title1 分别接受从主表单传递的"提示信息"、"标题"和"默认值"。

● 若调用时无参数传递，即参数值为.F.，则分别赋予默认的值。

● 当关闭子表单时，Unload 事件将返回自定义属性 ThisForm.cReturn 的值。

（2）第二步，建立主表单。

①建立主表单，主表单保存文件名为"Ex09-27.scx"。

②创建一表单，进入表单设计器，并适当调整表单的大小。在表单中添加 4 个文本框控件 Text1～4、4 个标签控件 Label1～4、两个命令按钮控件 Command1～2，如图 9-46 所示。

③设置主表单各控件对象的属性值如表 9-35 所示。

图 9-46　主表单的设计界面

表 9-35　主表单各控件对象的属性

对象名	属性名	属性值	说明
Form1	AutoCenter	.T.	表单在运行时自动显示在 Visual FoxPro 屏幕的中间
	Caption	在表单之间传递参数	设置表单标题
	MaxButton	.F.	指定表单无最大化按钮
Label1	Caption	输入框的提示信息:	标签标题文本为空
Text1	Value	这是传递给输入框的提示信息	
Label2	Caption	输入框的默认值:	标签标题文本为空
Text2	Value	这是传递给输入框的默认值	
Label3	Caption	输入框的标题:	标签标题文本为空
Text3	Value	这是传递给输入框的标题文字	
Label4	Caption	输入框的返回值:	标签标题文本为空
Text4	Value	无	
Command1	Caption	输入框	设置按钮标题
Command2	Caption	取消	设置按钮标题

④编写主表单 Form1 各控件的事件代码。

● "输入框"命令按钮 Command1 的 Click 事件代码如下:

```
cprompt=ThisForm.Text1.Value
cdefault=ThisForm.Text2.Value
ctitle=ThisForm.Text3.Value
do form LocFILE("inputbox.scx") with cprompt,cdefault,ctitle to rebound
ThisForm.text4.value=rebound
```

● "取消"命令按钮 Command2 的 Click 事件代码如下:

```
ThisForm.Release
```

9.5　用户自定义类*

9.5.1　基本概念

1. 类（Class）

类和对象（Object）的关系密切，但并不相同。类定义了对象特征以及对象外观和行为的模板，它刻画了一组具有共同特性的对象，或者说，类是一组具有共同特征对象的集合或抽象。对象是类的一个实例，包括了数据和过程（操作）。如："汽车"就是一个类，它抽取了各种汽车的共同特性，而每一部具体的汽车就是一个对象，是类"汽车"的一个实例。

在采用面向对象程序设计方法设计的程序中，程序由一个或多个类组成，在程序运行时视需要创建该类的各个对象（实例）。因此类是静态的，而对象是动态的。对象是基于某种类所创建的实例，包括了数据和过程。

2. 基类（Base Class）

基类是 Visual FoxPro 系统提供的内部定义的类，可用作其他用户自定义类的基础。如

Visual FoxPro 表单和所有控件就是基类，可在此基础上创建新类，增添自己需要的功能。在 Visual FoxPro 中，系统提供了一些类，用户也可以根据需要自定义类。表 9-36 列出的是 Visual FoxPro 所提供的基类名。

表 9-36　Visual FoxPro 的基类

ActiveDoc	Custom	Label	PageFrame
CheckBox	EditBox	Line	ProjectHook
Column*	Form	ListBox	Separator
CommandButton	FormSet	OLEBoundControl	Shape
CommandGroup	Grid	OLEContainerControl	Spinner
ComboBox	Header*	OptionButton*	TextBox
Container	Hyperlink Object	OptionGroup	Timer
Control	Image	Page*	ToolBar

其中：带"*"的基类是父容器的集成部分，它不能派生子类。

所有 Visual FoxPro 基类有如下的最小事件集。
- Init：当对象创建时激活。
- Destroy：当对象从内存中释放时激活。
- Error：当类中的事件或方法程序过程中发生错误时发生。

所有 Visual FoxPro 基类有如下的最小属性集。
- Class：该类属于何种类型。
- BaseClass：该类由何种基类派生而来，例如 Form、CommandButton 或 Custom 等
- ClassLibrary：该类从属于哪种类库。
- ParentClass：对象所基于的类。若该类直接由 Visual FoxPro 基类派生而来，则 ParentClass 属性值与 BaseClass 属性值相同。

3．子类（Subclass）

子类是以其他类定义为起点，为某一种对象所建立的新类。子类将继承任何对父类（即子类所基于的类）所做的修改。

4．类的特征

继承性、封装性和多态性是类的三大特征。

（1）继承性（Inheritance）。子类具有延用父类的能力。如父类特征发生改变，则子类将继承这些新特征。

（2）封装性（Encapsulation）。指明包含和隐藏对象信息的能力。封装性将操作对象的内部复杂性与应用程序的其他部分隔离开来。如对一个命令按钮设计标题属性时，用户不必了解标题字符串是如何存储的。

（3）多态性（Polymorphism）。主要是指一些关联的类包含同名的方法程序，但方法程序的内容可以不同。具体调用哪种方法程序，在运行时根据对象的类确定。如相关联的几个对象可以同时包含 Draw()方法程序，当某个过程将其中一个对象作为参数传递时，它不必知道该参数是何种类型的对象，只需调用 Draw()方法程序即可。多态性使得相同的操作可以作用于多种类型的对象并获得不同的结果，从而增强了系统的灵活性、可维护性和扩充性。

5. Visual FoxPro 类层次

Visual FoxPro 中的类分为两种类型，即容器类和控件类，如图 9-47 所示给出了 Visual FoxPro 中类的层次示意图。

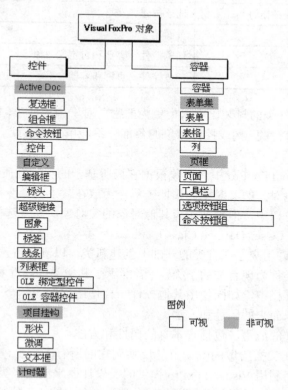

图 9-47 Visual FoxPro 中类层次

（1）容器类。容器类可以包含其他对象，并且允许访问这些对象。例如，若创建一个含有两个列表框和两个命令按钮的容器类，而后将该类的一个对象加入表单中，那么无论在设计时刻还是在运行时刻，都可以对其中任何一个对象进行操作。不仅可以轻松地改变列表框的位置和命令按钮的标题，也可以在设计阶段给控件添加对象。例如，可以给列表框加标签，来标明该列表框。表 9-37 列出了每种容器类所能包含的对象。

表 9-37 每种容器类及其所能包含的对象

容器	能包含的对象
CommandButtonGroup（命令按钮组）	命令按钮
Container（容器）	任意控件
Control（控件）	任意控件
Custom（自定义）	任意控件、页框、容器和自定义对象
FormSet（表单集）	表单、工具栏
Form（表单）	页框、任意控件、容器或自定义对象
Column（表格列）	表头和除表单集、表单、工具栏、计时器和其他列以外的其余任一对象

续表

容器	能包含的对象
Grid（表格）	表格列
OptionButtonGroup（选项按钮组）	选项按钮
PageFrame（页框）	页面
Page（页面）	任意控件、容器和自定义对象
ToolBar（工具栏）	任意控件、页框和容器

（2）控件类。控件类的封装比容器类更为严密。对于由控件类创建的对象，在设计和运行时是作为一个单元对待的，构成控件对象的各部分不能单独修改或者操作。所有控件类都没有 AddObjec 方法程序。

由此可知，在 Visual FoxPro 中，对象根据它们所基于的类的性质分为两类：

①容器可作为其他对象的父对象，如把表单作为放在其上的命令按钮的父对象。

②控件可包含在窗口中，但不能作为其他对象的父对象，如复选框。

6．用户自定义类（User-Defined Class）

Visual FoxPro 允许用户在现有类的基础上创建新类，以满足特殊的需要。在面向对象程序设计中把创建的新类称为现有类的子类，后者继承了其父类的属性和方法。自定义类可以添加到"表单控件"工具栏中，如同使用其他控件一样使用它们。一个子类的成员包括：

● 从其父类继承而来的属性和方法。

● 由子类自定义的成员，包括它本身的属性和方法。

继承性可以使得在父类所做的改动自动反映到它的所有子类上，用编程方法设计子类难度较大，也不直观；而利用 Visual FoxPro 提供的类设计器来创建子类，具有可视性的特点，在设计时就能看到每个对象的最终外观。如，在基类"命令按钮"的基础上创建一个名为"退出"的子类，通过设计器来实现，其过程简单而直观，如图 9-48 所示。该图表示在"命令按钮"基类基础上创建一个子类，并用该子类创建表单对象。

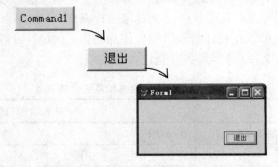

图 9-48　由基类"命令按钮"创建子类

9.5.2　创建新类

要创建一个新类，可以使用类设计器。使用下面三种方法中的任一种打开类设计器：

● 从"项目管理器"中选择"类"选项卡，选择"新建"。

● 打开"文件"菜单，单击"新建"命令，再选择"类"，然后单击"新建文件"按钮。

● 使用命令 CREATE CLASS 打开类设计器。

1. 创建新类

使用上述方法中的任何一种，在打开类设计器之前均会弹出"新建类"对话框，如图 9-49 所示。

下面以在"项目管理器"环境下，打开类设计器的方法为例，说明创建新类的方法和步骤。

①如图 9-50 所示，打开"项目管理器"，单击选中"类库"，单击"新建"按钮，出现如图 9-49 所示的"新建类"对话框。

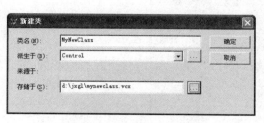

图 9-49　"新建类"对话框

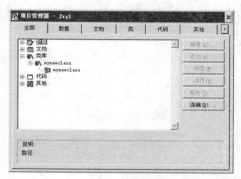

图 9-50　项目管理器

②在"类名"文本框中输入新建的类名，这里输入"MyNewClass"。

③在"派生于"文本框中输入或选择基类的名称，这里选择的基类为"Control"。

④在"存储于"文本框中输入新建类存储的位置，这里输入"d:\jxgl\mynewclass.vcx"，也可以单击 ▬ 按钮选定其他路径。

⑤以上步骤完成后，单击"确定"按钮，出现如图 9-51 所示的"类设计器"窗口。

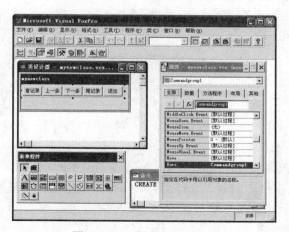

图 9-51　"类设计器"窗口

⑥为添加的控件对象编辑事件代码。

⑦单击"类设计器"窗口右上角的"关闭"按钮 ✖，关闭"类设计器"窗口，这时在"项目管理器"的"类"选项卡下，会自动生成用户新建的类名"MyNewClass"，如图 9-50 所示。

由图 9-51 可见，"类设计器"与"表单设计器"窗口相同，在"属性"窗口中可以查看和编辑类的属性，在代码编辑窗口中可以编写各种事件和方法程序的代码。如果新类基于控件类或容器类，则可以向它添加控件。与向"表单设计器"中添加控件一样，在"表单控件"工具栏中选择所要添加控件的按钮，将它拖动到"类设计器"中，再调整它的大小。无论新类是基于什么类，都可以设置属性和编写方法程序代码，也可以为该类创建新的属性和方法程序。当关闭"类设计器"窗口后，在项目管理器的"类"选项卡下就出现了创建的类名。

2. 为新建的类指定工具栏图标

为了使创建的新类在"表单控件"工具栏上能形象地反映控件功能，可以为它指定一个图标。具体操作方法如下：

①打开"类设计器"。

②选择"类"菜单下的"类信息"命令，出现如图 9-52 所示的对话框。

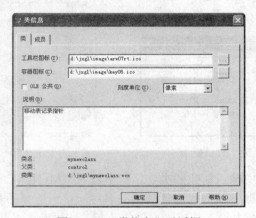

图 9-52　"类信息"对话框

③在"工具栏图标"和"容器图标"文本框中分别输入.bmp（.ico）文件名，如 ara07rt.ico和 key06.ico。

④在"说明"文本区域中输入有关该控件的说明文字。

⑤单击"确定"按钮。

【例 9-28】创建一个能移动表记录指针的组合按钮类，该类含 5 个命令按钮，包括上移一个记录、移动到首记录、下移一个记录、移动到末记录和释放表单的退出按钮。

设计步骤如下：

①如图 9-50 所示，打开"项目管理器"，单击选中"类库"，再单击"新建"按钮，弹出如图 9-49 所示的"新建类"对话框。

②在"类名"文本框中输入新建的类名，这里输入"NewClass"。

③在"派生于"文本框中输入或选择基类的名称，这里选择的基类为"Control"。

④在"存储于"文本框中输入新建类存储的位置，这里输入"d:\jxgl\mynewclass.vcx"，也可以单击▇按钮选定其他路径。

⑤以上步骤完成后，单击"确定"按钮，出现图 9-51 所示的"类设计器"窗口。

⑥在"类设计器"窗口中添加一命令按钮组，其 ButtonCount 属性值为 5；BorderWidth属性值为 0；命令按钮组各命令按钮的 Caption 属性分别为"首记录"、"上一条"、"下一条"、"尾记录"和"退出"。

⑦为添加的控件对象编辑事件代码。双击命令按钮组控件，打开"命令按钮组"事件代

码编辑器，选择 Click 事件过程，然后输入下面的程序代码：

```
N=This.Value
Do Case
    Case N=1
        Go Top
        Thisform.Refresh
    Case N=2
        Skip -1
        If Bof()
            =Messagebox("记录已到首部")
            Skip
        Endif
        Thisform.Refresh
    Case N=3
        Skip
        If Eof()
            =Messagebox("记录已到尾部")
            Skip -1
        Endif
        Thisform.Refresh
    Case N=4
        Go Bottom
        Thisform.Refresh
    Otherwise
        Release Thisform
Endcase
```

⑧单击"类设计器"窗口右上角的"关闭"按钮 ，关闭"类设计器"窗口，这时在"项目管理器"的"类"选项卡下，会自动生成用户新建的类名"NewClass"。

【例 9-29】利用上面创建的自定义类，设计一个表单，要求移动浏览"学生.dbf"表的学生信息。运行该表单，其效果图如图 9-53 所示。

设计步骤如下：

①创建一表单，表单的 Caption 属性设置为"自定义类的使用"，表单以文件名 L10-12.scx 保存。

②在表单上单击鼠标右键，在弹出的快捷菜单中选择"数据环境"命令，打开"数据环境设计器"，将数据表"学生.dbf"添加到数据环境中。

③在数据环境中，将"学生.dbf"表中相关字段拖动到表单，并安排好各控件的布局。

④单击"表单控件"工具栏上的"查看类"按钮 ，在弹出的快捷菜单中选择"添加"命令，将新建的自定义类"NewClass"添加到"表单控件"工具栏，如图 9-54 所示。

图 9-53 例 9-29 运行效果图

图 9-54 将自定义类添加到工具栏

⑤在"表单控件"工具栏上找到自定义类图标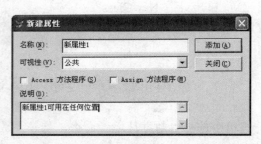，再在表单界面上单击，生成一命令按钮控件。

3. 修改类定义

创建类之后还可以修改，对类的修改将影响所有的子类和基于这个类的所有对象。也可以增加类的功能或修改类的错误，所有子类和基于这个类的所有对象都将继承修改。

要在项目管理器中修改类可按下述步骤操作：

①选择要修改的类。

②单击"修改"按钮，"类设计器"随之打开（或用 Modify Class 命令）。

③如果类已经被任何一个其他应用程序使用，就不应该修改类的 Name 属性，否则，VFP将不能找到这个类。

4. 将属性和方法程序添加到类

可以向新类中添加任意多个新属性和新方法程序。具体的操作步骤如下：

①打开要修改的类，选择"类"菜单下的"新建属性"命令，弹出如图 9-55 所示的"新建属性"对话框。在"名称"文本框处输入新属性名称，在"可视性"下拉列表框中选择"公共"，即新属性可在应用程序的任何位置被访问；在"说明"文本区域输入该属性的说明性文字。利用上面的方法可添加多个新属性。

②新建的属性可在"属性"窗口找到，如图 9-56 所示。

图 9-55　"新建属性"对话框　　　　图 9-56　新建属性已添加到"属性"窗口

③创建的新属性其默认值为.F.，但用户可以改变默认设置。

④创建新方法程序与创建属性类似，但要选择"类"菜单下的"新建方法程序"命令。

⑤要移去新属性或方法程序，可单击"类"菜单中的"编辑属性/方法程序"命令，在弹出的"编辑属性/方法程序"对话框中，找到要删除的新属性或新方法程序，单击"移去"按钮，就可删除该属性或方法程序。

9.5.3　通过编程定义类

1. 定义类的命令语句

在 Visual FoxPro 系统中，除了在"类设计器"中定义类外，也可以通过 DEFINE CLASS 命令编程定义类。

定义类命令的格式如下：

```
DEFINE CLASS ClassName AS ParentClass
[object.]Property=Expression
[ADD OBJECT ObjectName AS ClassName WITH Propertylist]
[PROCEDURE Name Statements ENDPROC]
ENDDEFINE
```

其中，DEFINE CLASS…ENDDEFINE 表示类定义的开始与结束；ClassName 表示定义的类名称；AS ParentClass 表示类来自的基类名称；Property=Expression 表示定义的属性值；ADD OBJECT ObjectName AS ClassName 表示添加的对象与来自的基类；WITH Propertylist 表示对象的属性值设置；PROCEDURE Name Statements ENDPROC 表示对象的事件过程代码。

例如，定义一个带命令按钮的新的容器类（myform），并确定其自身属性和所包含控件（comm1）的属性及控件的事件（Click）代码。程序代码如下：

```
DEFINE CLASS myform AS FORM
        Visible=.t.
        Backcolor=rgb(128,128,0)
        Caption="我的表单"
        Left=20
        Top=10
        Height=223
        Width=443
        ADD OBJECT comm1 AS COMMANDBUTTON
            With caption="关闭",;
                    Left=300,;
                    Top=150,;
                    Height=25,;
                    Width=60
            PROCEDURE comm1.CLICK
                    A=messagebox("你真的要关闭表单吗? ",4+16+0, "对话窗口")
                    If a=6
                            Release thisform
                    Endif
            ENDPROC
ENDDFINE
```

2．对象设计实例

类是对象的抽象，对象是类的实例。因此，对象的过程代码设计，也是 Visual FoxPro 最重要的操作之一。我们可以利用程序代码，在类的基础上派生出对象的属性、方法和事件，或重新设计对象的属性、方法和事件。

（1）把类定义成对象

对象是在类的基础上派生出来的，而类只有被定义成具体的对象，才能实现它的事件或方法的操作。

类被定义为对象使用函数 CREATEOBJECT()，其命令格式如下：

```
ObjectName= CREATEOBJECT(ClassName)
```

例如，把已定义的类（myform）定义成对象 form1，就可使用命令：

```
form1=CREATEOBJECT("myform")
```

（2）对象设计实例

面向对象编程的基本元素是对象，一旦我们掌握了类和对象的基本操作后，就可以设计实用的应用对象了。再把具有各个独立功能的对象有机组合在一起，就能成为系统应用程序。因此，对象的设计是系统开发的基础。这里我们以两个具体的例子来介绍对象设计的方法。

用编程方式设计对象，要求我们不仅要掌握一定数量的 Visual FoxPro 系统提供的操作命令和函数，还要掌握编写程序的基本要领。

【例 9-30】设计一个名为（form1）的表单对象，表单中包含一个"关闭"命令按钮，当单击"关闭"命令按钮时，触发"单击"Click 事件。运行结果如图 9-57 和图 9-58 所示。

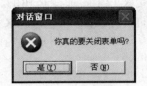

图 9-57　例 9-30 程序运行效果图　　　　图 9-58　"关闭"提示信息对话框

操作步骤如下：

①在命令窗口输入 modify comm Ex09-30.prg，打开代码编辑器窗口，输入下面的代码：

```
*** Ex09-30.prg***
*把类定义为对象并对对象进行操作
form1=createobject("myform")
form1.show(1)
*定义 myform 类
DEFINE CLASS myform AS FORM
        Visible=.t.
        Backcolor=rgb(128,128,0)
        Caption="我的表单"
        Left=20
        Top=10
        Height=180
        Width=300
        *给类添加一个comm1命令按钮
        ADD OBJECT comm1 AS COMMANDBUTTON;
            With caption="关闭",;    &&定义命令按钮的属性
            Left=200,;
            Top=140,;
            Height=25,;
            Width=60
            PROCEDURE comm1.CLICK    &&定义命令按钮(Click)事件代码
                A=messagebox("你真的要关闭表单吗?",4+16+0,"对话窗口")
                If a=6
                    Release thisform
                Endif
            ENDPROC
ENDDEFINE
```

②程序文件以 Ex09-30.PRG 为名保存并运行，其运行的效果图如图 9-58 所示。

在表单中有一个"关闭"按钮，如果单击"关闭"按钮，弹出"对话窗口"。如图 9-58 所示，在"对话窗口"单击"是"按钮，可退出表单操作。

第 10 章　菜单与工具栏

![本章学习目标]

本章学习目标

- 掌握利用菜单设计器设计菜单的基本步骤。
- 熟练掌握下拉式菜单的设计方法。
- 了解和熟悉快捷菜单的概念和建立方法。
- 了解自定义工具栏的设计和使用。

菜单（Menu），在国家科学词汇中称为选单，是应用程序与用户之间的接口，它能为用户的操作提供方便并迅速地使用应用程序。在 Visual FoxPro 中系统提供了一个菜单设计工具，即菜单设计器，使用菜单设计器只需编写少量代码就能设计出各种类型的菜单。

使用"菜单设计器"可以添加新的菜单选项到 Visual FoxPro 的系统菜单中，可以重新定制已有的 Visual FoxPro 系统菜单，也可以创建一个全新的自定义菜单，以替代 Visual FoxPro 的系统菜单。

10.1　设计菜单的一般步骤

设计一个菜单，通常需要考虑应用系统的总体功能，再通过菜单把系统功能有机地组织起来，当用户选择某个菜单选项时就能实现该选项的功能。

10.1.1　菜单的类型

菜单的类型如图 10-1 所示。

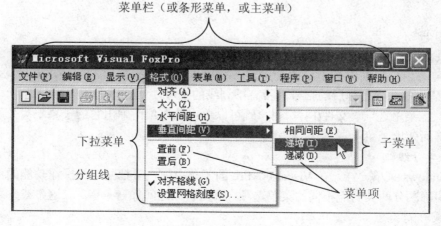

图 10-1　菜单类型

1．菜单栏

菜单栏（Menu bar），或条形菜单。是指菜单以条形式、水平放置在屏幕顶部或顶层表单的上部所构成的菜单条，常称为主菜单，菜单栏通常由若干菜单选项所组成。菜单栏一般需要为菜单项指定一个标题，这是显示给用户看的。

2．弹出式菜单

弹出式菜单（Popup Menu）是指一个具有封闭边框，由若干个垂直排列的菜单项组成的菜单。每一选项都有一个序号（称为 BAR），用于在代码中引用菜单项，同时需要指定一个显示给用户看的标题。弹出式菜单的特点是当需要时就弹出来，不需要时就将其隐藏起来。在 Windows 应用程序中往往用右键单击对象，就会弹出一个弹出式菜单，此时称为快捷菜单。

3．下拉式菜单

下拉式菜单（Pull-down Menu）是主菜单的菜单项和弹出菜单的组合，是一种能从菜单栏的选项下拉出来的弹出式菜单。在 Windows 中很多应用程序都采用下拉式菜单，如 Visual FoxPro 本身的菜单就是一种下拉式菜单。

说明：Visual FoxPro 支持的菜单有条形菜单、弹出式菜单或两者的组合——下拉式菜单。

4．快捷菜单

快捷菜单（Shortcut Menu）是附加在表单或表单控件上的通过鼠标右键访问的一种菜单显示方式，其实质就是一个弹出式菜单。

5．热键和快捷键

在 Visual FoxPro 子菜单中，可为每一个菜单选项有选择地设置热键和快捷键。

（1）热键

热键是一个具有特殊功能的字母键。当菜单被激活后，只要按下此字母键，就可以快速地选择该菜单选项。热键常用在弹出式菜单中。在菜单中，热键用一个带有下划线的字母给出。例如，Visual FoxPro "文件"菜单中的"新建(N)"、"打开(O)"菜单选项，其中："N"、"O"分别是"新建"、"打开"菜单选项的热键。

（2）快捷键

与热键不同，快捷键是指由 Ctrl 键和一个字母键组成的组合键。无论该菜单是否被激活，只要按下它的组合键，就可以快速地执行该菜单项。例如，在"文件"菜单中的 打印(P)...   Ctrl+P 命令。其中："P"是"打印"选项的热键，Ctrl+P 则是"打印"选项的快捷键。

6．访问键

对于主菜单的各选项，还可以设置一个访问键。所谓访问键是指由 Alt 键和一个字母键组成的组合键。当用户同时按下这两个键时，就可以快速地打开它们的弹出式子菜单。Visual FoxPro 主菜单各选项名称后的括号内带有下划线的字母，就是该选项的访问键。

例如，主菜单选项"文件(F)"，用户既可以单击该选项而弹出它的子菜单，又可以直接按下 Alt+F 键而弹出子菜单。

7．菜单分组线

和 Windows 菜单一样，在 Visual FoxPro 的子菜单中，常把同一类操作功能的菜单放在一块，为了明确区分两类功能不同的菜单选项，可在它们之间加一条横线，这条线称之为菜单的分组线（或分隔线）。

另外，如果在某菜单选项之后带有省略号"…"，则表示该项后还有下一级菜单或窗口、对话框；如果某菜单选项以灰色给出，表示该选项目前尚未激活。

8. 菜单的动作

无论是哪个菜单项，一旦被选中就要执行一定的动作。这个动作可以是下面三种情况中的一种：执行一条命令、执行一个过程、激活另一个菜单。

10.1.2　Visual FoxPro 的系统菜单

打开 Visual FoxPro 后，主菜单选项的选项标题将显示在屏幕顶部的标题栏之下，供用户选择。Visual FoxPro 的系统主菜单，是一个可变化的动态菜单，它随着操作的不同而会有选项的增减，但系统的基本主菜单选项有 7 个（"帮助"菜单除外）。

1. 主菜单的内部名称

Visual FoxPro 的系统主菜单及各菜单选项都有一个内部名称，系统主菜单的内部名称为 _MSYSMENU。除"帮助"菜单外，都是由该选项标题的英文单词或它们的缩写加一表示系统主菜单的前缀"_MSM_"组成。主菜单的选项标题及选项内部名称如表 10-1 所示。

表 10-1　主菜单（_MSYSMENU）常用选项标题及选项名称

菜单标题	选项内部名称	菜单标题	选项内部名称
文件	_MSM_FILE	工具	_MSM_TOOLS
编辑	_MSM_EDIT	程序	_MSM_PROG
显示	_MSM_VIEW	窗口	_MSM_WINDO
格式	_MSM_TEXT	帮助	_MSM_SYSTM

2. 系统弹出式菜单的标题和内部名称

弹出式菜单的标题，指选定系统主菜单的选项后弹出的子菜单标题，它与系统主菜单选项相同，也具有自己的内部名称。弹出式菜单的内部名称是将主菜单各选项名称的前缀"_MSM_"用"_M"替换而组成。Visual FoxPro 的弹出式菜单的标题及内部名称由表 10-2 给出。

表 10-2　弹出式菜单的标题及内部名称

弹出式菜单标题	内部名称	弹出式菜单标题	内部名称
文件	_MFILE	程序	_MPROG
编辑	_MEDIT	窗口	_MWINDOW
显示	_MVIEW	帮助	_MSYSTEM
工具	_MTOOLS		

3. 弹出式菜单内选项的标题和内部名称

每一个弹出式菜单，都有若干个选项，它们也各具有自己的标题和内部名称，以便标识和调用。弹出式菜单内选项的内部名称，也是由前缀和选项标题的英文名称（或其缩写）组成。这里的前缀由"_M"加上各弹出式菜单标题英文的前几个字母和"_"组成，例如"_MFI_"。

表 10-3 给出了各弹出式菜单的选项内部名称前缀，同时给出了各弹出式菜单中第一个选项的标题和对应的内部名称，其余各项可在帮助文件中通过"搜索"选项查阅。

表 10-3　各弹出式菜单内选项内部名称前缀

弹出式菜单标题	选项内部名称前缀	第一选项标题和内部名		弹出式菜单标题	选项内部名称前缀	第一选项标题和内部名	
文件	_MFI_	新建	_MFI_NEW	程序	_MPR_	运行	_MPR_DO
编辑	_MED_	撤销	_MED_UNDO	窗口	_MWI_	全部重排	_MWI_ARRAN
显示	_MVI_	工具栏	_MVI_TOOLB	帮助	_MST_	Microsoft Visual FoxPro 帮助主题	_MST_HPSCH
工具	_MTL_	向导	_MTL_WZRDS				

4. 系统菜单的访问与设置

在应用程序运行期间，允许访问 Visual FoxPro 的系统主菜单，或者重新配置系统主菜单，可以使用 SET SYSMENU 命令来设置。

（1）命令格式

SET SYSMENU ON | OFF | AUTOMATIC
| TO [MenuList] | TO [MenuTitleList] | TO [DEFAULT]
| SAVE | NOSAVE

（2）功能

在程序执行期间，打开或关闭 Visual FoxPro 系统主菜单，并且允许重新配置它。

（3）说明

①ON：在程序运行期间，当 Visual FoxPro 正在等待输入一个键盘命令（例如 BROWSE、READ、MODIFY COMMAND 等）时，允许使用 Visual FoxPro 主菜单条。

②OFF：在程序运行期间不允许使用 Visual FoxPro 主菜单条。注意，OFF 参数必须在程序（.prg）代码中被执行，方可起作用。例如，当在程序中运行下面的代码时，将会使 Visual FoxPro 的主菜单条变为非激活状态。

SET SYSMENU OFF
WAIT

③AUTOMATIC：在程序运行期间，使得 Visual FoxPro 主菜单条可见。主菜单条可访问而菜单项是否激活则与当前的命令有关。这是缺省设置。

④TO [MenuList] | TO [MenuTitleList]：指定菜单项或 Visual FoxPro 主菜单条的标题。菜单或菜单标题列表可以包含任何由逗号分隔开来的菜单或菜单标题的组合。菜单的内部名和菜单标题在系统菜单名称表中列出。例如，下面的命令可以把除"文件"和"窗口"菜单外的其他各 Visual FoxPro 主菜单项移去。

SET SYSMENU TO _MFILE, _MWINDOW

⑤TO DEFAULT：恢复主菜单条为缺省配置。如果用户已经改变了主菜单条或它的菜单项，使用 SET SYSMENU TO DEFAULT 可以重新恢复它。

⑥SAVE：将当前的菜单配置设置为缺省配置。如果在 SET SYSMENU SAVE 命令之后用户再次修改了菜单系统，则可以利用 SET SYSMENU TO DEFAULT 来恢复先前的配置。

⑦NOSAVE：重置菜单系统为缺省的 Visual FoxPro 系统菜单。但是，缺省的 Visual FoxPro 菜单并不显示，直到使用了 SET SYSMENU TO DEFAULT 命令。

注意：不带参数的 SET SYSMENU TO 命令将使得 Visual FoxPro 主菜单条被屏蔽。

由上可见，在应用程序中设计菜单将是一件非常麻烦的事情。用户不但要设计条形菜单，还要设计弹出式菜单；不但要设计菜单及选项的标题，还要设计它们的内部名称及编号；不但要设计热键访问键及快捷键，还要设计它们的位置等，要做的工作有很多。正是基于这一点，Visual FoxPro 将菜单的设计交给了菜单设计器来完成，用户只要根据事先设计好的菜单隶属关系将它们各自的标题填入设计器的有关栏目中，然后再运行菜单生成程序，即可获得菜单程序。

菜单可分为菜单文件和菜单程序，菜单文件的扩展名是".mnx"，它的备注文件的扩展名是".mnt"。由菜单文件而生成的菜单程序的扩展名是".mpr"，编译后的菜单程序的扩展名是".mpx"。

10.1.3　菜单设计的一般步骤

设计菜单一般按下述步骤进行。

1．规划菜单

在规划应用程序的菜单系统时，应考虑下列问题：

（1）根据应用程序的功能，确定需要哪些菜单，是否需要子菜单，每个菜单项完成什么操作、实现什么功能等。所有这些问题都应该在定义菜单前就确定下来。

（2）按照用户所要执行的任务组织菜单，而不要按应用程序的层次组织菜单。

（3）给每个菜单一个有意义的菜单标题，看到菜单，用户就能对功能有一个大概认识。

（4）按照菜单的逻辑顺序组织菜单项。

2．打开菜单设计器

可使用下面的几种方法打开菜单设计器：

（1）使用菜单方式

打开"文件"菜单，单击"新建"命令，打开"新建"对话框。在"新建"对话框中，选择"菜单"选项，然后单击"新建文件"按钮。

（2）使用工具栏方式

单击"常用"工具栏上的"新建"按钮 ，在弹出的"新建"对话框中，选择"菜单"选项，然后单击"新建文件"按钮。

（3）使用命令方式

在命令窗口中输入如下命令：

CREATE MENU [menuFileName | ?]

或

MODIFY MENU [menuFileName | ?]

[[WINDOW WindowName1]

其功能都是打开菜单设计器，从中可以创建该菜单系统，第二种方式也可以修改指定的菜单文件。

其中：

①menuFileName：指定菜单的文件名。如果没有指定文件的扩展名，Visual FoxPro 自动指定扩展名为.MNX。

②?：显示"打开"对话框，从中可以选择一个已存在的菜单文件，或者输入要创建的新菜单名。

以上三种方法，均可打开如图 10-2 所示的"新建菜单"对话框，单击"菜单"按钮可进入菜单设计器，如图 10-3 所示。

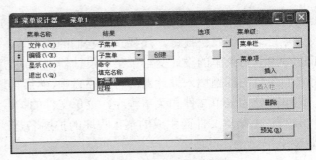

图 10-2   "新建菜单"对话框   图 10-3   "菜单设计器"窗口

3. 定义和保存菜单定义

定义菜单，就是在"菜单设计器"窗口中定义菜单栏、子菜单、菜单项的名称和执行的命令等内容。定义菜单之后可选择"文件"菜单中的"保存"命令或按 Ctrl+W 组合键将其保存到以.mnx 为扩展名的菜单文件中。

4. 生成菜单程序

菜单文件是表文件，并不能运行，但却可通过它生成菜单程序文件。菜单程序文件主名与菜单文件主名相同，只以.mpr 为扩展名加以区别。

为了生成菜单程序，只需在菜单设计器环境下，打开"菜单"菜单，单击"生成"命令，然后在"生成菜单"对话框中输入菜单程序文件名，最后单击"生成"按钮。

5. 运行菜单程序

要查看菜单程序的运行效果，可在命令窗口中输入下面的命令：

DO menuProgramName.mpr

其中：菜单程序文件名 menuProgramName 的扩展名.mpr 不能省略，否则将无法与运行命令文件相区别。

10.2   菜单设计器简介

10.2.1   "菜单设计器"窗口简介

"菜单设计器"窗口如图 10-4 所示，窗口中各主要功能说明如下：

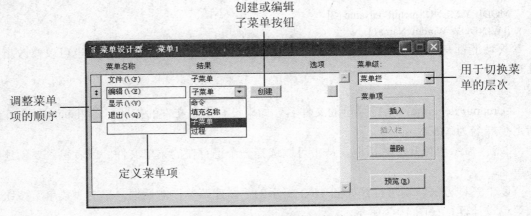

图 10-4   "菜单设计器"窗口与说明

①打开菜单设计器时，首先显示的是用于定义菜单的窗口界面。窗口右上部有一个标识为"菜单级"的下拉列表框，就是用于切换定义上一级菜单或下一级菜单的转换器并改变窗口的页面。

②窗口左边有一个含有 3 列的列表框，列名分别为"菜单名称"、"结果"和"选项"，用于定义一个菜单项的有关属性。

③窗口右边有"插入"、"插入栏"、"删除"和"预览" 4 个按钮，分别用于菜单项的插入、删除和模拟显示。

"菜单设计器"窗口中各主要功能选项的说明如下：

1. "菜单名称"列

用来输入菜单项的名称，仅显示菜单的标题，并非程序内部的菜单名。Visual FoxPro 允许用户为访问某菜单项定义一个热键，方法是在要定义的字符前面加上"\<"，如定义"文件"菜单项的热键为"\<F"。菜单运行时只需按下定义的热键字符即按下 Alt+F 组合键，该菜单项就被执行。

为增强可读性，可使用分隔线将内容相关的菜单项分隔成组。只要在"菜单名称"列中键入"\-"，便可以创建一条分隔线。

2. "结果"列

该列用于指定用户选择菜单项时执行的动作。单击下拉列表框右边的▼箭头，如图 10-4 所示，会出现"命令"、"填充名称"、"子菜单"和"过程" 4 个选择。

①命令：选择此项时，下拉列表框右边会出现一个文本框，用于输入一条可执行的 Visual FoxPro 命令，如 DO MAIN.PRG。

②填充名称（或菜单项#）：选择此项时，下拉列表框右边会出现一个文本框，可以在文本框中输入该菜单项的内部名称或序号。如果当前定义的是菜单栏中的一级菜单（即菜单栏），就显示"填充名称"，该名称作为程序内部菜单名使用；如果当前定义的是弹出式菜单，就显示"菜单项#"，即为弹出式菜单中的各菜单项指定一个序号。

③子菜单：该选项用于定义当前菜单的子菜单。选定此项时，右边会出现一个"创建"或"编辑"按钮（新建时显示"创建"，修改时显示"编辑"）。单击此按钮，菜单设计器就切换到子菜单页面，供用户创建或修改子菜单。要想返回到条形菜单或上一级菜单，可从"菜单级"下拉列表框中选择相应的上一级选项。

④过程：该选项用于为菜单项定义一个过程，即选择该菜单命令时执行用户定义的过程，选定此项后，下列列表框右边就会出现"创建"或"编辑"按钮，单击相应按钮，将出现文本编辑窗口，供用户输入程序过程。

注意，用户在此最好仅选"命令"、"子菜单"、"过程"中的一个，而不要选"填充名称"。

3. "选项"列

初始状态下，每个菜单项的"选项"列都有一个"无符号"按钮▉。单击该按钮将会弹出如图 10-5 所示的"提示选项"对话框，该对话框供用户定义菜单项的其他属性。一旦定义过菜单项属性，该按钮就会显示一个✓符号，表示此菜单项的有关属性已经作了定义。下面就"提示选项"对话框作出说明。

①快捷方式：定义该菜单项的快捷键。方法是把光标定位在"键标签"文本框中，然后按下将要使用的快捷键（快捷键通常用 Ctrl 键或 Alt 键与另一个字符组合），如按下 Ctrl+F，则"键标签"文本框内就会自动出现 Ctrl+F；同时"键说明"文本框也会出现同样的内容，但

可以进行修改，例如将其改为"^F"。当菜单被激活时，其内容将显示在菜单项标题的右侧起说明作用。若要取消已定义的快捷键，只需按下空格键即可。

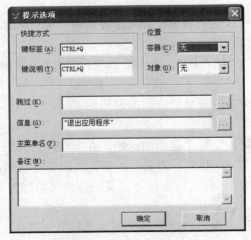

图 10-5　"提示选项"对话框

②跳过：用于设置菜单项的跳过条件。用户可在文本框中输入一个逻辑表达式，在菜单运行期间若该表达式为.T.，则此菜单项将以浅色显示，表示当前该菜单项不可使用。

③信息：用于定义菜单项的说明信息，其作用是：设置菜单或菜单项较详细的说明信息，当鼠标移动到该菜单选项时，此信息将会出现在 Visual FoxPro 主窗口的状态栏中。

④主菜单名：用于指定该菜单项的内部名称，如果是弹出式菜单，则显示"菜单项#"，表示弹出式菜单项的序号。一般不需要指定，系统会自动设置。

4. 其他按钮

①"插入"按钮：在当前菜单项之前插入一个菜单项。

②"插入栏"按钮：该按钮仅在定义子菜单时才有效，其功能是在当前菜单项之前插入一个 Visual FoxPro 系统菜单命令。单击此按钮，弹出如图 10-6 所示的"插入系统菜单栏"对话框，只需从中选择所需的菜单命令，然后单击"插入"按钮。

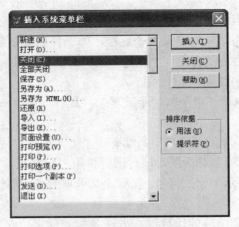

图 10-6　"插入系统菜单栏"对话框

③"删除"按钮：删除当前的菜单项。

④"预览"按钮：可对当前设计的菜单系统进行预览，预览的菜单系统将以灰色替换 Visual FoxPro 主菜单。

10.2.2　"显示"菜单

打开菜单设计器，在"显示"菜单中有两个菜单选项，这就是"常规选项"和"菜单选项"。

1. "常规选项"命令

执行"常规选项"命令，将出现"常规选项"对话框，如图 10-7 所示。该对话框用于定义菜单栏的总体性能，其中包含"过程"编辑框，"位置"栏和"菜单代码"栏等几个部分。

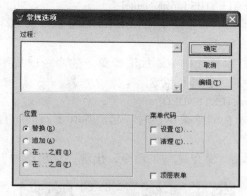

图 10-7　"常规选项"对话框

（1）"过程"编辑框

"过程"编辑框用于为整个菜单指定一个公用的过程。如果有些菜单尚未设置任何命令或过程，就执行这个公用过程，这在调试菜单时非常有用。编写的公用过程代码可直接在编辑框中进行编辑，也可单击"编辑"按钮，在出现的编辑窗口中写入过程代码。

（2）"位置"栏

有 4 个选项按钮，用来指定用户定义的菜单与系统菜单的关系。

● "替换"选项：以用户定义的菜单替换系统菜单。

● "追加"选项：将用户定义的菜单添加到系统菜单右边。

● "在…之前"选项：把用户定义的菜单插入到系统的某个菜单项的前面，选定该按钮后右边会出现一个用来指定菜单项的下拉列表框。

● "在…之后"选项：把用户定义的菜单插入到系统的某个菜单项的后面，选定该按钮后右边会出现一个用来指定菜单项的下拉列表框。

（3）"菜单代码"栏

该区域有"设置"和"清理"两个复选框，无论选择哪一个，都会出现一个编辑窗口。

● 设置：供用户设置菜单程序的初始化代码，该代码放置在菜单程序的前面，是菜单程序首先执行的代码，常用于设置数据环境、定义全局变量和数组等。

● 清理：供用户对菜单程序进行清理工作，这段程序放在菜单程序代码后面，在菜单显示出来之后执行。例如，如果设计应用程序的主菜单，应在清理代码中包含 EVENTS 命令，并为退出菜单系统的菜单命令指定一个 CLEAR EVENTS 命令，以保证应用程序的运行完整。

（4）"顶层表单"复选框

一般情况下，创建生成的下拉菜单将出现在 Visual FoxPro 主窗口上，如果希望菜单出现在用户设计的表单窗口上，必须选中"顶层表单"复选框，即表示将定义的菜单添加到一个顶层表单（自定义的表单）上；未选中时，定义的菜单将作为应用程序的菜单。

把下拉式菜单添加到顶层表单的设计方法如下：

①利用菜单设计器设计一个下拉式菜单。

②在如图 10-7 所示对话框中，选中"顶层表单"复选框。

③将表单的 ShowWindow 属性值设置为 2，即顶层表单。

④在表单的 Init 事件代码中应该有一条调用菜单程序的命令，其格式为：

DO menuProgramName.mpr with THIS [,menuName]

其中：THIS 表示对当前表单对象的引用；menuName 表示为这个下拉式菜单的菜单栏（条形菜单）指定一个内部名称。

⑤在表单的 DESTROY 事件代码中添加清除菜单的命令，其作用是关闭表单时一并清除菜单，释放其占用的内存空间。命令格式如下：

RELEASE MENU menuName [EXTENDED]

说明：EXTENDED 表示在清除菜单栏时一起清除其下属的所有子菜单。

2. "菜单选项"命令

打开"显示"菜单，单击"菜单选项"命令，出现"菜单选项"对话框，如图 10-8 所示。

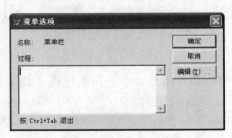

图 10-8　"菜单选项"对话框

在该对话框的"过程"编辑框中可以为相应的子菜单中的菜单项编写公共的过程，适用于子菜单中尚未设置过任何命令或过程的菜单项。也可以单击"编辑"按钮，在出现的过程编辑窗口中键入过程代码。

【例 10-1】使用菜单设计器建立如图 10-9 所示的菜单。

文件\<F	子菜单		打印学生表	菜单项 # ▼
编辑\<E	子菜单		打印成绩表	菜单项 #
打印\<P	子菜单		打印专业表	菜单项 #
退出\<Q	过程			

图 10-9　例 10-1 定义菜单栏与子菜单

设计步骤如下：

①在命令窗口中键入以下命令：CREATE MENU Ex10-01.MNX（或使用命令 MODIFY MENU Ex10-01.MNX），打开菜单设计器，如图 10-10 所示。

②按图 10-10 所示设置条形菜单的菜单项，即定义菜单栏中的 4 个菜单项。前面 3 个菜单项的"结果"列设置为"子菜单"，最后的"退出"菜单项设置为"过程"。

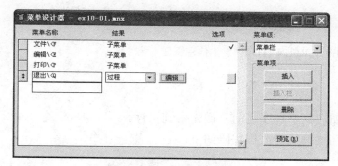

图 10-10　定义菜单栏

③定义子菜单。下面以定义"打印"子菜单为例说明操作过程，其余类似。为了定义"打印"子菜单，单击"打印"行，单击"创建"按钮，使用菜单设计器切换到子菜单窗口，如图 10-11 所示。本例设置各子菜单的"结果"列为"菜单项#"。这是因为目前还没有编写"打印"菜单中各选项的程序，我们打算暂时用一个公用的过程替代子菜单中的各个选项命令，以后可以改为实际的打印过程。

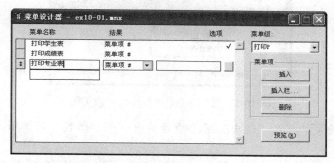

图 10-11　定义"打印"子菜单

④设置公用过程。打开"显示"菜单，单击"菜单选项"命令，然后在弹出的如图 10-12 所示的"菜单选项"对话框的"过程"编辑框中输入以下代码：

messagebox("尚未编写程序代码")

则当选择"打印"子菜单中任何选项时，均将执行这条命令。

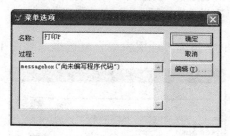

图 10-12　定义子菜单的公用过程

⑤设置快捷键。快捷键是一种菜单未打开而只要按下它即可直接执行相应选项命令的组合键，定义方法请参照前面图 10-5 所示的"提示选项"对话框。如为"打印学生表"设置快捷键为 Ctrl+S。

⑥设置菜单程序的初始化代码。打开"显示"菜单，单击"常规选项"命令，出现"常规选项"对话框。选中"设置"复选框，然后在弹出的"设置"编辑窗口中输入以下初始化代码：

```
CLOSE ALL
CLEAR
MODIFY WINDOW SCREEN TITLE "学生信息管理系统"
USE 学生  IN 0
USE 成绩  IN 0
USE 系名  IN 0
```

上述代码会添加在菜单程序之前，最先得到执行。

⑦设置"退出"菜单项的过程代码如下：

```
CLOSE ALL
MODIFY WINDOW SCREEN    &&恢复 Visual FoxPro 主窗口标题
SET SYSMENU TO DEFAULT    &&恢复 Visual FoxPro 系统菜单
```

⑧在图 10-7 中的"位置"栏处，选择"替换"单选按钮，即运行菜单程序时，用此处定义的菜单替换 Visual FoxPro 系统主菜单。

⑨保存并生成菜单程序。

⑩执行 Do Ex10-01.mpr 命令，查看菜单系统效果，如图 10-13 所示。

图 10-13　例 10-1 菜单程序运行效果图

注：如果看到的菜单栏在"退出"菜单项后多出一个"格式"菜单项，关闭"命令窗口"即可。

【例 10-2】将例 10-1 所设计的菜单添加到一个表单中，该表单称为顶层表单，所形成菜单称为 SDI（Single Document Interface Application）菜单。

操作步骤如下：

①打开例 10-1 所设计的菜单文件 Ex10-01.mnx，将"退出"菜单项的过程代码修改如下：

```
CLOSE ALL
MODIFY WINDOW SCREEN    &&恢复 Visual FoxPro 主窗口标题
SET SYSMENU TO DEFAULT    &&恢复 Visual FoxPro 系统菜单
TopForm.Release
```

②在"常规选项"对话框中勾选"顶层表单"复选框，如图 10-14 所示。

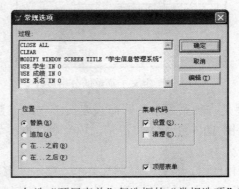

图 10-14　勾选"顶层表单"复选框的"常规选项"对话框

③新建或打开一个表单,这里新建一个表单,名为 TopForm.SCX,修改其 Caption 属性值为"将菜单添加到表单中-SDI 菜单"。

④设置表单的 ShowWindow 属性值为:2-作为顶层表单。

⑤在表单的 Init 事件代码中添加如下语句。

DO Ex10-01.mpr WITH THIS,.T.

执行 Do TopForm 命令,运行表单程序,其运行效果如图 10-15 所示。

图 10-15 SDI 菜单

注意:使用顶层菜单命令关闭当前表单时,当前表的文件名中的所有字符必须使用英文字符。

10.3 快捷菜单的设计

在 Windows 应用程序中,可以将快捷菜单附加在控件中。当在控件或对象上单击右键时,就会显示快捷菜单,列出与该对象有关的一些功能命令。当用户在表格控件所包含的数据上单击右键,将出现相应的快捷菜单,以便用户的使用。

快捷菜单实际上是一个弹出式菜单,或者由几个级联的弹出式菜单所组成。创建快捷菜单的基本过程如下。

10.3.1 打开快捷菜单设计器

要打开快捷菜单设计器,用户可以使用下面的三种方法:

(1)打开"文件"菜单,或在常用工具栏单击"新建"按钮□,打开"新建"对话框。选择"菜单"项后,再单击"新建文件"命令按钮,弹出"新建菜单"对话框,单击"快捷菜单"按钮,如图 10-16 所示。

图 10-16 "新建菜单"对话框

(2)在命令窗口中输入命令:MODIFY MENU menuFileName,也可在弹出的"新建菜单"对话框中单击"快捷菜单"按钮。

(3)在创建一个新菜单文件时,打开"菜单"菜单,单击"快捷菜单"命令。

执行上面三种方法的任意一种,都将打开如图 10-17 所示的快捷菜单设计器。

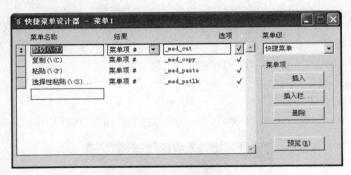

图 10-17　定义快捷菜单

10.3.2　为快捷菜单编写代码

定义好的快捷菜单只是生成了菜单本身，要实现快捷菜单各项动作还需要编写代码。下面我们以一个具体的实体说明如何编写实现功能的程序代码。

【例 10-3】创建一个具有"剪切"、"复制"、"粘贴"和"选择性粘贴"功能的快捷菜单，供浏览"XSQK.DBF"表时"剪切"、"复制"、"粘贴"和"选择性粘贴"数据使用。

程序实际运行效果如图 10-18 所示。

设计步骤如下：

①打开"快捷菜单设计器"窗口。

②插入系统菜单栏。单击如图 10-17 所示的"插入栏"按钮，从弹出的如图 10-19 所示的"插入系统菜单栏"对话框中分别选择"剪切"、"复制"、"粘贴"和"选择性粘贴"，再单击"插入"按钮，则选择的菜单会自动出现在"快捷菜单设计器"窗口中。

图 10-18　快捷菜单在浏览数据表时的应用　　　　图 10-19　"插入系统菜单栏"对话框

③生成菜单文件和菜单程序文件，分别命名为 Ex10-03.mnx 和 Ex10-03.mpr。

④编写程序文件 Ex10-03.PRG，代码如下：

```
CLEAR ALL
ON KEY LABEL RIGHTMOUSE DO Ex10-02.MPR
*上一条命令，其作用是单击鼠标右键执行 MENU2.MPR 菜单程序文件
USE 学生
BROWSE
USE
```

PUSH KEY CLEAR　　&&清除快捷菜单功能
RETURN

⑤运行 Ex10-03.PRG 程序，可在浏览"学生.DBF"表窗口时单击右键进行剪切、复制、粘贴和选择性粘贴等操作。

【例 10-4】将例 10-3 所创建的快捷菜单，添加一个表单中，如图 10-20 所示。

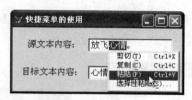

图 10-20　使用快捷菜单

要求，在两个框中可使用快捷菜单进行复制与粘贴。

操作步骤如下：

①新建或打开一个表单，这里新建一个表单，名为 Ex10-03.SCX，修改其 Caption 属性值为"快捷菜单的使用"。

②在表单添加两个标签控件 Label1～2 和两个文本框控件 Text1～2。设置两个标签的 AutoSize 属性值为.T.，其他属性以及文本框的各属性可根据需要自定。

③在文本框 Text1～2 的 RightClick 事件代码中添加如下语句：

DO Ex10-02.mpr

④运行表单程序，查看运行效果。

10.4　自定义工具栏*

工具栏是将那些使用频繁的功能，转化成直观、形象、快捷、高速、简单方便的图形工具的集合，如 Visual FoxPro 系统中的"常用"工具栏。如果应用程序中包含一些用户经常重复执行的任务，那么可以添加相应的自定义工具栏，以加速任务的执行和提高工作效率。

菜单和工具栏已成为应用程序必不可少的组成部分，菜单可以使用户一目了然地知道应用程序的总体功能和结构；工具栏可以使用户更为简捷地使用常用工具，因此菜单和工具栏是直接与用户交互的界面。

10.4.1　建立一个工具栏类

为应用程序添加工具栏，不像添加其他控件那样简单，而是需要首先建立一个基于 ToolBar 的工具栏类，然后建立一个基于该类的工具栏对象。

Visual FoxPro 提供了一个工具栏（Toolbar）基类，可以在这个基类的基础上建立用户自己的自定义工具栏类，类建立后，就可以向里面加入对象以及定义属性、方法、事件等操作，最后，将这个类加入到一个表单集中就可以了。

下面我们以一个例子来说明建立工具栏类的步骤：

【例 10-5】设计一个具有"剪切、复制和粘贴"按钮的用户自定义工具栏，并使这些按钮可用于对某编辑框中的文本进行剪切、复制和粘贴等操作。

建立一个工具栏类的步骤如下：

①执行 Visual FoxPro 系统中"文件"菜单下的"新建"命令，在打开的"新建"对话框中，选择"类"，单击"新建文件"按钮后，打开"新建类"对话框，输入相应的内容，如图 10-21 所示。单击"确定"按钮，打开"类设计器"窗口。

②在"类名"文本框中输入要建立的类的名称；在"派生于"下拉列表框中选择 Toolbar 基类；在"存储于"文本框中输入要存储的类库的名称。

③单击"确定"按钮，则会打开"类设计器"窗口，如图 10-22 所示。在"类设计器"中，用户可以使用"表单控件"工具栏来选择要加入的对象。

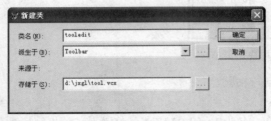

图 10-21　"新建类"对话框

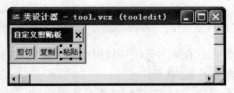

图 10-22　类设计器

在"tooledit"类对象中建立"剪切"、"复制"、"粘贴"3 个按钮；利用"表单控件"工具栏的命令按钮控件分别在类设计器的 toolbar1 窗口中创建 3 个命令按钮，各命令按钮的 Caption 属性分别设置为"剪切，复制，粘贴"，调整 3 个命令按钮的大小。

如果要在对象间加入一个空格，可以单击"表单控件"工具栏中的 按钮。为使工具栏在显示时更加美观，可以在加入按钮时，将按钮的 SpecialEffect 属性设置为 0，并在 ToolTipText 属性中输入说明文字，这样当鼠标光标移动到按钮上方时，按钮就会变立体并在下面显示说明文字。如果不想让用户关闭工具栏，可以将其 ControlBox 属性设置为.F.，这样显示的工具栏将不具有关闭按钮。

④为各控件编写事件代码。在"类"设计器中，可以为添加的各个控件添加有关的事件代码，便于以后统一使用。当然，用户也可以将这些代码放在以后添加，请参考例 10-6 的具体过程。

⑤按下 Ctrl+W 组合键，将创建的类存盘后退出。

10.4.2　为表单添加工具栏

自定义工具栏类建立完成后，就可以建立基于该类的工具栏了。由于工具栏实际上是形式有些特殊的一种表单，所以不能将工具栏直接加入到表单中，而是应该建立表单集来同时容纳工具栏和表单。将自定义工具栏添加到表单集中，并将自定义工具栏停放在合适位置的操作如下：

（1）使用表单设计器建立一个新表单，然后选择"表单"菜单中的"创建表单集"命令，建立一个表单集。单击"表单控件"工具栏的"查看类"按钮，在出现的菜单中选择"添加"，在"打开"对话框中选中你所建立的类库，然后在"表单控件"工具栏中就会出现你所建立的工具栏类，选定它，在表单上单击就可以将该工具栏加入到表单集中。

（2）编写表单集的 Init 事件，加入如下代码：This.自定义工具栏对象名.Dock(0)。

上面语句中的 Dock 方法是用来确定工具栏在 Visual FoxPro 主窗口中的位置。表 10-4 列举了 Dock 方法的各种使用含义。

表 10-4　Dock 的使用

值	说明
-1	不停放工具栏
0	在 VFP 主窗口的顶部停放工具栏
1	在 VFP 主窗口的左边停放工具栏
2	在 VFP 主窗口的右边停放工具栏
3	在 VFP 主窗口的底部停放工具栏
x，y	指定工具栏停放位置的水平坐标和垂直坐标

说明：工具栏的 Dock()方法，使用格式如下：

ToolBar.Dock(nLocation [, X, Y])

其功能是以指定的方式将自定义的工具栏沿着 Visual FoxPro 主窗口的边界停放，其中参数 nLocation 表示指定工具栏停放的位置，其值如表 10-4 所示。

【例 10-6】将例 10-5 创建的自定义工具栏添加到表单集中，并停放在表单的上方。

操作步骤如下：

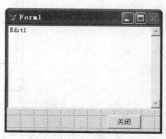

①执行 Visual FoxPro 系统中"文件"菜单下的"新建"命令，在打开的"新建"对话框中，选择"表单"，单击"新建文件"按钮后，新建一个表单 Form1，同时打开了表单设计器。

②在表单上建立一个编辑框，选择"表单"菜单下的"创建表单集"命令创建一个表单集，如图 10-23 所示。

图 10-23　创建表单与表单集

③单击"表单控件"工具栏的"查看类📖"按钮，在出现的快捷菜单中选择"添加"，在"打开"对话框中选中"tool.vcx"类库，然后在"表单控件"工具栏中就会出现 tooledit 工具栏类，如图 10-24 所示。选中该控件，在表单上单击就可以将工具栏加入到表单集中，如图 10-25 所示。

图 10-24　"查看类"按钮与菜单

图 10-25　为表单添加工具栏类

④为自定义工具栏 tooledit 中 3 个按钮的 Click 事件编写如下的代码：

● Command1（剪切）：

```
_cliptext=ThisForm.Parent.Form1.Edit1.Seltext
thisform.parent.form1.edit1.seltext="
```

- Command2（复制）：

_Cliptext=ThisForm.Parent.Form1.Edit1.Seltext

- Command3（粘贴）：

ThisForm.Parent.Form1.Edit1.Seltext=_Cliptext

⑤为表单上的"关闭"命令按钮 Command1 编写 Click 事件代码，代码如下：

ThisFormSet.Release

⑥为表单集 FormSet1 的事件 Init 编写如下代码：

This.tooledit1.dock(0)

最后，执行"表单"菜单中的"执行表单"命令，表单运行后的效果如图 10-26 所示。

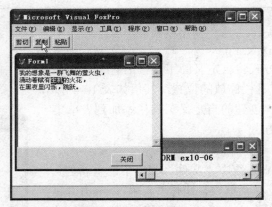

图 10-26 表单执行结果

注：要在表单集中添加自定义的工具栏，也可以使用程序代码方式，即在表单集的 Init 事件中使用如下命令：

SET CLASSLIB TO 工具栏类

THIS ADDOBJECT('工具栏类库名', '工具栏类名')

工具栏类库名.SHOW

第 11 章　报表设计

- 理解 Visual FoxPro 报表对象与标签对象的概念和作用。
- 掌握报表对象和标签对象的设计方法。
- 了解报表数据源、报表控件的作用与使用方法。
- 掌握使用 Visual FoxPro 向导创建报表和标签的方法。

报表（Report）是数据库管理系统中的重要组成部分，是数据库中各种统计信息最常用的输出形式，它可以直接和数据库相联系，利用已定义的格式、布局和数据源，生成用户需要的各种打印样式后打印输出。在 Visual FoxPro 中，打印报表和其他软件的不同之处是文件内容不能直接打印出去，而是先建立一个报表布局文件，在打印时再将数据源、图表、查询或视图中的数据自动填充到打印结果中。

本章介绍如何使用 Visual FoxPro 提供的两个报表制作工具"报表向导"和"报表设计器"来设计报表。前者，只需回答简单的提问即可自动生成报表；后者，允许用户采用可视化的手段直接设计报表或修改报表。

11.1　报表的基本组成

一个报表包括"数据源"和"布局"两个基本组成部分。数据源通常是数据库中的表，也可以是视图、查询或临时表；而布局则是指定义报表的打印格式。

11.1.1　报表布局

报表布局，即报表格式。一个报表的布局可能是简单的，如可以像基于单表的电话号码列表那样简单；也可能是复杂的，就像打印基于多表的发票那样复杂；还有的报表有一些特殊的要求，如其布局必须满足专用纸张的要求。表 11-1 列出了常规报表布局的说明。

表 11-1　常规报表布局的类型及说明

布局		说明	示例
列报表		每行一条记录，每条记录的字段在页面上按水平方向放置	分组/总计报表、财务报表、存货清单或销售总结等
行报表		每行一个字段，一列中的各字段在左侧竖直放置	列表
一对多报表		一条记录或一对多关系，包括父表的记录及其相关的子表的记录	发票、会计报表等

布局	说明	示例
多栏报表	多列的记录，每条记录的字段沿边缘竖直放置	电话号码簿、名片等
标签	多列记录，每条记录的字段沿左边竖直放置，打印在特殊纸上	如邮件标签、名片等

在 Visual FoxPro 中有 3 种创建报表布局的方法：

（1）用"报表向导"创建简单的单表或多表报表。

（2）用"快速报表"从单表中创建一个简单报表。

（3）用"报表设计器"修改已有的报表或创建自己的报表。

"报表向导"是创建报表的最简单途径，它自动提供很多"报表设计器"的定制功能；"快速报表"是创建简单布局的最迅速途径；"报表设计器"允许用户自定义报表布局。以上每种方法创建的报表布局文件都可以在"报表设计器"中进行修改。

11.1.2　报表布局文件

报表文件以.frx 为扩展名，是对所存储报表的详细说明。它指定了存储的域控件、要打印的文本以及信息在页面上的位置。报表文件不存储每个数据字段的值，而只存储一个特定报表的位置和格式信息。每次运行报表时，值都可能不同。这取决于报表文件所用数据源的字段内容是否更改。要在页面上打印数据库中的一些信息，可通过打印报表文件达到目的。

11.2　使用"报表向导"创建报表

可使用下面 4 种方法启动报表向导：

（1）在"项目管理器"中选择"文档"选项卡→选择"报表"→选择"新建"→选择"报表向导"。

（2）打开"文件"菜单，单击"新建"命令，选择"报表"，单击"向导"按钮。

（3）打开"工具"菜单，单击"向导"命令，然后单击"报表"命令。

（4）单击"常用"工具栏中的"新建"按钮，选择"报表"，然后单击"向导"按钮。

不论哪种方法，首先弹出如图 11-1 所示的"向导选取"对话框，如果数据源是一个表，应选取"报表向导"；如果数据源包括父表和子表，则应选取"一对多报表向导"。

下面以"学生.dbf"表为例说明使用"报表向导"创建报表的操作步骤。

【例 11-1】利用"报表向导"，创建按性别分类、性别相同再按是否团员分类的打印报表文件，如图 11-2 所示。

图 11-1　"向导选取"对话框

设计步骤如下：

①首先，在"项目管理器"的"文档"选项卡中选择"报表"，单击"新建"按钮（也可

单击"常用"工具栏上的"新建"按钮 □)，再选择"报表向导"，如图 11-3 所示。

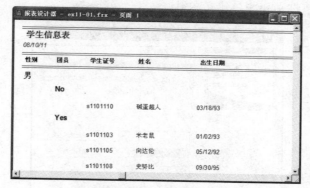

图 11-2　预览报表

图 11-3　选择报表向导

②单击"报表向导"按钮，打开如图 11-1 所示的"向导选取"对话框。选择"报表向导"后，它会通过 6 个对话框提出一系列的问题要求用户回答。

③字段选取：这一步实际是设置数据源，用于指定表中的字段。本例选择"学生.dbf"表中的所有字段，从"可用字段"列表框中选择字段并移到"选定字段"列表框中，可以一个个地移动，也可一次性地移动，只需单击相应的按钮即可，如图 11-4 所示。

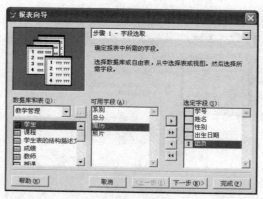

图 11-4　"报表向导"步骤之 1-字段选取

④分组记录：完成字段选取后单击"下一步"按钮，出现如图 11-5 所示对话框，这一步

是用来确定数据的分组方式，最多可以选择 3 层分组层次。本例选择了按"性别"和"团员"进行分组，相应的应按性别和团员建立索引。

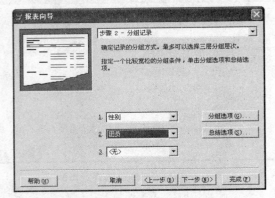

图 11-5　"报表向导"步骤之 2-分组记录

　　⑤选择报表样式：完成分组记录后，单击"下一步"按钮，出现如图 11-6 所示的第 3 个对话框。这一步询问选择什么报表样式。本例选择"经营式"。

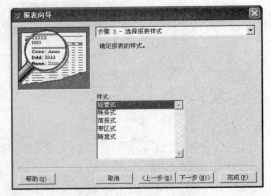

图 11-6　"报表向导"步骤之 3-选择报表样式

　　⑥定义报表布局：完成选择报表样式后，单击"下一步"按钮，出现如图 11-7 所示的第 4 个对话框。这一步用于确定报表的布局。本例选择"纵向"。

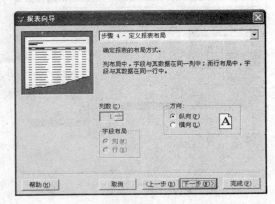

图 11-7　"报表向导"步骤之 4-定义报表布局

⑦排序记录：完成报表布局后，单击"下一步"按钮，出现如图 11-8 所示的第 5 个对话框。这一步用来确定记录在报表中出现的次序，相应地应该按排序字段建立索引。本例指定按"学号"排序记录。

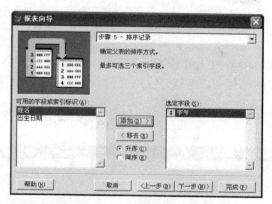

图 11-8 "报表向导"步骤之 5-排序记录

⑧完成：经过上述的提问，一个报表设计自动完成，可以选择"保存报表以备将来使用"、"保存报表并在'报表设计器'中修改报表"或"保存并打印报表"，如图 11-9 所示。在该对话框中可以为报表指定一个标题。

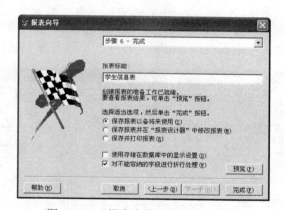

图 11-9 "报表向导"步骤之 6-完成

⑨预览：单击"预览"按钮查看报表是否满足要求。

11.3 使用"报表设计器"创建报表

"报表设计器"为 Visual FoxPro 系统提供了一个可视化编程工具，利用"报表设计器"可以直观快速地创建报表布局。

11.3.1 "报表设计器"的启动方法

可以采取以下几种方法打开报表设计器：

（1）在"项目管理器"中，选择"文档"选项卡，选择"报表"，单击"新建"按钮，选择"新建报表"。

（2）打开"文件"菜单，单击"新建"命令，选择"报表"，单击"新建文件"按钮。

（3）单击"常用"工具栏中"新建"按钮 ，选择"报表"，单击"新建报表"按钮。

（4）使用创建报表文件命令：

CREATE REPORT [rptFileName | ?]

或

MODIFY REPORT [rptFileName | ?]

其功能是创建或修改一个名为 rptFileName 的报表文件，扩展名可省略，系统自动以.frx 为扩展名。如果该报表文件已存在，就打开它并允许进行修改；若不存在，就创建它。命令中的"?"同前所述。

新建报表时，"报表设计器"窗口是空的，如图 11-10 所示。

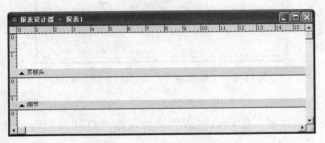

图 11-10 "报表设计器"窗口

打开一个已有的报表文件时，"报表设计器"窗口中将显示出该报表的布局。如前面通过"报表向导"创建的报表，在报表设计器中将其打开，形式如图 11-11 所示。

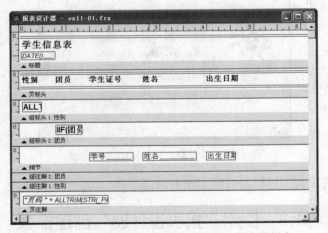

图 11-11 在报表设计器中打开一个已存在的报表

11.3.2 创建快速报表

快速报表可以快速地制作一个格式简单的报表。快速报表设计完毕后，再在报表设计器中根据实际需要进行修改，可以加快报表设计的进程。快速报表不适用于通用型字段。

下面以"学生.dbf"表为例说明创建快速报表的操作步骤：

①打开报表设计器：在命令窗口输入"MODIFY REPORT Ex11-02"命令打开报表设计器，如图 11-10 所示。

②设置数据源：在"报表设计器"窗口任意位置单击右键，从弹出的快捷菜单中选择"数据环境"命令，在"数据环境设计器"中添加"学生.dbf"表。

③启动快速创建报表：单击"报表设计器"窗口，打开"报表"菜单，单击"快速报表"命令，出现"快速报表"对话框，如图 11-12 所示。

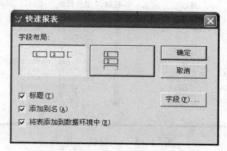

图 11-12　"快速报表"对话框

下面对"快速报表"对话框中的按钮功能解释如下：

- "字段布局"按钮：左侧的按钮表示字段按列布局，产生列报表（即每行一条记录）；右侧的按钮表示字段按行布局，产生行报表（即每条记录的字段在一侧竖直放置）。
- "标题"复选框：表示是否在报表中为每一个字段添加一个字段名标题。
- "添加别名"复选框：表示是否在字段名前面添加表的别名。
- "将表添加到数据环境中"复选框：表示是否将打开的表添加到数据环境中作为表的数据源。
- "字段"按钮：用来选定字段，单击该按钮会激活"字段选择器"对话框，为报表选择可用的字段（默认除通用型字段外的所有字段），如图 11-13 所示。

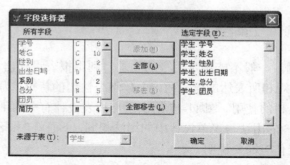

图 11-13　"字段选择器"对话框

④生成报表文件：经过以上步骤，报表的布局和数据环境均已设置，单击"快速报表"对话框中的"确定"按钮，生成的快速报表便出现在"报表设计器"窗口中，如图 11-14 所示。

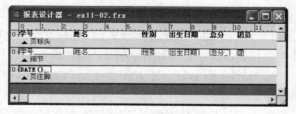

图 11-14　生成的快速报表

⑤预览：单击“显示”菜单中的“预览”命令（或单击右键，在弹出的快捷菜单选择“预览”命令），可预览报表效果，如图 11-15 所示。

学号	姓名	性别	出生日期	总分	团员
s1101101	樱桃小丸子	女	10/23/91	520.0	Y
s1101102	茵蒂克丝	女	08/12/92	518.0	N
s1101103	米老鼠	男	01/02/93	606.0	Y
s1101104	花仙子	女	07/24/94	550.0	N
s1101105	向达伦	男	05/12/92	558.0	Y
s1101106	雨宫优子	女	12/12/93	584.0	Y
s1101107	小甜甜	女	11/07/94	506.0	N
s1101108	史努比	男	09/30/95	541.0	Y
s1101109	蜡笔小新	男	02/15/95	612.0	Y
s1101110	碱蛋超人	男	03/18/93	545.0	N
s1101111	黑杰克	男	05/21/93	636.0	Y
s1101112	哈利波特	男	10/20/92	598.0	Y

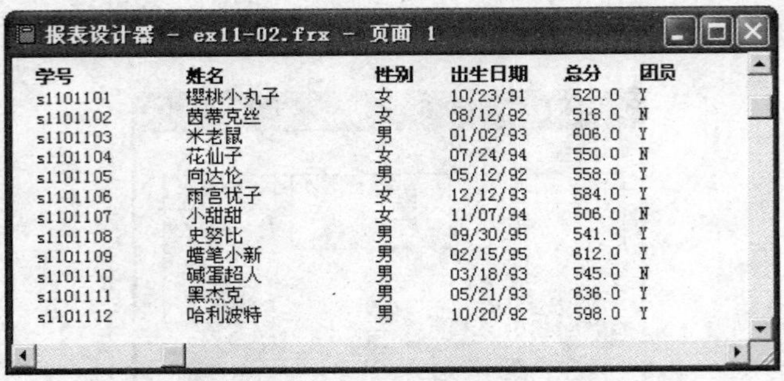

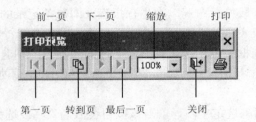

图 11-15 预览快速报表

在预览过程中，可以使用“打印预览”工具栏中的按钮前后翻页查看各个记录、打印或关闭预览窗口。“打印预览”工具栏的功能如图 11-16 所示。

图 11-16 “打印预览”工具栏及其功能说明

11.3.3 “报表设计”工具栏简介

快速报表形式单调，一般不能满足用户的要求。利用报表设计器，用户可以自定义更复杂的报表，从报表的外观和所表达的信息两方面体现个性化的特点。为了设计报表，先要了解与报表设计有关的工具栏的使用。图 11-17 给出了与报表设计有关的工具栏，其中“布局”工具栏和“调色板”工具栏的用法与表单设计中的用法相同，下面就“报表设计器”工具栏和“报表控件”工具栏的功能作一简要说明。

1. “报表设计器”工具栏

“报表设计器”工具栏中包含 5 个按钮，各按钮（从左到右）的功能如下：

（1）“数据分组”按钮：用来激活“数据分组”对话框，供用户对报表数据进行分组及设置属性。

（2）“数据环境”按钮：用来激活“数据环境设计器”窗口，供用户设置报表数据源。

（3）“报表控件工具栏”按钮：用于显示或关闭“报表控件”工具栏。

（4）“调色板工具栏”按钮，用于显示或关闭“调色板”工具栏。

（5）“布局工具栏”按钮：用于显示或关闭“布局”工具栏。

2. “报表控件”工具栏

“报表控件”工具栏用于设计报表各对象，下面对该工具栏各按钮的功能说明如下：

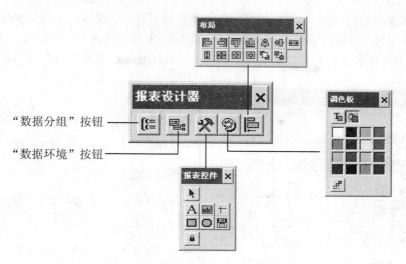

图 11-17 与报表设计有关的工具栏

（1）"选定对象"按钮 �!：用于选择对象、移动对象或改变控件的大小。

（2）"标签"按钮 **A**：用于在报表上创建一个标签控件，显示与记录无关的数据。

（3）"域控件"按钮 **abl**：用于在报表上创建一个字段控件，显示字段或内存变量数据。

（4）"线条"按钮 **十**、"矩形"按钮 **□** 和"圆角矩形"按钮 **○**：用于绘制相应的图形。

（5）"图片/ActiveX 绑定控件"按钮 **OLE**：用于显示图片或通用型字段的内容。

（6）"按钮锁定"按钮 **🔒**：用于锁定按钮在报表上创建多个相同类型的控件。

11.3.4 报表的数据源

报表总是要与数据相联系的，因此报表在设计之前，首先需要设置数据源。

对于固定使用的数据源，可将其添加到"数据环境设计器"中，以便每次运行报表时自动打开、关闭时自动释放。一个报表的数据源，可以是表、视图、查询、临时表、内存变量或表达式。数据可以更新，但报表的输出格式不变。如果数据源不是固定的，必须以某种方式让用户选择数据源。如设计一个包含命令按钮的对话框，在 Click 事件代码中安排产生数据源的命令。

可使用下面几种方法将数据源添加到报表"数据环境设计器"中：

（1）单击"报表设计器"工具栏中的"数据环境"按钮 **🖳**。

（2）选择"显示"菜单中的"数据环境"命令。

（3）在报表设计器任意空白处单击鼠标右键，然后执行快捷菜单中的"数据环境"命令。

上述任意一种方法都可打开"数据环境设计器"，然后选择"数据环境"菜单中的"添加"命令；或右击"数据环境设计器"，从弹出的快捷菜单中选择"添加"命令，系统将弹出"添加表或视图"对话框，选择要添加的表或视图。

11.3.5 报表布局

报表要求按照一定的格式输出，诸如数据打印在什么地方、数据之间的表格线、报表的标题及总结、每页的标头及注脚、数据分组时每组的标头及注脚，以及报表的栏形式等都属于报表布局问题。

　　为了解决报表的打印布局问题，报表设计器采用了所谓"带区"手段。Visual FoxPro 共有 9 种类型的带区，用以控制数据在页面上的打印位置，且采用不同的方式处理不同带区上的数据。如图 11-18 表示了各个带区的相对位置关系、名称及系统对这些带区中数据的处理方式。

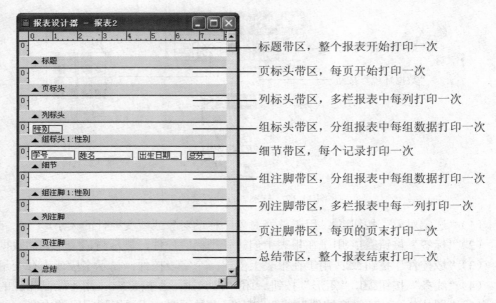

图 11-18　"报表设计器"窗口中各带区及作用

　　带区不是一成不变的，刚打开报表设计器时只有基本带区，其他带区会随着报表的组织形式而动态地发生变化。

　　1. 基本带区

　　基本带区是指"页标头"、"细节"和"页注脚" 3 个带区，刚打开报表设计器时，窗口中默认包含这 3 个带区。

　　（1）"页标头"带区：常用于设置报表的名称、字段标题或所需的图形。

　　（2）"细节"带区：常用于设置表或视图中的字段，若字段控件设置在该区中，则能依次打印表中各记录该字段的值。

　　（3）"页注脚"带区：主要用于在一页报表后打印该页的有关信息，系统默认在该区输出制表日期和页号等信息，如果不想要可将其删除。

　　2. "标题"和"总结"带区

　　要在整个报表一开始打印报表的名称或标题，或者在整个报表末尾打印总结性信息，就应该把有关信息放置在"标题"带区和"总结"带区。产生"标题"或"总结"带区的方法是选择"报表"菜单中的"标题/总结"命令，出现如图 11-19 所示的对话框。

　　选择"标题带区"复选框，则在窗口中会增加一个"标题"带区。"标题"带区总是位于最上部。如果希望将报表标题内容单独打印一页，应选择"新页"复选框。

　　选择"总结带区"复选框，则在窗口中会增加一个"总结"带区，"总结"带区总是位于报表的最下部。如果希望将报表总结单独打印一页，应选择"新页"复选框。

　　3. "列标头"与"列注脚"带区

　　这两个带区仅在创建多栏报表时才会出现。要创建多栏报表，需选择"文件"菜单中的

"页面设置"命令，弹出如图 11-20 所示的"页面设置"对话框。当将"列数"设置为大于 1 时，窗口就会自动增加"列标头"和"列注脚"两个带区。有关多栏报表的设置，请参考例 11-4 中的有关内容。

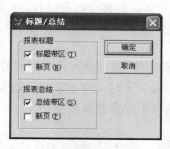

图 11-19　"标题/总结"对话框

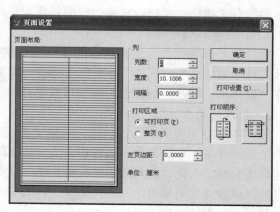

图 11-20　"页面设置"对话框

4. "组标头"与"组注脚"带区

这两个带区是用来打印分组报表的，应该按索引关键字进行分组，即把索引关键字值相同的记录集中在一起分组打印。产生"组标头"与"组注脚"带区的方法是：从"报表"菜单中选择"数据分组"命令或单击"报表设计器"工具栏上的"数据分组"按钮，弹出如图 11-21 所示的"数据分组"对话框。

在"分组表达式"文本框中输入分组表达式或单击右边的"省略号"按钮 ，在弹出的如图 11-22 所示的"表达式生成器"对话框中选择分组表达式。

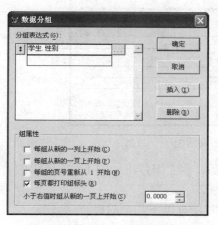

图 11-21　"数据分组"对话框

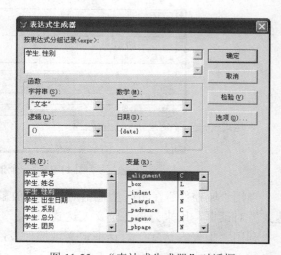

图 11-22　"表达式生成器"对话框

分组表达式一般是字段，例如在图 11-22 中选择"学生.dbf"表中的"性别"字段作为分组表达式，意思是把男女相同的记录整理在一起作为一组打印。单击"确定"按钮后，报表设计器中就会增加"组标头"和"组注脚"带区。一个表达式定义一个组，一个报表最多可以定义 20 个数据分组，这些分组以嵌套形式组织。

11.3.6 报表控件的使用

在报表设计器中使用报表控件可灵活地创建报表。报表控件的用法与表单控件的用法类似，但没有"属性"窗口，它将控件的属性安排在对话框中进行设置。其使用要点如下：

1. 控件所在的带区

可以把"报表控件"工具栏中的任何控件放置在任何带区中，但相同的控件放置在不同带区的打印效果是不一样的。如若把"标签"放在"标题"带区，则整个报表只打印一次；若放在"页标头"带区，则报表的每一页都要打印一次。

2. 控件的高度

控件的高度不能大于带区高度，否则就要调整带区的高度使之包容控件。调整带区高度的方法是：将鼠标移到某个带区标识条上，当出现上下双向箭头 ↕ 时，向上或向下拖曳鼠标，带区高度会随之变化，也可双击带区标识条，从弹出的对话框中设置带区高度。

3. "域控件"的使用

使用"报表控件"工具栏中的"域控件"，可以创建字段、函数、变量或表达式，因此通常称其为"表达式控件"。如图 11-23 所示的"学生.dbf"报表布局中，就包含有函数、字段、系统变量和表达式，它们都是利用"域控件"在相应带区定义的打印单元。

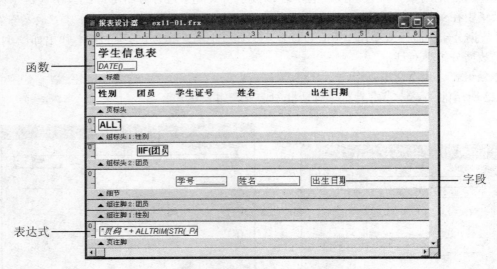

图 11-23　一个报表布局的例子

当用"域控件"在带区上拖出对象并释放鼠标后，会立即弹出如图 11-24 所示的"报表表达式"对话框，用来为控件定义表达式。

利用"报表表达式"对话框定义域控件表达式时，有以下几个问题：

① "表达式"文本框：用于键入表达式，这里输入的表达式是：IIF(团员,'Yes','No')。也可以单击右侧的"省略号"按钮 ，打开"表达式生成器"对话框，用户可以从中选择字段、函数或系统变量。

② "格式"文本框：用于指定表达式的输出格式。

③ "计算"按钮：单击它会打开"计算字段"对话框，如图 11-25 所示。其中有一个"重置"组合框和一个表示进行何种"计算"的选项按钮框。

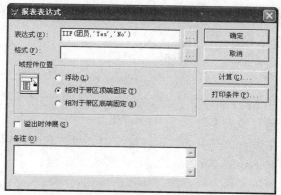

图 11-24 "报表表达式"对话框

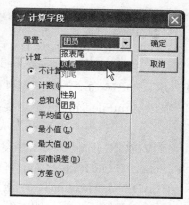

图 11-25 "计算字段"对话框

"重置"组合框：用于指定控件的复零时刻，包括"报表尾"、"页尾"和"列尾"3 个选项。

- 报表尾：表示在整个报表打印结束时将控件值重置为零。
- 页尾：表示在报表每页打印结束时将控件值重置为零。
- 列尾：表示每一列打印结束时将控件值重置为零。

"计算"栏：该栏包含 8 个选项按钮，分别用于指定对控件所要进行的计算。

④ "打印条件"按钮：单击它打开"打印条件"对话框，如图 11-26 所示。该对话框用来设置是否打印重复值、打印条件和打印时遇到空白行如何处理。

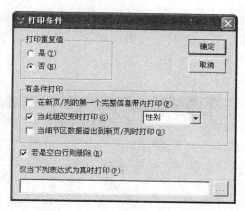

图 11-26 "打印条件"对话框

11.4 打印报表

使用"报表设计器"创建的报表文件，要把打印的数据组织成令人满意的格式。报表设计完毕后，可以通过下面两种方式将报表打印出来：

- 菜单方式：选择"文件"菜单，再从中选择"打印"命令。
- 命令方式：通过 REPORT FORM 命令将报表打印出来，其语法格式为：

REPORT FORM rptFileName | ?
[ENVIRONMENT][Scope] [FOR lExpression1] [WHILE lExpression2]
[HEADING cHeadingText][NOCONSOLE]

    [PLAIN] [PREVIEW [[IN] WINDOW WindowName | IN SCREEN] [NOWAIT]]
    [RANGE nStartPage[,nEndPage]]
    [TO PRINTER [PROMPT]|TO FILE FileName [ASCII]] [SUMMARY]

说明：

REPORT FORM 命令的功能是打印报表。其中，各参数子句的含义如下：

- FORM rptFileName：指定要打印的报表文件名，扩展名默认为.frx，可省略。
- ?：显示"打开"对话框，从中可选择报表文件。
- ENVIRONMENT：用于恢复存储在报表文件中的数据环境信息，供打印时使用。
- [Scope] [FOR lExpression1] [WHILE lExpression2]：指定满足条件的范围。
- HEADING cHeadingText：把字符表达式作为页标题打印在报表的每一页面上。
- NOCONSOLE：在打印时禁止报表在屏幕上显示。
- PLAIN：使用 HEADING 子句设置的页标题仅在报表的第一页出现。
- PREVIEW [[IN] WINDOW WindowName | IN SCREEN] [NOWAIT]：以页面预览模式显示报表，而不把报表送到打印机中打印。要打印报表，必须发出带 TO PRINTER 子句的 REPORT 命令。
- RANGE nStartPage[,nEndPage]：指定打印页的范围，结束页默认为 9999。
- TO PRINTER [PROMPT]：指定报表输出到打印机，若有 PROMPT 子句，则出现"打印"对话框，以便供用户选择设置。
- TO FILE FileName [ASCII]：输出到文本文件，若带有 ASCII，则可使打印代码不写入文件。
- SUMMARY：不打印细节行，只打印总计和分类总计信息。

例如，在屏幕上打印显示出由例 11-1 所做的报表，可使用命令：

REPORT FORM Ex11-01.FRX

执行结果如图 11-27 所示。

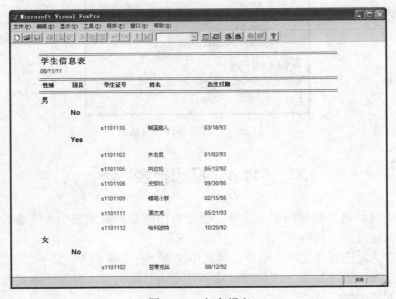

图 11-27　打印报表

11.5　报表设计举例

【例 11-2】针对"学生.dbf"表设计如图 11-28 所示的报表。要求整个表一开始显示标题"学生基本情况表",在右上角显示日期。对于数值型和字符型字段靠左对齐,备注型和通用型字段各占一列单独显示,在"页注脚"带区显示"页号"。

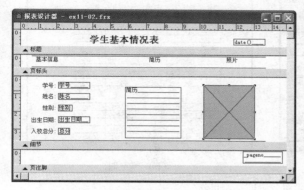

（a）报表设计时

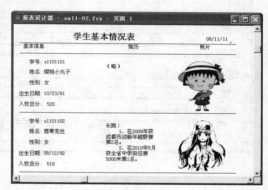

（b）报表运行时

图 11-28　例 11-2 报表设计与运行示意图

设计步骤如下:

①打开报表设计器:单击"常用"工具栏上的"新建"按钮 □,在弹出的"新建"对话框中选择"报表"选项,单击"新建文件"按钮,打开报表设计器。

②设置报表的数据环境:右击报表设计器,从弹出的快捷菜单中选择"数据环境"命令打开数据环境设计器;再右击数据环境设计器,选择"添加"命令,从弹出的"添加表或视图"对话框中选择"学生.dbf"表,再单击"添加"按钮,之后关闭数据环境设计器。

③增加"标题"带区:选择"报表"菜单中的"标题/总结"命令,在弹出的"标题/总结"对话框中选择"标题带区"复选框,于是报表设计器呈现 4 个带区,分别是"标题"、"页标头"、"细节"和"页脚注"带区。

④在"标题"带区,单击"报表"工具栏中的"标签"按钮 A,再在"标题"带区适当位置上单击,即可输入文字:学生基本情况表;单击"域控件"按钮 abl,再在"标题"带区某位置上单击,随即打开"报表表达式"对话框,在"表达式"文本框处输入函数表达式:DATE()。

⑤在"页标头"带区设计显示页标题:先用"线条"工具画出两条直线;然后再在两条直线之间分别建立 3 个标签控件,分别输入:基本信息、简历和照片。

⑥在"细节"带区设计打印的位置和内容。按照图 11-28（a）所示的内容,设计要打印的内容,并安排好各控件的位置。

⑦在"页脚注"带区设置一个打印页码。单击"域控件"按钮,在"页脚注"带区画出一个域控件,然后在弹出的"报表表达式"对话框"表达式"文本框处输入:_Pageno。

说明:_Pageno 是 Visual FoxPro 系统中的一个系统变量,包含了一个决定当前页码的数值,初始值默认为 1。

⑧保存定义的已设计好的报表。

⑨预览报表。经过前面的报表定义,要预览其设计效果,可在报表中单击右键,在弹出

的快捷菜单中选择"预览"命令即可。

　⑩打印报表：在命令窗口输入以下命令可打印报表内容：

REPORT FORM Ex10-02 NOCONSOLE TO PRINTER

　【例 11-3】以数据表"学生.dbf"、"成绩.dbf"和"课程.dbf"为数据源，设计一个如图 11-29 所示的按性别进行分类的报表。

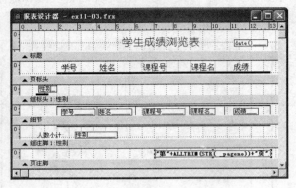 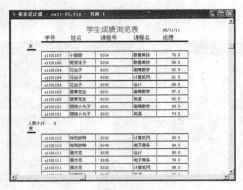

（a）设计时　　　　　　　　　　　　　　（b）预览时

图 11-29　设计带组分类的打印报表

设计步骤如下：

　①在命令窗口中输入"MODIFY REPORT Ex11-03"命令创建一个新的报表文件。

　②为报表添加数据环境，如图 11-30 所示。

图 11-30　为报表添加"数据环境"

　在"数据环境设计器"窗口中，分别添加"学生.dbf"、"成绩.dbf"和"课程.dbf"三张数据表，并设置好它们之间的关系。在"学生.dbf"表上单击右键，在弹出的快捷菜单中选择"属性"命令，打开其"属性"窗口，如图 11-31 所示。在 Order 属性中设置主控索引标识为"性别"。

　③右击"学生.dbf"和"成绩.dbf"关系线，在弹出的快捷菜单中执行"属性"命令，打开关系线"属性"窗口。找到 OneToMany 属性，并设置为".T."，即一对多关系成立，如图 11-32 所示。

　④在"报表设计器"窗口中增加"标题"和"数据分组"两个带区。

　⑤在"标题"带区键入"学生成绩浏览表"字样，幼圆三号字；插入一个域控件，并将其显示表达式设置为：DATE()。

　⑥在"页标头"带区利用"标签"控件 Ａ 输入：学号、姓名、课程号、课程名和成绩等字样，设置好合适的字体与大小，并在该字样下画一粗细为 4 磅的直线。

图 11-31 学生表的属性设置

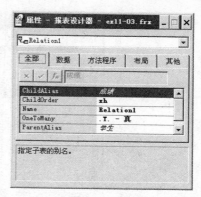

图 11-32 设计表"学生"和"成绩"关系属性

⑦从数据环境中选择"学生.dbf"表中的"性别"字段，直接拖至"组标头"带区，形成一域控件；然后在该控件下方画一直线。

⑧在数据环境中分别从"学生.dbf"、"成绩.dbf"和"课程.dbf"表中选择"学号"、"姓名"、"课程号"、"课程名"和"成绩"字段，直接拖至"细节"带区，安排好布局后，使用"线条"控件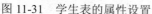在"细节"带区画出能形成单元格形状的线条。

⑨在"页注脚"带区画一直线，以便和"细节"带区的单元格形成封闭单元格；输入文字"人数小计："字样，添加一域控件，在弹出的"报表表达式"对话框中的"表达式"框中输入：学生.性别，并单击"计算"按钮，在其对话框中选择"计数"。

⑩在"页注脚"带区画一域控件，其输出表达式为："第"+ALLTRIM(STR(_pageno))+"页"，以便打印页号码。

⑪在报表中单击右键，在弹出的快捷菜单中选择"预览"命令，其效果如图 11-29（b）所示，如果不满意，可关闭预览图进行调整。

【例 11-4】以"学生.dbf"表为数据源设计一个如图 11-33 所示的 2 栏打印报表。

报表设计器 - ex11-04.frx - 页面 1

学生信息浏览表

学号	姓名	性别	出生日期	学号	姓名	性别	出生日期
s1101101	樱桃小丸子	女	10/23/91	s1101102	芭蒂克丝	女	08/12/92
s1101103	米老鼠	男	01/02/93	s1101104	花仙子	女	07/24/94
s1101105	向达伦	男	05/12/92	s1101106	雨宫忧子	女	12/12/93
s1101107	小甜甜	女	11/07/94	s1101108	史努比	男	09/30/95
s1101109	蜡笔小新	男	02/15/95	s1101110	碱蛋超人	男	03/18/93
s1101111	黑杰克	男	05/21/91	s1101112	哈利波特	男	10/20/92

图 11-33 设计 2 栏打印报表

设计步骤如下：

①在命令窗口中输入"MODIFY REPORT Ex11-04"命令，创建一个新的报表文件。

②为报表添加数据环境，打开报表"数据环境设计器"窗口，将"学生.dbf"添加到该数据环境中。

③打开"文件"菜单，单击"页面设置"命令，打开"页面设置"对话框，如图 11-34 所示。在"页面设置"对话框中，设置"列"栏中的"列数"值为 2，即报表分 2 栏打印；在"打印顺序"栏中单击"从左到右"按钮；在"左页边距"处设置打印左边距为 1.5 厘米。

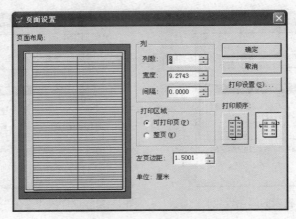

图 11-34　"页面设置"对话框

④按照图 11-35 所示的报表设计界面，安排各控件的布局。

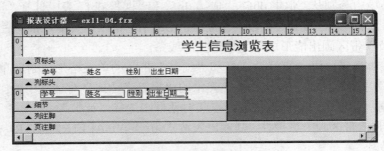

图 11-35　2 栏报表设计界面

⑤在报表中单击右键，在弹出的快捷菜单中选择"预览"命令，其效果如图 11-33 所示，如果不满意，可关闭预览图进行调整。

第 12 章　应用程序的集成与发布

- 了解应用系统的开发步骤与方法。
- 掌握构造应用系统的框架及连编应用系统的方法。
- 熟悉应用系统的具体设计和实现过程。
- 掌握发布 Visual FoxPro 数据库应用系统的方法。

一个典型的数据库应用程序由数据表、用户界面、查询和报表等组成。在设计应用程序时，应仔细考虑每个组件将提供的功能以及与其他组件之间的关系。前面各章按数据库、程序、表单、菜单和报表的顺序介绍了应用程序中可能包含的组件及其设计方法。本章将要介绍如何把这些分离的组件连接在一起，生成一个单一的、可供最终用户安装使用的应用程序。

12.1　应用程序的一般开发过程

一个高质量的应用程序开发是从需求分析开始的，如用户要求的功能操作是什么、数据库的大小、是单用户还是多用户等。在规划阶段就应该让用户更多地参与进来，在实施阶段则需要不断地加工，并接受用户的反馈。

一个典型的应用程序由数据库、用户界面、查询和报表等组成。在设计时应充分考虑每个组件提供的功能以及与其他组件之间的关系。应用程序还必须保证数据的完整性，需要为用户提供菜单，提供一个或多个表单供数据输入和显示，提供数据查询和报表输出。除此之外，还要添加某些事件的响应代码，提供特定的功能。

12.1.1　应用程序设计的基本过程

应用程序设计涉及到数据库设计、数据输入和输出的用户界面设计以及程序调试等若干环节，最后需要将它们连编成可执行的应用程序。图 12-1 概括了应用程序的基本开发过程。

12.1.2　应用程序组织结构

应用程序通常由若干个模块组成，每

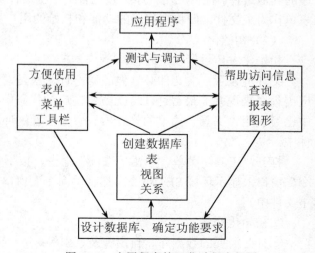

图 12-1　应用程序的开发过程流程图

个模块功能相对独立而又相互联系。一个典型的数据库应用程序通常包含以下几个部分。

1. 数据库

存储应用程序要处理的所有原始数据。根据应用系统的复杂程度，可以只有一个数据库，也可以有多个数据库。

2. 用户界面

提供用户与数据库应用程序之间的接口，通常有一个菜单、一个工具栏和多个表单。菜单可以让用户快捷、方便地操作应用程序提供的全部功能，工具栏则可以让用户更方便地使用应用程序的基本功能。表单作为最主要的用户界面形式，提供给用户一个数据输入和显示的窗口，通过调用表单中的控件，如命令按钮，可以完成各种数据处理操作，可以说，用户的绝大部分工作都是在表单中进行的。

3. 事务处理

提供特定的功能代码，完成查询、统计等数据处理工作，以便用户可以从数据库的众多原始数据中获取所需要的各项信息。这些工作主要在事件的响应代码中设计完成。

4. 打印输出

将数据库中的信息按用户要求的组织方式和数据格式打印输出，以便长期保存。这部分功能主要是由各种报表和标签实现的。

5. 主程序

用于设置应用程序的系统环境和起始点，是整个应用程序的入口点。在 Visual FoxPro 中，主程序可以是程序文件（*.prg），也可以是菜单程序（*.mpr）或表单（*.scx）等。但一般情况下，经常使用程序文件。

主程序文件的功能一般应包括：应用程序运行环境的设置、声明系统所必须的全局变量、显示系统启动时的用户界面、控制事件循环、退出应用程序时关闭打开的文件并恢复系统环境的设置等。

在建立主程序时需要考虑以下问题：

（1）设置应用程序的起始点

将各个组件链接在一起，然后主文件为应用程序设置一个起始点，由主文件调出应用程序的其他组件。任何应用程序必须包含一个主文件。主文件可以是程序文件，也可以使用一个表单作为主文件，即将主程序的功能和初始的用户界面集成在一个表单程序中。

（2）初始化

初始化大体包括以下内容：

①环境设置：主文件必须做的第一件事就是对应用程序的环境进行设置，默认的环境对应用程序来说并非最合适，这就需要在启动代码中为程序建立特定的环境。如果在开发环境中已经利用"工具"菜单的"选项"命令设置好环境，则可采用以下方法将它们复制到主文件中。

打开"工具"菜单，单击"选项"命令，按下 Shift 键，并单击"确定"按钮，打开"命令"窗口，显示环境 SET 命令，选择"命令"窗口中显示的有关 SET 命令将其复制并粘贴到主文件中。

②初始化变量。

③打开需要的数据库、自由表及索引等。

（3）显示初始的用户界面

初始的用户界面可以是一个菜单，也可以是一个表单或其他组件。在主程序中可以使用

DO 命令运行一个菜单，或者使用 DO FCRM 命令运行一个表单以初始化用户界面。

（4）控制事件循环

应用程序的环境建立之后，将显示出初始的用户界面。面向对象机制需要建立一个事件循环来等待用户的交互操作。控制事件循环的方法是执行 READ EVENTS 命令。

该命令的使用格式如下：

READ EVENTS

此命令的功能是：开始事件循环，等待用户操作。例如，下面的命令语句：

DO FORM START.SCX

READ EVENTS

说明：

READ EVENTS 命令用于.EXE 应用程序建立事件循环，在开发环境中运行应用程序不必使用该命令。从执行 READ EVENTS 命令开始，到相应的 CLEAR EVENTS 命令执行期间，主文件中所有的处理过程将全部挂起，因此将 READ EVENTS 命令正确地放在主文件中十分重要。如在一个初始过程中，可以将 READ EVENTS 作为最后一个命令，在初始化环境并显示了用户界面之后执行。如果在初始过程中没有 READ EVENTS 命令，则执行.EXE 程序时将会返回到操作系统。

（5）退出应用程序时恢复原始的开发环境

①结束事件循环。必须确保在应用程序中存在一个 CLEAR EVENTS 命令来结束事件循环，使 Visual FoxPro 能执行 READ EVENTS 的后继命令。

CLEAR EVENTS 的格式如下：

CLEAR EVENTS

该命令的功能是：结束事件循环。

说明：

CLEAR EVENTS 命令在使用时，一般可安排在一个"退出"按钮或菜单命令中。

②恢复原始的开发环境。通常用一个过程程序来专门恢复初始环境。

（6）设置主文件

设置主文件的方法是：在"项目管理器"中选择要设置的主文件，打开"项目"菜单，单击"设置主文件"命令（请参考图 12-3）。一个项目中只可设置一个主文件，在项目管理器中主文件将以粗体字显示，并自动设置为"包含"状态。只有设置了"包含"（文件"包含"的详细内容将在 12.2.2 节中加以介绍），应用程序连编后才能作为只读文件处理。这意味着用户只能使用程序，不能修改程序。

12.1.3 主程序设计

如上所述，主文件应该进行初始化环境工作、调用一个菜单或表单来建立初始的用户界面、执行 READ EVENTS 命令来建立事件循环，在"退出"命令按钮或菜单中执行 CLEAR EVENTS 命令和退出应用程序时恢复环境。

在主文件中，没有必要直接包含上述所有任务的命令，常用的方法是调用过程或函数来控制某些任务，如环境初始化和清除等。

【例 12-1】下面是一个简单的主程序例子：

```
***主程序及代码***
DO SETUP.PRG                    && 调用环境设置程序
```

```
DO MAIN.SCX.MPR                && 将一个菜单作为初始的用户界面显示
*****************************************************
*DO FORM MAIN.SCX
*上面一条语句可将一个表单作为初始的用户界面显示，
*需要将命令 READ EVENTS 等相关命令语句放在该表单的 INIT 事件代码中，如
*DO MAIN.MPR WITH This,.T.
*READ EVENTS
*****************************************************
READ EVENTS                    && 建立事件循环
DO CLEARUP.PRG                 && 在退出之前，恢复环境设置
```

以下 SETUP.PRG 程序用于环境及数据的初始化：

```
***SETUP.PRG***
CD D:\JXGL
SET TALK OFF
SET CENTURY ON                 &&将日期设置为四位年份显示
SET STATUS ON
CLEAR ALL
OPEN DATABASE  教学管理
USE  学生  IN 0
USE  成绩  IN 0
USE  课程  IN 0
```

以下程序 CLEARUP.PRG 用于恢复环境设置：

```
***CLEARUP.PRG***
SET SYSMENU TO DEFAULT
SET TALK ON
CLEAR ALL
CLOSE ALL
CLEAR PROGRAM
CLEAR EVENTS
CANCEL
```

其中，在 CLEAR ALL 正确执行后，用 CLOSE ALL 关闭 Visual FoxPro 默认数据工作期，即数据工作期中的所有数据库、表以及临时表。

而命令 CLEAR PROGRAM 迫使 Visual FoxPro 从磁盘而不是从程序缓冲区中读取文件。

12.1.4 主表单设计

用户不仅可指定一个程序作为主程序，也可指定一个表单或表单集作为主程序，把主程序的功能和初始用户界面合二为一，这样的表单称为主表单。若想把某一表单既作为系统的初始界面，又能实现上述主程序所具有的功能，只要在主表单中把相应的事件、相关的方法添加上代码即可。

添加事件代码的方法如下：

（1）在指定的主表单或表单集的 Load 事件中添加设置环境的程序代码。

（2）在 Unload 事件中添加恢复环境设置的程序代码。

（3）将表单或表单集的 WindowType 属性设置为 1（模式）后，可用来创建独立运行的程序（.EXE）。

但用表单作为主程序文件将受到一些限制，最好是用一般程序作为主程序文件。

12.2　利用项目管理器开发应用程序

在 Visual FoxPro 中，项目管理器是组织和管理应用程序所需的各种文件的工作平台，是处理数据和对象的主要组织工具和控制中心。项目管理器将一个应用系统开发过程中使用的数据库、表、查询、表单、报表、各种应用程序和其他一切文件集合成一个有机的整体。利用项目管理器能方便地将文件从项目中移出或加入到其他项目中。

12.2.1　用项目管理器组织文件

在应用程序开发过程中，无论是数据库、表、程序、菜单、表单或报表等组件，都可在项目管理器中进行新建、添加、修改、运行和移出等操作。

一个 Visual FoxPro 项目可能包含表单、报表和程序文件，除此之外，还常常包含一个或多个数据库、表及索引。如果某个现有文件不是项目的一部分，则可以人工添加它。只需在项目管理器中单击"添加"按钮，在"添加"对话框中选择要添加的文件即可。这样，在编译应用程序时，Visual FoxPro 会把它们作为组件包含进来。图 12-2 表示了利用项目管理器组织"教学管理"项目的一些数据文件。

必须为项目指定一个主文件。主文件将作为一个已编译应用程序的执行开始点，在该文件中可以调用应用程序中的其他组件。项目连编时会自动将调用的文件添加到"项目管理器"窗口，最后一般应回到主文件。项目的主文件以粗体字显示，图 12-2 中的 cjcx 显示为粗体，表明它是主文件。设置主文件的方法是：在项目管理器中选定一个文件（程序、菜单或表单），单击右键，在弹出的快捷菜单中单击"设置主文件"命令（也可打开"项目"菜单，单击"设置主文件"命令），如图 12-3 所示。

图 12-2　利用项目管理器组织各类文件

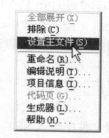

图 12-3　设置主文件

12.2.2　连编项目

连编是指将项目中的文件连接在一起编译成单一的程序文件。项目在编译时涉及到"包含"与"排除"两个概念。在项目管理器中凡左侧带有"⊘"标记的文件属于"排除"类型，无此标记的文件属于"包含"类型文件。

1. 隐藏 Visual FoxPro 主窗口

使用 Visual FoxPro 开发应用程序，默认显示的是 Visual FoxPro 的主窗口。该窗口可用来方便地装载菜单、用户自定义工具栏等。但是，大多数应用程序都会创建一个具有自身特色的表单作为自己的主窗口，并利用该窗口来装载用户自定义的菜单和工具栏。这样就会在屏幕上出现两个主窗口，从而影响界面的美观。解决这一问题的方法是将 Visual FoxPro 的主窗口隐藏起来。

隐藏 Visual FoxPro 主窗口最常用的方法有两个。一是在主程序中使用命令方式；二是使用命令修改 Visual FoxPro 的配置文件 Config.fpw。

（1）使用命令隐藏 Visual FoxPro 主窗口

在主程序中使用如下命令可隐藏 Visual FoxPro 主窗口：

Application.Visible=.F.　　　&& Application 表示 Visual FoxPro 对象

而在退出应用程序恢复环境时，使用如下命令可显示 Visual FoxPro 主窗口：

Application.Visible=.T.

（2）修改配置文件 Config.fpw 隐藏 Visual FoxPro 主窗口

Config.fpw 是 Visual FoxPro 系统的配置文件。所谓配置文件是指在成功地安装了 Visual FoxPro 之后，可能需要定制开发环境。环境设置包括主窗口标题、默认目录、项目、编辑器、调试器及表单工具选项、临时文件存储、拖放字段对应的控件和其他选项。

Visual FoxPro 的配置决定了系统的外观和行为。例如，建立 Visual FoxPro 所用文件的默认位置，指定如何在编辑窗口中显示源代码以及日期与时间的格式等。

Config.fpw 配置文件是一个文本文件，可以在其中指定 SET 命令的值，设置系统变量以及执行命令或调用函数。Visual FoxPro 在启动时读取配置文件，建立设置以及执行文件中的命令。配置文件中的设置将使"选项"对话框中（存储在 Windows 注册表）的默认设置无效。

使用配置文件有以下几个优点。

● 忽略"选项"对话框所做的默认设置。

● 维护几个不同的配置文件，每一个都具有不同的设置。Visual FoxPro 可以根据特定用户或项目加载不同的配置文件。

● 比在程序初始化部分用 SET 命令建立的设置更易修改。

● 在 Visual FoxPro 启动时，自动启动一个程序或调用函数。

在 Config.fpw 配置文件中，可以使用下列方法之一输入配置。

● 使用 SET 命令进行设置。

● 设置系统变量。

● 调用程序或函数。

● 包含只有在配置文件中使用的特殊术语。

①在配置文件中输入 SET 命令，使用方法是：输入不带 SET 关键字，只带有等号的 SET 命令，例如。

*设置默认目录为安装 Visual FoxPro 系统下的 VFP 子文件夹

DEFAULT = HOME()+"\VFP"

*在状态栏中显示时间

CLOCK = ON

②在配置文件中设置系统变量，使用方法是：输入系统变量名称，一个等号（=）以及该

变量的设置值。例如，下面命令设置 Visual FoxPro 主窗口的标题：

```
_SCREEN.Caption = "My Application"
```

③在配置文件中调用函数或执行命令，使用方法是：输入 COMMAND，一个等号（=）以及要执行的命令或要调用的函数。例如，设置 Visual FoxPro 主窗口标题中包含 Visual FoxPro 版本号：

```
COMMAND = _SCREEN.Caption = "Visual FoxPro " + SUBSTR(VERS(),25,3)
```

而下面的命令在 Visual FoxPro 启动时执行一个特定的应用程序：

```
COMMAND = DO MYAPP.APP
```

④在配置文件中使用特殊术语，使用方法是：输入特殊术语，一个等号（=）以及设置值。例如，要设置 Visual FoxPro 的最大可用系统变量数量，可使用下面的命令：

```
MVCOUNT = 2048
```

又如设置 Visual Foxpro 标题为"我的 Visual FoxPro 6.0"，则可在文件中使用下面语句：

```
TITLE="我的 Visual FoxPro 6.0"
```

⑤从配置文件中启动应用程序，使用方法是：在配置文件的任何位置把要启动的应用程序名称指定给_STARTUP系统变量，例如：

```
_STARTUP = MYAPP.APP
```

上面语句等同于使用 COMMAND 命令，它只能是配置文件的最后一行：

```
COMMAND = DO MYAPP.APP
```

⑥指定配置文件

配置文件编辑完成后，即可使用。前面曾提到，Visual FoxPro 加载一个配置文件以后，配置文件中的设置将优先于"选项"对话框中所做的对应默认设置，并忽略所有其他配置文件的设置，而成为 Visual FoxPro 的默认设置。

在启动 Visual FoxPro 的命令行后，使用"-C"开关可指定使用的配置文件名称（必要时包含路径）。不要在开关和文件名称之间加空格。例如下面命令指定 MYAPP.FPW 为配置文件：

```
C:\Program Files\Microsoft Visual Studio\Vfp98\Vfp6.exe -CC:\MYAPP\MYAPP.FPW
```

或者在 Windows 资源管理器中，双击要使用的配置文件名称。Visual FoxPro 会使用该选定的配置文件启动。

如果不希望使用任何配置文件，包括默认的 Config.fpw，那么可以忽略所有的配置文件。这将导致 Visual FoxPro 只使用在"选项"对话框中建立的默认设置。若要忽略配置文件只需在 Visual FoxPro 的命令行中添加"-C"开关，且其后不带任何东西。

例如，无论配置文件是在启动目录中，还是在系统路径中，若不想使用任何配置文件，可使用下面的命令行：

```
Vfp6.exe -C
```

⑦一个典型的 Config.fpw 文件。

```
DEFAULT=C:\VFP                    &&指定系统的默认路径
PATH=DBFS; MENUS; FORMS          &&指定 Visual FoxPro 的文件查找路径
TITLE="我的应用程序"              &&指定主窗口的标题
COMMAND=DO Myapp.APP             &&Visual FoxPro 启动时执行一个程序
```

【例 12-2】使用 Visual FoxPro 的配置文件 config.fpw，隐藏主窗口。

操作方法如下：

①在 Visual FoxPro 的命令窗口中输入：Modify file config.fpw，在打开的文本编辑器中，输入 SCREEN=OFF，然后，按 Ctrl+W 组合键存盘退出，再把这个文件添加到项目管理器的

"其他"项中。

②设置主表单的 ShowWindow 属性为 2，即"为顶层表单"。如果主表单的 ShowWindow 属性设置为默认值 1，则在隐藏 Visual FoxPro 主窗口的同时，该表单也一起被隐藏了。

这样，在连编成 EXE 可执行程序的时候，Config.fpw 文件也就一同被打包到 EXE 文件中，再运行 EXE 文件的时候，首先出现的就是你自己设计的程序画面了。

2．包含与排除

（1）包含。包含是指连编项目时将文件包含进生成的应用程序中，从而这些文件变成只读文件，不能再进行修改。通常将可执行的程序文件、菜单、表单、报表和查询等设置为"包含"。如果在程序运行中不允许修改表结构，则也可将其设置为"包含"。Visual FoxPro 默认程序文件为"包含"，而数据文件默认为"排除"。

（2）排除。排除是指连编项目时将某些数据文件排除在外，这些文件在程序运行过程中可以随意进行更新和修改。如将数据表设置为"排除"，则可修改其结构或添加记录。

要排除或包含一个文件的操作步骤如下：

①在项目管理器中，选择要排除的一个包含文件。

②右击鼠标，弹出快捷菜单，如果选择的文件已被包含，则菜单将出现"排除"命令，单击"排除"命令，则选择的文件被排除；反之，出现"包含"命令，单击"包含"命令，则选定的文件被包含，如图 12-3 所示。

3．连编

连编是指对项目对象的操作。在连编之前，应指定主文件、设置数据文件的"包含/排除"和确定程序之间的调用关系，然后单击项目管理器中的"连编"按钮，打开"连编选项"对话框，如图 12-4 所示。

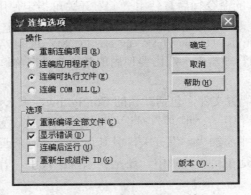

图 12-4   "连编选项"对话框

（1）"操作"栏选项按钮

①重新连编项目：重新连接与编译项目中的所有文件，生成.pjx 和.pjt 文件，等价于在命令窗口执行 BUILD PROJECT 命令。如果项目连编过程中发生错误，则必须加以纠正并重新连编直至成功为止。如果连编项目成功，则在建立应用程序之前应该试运行项目。可以在项目管理器中选择"主文件"，然后单击"运行"按钮，也可在命令窗口中键入 DO 命令执行主程序，如果正常就可以连编成应用程序文件了。

②连编应用程序：可以生成以.APP 为扩展名的程序。.APP 文件必须在 VFP 环境下才能运行。执行方式为：DO 文件名.APP。

"连编应用程序"选项等价于在命令窗口执行 BUILD APP 命令，其使用格式如下：

BUILD APP APPFileName FROM ProjectName [RECOMPILE]

其中，各参数子句的含义如下：

- APPFileName：指定要生成的应用程序文件名称。默认应用程序文件扩展名为.APP。
- FROM ProjectName：指定一个要生成.APP 应用程序的项目名。
- RECOMPILE：在生成应用程序前重新编译整个项目。项目中的所有组件（程序、表单、标签、报表、可视类库、内部存储过程等）都要重新编译。

③连编可执行文件：可以生成以.EXE 为扩展名的可执行文件，.EXE 文件可在 VFP 环境下运行，也可脱离开发环境在 Windows 中独立运行。

此选项等价于在命令窗口执行 BUILD EXE 命令，该命令的使用格式如下：

BUILD EXE EXEFileName FROM ProjectName [RECOMPILE]

其中，EXEFileName 指定要生成的可执行文件名。如果一个.APP 应用程序文件和现有可执行文件有相同的根文件名，则删除该应用程序文件。请注意，如果已有一个可执行文件，而用户生成一个有相同文件名的.APP 文件，则删除该可执行文件。

其他参数子句的含义同上。

④连编 COM DLL：使用项目中的类信息，创建一个具有.DLL 扩展名的动态链接库文件。

（2）"选项"栏复选框按钮

①重新编译全部文件：重新编译项目中的所有文件，当向项目中添加组件时，应该重新进行项目的连编。如果没有在"连编选项"对话框中选择"重新编译全部文件"，那么只重新编译上次连编后修改过的文件。

②显示错误：指定是否显示编译时发生的错误。

③连编后运行：指定连编后是否立刻运行应用程序。

12.3 发布应用程序

所谓发布应用程序，是指制作一套安装盘提供给用户，使其能安装到其他电脑上使用。

12.3.1 准备工作

在发布应用程序之前，必须连编一个以.APP 为扩展名的应用程序文件，或者一个以.EXE 为扩展名的可执行文件。下面以.EXE 可执行文件为例介绍事先必须进行的准备工作。

（1）首先将项目连编成.EXE 程序。

（2）在磁盘上创建一个专用的目录（称为发布树），用来存放希望复制到发布磁盘的文件。这些文件包括：

①连编的可执行程序文件。

②在项目中设置为"排除"类型的文件。

③可执行文件需要和两个 VFP 动态链接库 Vfp6rchs.dll（中文版）、Vfp6renu.dll（英文版）以及 Vfp6r.dll 支持库相连接以构成完整的运行环境，这 3 个文件都在 Windows 的 system 目录中（如果是 Windows XP 环境，则在 system32 目录中）。

例如，若为教学管理系统建立了一个专用目录（文件夹）D:\JXGL，则将上述文件复制到该目录中。

12.3.2 应用程序的发布

应用程序的发布是指为所开发的应用程序制作一套应用程序安装盘，使之能安装到其他电脑中使用。下面以教学管理系统的发布为例，介绍 Visual FoxPro 的应用程序的发布。发布一个应用程序的操作步骤如下：

①建立发布树（目录），发布树用来存放用户运行时需要的全部文件。这里建立一个发布目录 D:\JXGL，将一些必要的文件拷贝到该目录中。

②打开"工具"菜单，单击"向导"命令，再单击"安装"命令，进入安装向导，如图 12-5 所示。在此对话框中，单击"创建目录"按钮，可创建发布目录；单击"定位目录"按钮，可选择其他已存在的发布目录。

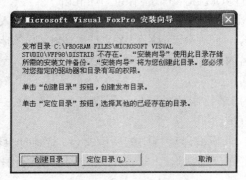

图 12-5 "安装向导"对话框

③安装向导步骤 1：定位文件。单击"发布树目录"右边的▇▇按钮，在出现的"选择目录"对话框中选择 D:\JXGL 目录，如图 12-6（a）所示。完成后，单击"下一步"按钮。

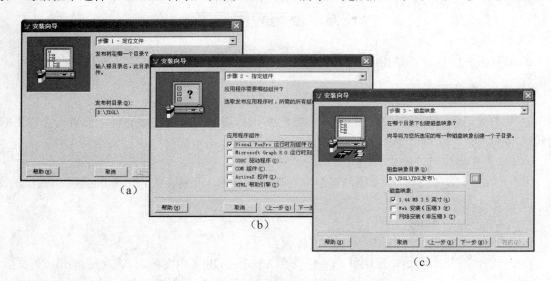

（a）

（b）

（c）

图 12-6 "安装向导"对话框

④安装向导步骤 2：指定组件。要求指定必须包含的系统文件。这里选定"Visual FoxPro 运行时刻组件"复选框，如图 12-6（b）所示。单击"下一步"按钮。

⑤安装向导步骤 3：磁盘映像。磁盘映像有两个含义：一是在软件发布整理过程中，将结

果存放在何处，需要给出一个目录的名称。在这里，选择 D:\JXGL 文件夹。二是选择介质。如果做成软盘方式，则选择"1.44MB 3.5 英寸"复选框，表示将来做出来的软件以软盘方式存储。完成选择后，单击"下一步"按钮，如图 12-6（c）所示。

⑥安装向导步骤 4：安装选项。输入安装对话框标题：学生成绩管理系统。执行程序：C:\JXGL\jxgl.app（exe）。

⑦上面几个安装步骤是主要的，后面的几步是可选的，可以不回答。最后，在"完成"对话框中，单击"完成"按钮，即可压缩整理程序。

⑧磁盘映像复制到软盘上。经过上面的步骤，在"D:\JXGL\"目录中有一个 DISK144 磁盘映像子目录，其下还有 DISK1～XX 等几个子目录，可供用户复制一套发布盘，将一个子目录的全部文件复制到一张软盘中。

⑨应用程序的安装：在发布盘 DISK1 中有一个 SETUP.EXE 文件，只要在 Windows 中运行该文件，就可以一步一步地进行应用程序的安装。

12.4 应用系统开发实例——简单成绩查询系统

12.4.1 数据和要求

【例 12-3】数据库"教学管理.DBC"中的"学生.dbf"、"成绩.dbf"和"课程.dbf"三张数据表，数据库及各表之间的永久关系，如图 12-7 所示。

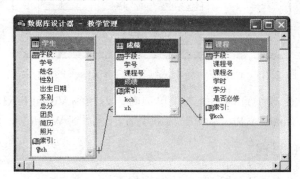

图 12-7 "教学管理.dbc"数据库及其各表

利用"教学管理.DBC"以及其中的数据表，开发一个简单成绩查询应用程序系统——CjCx，要求如下：

①创建一个应用程序。执行该程序时，首先在 Visual FoxPro 系统主屏幕上显示一个主菜单和两个下拉式菜单，如图 12-8 所示。

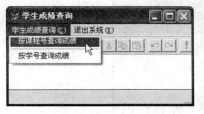

图 12-8 主程序运行界面

②当选择"按课程号查询成绩"菜单项时，运行图 12-9 中创建的表单 kccj.scx。在表单中输入学号且选择了相应的课程代号后，在"查询结果"框中显示学生的姓名、课程名称及成绩。

- 如果该学号所对应的学生未修课程代号所表示的课程，则给出如图 12-10 所示的"错误"信息提示框。

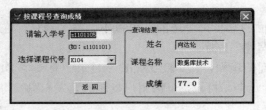

图 12-9   "按课程号查询成绩"表单 kccj.scx 的运行界面   图 12-10   错误信息

- 当该生所修课程成绩小于 60 分时，成绩以红色字体显示。

③当选择"按学号查询成绩"菜单项时，运行图 12-11 中创建的表单 xhcj.scx。表单运行时，在下拉列表框中选择了某学生的学号后，"查询结果"框显示出该学生的姓名和所修全部课程的成绩。

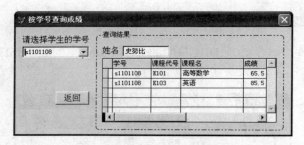

图 12-11   "按学号查询成绩"表单 xhcj.scx 的运行界面

④当选择"退出学生成绩查询系统"菜单项时，返回到 Visual FoxPro 系统。

⑤当选择"退出 Visual FoxPro 系统"菜单项时，返回到 Windows 系统。

12.4.2   程序设计的过程

为完成上述任务，应用程序的程序设计过程如下。

1. 建立应用程序项目

首先在所使用的磁盘中（这里用 D 盘）建立文件夹 CjCx。然后，使用如图 12-12 所示的"应用程序向导"对话框，即使用"项目"向导创建一个带有项目目录结构的应用程序项目 CjCx，项目的目录结构如图 12-13 所示。

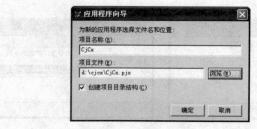

图 12-12   "应用程序向导"对话框

图 12-13　CjCx 项目目录结构图

2. 设计用户界面

系统采用具有下拉菜单的表单形式，以实现系统的各项功能。

（1）菜单系统

菜单系统如图 12-8 所示，文件名为"mnucjcx.mnx"，各菜单项的功能如表 12-1 所示。

表 12-1　菜单系统（mnucjcx.mnx）的功能和命令/过程代码

菜单名称	结果	选项/编辑
学生成绩查询(<u>C</u>)	子菜单	
按课程号查询成绩	命令	DO FORM KCCJ
按学号查询成绩	命令	DO FORM XHCJ
退出系统(<u>X</u>)	子菜单	
退出学生成绩查询系统	过程	Set Sysmenu To Default With _Screen　&&恢复 Visual FoxPro 主屏幕的大小 　　.Caption=Syscaption 　　.Left=L 　　.Top=T 　　.Height=H 　　.Width=W Endwith Clear Windows　&&关闭窗口 Close All Clear Events Activate Window Command　&& 可激活命令窗口
\-	子菜单	
退出 Visual FoxPro 系统	过程	Clear Events Quit

（2）设计 KCCJ.SCX 表单（按课程号查询成绩）

①建立如图 12-9 所示的"按课程号查询成绩"表单（KCCJ.SCX），表单的主要属性及数据环境，如图 12-14 和图 12-15 所示。

②KCCJ 表单中各主要控件的属性设置，如表 12-2 所示。

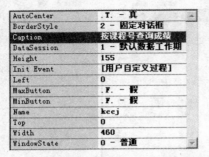

图 12-14   KCCJ 表单的主要属性值

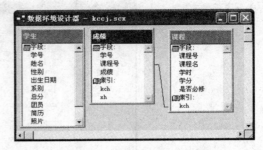

图 12-15   KCCJ 表单的数据环境

表 12-2   表单 KCCJ.SCX 及各主要控件的属性设置

表单/控件	属性	值	说明
Txtxh（文本框）	Format	K	当光标移动到文本框上时，选定整个文本框
	Name	Txtxh	
Cmbkcdh（下拉列表框）	Name	Cmbkcdh	
	RowSource	课程.课程号	数据来源
	RowSourceType	6-字段	设置数据源类型
	Style	2-下拉列表框	
Txtxm（文本框）	Name	Txtxm	
	ReadOnly	.T.	只读，不可更改数据
Txtkcm（文本框）	Name	Txtkcm	
	ReadOnly	.T.	只读，不可更改数据
Txtcj（文本框）	Name	Txtcj	
	ReadOnly	.T.	只读，不可更改数据
cmdExit（返回）	Caption	cmdExit	设置标题文字

③KCCJ 表单及控件的主要程序代码。

● 表单 KCCJ 的 Init 事件代码如下：

```
public xh,kcdh,kcm          &&定义三个全局变量
```

● 文本框 Txtcj 的 InteractiveChange 事件代码如下：

```
*成绩<60 时用红色显示
if this.value<60
    this.forecolor=rgb(255,0,0)
else
    this.forecolor=rgb(0,0,0)
endif
```

● 下拉列表框 Cmbkcdh 的 Click 事件代码如下：

```
*选定课程代号后查看成绩表中是否有对应的成绩
xh=alltrim(thisform.txtxh.value)
kch=thisform.cmbkcdh.value
select 学生
locate for 学号=lower(xh)
```

```
if found()
    thisform.txtxm.value=姓名
else
    =messagebox('无相关信息!',16,'错误')
endif
sele 成绩
locate for  学号=xh.and.课程号=kch
  if found()
     thisform.txtcj.value=成绩
     thisform.txtkcm.value=课程.课程名
   else
     =messagebox('无相关信息!',16,'错误')
     with thisform
      .cmbkcdh.value=""
      .txtkcm.value=""
      .txtxm.value=""
      .txtcj.value=0
      .txtxh.setfocus
     endwith
   endif
thisform.txtxh.setfocus
thisform.refresh
```

- "返回"命令按钮 cmdExit 的 Click 事件代码如下：

```
*关闭表单，返回主窗口
ThisForm.Release
```

（3）设计 XHCJ.SCX 表单（按学号查询成绩）

①建立如图 12-10 所示的"按学号查询成绩"表单（XHCJ.SCX），表单的主要属性及数据环境，如图 12-16 和图 12-17 所示。

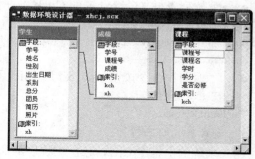

AutoCenter	.T. - 真
BorderStyle	2 - 固定对话框
Caption	按学号查询成绩
DataSession	1 - 默认数据工作期
Height	200
MaxButton	.F. - 假
MinButton	.F. - 假
Name	xhcj
Show	[用户自定义过程]
Width	493

图 12-16 XHCJ 表单的主要属性值

图 12-17 XHCJ 表单的数据环境

②XHCJ 表单中各主要控件的属性设置，如表 12-3 所示。

表 12-3 表单 XHCJ.SCX 及各主要控件的属性设置

控件	属性	值	说明
Cmbxh（下拉列表框）	Name	Cmbxh	
	RowSource	学生.学号	数据来源
	RowSourceType	6-字段	设置数据源类型
	Style	0-下拉组合框	

控件	属性	值	说明
Txtxm（文本框）	ControlSource	学生.姓名	
	Name	Txtxm	
	ReadOnly	.T.	只读，不可更改数据
Grid1（表格）	ColumnCount	4	
	Readonly	.T.	只读，不可更改数据
	RecordSource	成绩	数据来源
	RecordSourceType	1-别名	设置数据源类型
Grid1.Column1	ControlSource	Cj.xh	数据控件源
Grid1.Column2	ControlSource	Cj.kcdh	数据控件源
Grid1.Column3	ControlSource	Kc.kcm	数据控件源
Grid1.Column4	ControlSource	Cj.cj	数据控件源
cmdExit（返回）	Caption	cmdExit	设置标题文字

③XHCJ 表单及控件的主要程序代码。

● 表单 XHCJ 的 Show 事件代码如下：

```
*当表单显示时，该事件被执行
LPARAMETERS nStyle
xh=学生.学号
thisform.cmbxh.value=xh
seek xh order tag xh in 学生
thisform.txtxm.value=学生.姓名
```

● 下拉列表框（Cmbxh）的 Click 事件代码如下：

```
*给文本框（Txtxm）赋值
this.value=this.displayvalue
thisform.txtxm.value=学生.姓名
```

● "返回"命令按钮 cmdExit 的 Click 事件代码如下：

```
*关闭表单，返回主窗口
ThisForm.Release
```

3. 建立系统的主程序

建立系统的主程序 CjCx.prg，主程序的命令代码如下：

```
***Cjcx.prg，***
Public Syscaption    &&定义一个公共变量
Public L,T,H,W &&定义 4 个公共变量，表示 Visual FoxPro 主屏幕的左、上、高和宽
Set Default To D:\Cjcx
Set Path To Data,Forms,Graphics,Menus,Progs,Reports
Close all
Syscaption=_Screen.Caption    &&保存系统窗口标题
L=_Screen.Left
T=_Screen.Top
H=_Screen.Height
W=_Screen.Width
```

```
with _Screen      &&设置 Visual FoxPro 主屏幕的大小
        .Left=220
        .Top=160
        .Height=240
        .Width=560
        .Caption="学生成绩查询"   &&设置系统窗口标题
EndWith
KeyBoard '{Ctrl+F4}'   &&  可关闭命令窗口，而 keyboard '{Ctrl+F2}' 可打开命令窗口
Do mnuCjcx.mpr   &&运行主菜单程序
Read Events    &&建立事件循环
```

12.4.3　应用程序的集成

【例 12-4】应用程序 CjCx（简单成绩查询应用程序系统）的集成和发布。

操作步骤如下：

①将上面建立的"教学管理.dbc"数据库，"学生.dbf"、"成绩.dbf"和"课程.dbf"数据表安排到 DATA 子目录中。

②将菜单文件 mnuCjcx.MPR 放置到 MENUS 子目录中。

③将表单 Kccj.scx 和 Xhcj.scx 安排到 FORMS 子目录中。

④将主程序 Cjcx.prg 安排到 PROGS 子目录中。

⑤所用图像放置到 GRAPHICS 子目录中。

⑥如果应用程序还需要使用其他文件，需将各个文件添加到项目 Cjcx.PJX 中相应的文件夹之中。

12.4.4　系统的编译与发布

【例 12-5】应用程序 CjCx（简单成绩查询应用程序系统）的编译并发布。

分析：生成一个应用程序需要经过两个步骤，一是应用程序的编译，二是发布应用程序即生成一个安装磁盘文件。

第一步：应用程序 CjCx（简单成绩查询应用程序系统）的编译。

连编一个应用程序 CjCx（简单成绩查询应用程序系统）的操作过程如下：

①指定主程序。在项目管理器中选择"代码"选项卡，在该选项卡中的 CjCx.prg 文件上单击右键，在弹出的快捷菜单中选择"设置主文件"命令。

②包含资源文件。将 Visual FoxPro 中的 Foxuser.dbf、Foxuser.fpt 和 Config.fpw 文件以及特定资源文件 VFP6R.DLL、VFP6RCHS.DLL（中文版）、VFP6RENU.DLL（英文版）复制到"D:\CjCx"文件夹下。其中文件 VFP6RCHS.DLL 和 VFP6RENU.DLL 存放在 Windows 的 SYSTEM32 目录下。

③设置好"排除"类型的文件。一般地，数据库文件和表文件设置为排除，其他文件默认是被包含。设置文件包含或排除的方法是：在某文件上单击右键，然后在弹出的快捷菜单中选择"包含"或"排除"菜单项。

应用程序 CjCx（简单成绩查询应用程序系统）中各文件包含与排除的情况如表 12-4 所示。

④更改默认的应用程序项目。选择 Visual FoxPro 系统菜单"项目"菜单中的"项目信息"命令，在对话框中设置项目的有关属性，如图 12-18 所示。

表 12-4　应用程序 CjCx（简单成绩查询应用程序系统）中各文件包含与排除

文件类型	文件名	文件说明	项目中的位置	包含/排除
数据库	教学管理.dbc	数据库文件	数据/数据库	排除
表	学生.dbf	学生表	数据/数据库/表	排除
	成绩.dbf	成绩表	数据/数据库/表	排除
	课程.dbf	课程表	数据/数据库/表	排除
表单	Kccj.scx	按课程号查询成绩	文档/表单	包含
	Xhcj.scx	按学号查询成绩	文档/表单	包含
菜单	MnuCjCx.mnx	主菜单	其他/菜单	包含
程序	Cjcx.prg	主程序	代码/程序	包含

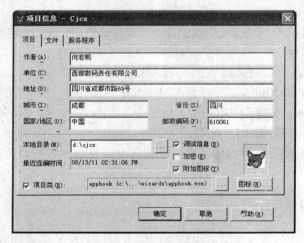

图 12-18　设置项目的有关属性

⑤连编项目。单击"项目管理器"窗口中的"连编"按钮，弹出"连编选项"对话框（参考图 12-4）。选择"重新连编项目"单选按钮并单击"确定"按钮，则系统连编项目。

⑥如果连编项目未显示错误信息，再次单击"连编"按钮。在"连编选项"对话框中，选择"连编应用程序"或"连编可执行文件"单选按钮，单击"确定"按钮，出现"另存为"对话框，在"应用程序名"处默认或输入应用程序文件名，单击"保存"按钮，系统生成.APP 或.EXE 文件。

⑦运行应用程序。要运行应用程序，在命令窗口中输入命令：

DO CjCx.app

第二步：应用程序的发布，发布一个应用程序的操作步骤这里不再细述，请参考 12.3.2 节的内容。

主要参考文献

[1] [美]Abraham Silberschatz 等. 杨冬青等译, 数据库系统概念[M]. 北京：机械工业出版社，2003.

[2] 焦敏杰，邹文彪，郑文龙编著. 中文 Visual FoxPro 6.0 函数与命令参考大全[M]. 北京：北京航空航天大学出版社，1999.

[3] 吴克杰，张贵军，王海宁编著. 中文 Visual FoxPro 6.0 属性事件控件及方法[M]. 北京：北京航空航天大学出版社，1999.

[4] 陈海清，刘石华，张群编著. 深入掌握中文 Visual FoxPro 6.0 程序设计技术[M]. 北京：北京航空航天大学出版社，1999.

[5] 王珊、萨师煊. 数据库系统概论（第四版）[M]. 北京：高等教育出版社，2006.

[6] 杨海霞. 数据库原理与设计[M]. 北京：人民邮电出版社，2007.

[7] 张龙祥，黄正瑞. 数据库原理与设计（第 2 版）[M]. 北京：人民邮电出版社，2007.

[8] 胡正国，吴健，邓正宏. 程序设计方法学（第 2 版）[M]. 北京：国防工业出版社，2009.

[9] 王小玲，刘卫国. 数据库应用基础教程[M]. 北京：中国铁道出版社，2008.

[10] 李东，陈群编著. 中文 Visual FoxPro 6.0 程序设计基础[M]. 北京：北京航空航天大学出版社，1999.

[11] 毛一心 毛一之. 中文版 Visual FoxPro6.0 应用及实例集锦（第二版）[M]. 北京：人民邮电出版社，2003.

[12] 严明，单启成主编. Visual FoxPro 教程（2010 年版）[M]. 江苏：苏州大学出版社，2010.

[13] 刘永利，李倩. Visual FoxPro6.0 程序设计任务驱动法教程[M]. 北京：中国水利水电出版社，2010.

[14] 史济民等. Visual FoxPro 及其应用系统开发（第二版）[M]. 北京：清华大学出版社，2007.

[15] 李禹生，廖明潮，陶友青. Visual FoxPro 数据库应用系统设计, [M]. 北京：高等教育出版社，2006.

[16] 匡松，何振林. 数据库程序设计教程（修订版）[M]. 北京：科学出版社，2007.

[17] 杨克昌，刘志辉. 趣味 Visual Foxpro 程序设计集锦. 北京：中国水利水电出版社，2010.

[18] 王永国. Visual FoxPro 程序设计（第 2 版）[M]. 北京：中国水利水电出版社，2009.

[19] 周永恒. Visual FoxPro 基础教程（第 3 版）[M]. 北京：高等教育出版社，2006.

[20] NCRE 研究组. 全国计算机等级考试考点解析、例题精解与实战练习——二级语言 Visual FoxPro 数据库程序设计[M]. 北京：高等教育出版社，2008.

[21] NCRE 研究组. 全国计算机等级考试考点解析、例题精解与实战练习——二级公共基础知识[M]. 北京：高等教育出版社，2013.